ARABIA DESERTA

El adorno del encabezamiento representa un relieve con hojas de viña y granado tallados en un bloque de mármol de unas ruinas del desierto de Moab.

Charles M. Doughty

ARABIA DESERTA

EDICIONES DEL VIENTO

Título original: *Passages from Arabia Deserta*
Transcripción de la lengua árabe: Celeste Seoane

1ª edición, mayo 2006
2ª edición, enero 2009

EDICIONES DEL VIENTO S.L.
Avda. Fernández Latorre, 5 - 9, 2º E / 15006 La Coruña
Tel: 981 244 468 / e-mail: info@edicionesdelviento.com
www.edicionesdelviento.com

Diseño gráfico: David Carballal

ISBN: 84-934778-3-4
Depósito legal: C 78-2009
Impresión: Valladares, s.l.

Impreso en España / *Printed in Spain*

Índice

Introducción de T. E. Lawrence 9
Nota sobre el texto 25

De Damasco a Meda'in Salih 31
Meda'in Salih 53
De Meda'in Salih a Teyma 79
Teyma 121
Alrededores de Teyma 125
De Teyma a Hayil 155
Hayil 179
De Hayil a Jaybar 227
Jaybar 253
Regreso de Jaybar 265
Boreyda 281
De Boreyda a Aneyza 295
Aneyza 303
De Aneyza a at-Ta'if 321

Glosario 363

Introducción de T. E. Lawrence

NO resulta cómodo tener que escribir acerca de *Arabia Deserta*. Llevo estudiándolo diez años y he llegado a considerarlo un libro distinto de los demás, una especie de Biblia en su género. Discutir a estas alturas sus méritos y deméritos me parece absurdo. No creo que haya ningún viajero por Arabia, antes o después de Doughty, que se haya ganado el derecho a alabarlo, y mucho menos a criticarlo. Cuanto más aprende uno acerca de Arabia, más cosas nos revela *Arabia Deserta*. Cuanto más viaja uno por ella, tanto más crece la admiración que nos producen la agudeza, la clarividencia y el arte de su autor. Si llamamos al libro pura y simplemente "Doughty", es porque se trata de un clásico y la personalidad del Sr. Doughty está fuera de toda duda. Lo cierto es que cuesta creer que sea un hombre de carne y hueso. Es un libro sin edad y que no envejecerá nunca. La primera obra indispensable sobre los árabes del desierto, y si no siempre se ha hecho referencia a él o no se ha leído lo suficiente, ha sido porque era una obra difícil de encontrar. Cualquier estudioso de Arabia anhela poseer un ejemplar.

Y, sin embargo, hoy no es necesario recomendar a Doughty a los estudiantes. Todos lo conocen. Es al gran público, deseoso de leer una gran obra en prosa, el diario de los vagabundeos de un poeta inglés que pasó dos años entre los beduinos, a quien debiera atraer esta edición y a quien tal vez convenza la opinión de los actuales viajeros por Arabia. He hablado mucho del libro con muchos de ellos y siempre coincidimos en que todo el desierto está aquí: las llanuras y los cerros, los campos de lava, los pueblos, las tiendas, los hombres y los animales. Todos cobran vida con unas frases y palabras tan perfectamente adecuadas que es imposible disociarlas después en la memoria. Es la verdadera Arabia, con su suciedad y sus olores y su libertad y su nobleza, la que retrata. No hay ni rastro de sentimentalismo, nada que sea meramente pintoresco, ese error tan típico de los libros de viajes por el oriente. La totalidad de Doughty es devastadora. No hay nada que quisiésemos quitar y poco que pudiéramos añadir. Ha convertido Arabia en un territorio propio y ha dejado para sus sucesores el triste papel de especialistas. Sigue siendo posible escribir libros acerca de determinada parte del desierto o de algún aspecto de su historia; pero, en nuestra época, no volverá a hacerse un retrato semejante del conjunto, porque aquí ya está todo dicho, y por un gran maestro.

Ha habido muchos ingleses juiciosos que han viajado por Arabia y la mayoría han escrito libros. Ninguno regresó con un botín tan rico como el de Doughty y el mérito es entera y exclusivamente suyo. Todo estaba en su contra. Hace cuarenta años, el desierto era un lugar mucho menos hospitalario para un extranjero de lo que lo es hoy. La influencia turca era aún muy grande y el movimiento wahabí había mantenido viva la llama del fanatismo entre las tribus. Doughty fue un pionero, tanto como europeo como cristiano, en casi todos los distritos que recorrió. Además era pobre. Un hombre solitario a quien dejaron abandonado en Meda'in Salih con exiguas recomendaciones a su llegada de Damasco con la caravana de peregrinos. Se internó en el desierto vestido como los más pobres, viajó como los más pobres y trató de sobrevivir mediante la práctica de la medicina racional en una sociedad mucho más proclive a creer en los hechizos.

Por si fuera poco, estaba enfermo. Su salud estaba ya mermada cuando emprendió el camino y el clima de la meseta arábiga, con sus extremos de frío y calor, unido a la pobreza de la dieta, fueron una prueba muy rigurosa. Se había criado en Inglaterra, un país próspero donde abundaban los alimentos de toda clase. Llegó a las tiendas árabes como huésped, dispuesto a compartir su magra hospitalidad y a mantenerse con lo poco que les bastaba a ellos. Le ofrecieron lo que tenían. Sus cuerpos huesudos subsistían a base de leche de camella durante la primavera y de unos pocos dátiles y algo de carne en los meses más duros, pero una dieta semejante era insuficiente para un inglés. Habría sido escasa para un hombre sedentario y Doughty estuvo constantemente vagabundeando, a menudo cabalgando desde el amanecer al ocaso, o incluso de noche, a marchas forzadas por un país desértico y fatigoso, bajo un sol ardiente y vientos terribles. Viajar por Arabia, incluso en las mejores condiciones, con un tropel de sirvientes, buenas bestias de monta, tiendas y comida en abundancia, es una experiencia muy dura. Doughty, a pesar de sus problemas físicos, se enfrentó a ella al modo de los nativos y volvió con un botín más rico que todos nosotros. La forma en que soportó todas esas privaciones es digna de admiración.

En alguna parte parece disculparse de sus defectos y habla de su libro como de la visión de un hombre hambriento y la historia de un hombre exhausto; sin embargo, da la impresión de haberlo registrado todo. Todos nos hemos sentido desfallecer alguna vez en el desierto y algunos hemos pasado hambre, pero ninguno triunfó sobre su propio cuerpo como lo hizo Doughty, quien sacó partido incluso de las penalidades al destilar en sus páginas esa tensión y desolación que traerán a la memoria de todo viajero por Arabia sus vivencias más desafortunadas. No obstante incluso en esos momentos, tan frecuentes en aquellos dos años tan peligrosos, la agudeza de la observación de Doughty no disminuye sino que continúa mostrándonos las circunstancias y los personajes y los lugares de su historia sin perder el interés en ningún momento. Que fuera capaz de hacer algo así es la prueba más evidente, no sólo de su fortaleza de espíritu sino también del atractivo que ejercían, y siguen ejerciendo, Arabia y los árabes en su imaginación y en la nuestra.

El propio libro da fe sin saberlo del nervio que lo recorre. Se nos revela indirectamente en sus páginas (sin caer jamás en lo morboso o lo introspectivo) casi sin desearlo, con su forma distante de narrar y sin entrar jamás en disquisiciones sobre lo que está bien o está mal. Doughty declinó ser el protagonista de su propia historia y, no obstante, lo fue y los propios árabes supieron apreciar su grandeza. Pasé nueve meses en Arabia occidental, la mayor parte del tiempo en lugares por los que él había pasado previamente, y pude comprobar que formaba ya parte de la historia del desierto. Habían transcurrido más de cuarenta años, un lapso de tiempo suficiente para que muchas cosas caigan en el olvido, incluso en un país como el nuestro, y que en el desierto es relativamente mayor pues las privaciones de la vida cotidiana dejan poco tiempo para la introspección, los hombres viven poco y los recuerdos que no están relacionados con la genealogía familiar no tardan en olvidarse. Fue a sus padres y abuelos a quienes visitó Doughty, pero todos han oído hablar de él, cuentan anécdotas sobre él y han convertido su alta e impresionante figura, sabia y amable, en un hombre legendario que acudió a ellos como heraldo del mundo exterior. Su impasibilidad ante las vejaciones sufridas sazonó la imaginación de los árabes. Era paciente, generoso y compasivo y eso le permitió ganarse su confianza sin reservas.

Dicen que de lo único de lo que parecía enorgullecerse era de ser cristiano, aunque jamás ofendió a ninguno en su fe. Erudito, pero sencillo en su manera de vivir, era muy callado, no entendía de camellos y se fiaba de todo el mundo. Fue el primer inglés que conocieron y les predispuso a conceder el beneficio de la duda a todos los de su raza pues les pareció bueno y honorable. De ese modo, desbrozó el camino para su propia religión. Le siguieron Mr. Wilfrid Blunt y Miss Gertrude Bell, otros dos personajes de carácter. Ambos confirmaron a la gente del desierto en su opinión acerca de los ingleses y nos proporcionaron una posición privilegiada que supone una seria responsabilidad para todos los que hayan de seguirlos. Gracias a ellos, los ingleses somos bien recibidos en Arabia y podemos viajar, no con comodidad, ciertamente, pues se trata de una tierra terrible, pero sí con seguridad tras las huellas que Doughty abrió a costa de tantos sacrificios. Ningún país ha sido más afortunado con sus embajadores. Se nos acepta como personas respetables a menos que nuestros hechos afirmen lo contrario. Y ése no es un monumento baladí a la memoria del hombre que grabó una impresión tan clara de su virtud en un pueblo nómada a lo largo de sus vagabundeos de dos años.

* * *

Nuestro país exporta dos tipos principales de ingleses, que en el extranjero se dividen en dos clases opuestas. Unos sienten profundamente la influencia de la gente del lugar e intentan encajar en su atmósfera y espíritu. Con tal de incluirse modestamente en el paisaje, renuncian a todo lo que pueda estar en discordancia con los usos y costumbres locales. Imitan a los oriundos en todo lo posible y evitan así cualquier roce en la vida diaria. No pueden evitar, empero, las consecuencias de una imitación hueca y sin valor alguno. Son como la gente, pero no la gente, y las diferencias casi imperceptibles les dotan de una falsa influencia que suele ser mayor que sus méritos. Inducen a la gente con la que viven a adoptar formas de comportamiento extrañas y antinaturales, pues los imitan tan bien que son imitados a su vez por ellos. La otra clase de ingleses es la más numerosa. Sometidos igualmente al exilio, fortalecen su carácter mediante el recuerdo de la vida que han dejado atrás. Su reacción ante un medio extraño es refugiarse en la Inglaterra que una vez fue suya. Reafirman su distanciamiento y su inmunidad cuanto más solos y débiles están. Impresionan por reacción a la gente con la que viven, proporcionándoles un ejemplo del inglés completo, del extranjero intacto.

Doughty es un miembro destacado de la segunda clase, la más noble. Nos dice que nunca se convirtió en oriental, aunque el sol hiciera de él un árabe, y gran parte de su valor radica en esa distinción. Su visión es completamente inglesa y sin embargo su aspecto físico, sus modales, su vestimenta y su habla eran árabes, los de un árabe nómada del desierto. El desierto inhibe los juicios muy meditados, su desnudez y franqueza vuelve sinceros a sus habitantes. En él los hombres expresan sus opiniones bruscamente y sin reservas. Las palabras en el desierto son claras. Doughty sufrió el contagio de dicha sinceridad de forma muy aguda (pocos diarios de viajes demuestran mayor sensibilidad hacia el clima y la geografía que el suyo) y durante su estancia entre las tribus se comportó igual que ellos. Incluso en los pueblos mantuvo una inoportuna e inflexible franqueza, a modo de protesta contra la aduladora y diplomática faramalla de los árabes de las ciudades. Él mismo procedía de una región sedentaria de Inglaterra y su preferencia por los nómadas puede parecer extraña; pero en la práctica el inglés, y en especial el inglés familiar, se encuentra más a gusto entre las tribus que en los pueblos y Doughty se comporta por doquier como un beduino sin pelos en la lengua. Su "rigidez a la hora de mantener una opinión justa contra la sinrazón del mundo" fue a menudo imprudente pero siempre respetable y eso hizo que los árabes le respetaran incluso cuando más les importunaba.

Muy intempestivos parecen también sus súbitos cambios de tono y de criterio. El desierto es un lugar de sensaciones fugaces donde las opiniones se pagan al contado. Los hombres no dejan en suspenso sus decisiones durante días para llegar a un justo y equilibrado punto medio. Llaman bueno a lo bueno y malo a lo malo. Doughty también nos ha servido de espejo en eso. En un párrafo se muestra severo; en el siguiente todo es amable ternura. Su relación fluye con sus vivencias y al leer, no una parte, sino el libro completo, se obtiene una visión polifacética y de conjunto de sus compañeros de aquellos años turbulentos y memorables.

* * *

El realismo del libro es absoluto. Doughty trata de relatar la verdad y nada más que la verdad acerca de lo que vio. Cualquier parcialidad sería en contra de los árabes, debido a lo mucho que le gustaron; le impresionó mucho el extraño atractivo, aislamiento e independencia de esa gente que tanto se cuidaba de sacar a la luz sus virtudes mediante una cuidadosa exhibición de sus defectos. «Cualquiera que viva un tiempo con los árabes sentirá el desierto durante el resto de su vida.» Él mismo había experimentado la prueba del nomadismo, la más penetrante de todas las disciplinas sociales, y se esforzó todo lo que pudo en retratarla para nosotros con los colores más realistas como una vida demasiado dura, demasiado vacía y demasiado negativa, salvo para los hombres más fuertes y decididos. No hay nada tan intenso y real como esta relación de sus accidentes y obstáculos diarios y de los sentimientos que le acometían en el camino. Su retrato de los semitas, sentados en una cloaca hasta los ojos, pero tocando el cielo con las cejas, resume a la perfección la fortaleza, la debilidad y las extrañas contradicciones de su pensamiento que tanto avivan nuestra curiosidad cuando nos los encontramos por primera vez.

Muchos de nosotros hemos viajado muy lejos para formar parte de su sociedad y tratar de resolver el acertijo y hemos visto la claridad y dureza de sus creencias, una limitación casi matemática que nos repele de puro antipática. La visión de los semitas carece de tonos intermedios. Son un pueblo de colores primarios, sobre todo el blanco y el negro, que ven el mundo de una pieza. Un pueblo que desprecia la duda, nuestra moderna corona de espinas. No comprenden nuestras dificultades metafísicas, nuestros interrogantes. Sólo conocen lo verdadero y lo falso, la fe y la incredulidad, sin nuestro séquito de finos matices.

Los semitas no sólo ven en blanco y negro, sino que lo son también en su interior; blanco y negro no sólo lo relativo a la claridad, sino también a la aposición. Su pensamiento se encuentra más cómodo entre los extremos. Habitan en los superlativos por elección propia. A veces, grandes inconsecuentes, parecen tenerlos todos a un tiempo. Dan por excluidas las connivencias y llevan la lógica de sus ideas hasta los más absurdos extremos sin apreciar la incongruencia de sus conclusiones opuestas. Oscilan de asíntota en asíntota con la cabeza fría y el juicio tranquilo de un modo tan imperturbable que apenas parecen ser conscientes de su vertiginosa lucha.

Son gente limitada y estrecha de miras cuyo intelecto permanece inerte en el más incurioso barbecho. Su imaginación es aguda pero no creativa. Hay tan poco arte árabe en Asia que casi puede decirse que carecen de él, aunque sus gobernantes han sido mecenas liberales que han animado el talento de sus vecinos en la arquitectura, la cerámica y la artesanía. No muestran interés por la gran industria, ni por la menor organización del alma o el cuerpo. No inventan sistemas filosóficos o mitológicos. Son el menos morboso de los pueblos y aceptan la vida sin cuestionársela, como un axioma. Para ellos se trata de algo inevitable, unido al hombre, un usufructo fuera de nuestro control. El suicidio es casi imposible y la muerte no les apena.

Son un pueblo que se mueve por impulsos, disturbios, ideas, la raza del genio individual. Sus movimientos nos asombran por el contraste que ofrecen con su quietud habitual, sus grandes hombres por el contraste con la humanidad de sus masas. Sus convicciones proceden del instinto y sus actividades son intuitivas. Su mayor industria son las creencias. Son los monopolistas de las religiones reveladas, siempre dispuestos a encontrar un antagonismo entre el cuerpo y el espíritu y a concederle mayor importancia a este último. Su profunda reacción contra la materia les empuja a predicar la esterilidad, la renunciación, la pobreza, y semejante atmósfera ahoga sin remisión la imaginación del desierto. Siempre dirigen su atención hacia aquellas cosas en las que la humanidad no ha tenido ni arte ni parte.

El beduino ha nacido y se ha criado en el desierto y ha abrazado esa aridez con toda su alma por la simple razón de que allí se siente incuestionablemente libre. Se libera de todas las ataduras naturales, de todas las complicaciones y comodidades superfluas para lograr la libertad personal que ronda al hambre y la muerte. No ve virtud alguna en la pobreza en sí misma; disfruta de los lujos y pequeños vicios —café, agua dulce, mujeres— que aún puede permitirse. En su vida dispone de aire, viento, sol y luz, de espacios abiertos y de un enorme vacío. No hay esfuerzo humano ni fecundidad de la Naturaleza: sólo el cielo en lo alto y una tierra incólume a sus pies; y el único refugio y ritmo de su existencia lo encuentra en Dios. Para los árabes el Dios único no es antropomórfico, ni tangible, ni moral, ni ético, ni siquiera está especialmente relacionado con el mundo o con él mismo. Sólo él es grande y sin embargo hay cierta familiaridad, cierta cotidianeidad en el Dios Árabe que gobierna sus comidas, sus luchas y sus amoríos, está constantemente en su pensamiento y les acompaña de un modo imposible de concebir por aquéllos cuyo Dios les está tediosamente velado por el decoro de la adoración formal. No les parece una incongruencia mezclar a Dios con sus apetitos y debilidades. Es la palabra que más pronuncian.

Este credo del desierto es heredado. El árabe no lo valora de forma extrema. Nunca ha sido ni evangelista ni prosélito. Llega a tan intensa condensación de sí mismo en Dios, cerrando los ojos al mundo y a todas sus complejas potencialidades latentes que sólo la riqueza y la tentación podrían sacar a la luz. Consigue así una fe segura y poderosa, pero ¡al mismo tiempo qué limitada! Su estéril experiencia pervierte su bondad a imagen y semejanza del desierto en el que se esconde. Por ello termina haciéndose daño a sí mismo, no sólo para ser libre sino por gusto. De ahí sigue una complacencia en el dolor, una crueldad que le perjudican. El árabe del desierto no conoce el placer de resistir por voluntad propia. La abnegación, la renunciación y el autocontrol son un lujo. Vive su propia vida sumido en un endurecido egoísmo. Su desierto se convierte en una nevera espiritual en la que se conserva intacta, pero sin mejorar en toda la eternidad, una idea de la unidad de Dios.

* * *

Doughty se unió a esta gente desapasionadamente, observó su modo de vida y lo escribió palabra por palabra. Al mantenerse siempre árabe en la forma y europeo en el fondo, mantuvo la claridad de criterio aún cuando les mostrara una clara simpatía que les persuadió de expresarle sus ideas más íntimas. Cuando terminaron aquellos dos años de duras pruebas, se llevó en su cuaderno de notas (hasta donde el arte de la escritura sea capaz de reflejar el arte de vivir) el alma del desierto, la existencia completa de una comunidad extraordinaria y autónoma, apartada del mundo en el inmutable desierto, cuyos días transcurrían en un medio totalmente extraño para nosotros. La razón económica de su existencia son los camellos, que se crían mejor comiendo las plantas y espinas de estas saludables alturas que en ningún otro sitio. El desierto es incapaz de soportar cualquier otra clase de explotación pero está admirablemente bien preparado para ésta. La cría del camello convierte a los beduinos en nómadas. Los camellos se alimentan sólo del pasto del desierto y éste es tan escaso que un gran rebaño lo agota muy pronto en cualquier distrito. Por ello deben moverse a otro con sus dueños, y de ese modo circulan, mes tras mes, siguiendo un circuito determinado por la vegetación, que brota dondequiera que hayan caído ese año con más fuerza las intermitentes lluvias del invierno.

La organización social del desierto es en tribus, en parte debido al sentimiento familiar y en parte porque el instinto de conservación les empuja a unirse para ayudarse mutuamente. El hecho de pertenecer a una tribu reconocida hace que cada hombre sienta que cuenta con un gran número de parientes, dispuestos a ayudarle si resulta herido y al mismo tiempo a compartir su carga y a pagar por los delitos que pudiera cometer. Esta responsabilidad colectiva hace que los hombres pongan mucho cuidado en no ofender a nadie y sean fácilmente castigados. El infractor queda fuera del sistema y se convierte en un exiliado hasta que vuelva a hacer las paces con la opinión pública y los otros miembros de la tribu.

Cada tribu tiene un distrito en el desierto. La extensión y naturaleza de dichos distritos tribales están determinadas por las leyes económicas de la cría del camello. En todos hay suficiente agua potable para mantener a las distintas familias durante el año y en todos hay la posibilidad de encontrar pasto a lo largo de un año normal. Pero la pobreza del país es tan grande que obliga a una subdivisión interna dentro de la tribu. Las fuentes de agua suelen ser pozos aislados (a menudo someros) y los pastos crecen en pequeñas manchas aisladas en valles protegidos u oasis entre las rocas. Ni unos ni otros bastarían para toda la tribu al mismo tiempo, por lo que ésta se rompe en clanes y vive en forma de clanes que vagan siguiendo su propio circuito dentro de la órbita del conjunto de la tribu.

La sociedad es analfabeta, de modo que los clanes se mantienen lo suficientemente pequeños para que los adultos puedan verse con frecuencia y discutir todos sus asuntos verbalmente. Ese tipo de relaciones y su modo de vivir en tiendas unos al lado de otros convierte al desierto en un lugar carente de intimidad. Todos viven juntos con total franqueza. Es una sociedad en perpetuo movimiento en la que hay igualdad de voz y oportunidades para cada hombre. La reunión del café alrededor del hogar en la tienda del jeque constituye su educación, una universidad para todo hombre capaz de hablar y caminar. También es su agencia de noticias, su tribunal, su modo de expresión política y su gobierno. Cada día llevan y exponen allí sus ideas, sus vivencias, sus opiniones y contribuyen a mejorarlas, de modo que la sociedad del desierto está siempre viva, instruida a altos niveles morales y abierta a nuevas ideas. Los rumores corrientes los vuelven tan inmutables como el propio desierto en el que habitan; pero con frecuencia los hace singularmente receptivos y muy abiertos a todo tipo de innovaciones. Sus escasos intereses comunes hacen que les sea muy sencillo cambiar de costumbres, pero incluso así llega a sorprendernos la facilidad con que adoptan alguna invención capaz de adecuarse a su modo de vida. El café, la pólvora, el algodón de Manchester, todo son novedades que parecen empero tan naturales que sin ellas es difícil imaginar su vida en el desierto.

En consecuencia, cabría esperar que un libro como *Arabia Deserta*, escrito hace cuarenta años, fuese muy inexacto hoy en muchos aspectos y, si el trabajo de Doughty se hubiera limitado a ser únicamente científico y dependiera de la expresión más que del espíritu de las cosas, sus días habrían pasado ya. Felizmente, la belleza del relato, su verdad, la rica galería de personajes y paisajes que encierra, perdurarán para siempre y harán que siga siendo un libro sin par, fundamento indispensable para toda verdadera comprensión del desierto. En estos cuarenta años los cambios materiales no han sido suficientes para que haya valido la pena consignarlos.

Las inscripciones de Meda'in Salih han sido estudiadas por los padres Dominicos de Jerusalén y muy poco han añadido a sus descubrimientos. La gran piedra de Teyma que yacía en el *haddach* fue descubierta por viajeros posteriores y por fin comprada y trasladada a Europa. Las colecciones de inscripciones árabes primitivas recogidas por Doughty han sido superadas, pero a él se debe el mérito de su descubrimiento. Su mapa y parte de sus datos geográficos han ido a sumarse y se han puesto en relación con informaciones posteriores. Gente con cámaras fotográficas ha recorrido el *harrat* Aweyrid donde pasó semanas enteras y del que escribió una descripción tan vívida. Conocemos con exactitud su aspecto exterior gracias a las fotografías; pero al leer a Doughty sabemos cómo se siente uno allí. Automóviles Crossley y Rolls Royce han hecho una carretera de buena parte del *Wadi Humz*, cuya importancia fue el primero en destacar en Europa. Los aeroplanos han aterrizado en las montañas que tanto le costó atravesar. Por desgracia, los de los coches y los aeroplanos son incapaces de escribir libros profundos sobre el país que recorren.

Otro cambio acontecido en Arabia ha sido la vía férrea del Heyaz que se abrió en 1909 desde Damasco a Medina y puso fin de golpe al enorme ejército que efectuaba el peregrinaje a pie. El *Emir el-Hach* y su gente viajan ahora en tren y la pompa anual de la caravana de camellos ha desaparecido. El camino de los peregrinos, de cuyos cientos de senderos Doughty nos proporcionó un retrato tan fiel, ha caído en desuso a falta de los pies que lo recorrían y los *qel-las* y las cisternas de las que bebió de camino a Meda'in Salih están en ruinas, salvo tal vez las que se emplean como puesto de guardia del ferrocarril.

La dinastía Rashid ha seguido el mismo curso sanguinario desde aquellos días hasta hoy. Saúd, el último Emir, fue asesinado en 1920 y el único superviviente de la familia es un niño, cuya precaria minoría de edad sirve para alimentar la ambición de uno y otro de los grandes jefes de la tribu Shammar. Por otro lado, la dinastía wahabí de er-Riyad que parecía estar en declive, ha revivido súbitamente en esta generación gracias al coraje y a la energía de Abd el-Aziz, el actual Emir. Ha sometido a todo el *Nechd* por las armas, ha revigorizado la secta wahabí insuflándole un rigor nuevo y pretende someter a su fe a todos los desiertos interiores de la península. El hijo menor del Emir participó en la Delegación que envió a nuestro país, bajo la tutela del Sr. H. St. J. Philby, C.I.E., residente durante algún tiempo en er-Riyad durante la Gran Guerra. Durante su estancia en Inglaterra hicieron una visita al Sr. Doughty.

El Jerifato de La Meca, merced a cuya humanidad Doughty pudo refugiarse en at-Ta'if al final de sus aventuras, aspiró al liderazgo intelectual de los árabes en 1916 al rebelarse contra los turcos invocando el principio de nacionalidad. Los árabes occidentales, entre quienes Doughty pasó tanto tiempo, participaron caballerosamente en la guerra como aliados de Gran Bretaña con nuestro apoyo. Los cuatro hijos del Jerife se pusieron al frente de las ciudades y las tribus del Heyaz y proporcionaron a sus asesores británicos la libertad del desierto. Todos los nombres antiguos formaban parte de nuestras filas. Estaban los *Harb*, los Yuheyma y los *Bil-lí* mencionados por Doughty. Sus antiguos huéspedes, los Abu Shamah Moahib, se unieron a nosotros y combatieron con gallardía. Ferhán, el hijo de Motlog, trajo consigo a los al-Layda y, con los otros Fechr, arrebataron Teyma y Jaybar a las guarniciones turcas y se las entregaron al Rey Hussein.

Más tarde, los Shammar se unieron a nosotros y llegaron voluntarios de los Kasim, los Aneyza, los Boreyda y los Russ para combatir por la causa común contra los turcos. Tomamos Meda'in Salih y *El-Aly* y, más al norte, Tebuk y Maan, el territorio de los Beni Sajr y toda la ruta de peregrinación hasta Damasco recorriendo a la inversa en armas el viaje con el que Doughty comenzó sus vagabundeos. *Arabia Deserta*, que tanto placer nos había proporcionado al leerlo como un soberbio relato de viajes y aventuras (quizá el mejor que se haya escrito nunca en nuestro idioma) y un magnifico retrato de la vida nómada, se convirtió en un libro de texto militar que nos ayudó a conseguir la victoria en el este. Los árabes que permitieron a Doughty vagar por sus territorios prohibidos hicieron una buena inversión para sus hijos y nietos.

Durante la gran experiencia de la guerra cambió el centro de interés en el desierto y los árabes sufrieron una revolución política. En época de Doughty, como nos muestra su libro, la gente se dividía en musulmanes y cristianos. Después tal distinción se difuminó, estaban los que apoyaban a los Aliados y los que apoyaban a las Potencias Centrales. En estos cuarenta años, los árabes occidentales han aprendido lo suficiente de las ideas de Europa como para aceptar la idea de la nacionalidad como base para la acción. Hasta tal punto la aceptaron que combatieron contra su propio Califa, el Sultán de Turquía, para ganarse el derecho a la libertad nacional. La Religión que había constituido la motivación y el carácter del desierto dio paso a la política y La Meca, que había sido una Ciudad de culto, se convirtió en la capital temporal de un nuevo estado. La hostilidad que siempre se había dirigido contra los cristianos se volvió contra los extranjeros que trataban de interferir en los asuntos domésticos de las provincias de habla árabe.

* * *

De cualquier modo, esta nota empieza a hacerse demasiado larga. Estoy impidiendo que lean a Doughty quienes suelen comenzar los libros por el principio y no hago con ello sino agravar mi atrevimiento al colocar mi nombre junto a la que considero una de las grandes obras en prosa de nuestra literatura. Es un libro que arranca intensamente, escrito con un estilo que aparentemente no tiene ni precursores ni epígonos, tan elaborado, tan tenso, tan preciso en la elección de las palabras y las frases que exige mucho del lector avezado. No parece que escribirlo haya sido fácil; pero en unas pocas páginas se aprende más de los árabes que en las que jamás haya escrito cualquier otro y, a medida, que se avanza en la lectura el estilo parece adecuarse más al asunto tratado y va haciéndose más natural.

La historia de la marcha de la caravana a lo largo del camino de peregrinación, el retrato de la tienda de Zeyd, la descripción de la corte de Ibn Rashid en Hayl, el pueblo negroide en Jaybar, la vida urbana de Anezya, la larga marcha a través del desierto del *Nechd* occidental hasta La Meca, cada episodio parece superar al anterior hasta que se produce el auténtico clímax del libro cerca de at-Ta'if y, después de tanta excitación, llega el amable capítulo final del camino hasta Yedda hacia la hospitalidad del hogar de Mohammed Nasif y el Consulado Británico.

Llevar a cabo un viaje semejante habría sido todo un logro para cualquiera. El Sr. Doughty no se dio por satisfecho hasta lograr que el libro justificara el viaje tanto como el viaje justificaba el libro; y en ambas artes, viajar y escribir, tardará mucho en encontrar un rival digno de él.

T. E. Lawrence
Oxford, 1921

Nota sobre el texto

No parece que cargar por el desierto con unas alforjas repletas de libros como los *Cuentos de Canterbury*, de una calidad literaria desde luego indiscutible, pero cuya utilidad es difícil imaginar en unas circunstancias semejantes, sea la mejor manera de llevar a cabo un viaje solo, enfermo, y en gran parte a pie, por el corazón de la Arabia wahabí. Sin embargo, Charles Montagu Doughty, el autor del libro que el lector tiene la fortuna de tener entre sus manos, no era un simple viajero o aventurero, sino también un explorador del lenguaje y un estudioso que se internó tanto en los desiertos árabes como en las sutilezas de la lengua inglesa, animado por el deseo de devolverle, en la medida de lo posible, el esplendor perdido[1]; y, al leerlo, se termina por comprender muy bien sus motivos y que uno de los momentos más dolorosos de su aventura fuera cuando se vio obligado a desprenderse de sus amados volúmenes enterrándolos bajo la arena.

De hecho, en sus *Viajes por Arabia Deserta*, Doughty no sólo describió de modo magistral, y sin el menor rastro de orientalismo, la extraña belleza de un país árido, hostil y desértico y la vida de sus

1. En una carta de 1902, Doughty le confesaba a su futuro biógrafo, D.G. Hogarth: «Al escribir *Arabia Deserta* mi intención primordial no fue tanto relatar mis vagabundeos entre un pueblo de interés bíblico, como el empeño ideal de proseguir con la antigua tradición de Chaucer y Spenser y resistirme en lo posible a la decadencia del idioma inglés». Citado en *The Life of Charles Montagu Doughty* de D.G. Hogarth O.U.P. 1928, pág.114.

habitantes con la minuciosidad propia de un manuscrito miniado medieval, sino que creó para hacerlo un estilo particularísimo mediante la combinación inigualable de la sintaxis y la dicción árabes e inglesas, y el manejo de palabras y estructuras arcaicas inspiradas en el anglosajón y en el inglés de los siglos XVI y XVII, en un experimento literario que iba a contracorriente de todas las tendencias literarias de su época.

Él mismo dejó claras sus intenciones en el prólogo a la primera edición, en el que casi parece parafrasear la famosa sentencia de Stendhal sobre la novela:

> *...podríamos compararlo con un espejo en el que se refleja fielmente una parcela del suelo de Arabia que huele a sámn y a camellos. En cuanto a la gente, confío en que si alguien les repitiera en árabe sus palabras [escritas tal como las pronunciaron sus labios], aquéllos cuyas vidas se recuerdan en él tuvieran la impresión de oír su propia voz y muchos de los presentes se palmearan el muslo para confirmarlo y dijeran:* «¡Sí Wel-lá, *es la pura verdad*!».[2]

En efecto, Doughty no sólo trató de retratar en su libro los usos y costumbres de los beduinos, sino que también procuró que los lectores que desconocieran el árabe pudieran percibir su modo de hablar y expresarse *tal como lo pronunciaban sus labios*. Es discutible que cada idioma sea un modo de reflejar una particular visión del mundo; en cualquier caso, Doughty intentó reflejar *en inglés* la visión del mundo de los árabes nómadas[3] y quiso persuadir al lector de que estaba leyendo el libro en árabe, aunque éste desconociera el idioma por completo.

Semejante preocupación por el lenguaje y el estilo se puso en evidencia cuando, después de probar suerte infructuosamente en diversas

2. Prefacio a la primera edición. *Travels in Arabia Deserta*. C.U.P. 1888.

3. El lector interesado en conocer en detalle las particularidades del estilo empleado en *Arabia Deserta* puede recurrir al interesante artículo de Edward A. Levenston, publicado por Stephen E. Tabachnick en *Explorations in Doughty's Arabia Deserta*, University of Georgia Press, 1987. pags. 90-110.

casas[4], la editorial Cambridge University Press, movida más por el interés de sus descubrimientos geográficos y etnográficos que por sus cualidades literarias[5], aceptó publicar la obra bajo la condición de que un revisor llevase a cabo toda una serie de modificaciones en el texto destinadas a "aligerar" su, a veces, difícil estilo. Doughty se negó a introducir ningún cambio, lo que llevó a los editores a reducir considerablemente la tirada eliminando cualquier posibilidad de que el autor obtuviera algún provecho económico de su obra[6].

El libro se publicó finalmente en 1888 en dos volúmenes, que sumaban unas 1.200 páginas, bajo el título *Travels in Arabia Deserta* y, aunque obtuvo el reconocimiento inmediato por parte de muchos escritores contemporáneos, pasó en gran parte desapercibido para el público. Semejante acogida supuso, sin duda, una decepción para Doughty, pero la obra no se convirtió, ni mucho menos, en un libro olvidado, sino que continuó vendiéndose y citándose durante casi veinte años. Para entonces, varios amigos y conocidos de Doughty, convencidos de que era necesario acercar la obra al gran público, trataron de convencerle de que publicase una edición abreviada del original. Doughty, conmovido sobre todo por el interés demostrado por el editor Edward Garnett, aceptó trabajar con él en la publicación de una edición abreviada del libro, que apareció en 1908 con el título de *Wanderings in Arabia Deserta*[7]. En esta ocasión, la obra fue muy bien recibida (el *Times Literary Supplement* incluso llegó a decir que, hasta ese momen-

4. Algunos revisores llegaron a afirmar que su estilo era tan peculiar que apenas era inteligible y que «la mayor parte de los lectores considerarían que algunos fragmentos ni siquiera estaban escritos en inglés». Citado en *God's Fugitive. The Life of C.M Doughty* de Andrew Taylor. Harper Publishers 1999. pag. 235.

5. El profesor y arabista William Wright advirtió a Doughty: «Los editores están dispuestos a gastar dinero en Arabia, pero no en sus experimentos con el inglés». Hogarth O.U.P. 1928. pag. 119.

6. En una airada carta al secretario de la Royal Geographical Society, Doughty aseguraba: «Jamás permitiré que mi lenguaje de las mejores épocas se convierta en la miseria que es ahora». Hogarth O.U.P. 1928 pag. 109.

7. En una carta del cuatro de noviembre de 1905 Doughty respondía a E. Garnett: «Medio millón de palabras parecen, en efecto, demasiadas para un lector moderno, máxime cuando están dedicadas a una tierra desértica, que en el momento actual, parece tener muy poca importancia». Taylor. Harper Publishers 1999. pág. 267.

to, había sido "el tesoro de unos cuantos escogidos") y reavivó el interés por el libro de Doughty. Con el tiempo, tanto *Travels in Arabia Deserta* como *Wanderings in Arabia*, conocerían varias reediciones y llevarían a la aparición, en 1931, de otra versión algo más abreviada del libro, que se tituló *Passages from Arabia Deserta*, y que es la que se ha publicado desde entonces en numerosos países (incluida la propia Inglaterra) y la que hemos utilizado para la presente edición.

Es evidente que la traducción de una obra de estas características, que, en ocasiones, parece incluso requerir una traducción previa al inglés moderno, plantea numerosas dificultades: ¿cómo traducir, sin traicionar el espíritu ni la letra del autor, su compleja sintaxis y los calcos directos del árabe?, ¿cómo resolver los problemas léxicos que plantea el uso de los arcaísmos o de las palabras en árabe? Traducir el libro a una especie de macarrónico castellano renacentista habría carecido de sentido, pero la ductilidad del español ofrece, por suerte, toda una serie de recursos de los que, muy probablemente, no le habría molestado disponer al propio Doughty. Entre ellos, por ejemplo, la posibilidad de introducir verdaderos arabismos en el texto (en su mayor parte con la misma raíz que el término árabe original) en lugar de tener que transcribir las palabras, en ocasiones torpemente, como hace Doughty. De ese modo, es posible dotar al relato de un marcado sabor árabe sin perjudicar su inteligibilidad, como ocurre, en ocasiones, con el texto original (así se han sustituido palabras como *Wali, harím, hakím, chubuk, yiss, sheyj* o *suq* por sus equivalentes castellanos: Valí, harén, alfaquín, chibuquí, aljez, jeque y *zoco*). En otras ocasiones, y por motivos fundamentalmente estilísticos, se ha optado por dejarlas tal como aparecen en el texto, aunque transcritas correctamente. Aquí conviene destacar el modo que tiene Doughty de introducir los términos árabes en el relato. En general, cada vez que introduce una nueva palabra, ésta aparece en cursiva con una morfología adaptada a la fonética inglesa y suele ir seguida de una explicación de su significado. En casi todas las apariciones sucesivas, la palabra aparece en redonda y sin glosar, como si se hubiera incorporado ya al léxico del lector, quien, desde luego, termina por familiarizarse así con muchos de los términos empleados por los beduinos. No obstante, al realizar los cortes para hacer la versión abreviada, algunas de dichas glosas se pierden, por lo que ha sido necesario incluir varias palabras en el glosario y escribirlas en cursiva la primera vez que aparecen en el texto.

La abundancia en arcaísmos del español nos ha permitido recurrir a ellos siempre que ha sido conveniente con el fin de dotar al texto del mismo tono arcaizante que tiene en la versión inglesa. Otra de las prioridades de la traducción de una obra tan preocupada por recoger hasta los más mínimos detalles de la lengua oral de los beduinos, e incluso sus onomatopeyas, ha sido conservar el característico ritmo y la sonoridad de la prosa de Doughty (muy cuidados siempre por el autor), aunque, en ocasiones se haya hecho necesario forzar la puntuación y la sintaxis castellana con tal de conservar la peculiar poesía del relato. Se ha perseguido, en suma, lograr la mayor fidelidad posible al original, sin sacrificar los aspectos más distintivos de una obra en la que el estilo cobra tanta importancia.

Por otro lado, a fin de abreviar el exhaustivo glosario elaborado por Doughty, hemos optado por reducirlo eliminando las palabras glosadas por el propio autor (aunque conservando aquéllas que se repiten en más ocasiones a lo largo del relato), así como los nombres propios y la mayor parte de los topónimos e hidrónimos. También se han trascrito correctamente todos los términos eliminando la morfología adaptada a la fonética inglesa empleada por Doughty.

Pese a que el prólogo de T. E. Lawrence no se escribió para esta edición, sino para la primera reedición de la versión completa de *Travels in Arabia Deserta*, su interés es tal que suele incluirse en todas las ediciones y también nosotros hemos creído imprescindible añadirlo aquí. De hecho, de no haber sido por Lawrence (que, desde el primer momento, se contó entre los admiradores más fervientes de Doughty y siempre trató de ejercer su influencia para dar a conocer su obra) es más que probable que *Travels in Arabia Deserta* hubiese seguido siendo el "tesoro de unos cuantos escogidos" durante demasiado tiempo.

Ninguna excusa me queda ya para seguir interponiéndome entre el lector y el apasionante relato de Doughty, sino agradecerle a Mª Ángeles

Nafría su apoyo y su amistad, a Salvador Bastida Freixedo sus siempre valiosas y desinteresadas sugerencias acerca de la traducción y a la profesora Celeste Seoane que transcribiera las expresiones y palabras árabes, que aparecen en el texto adaptadas al lector de habla castellana, así como dedicar mi trabajo a Bárbara Bibiloni, que, como el *sweydiyya*, contribuye a alegrar el mundo con su música, y a mis padres, los mejores y más seguros *rafiqs* que nadie pudiera desear.

Miguel Temprano García

De Damasco a Meda'in Salih

LA PARTIDA DE LA CARAVANA DE PEREGRINOS • EL CASTIGO DE UN LADRÓN DE LA CARAVANA • EL MONTE SEYR: JINETES BEDUINOS • EL-AQABA: EL DERVICHE MORIBUNDO • LOS PELIGROS DE ARABIA: LOS SEMITAS • CUENTOS DE LOS AÑOS DEL COLERA

La partida de la caravana de peregrinos

LA VOZ nueva de un viejo amigo me saludó cuando, recién regresado de la Península, paseaba otra vez por esa larga calle de Damasco que llaman "La Recta"; interesado, me tomó de pronto de la mano: «Dime (me dijo) puesto que estás aquí de vuelta en la paz y protección de Alá, y mientras caminamos, igual que años atrás, hacia los huertos recién floridos, preñados de la dulce primavera como el jardín de Dios, ¿qué te impulsó, o cómo pudiste emprender un viaje semejante hacia el interior de la fanática Arabia?».

* * *

Hasta última hora, y tras muchos días de esfuerzos y preocupaciones, no lo creí posible. Primero, solicité del *Valí*, o Gobernador de Siria, permiso para acompañar a la caravana del *Hach* hasta Meda'in Salih. Entonces el Valí consultó personalmente al Consulado Británico, institución muy respetada en aquellos países. El cónsul contestó que el asunto no era de su incumbencia; le preocupaba tanto lo que me ocurriese, si es que decidía embarcarme en una ruta tan peligrosa, como lo que pudiera sucederle a su sombrero viejo. El mismo hombre que, tiempo atrás, se había ofrecido a echarme una mano en mis viajes, salía ahora con que su deber era no darse por enterado de mi viaje a Arabia, no fueran a reprocharle algo si yo salía malparado. De modo que los funcionarios turcos interpretaron que nadie les pediría cuentas por mi vida, ninguneada por mi propio consulado, durante mi aventura. Hay una frase simpática de Sir Henry Wotton, que casi le hizo perder el favor de su Soberano: «Un embajador es un hombre enviado al extranjero para mentir por su país», a ello podríamos añadir: «Un cónsul es un hombre enviado para hacerse el turco con sus propios paisanos».

Tan inoportuna turqueidad fue la causa de casi todas las molestias que sufrí en mis viajes por Arabia. ¡Y cómo extrañarse de que, no teniendo nadie que rendir cuentas a nadie, estuviera varias veces a punto de ser vilmente asesinado! Unas palabras benévolas e informales de un consulado franco en la partida me habrían procurado la consideración de los funcionarios de Hach, y sus cartas, al separarme de ellos, la de los emires de Arabia. Rechazado así por el consulado británico, temí que me hicieran regresar sin más si trataba de visitar a ciertos grandes personajes de Damasco, como el noble príncipe argelino *Abd el-Qáder*; con cuya simple palabra, que me consta que no habría dudado en darme, habría sido bien recibido en todas las fortificaciones del camino del Hach ocupadas por guarniciones moras, y, posteriormente, no habría estado a punto de perder la vida cuando estuve entre ellas en Meda'in Salih.

Acudí tan sólo al Pachá kurdo del Hach, Mohammed Saíd, a quien había conocido dos años antes, cuando viajaba por las tierras del Jordán, y que me tenía por un hombre bien dispuesto y sin doblez. Eran tiempos de cólera y los cristianos habían huido de la ciudad la primera vez que lo visité en Damasco para hacerle la misma petición: que me permitiera acompañar a los peregrinos hasta Meda'in Salih. Entonces me había recomendado que llevara un firmán del Sultán porque los *hayyach* (peregrinos) son una multitud abigarrada y si algún mal me aconteciera el daño podría ir a parar a su puerta, dado que yo era súbdito de un gobierno extranjero, pero ahora dijo: «¡Bueno! Si tan grande es tu deseo de viajar allí, bien pudieras ir con el *Yurdi*», la caravana de aprovisionamiento que siempre acude desde Siria a Meda'in Salih para asistir a los peregrinos a su regreso, pero no suele permanecer allí más de tres días y con ese tiempo no me bastaba.

Pensé que estaba escrito en el cielo que no viajaría a Arabia; pero mis amigos musulmanes respondieron: «Ni el mismo Pachá podría prohibirle a nadie que viajara con la caravana y, que yo fuera un *nasraniyy*, ¡qué importaba!, no estamos hablando del *Harameyn* (las dos ciudades sagradas), sino de Meda'in Salih ¡vamos!, no iba a poder ir yo, un hombre honrado, cuando cada año bajaban con el Hach los ladrones más desesperados de la ciudad; o mejor dicho, cuando los rufianes más peligrosos de Damasco ya estaban en Muzeyrib, para matar y saquear en las inmediaciones de la caravana mientras ésta viajaba por el desierto». También dijeron: «No hace tantos años que se enviaron con el Hach canteros cristianos (no hay en Damasco musulmanes que ejerzan ese oficio) para reparar el caravasar o *qel-la* y la cisterna de la propia Meda'in Salih».

Todos los años aumenta la agitación de esta noble ciudad oriental en los días que preceden al Hach; uno se cruza en los bazares con muchos extranjeros de extrañas lenguas y atuendos de provincias lejanas. La mayoría proceden de Asia Menor, muchos llevan enormes turbantes blancos que parecen pesar más que sus cabezas; casi todos son gente humilde de aspecto solemne que vagan por las calles en busca de los puestos de los panaderos y, según comprobé, muchos damascenos eran capaces de responderles en su propio idioma. La ciudad se conmueve ante la partida de la gran Peregrinación de la Religión y, de nuevo, a su regreso, que se convierte en un espectáculo público. Casi todos los hogares musulmanes tienen algún pariente en la caravana. En los mercados se hace acopio de mercancías para el viaje. Los fabricantes de tiendas están ocupadísimos en sus calles revisando y arreglando las lonas de cientos de tiendas, toldos y cortinajes para las literas; los curtidores del bazar se apresuran a vender sus odres, sus cubos de cuero y sus zaques, *matara o zemzemiyya*; el gremio de los carpinteros trabaja apresurado para el Hach, la mayoría arreglando los bastidores de las literas. En las afueras de Peraea, en el barrio de el-Medán, se vende y reparte el grano que alimentará al ganado del Hach durante el recorrido. Ya se ven a diario por las calles los *aqqams*, balanceándose en sus literas sobre los grandes camellos de los peregrinos. Son los guías de la caravana del Hach y, montados en esas bestias de paso cansino, grandes y silenciosas, siguen insolentes su camino a través de los estrechos bazares; suelen ser hombres jóvenes y crueles y de sus bocas salen horribles maldiciones; a quien no actúa como ellos no lo consideran apto para el camino. Los *muqawwemín* o jefes de camelleros del Hach han recogido a sus animales (todos machos de gran resistencia) en los corrales de Damasco, donde sus sirvientes se afanan colocando almohadillas debajo del bastidor de la silla y extendiendo gruesas mantas de Alepo sobre el espinazo de los animales para que no les roce; los arreos no se les quitarán hasta su regreso, pasados cuatro meses, si es que sobreviven a tan largo viaje. Los *muqawwemín* son hombres robustos y curtidos en el camino, capaces de mantener su autoridad sobre sus, a menudo levantiscos, subordinados; llevan escrito en el rostro endurecido que son capaces de sobreponerse al mal con el mal y de habérselas en el desierto con la perfidia de los maliciosos beduinos. La costumbre en esas tierras de caravanas es que todos los que están a punto de partir se reúnan en algún lugar de las afueras de la ciudad. La multitud de peregrinos se reúne siempre junto al lago Muzeyrib, en las altas estepas más allá del Jordán a dos jornadas de Damasco. Allí los hachyíes acampan y permanecen en el desierto una semana o diez días antes de su largo viaje. El Pachá del Hach, una vez resueltos sus asuntos con el gobierno en Damasco, llega tres días antes de la partida, para repartir la primera paga que se adeuda a los bedu y acordar con los aguadores (que también son beduinos) la escolta militar.

Las salidas de Damasco en aquella dirección, tan concurridas en los últimos tiempos con el paso diario de cientos de literas y todo el, a nuestros ojos, extraño y abigarrado séquito de la peregrinación oriental, estaban de nuevo vacías y silenciosas; el Hach se había alejado de nosotros. Un poco de dinero se considera una enorme ganancia en esas tierras afligidas desde antiguo por un gobierno criminal, y la esperanza de la plata atrajo a cinco o seis personas más pobres que yo que aseguraban por Dios estar dispuestos a estampar su sello en un papel y comprometerse a llevarme a Meda'in Salih, tanto si iba a caballo, como en mula, asno o dromedario, a pelo a lomos de un camello o en litera. Llegué a un acuerdo con un muqowem persa, de los que acuden cada año de aquella nación desde el este de Bagdad, Alepo o Damasco para "ver las ciudades" y allí se unen a la gran caravana del Hach otomano. Aquel pobre hombre rico, a cambio de unas pocas libras que le permitieron saldar las deudas con su proveedor de grano, aceptó llevarme a Meda'in Salih. Todo se hizo a última hora, el Pachá había partido dos días antes y aquel hombre debía seguirle a marchas forzadas. Vestido como un sirio de condición modesta y con una provisión de galletas de caravana, en poco tiempo estuve listo para cabalgar junto a él. Si me mezclaba con los persas del Hach pasaría desapercibido para persas y árabes. Los sirvientes de aquel muqowem y sus enseres llevaban ya ocho días en el campamento de Muzeyrib.

Por la tarde, unos pocos amigos árabes me dieron su bendición y, montado con mis alforjas en una mula, me encontré cabalgando por Damasco con el persa Mohammed Agá y un pequeño séquito. Al dejar la larga calle de la ciudad que en los días de Pablo se llamaba "La Recta", para atravesar el-Medán en dirección a el *Boábat-Alá*, algunos de los que estaban en la esquina, al echarme la vista encima, se dijeron unos a otros: «¿Quién es ése? ¿Eh?». Otros contestaron, medio en broma, «uno de esos *Ayamiyy*» (persas). Desde el Boábat (gran puerta de) Alá, llamada así porque de allí parte la santa peregrinación, el desierto se extiende ante nosotros durante cientos de leguas hasta el *Harameyn*; al principio, durante diez o doce días, una llanura yerma de grava y barro sobre piedra caliza que va ascendiendo hasta Maan en "la montaña de Edom", cerca de Petra. A veintiséis jornadas de Muzeyrib está el-Medina, la ciudad del Profeta (*Medinat en-Nebi*, en la antigüedad *Yazrib*); a cuarenta jornadas está La Meca. Ya no había nadie en el camino que, cinco días antes que nosotros, habían recorrido los últimos hachyíes. Al ponerse el sol, llegamos a un pueblecito apartado, *Kesmih*, y, junto al camino, me mostraron una cúpula blanca, el puesto donde pernocta el capitán de los peregrinos, *Emir el-Hach*, la noche de su solemne salida de Damasco. Habíamos seguido un camino muy pisado a través del desierto, pavimentado desde antiguo en los vados de los torrentes invernales para permitir el paso de los camellos del Hach que no se sostienen en terreno resbaladizo; en otros se ven puentes en ruinas, ahora todo en el Imperio Otomano está en ruinas. Hay derrubios desparramados por toda la planicie; lo mismo que, para nuestra sorpresa, encontramos en todos los climas del mundo.

Instalamos penosamente nuestros reales en *Kesmih*, donde hubimos de dormir al raso bajo la lluvia en un terreno escabroso y no pudimos descansar mucho tiempo. Tres horas después de la medianoche, estábamos de nuevo en camino. Se nos habían unido algunos de los últimos rezagados, humildes caminantes de estirpe y nación persa, que hablaban con alegría de este viaje sagrado y cuando el sol empezaba a nacer y a sonreír con tibieza sobre la tierra, comenzaban a gorjear, como pájaros que despiertan, las dulces tonadas persas. Caminando muy decidido iba un joven derviche rubio, el mejor trovador de todos, que reía y bromeaba con todas sus ganas y, lleno de jovialidad, me saludaba en árabe lo mejor que podía. Durante el camino se reconfortaban fumando tabaco y aseguraban que no había nada mejor en el mundo que esas dulces hojas de su tierra. Enfrente de nosotros se alzaba la alta cordillera de Hermon, escarchada por las primeras nieves como una nube blanca que pendiera suspendida en el espacio; sin embargo, el otoño en la llanura era aún luminoso y cálido. Transcurridas veinte millas pasamos delante de Salamen, un lugar en ruinas con algunas torres y restos deshabitados parecidos a los de Hawrán; cinco millas más allá vimos otro lugar arruinado. Algunos de mis compañeros cavilaban acerca de aquel extranjero que preguntaba por los nombres de los sitios. Al atardecer, desmontamos junto a una cisterna de agua sucia, *Keteybiyy*, guardada por dos soldados rufianescos; y uno de ellos muy malencarado, al ver que a pesar de estar sediento yo rehusaba beber, gritó: «¡Aja! ¿Qué tenemos aquí? Debe de ser un nasraní, y yo me pregunto: ¿es ésta la clase de gente que ha de viajar con el Hach?». Nueve millas más adelante pasamos junto a un pueblo, *Meskín*; por el camino, alcanzamos a un vendedor de fruta que se dirigía a lomos de su asno sobrecargado de cajas de uvas medio podridas, a vender su pobre mercancía a los desdichados peregrinos de Muzeyrib con la esperanza de ganar un buen dinero. Mientras le compraba algunos de sus racimos más frescos, el hombre, lleno de la astucia del camino, me descubrió y dijo: «¿Te diriges a La Meca? ¡Ja! ¡No es éste quién para ir con el Hach! Y, vosotros que le acompañáis, ¿qué clase de hach es éste?». A paso de hombre, llegamos al campamento de Muzeyrib después de las ocho, ya de noche cerrada. La última marcha había durado dieciséis horas. Todavía nos faltaba hacer una cosa: buscar a gritos, llamándolos por sus nombres, a la gente del Agá para encontrar nuestras tiendas, pero no fue difícil porque, después de cientos de años de peregrinaciones, el servicio del Hach está muy bien organizado. Los *muqawwemín* conocen sus puestos y nuestras voces pronto obtuvieron respuesta de algunos de los sirvientes que nos acompañaron inmediatamente a nuestros alojamientos. La mañana siguiente era para dedicarla a los últimos preparativos; un día más y nos pondríamos en camino. El Agá me aconsejó que no me alejara. Este año el pistoletazo de salida iba a darse dos días antes, porque la estación estaba muy avanzada. Nos esperaban diez días de marcha a través de las tierras altas del norte, donde podían sorprendernos las primeras lluvias antes de que descendiéramos hacia Arabia y, en aquel terreno arcilloso, los camellos, con tiempo lluvioso, resbalan y no pueden caminar con seguridad. Reinaba un gran silencio en todo el campamento; eran las últimas horas dedicadas al descanso. Al anochecer apareció una banda de jóvenes sirvientes provistos de antorchas que fueron pasando por todos los pabellones y llegaron por fin a donde estaban instalados los persas (quienes por cismáticos y extranjeros, y sin duda para evitar altercados, van siempre al final de la gran caravana) con el saludo *bes-salạmy bes-salamy, Alá yetowwel umr-hu, hy el-adiyy, hy el-adiyy, Mohammed Agá*. «Id en paz, buen viaje, sed generoso, seguimos la costumbre, el Señor os dé larga vida!» El persa, que no osó quebrantar la costumbre, se rascó el bolsillo con aire resignado.

Apareció la aurora, pero aún no nos pusimos en camino. Ya amanecido el día, desmontaron las tiendas, llevaron a los camellos junto a sus dueños y los dejaron al lado de las cargas. Esperamos hasta oír el cañonazo que inauguraría la peregrinación de ese año. Eran casi las diez cuando oímos el disparo del cañón y entonces, sin el menor desorden, alzaron las literas y las engancharon sobre las bestias de carga, echaron los fardos sobre los camellos arrodillados y miles de jinetes nacidos en tierras de caravanas montaron en silencio. Mientras todos se preparan, los guías permanecen de pie o apuran los últimos momentos de descanso sentados sobre sus talones; junto con otros sirvientes del campamento, deben recorrer las trescientas leguas sobre sus pies desnudos hasta desfallecer y volverán a medir el suelo con sus pies cansados al regreso de los santos lugares. Al oírse, al cabo de un rato, el segundo cañonazo, la litera del Pachá avanza y le sigue la cabeza de la caravana; nosotros, que cerramos la marcha, debemos esperar aún quince o veinte minutos hasta que la larga cola se despliegue ante nuestros ojos, entonces aguijamos a nuestros camellos y la enorme columna se pone en movimiento. Lo normal es que marchen de frente tres o cuatro camellos, raras veces cinco; en las llanuras, la lenta multitud de hombres y bestias alcanza una longitud de casi dos millas y una anchura de varios cientos de metros. Los *hayyach* de ese año eran, según sus propios cálculos (que tal vez sobrepasen la realidad) 6.000 personas, de los cuales más de la mitad son sirvientes a pie, y 10.000 cabezas de ganado de toda clase, sobre todo camellos, mulas, caballos, asnos y unos pocos dromedarios de árabes que aprovechan la seguridad del convoy para regresar a sus lugares de origen. Caminamos por una extensión vacía, una planicie de grava en la que nada se distingue y no hay rastro de camino ante nosotros. Hermon, ahora a nuestras espaldas, con sus poderosos hombros nevados, tapa el horizonte por el norte; para los nómadas del este, es un destacado punto de referencia de Siria, lo llaman *Towîl ez-Zalch* "los altos de nieve" (aunque poco saben de ella en las tierras secas y quemadas por el sol de Arabia). La peregrinación comenzó el domingo 13 de noviembre de 1876 con un tiempo espléndido, la luz azul celeste del verano no se había desvanecido aún del cielo sirio. Cuando llevábamos doce millas de camino (muy poco, aunque al principio parecía mucho) llegamos a la segunda estación del desierto, donde las tiendas que habíamos dejado en Muzeyrib, estaban ya montadas formando blancas filas en la extensa planicie. Así, a diario, la veloz caravana de los encargados de las tiendas se adelantaba a nuestra pesada marcha, en la que todo el mundo conserva el lugar que ocupó el primer día hasta el final del viaje. Al llegar, nos separamos y cada uno acudió a sus alojamientos; este campamento se llama *Ramta*.

La prudencia de la caravana quiere que, al principio de tan largo trayecto, el primero sea un viaje corto; las bestias aún no se han acostumbrado a sus cargas y los pasajeros todavía deben habituarse a cabalgar. Con unos cuantos palos (recogidos apresuradamente por el camino) de los arbustos del desierto, en seguida se prenden fuegos para cocinar delante de todas las tiendas; y, como no hay piedras a mano para ponerlas debajo de los potes, tal como acostumbran a hacer los beduinos, el hogar de los peregrinos es un agujero excavado en el suelo en cuyos bordes se sujetan las vasijas con unas cuantas brasas debajo; y así, con muy poco combustible, preparan la frugal comida. Las pequeñas tiendas militares de la escolta del Hach, formada por soldados y jinetes armados, Agueyl (en su mayor parte procedentes del *Nechd*), se plantan alrededor del campamento de la caravana cada sesenta pasos; en cada tienda se mantiene la guardia hasta el amanecer. Después de la puesta del sol se cuelga una lámpara de papel delante de cada una de ellas para que arda allí toda la noche, un centinela vela junto a ella con su mosquete y no permite que nadie cruce sus líneas sin darle el alto. La gente de las ciudades manifiesta un gran temor por los bedu, a quienes tienen por los demonios de esta tierra salvaje y baldía, dispuestos siempre a asaltar a los pasajeros del Hach; pero no hay bedawí que ose venirle con sutilezas a estos feroces tiradores que podrían responderles con plomo y a quienes durante toda la noche se les oye disparar de cuando en cuando hacia el desierto. Cada poco gritan: *kerakó kerakó* (¡centinela!), y los hombres de al lado contestan *haderún* (dispuestos). No vi a ningún oficial hacer la ronda.

La primera guardia, cuando el campamento vela todavía, es la más agitada. Alrededor de la medianoche, los grillos empiezan a perder la voz y, por lo que pude ver, la mayoría de las linternas se apagan; se comprende que esos hombres a los que no se les paga economicen gastos, muchos soldados pobres venden sus lámparas en el mercado del Hach.

Al caer la tarde se disfruta de algo de diversión con flautas y atambores y la dulzura arcádica de los cantos persas inunda las tiendas de nuestro alrededor, en otras cantan juntos alguna canción devota. En todos los alojamientos de los peregrinos arden candelas en lámparas de papel, pero el campamento está fatigado y pronto se retira a descansar. Los hachyíes pasan las breves horas nocturnas con la ropa puesta hasta que suene por la mañana el disparo que les hará levantarse a toda prisa para ponerse en camino, nunca se sabe cuándo lo oirán, depende, como todo lo demás, de la voluntad del Pachá y del tiempo.

A las cinco y media se oyó el disparo de aviso del segundo día de viaje. Cuando partimos, el cielo estaba oscuro y lluvioso. En todas las compañías había sirvientes que portaban al hombro pértigas con teas para iluminar el camino. El amanecer descubrió la misma tierra yerma ante nosotros: gravas puntiagudas y arcilla sobre un terreno calcáreo.

El castigo de un ladrón de la caravana

Mientras descansaba en mi pequeña tienda de viaje, me despertaron unos gritos lastimeros y un rumor procedente del pabellón de los persas; en una tienda tan grande como la de aquel mukkowem pueden reunirse más de cien personas. En el centro hay un sitial cuadrado que se transporta desmontado y donde pueden sentarse tres personas de importancia con las piernas cruzadas, en el interior de la tienda también encuentran acomodo toda la impedimenta y dos literas de camello. Al entrar, asistí a un lamentable castigo. Cogí del brazo a uno de entre aquella multitud de rostros graves para saber qué estaba ocurriendo. Susurró: «Un *haramiyy* (ladrón)». Estaban torturando al acusado —pero, en caso de que fuera inocente, ¡qué hombre o Dios podría resarcirle de su salud quebrantada!—. En medio de aquel silencio los gritos desgarradores y los golpes resonaban de forma terrible. Pregunté de nuevo: «¿Por qué le golpean de ese modo?». Respuesta: «¡Hasta que ese maldito confiese dónde lo ha escondido!». «Pero si siguen pegándole morirá.» Respuesta: «No escapará con vida si no confiesa». Mientras me abría paso entre ellos, cuatro hombres le habían estado golpeando hasta la extenuación y el quinto acababa de empezar. Con semblante serio, sostenía una rama con las dos manos y descargaba sobre él sus golpes con todas sus fuerzas. Habían puesto al malhechor boca abajo, unos hombres lo sujetaban de las piernas y otros, arrodillados sobre sus hombros, lo asían sin piedad. El pobre hombre se retorcía como un gusano y, pasados los primeros gritos, ahora gemía espantosamente. Pensé que en poco tiempo estaría hecho pedazos y tullido para el resto de sus días. Era peligroso tentar a la suerte ante tantos extraños, pero por pura humanidad les grité: «¡Señores, soy un alfaquín: este hombre no puede soportar más golpes, deténganse o morirá!», aparte de echarle una mirada al que así hablaba, hicieron caso omiso de mis palabras. Poco después, levantaron al pobre desgraciado del suelo: había confesado su falta. Algunos lo sostuvieron por los brazos y, mientras todos lo maldecían, lo sacaron de allí (Moisés habla del castigo de ser golpeado en el suelo delante del juez). Se trataba de un sirviente árabe de la caravana procedente de Bagdad que ya peinaba canas: había roto un cerrojo y había robado 40 £ del monedero de su señor, un jovenzuelo imprudente, y las había escondido en el suelo detrás de la tienda.

Los jefes de las compañías de peregrinos tienen derecho a castigar de este modo y así reprimen los ánimos más peligrosos de la caravana: entre los sirvientes del Hach hay muchos que huyen de la justicia y del servicio militar. «*Jali Effendi* (me dijo el persa cuando estuvo conmigo a solas) ¿a qué viene inmiscuirse en el castigo de ese hombre? ¿Deseas llegar a Meda'in Salih o no? Mañana esto podría llegar a oídos del Pachá, descubrirían quién eres y te harían regresar. No vuelvas a presentarte en público.» Como europeo, tropezaba a diario con la *mesquin* prudencia oriental; de haber sido por él, habría permanecido solo en mi tienda cada vez que acampábamos. Pero en el Hach es peligroso pasar la noche solo, así que contraté los servicios de uno de los conductores para que me preparase la cena, montara la tienda y durmiera junto a mí.

El monte Seyr: jinetes beduinos

Aquí, del 19 al 20 de noviembre, la helada nocturna acartonó nuestras tiendas. El Monte Seyr o Y. Sherra que se alzaba ante nosotros (*sherra* significa elevado) es tan alto y frío que, con las ropas de verano de los árabes, era como ir desnudo un día de invierno. Se trata de una tierra pelada sin una roca, un arbol o siquiera un arbusto tras el que refugiarse del viento helado; se cuentan viejas historias de grupos de viajeros que perecieron con sus rebaños al pasar por allí en los meses de invierno. Murieron todos durante la noche y los hombres aparecieron junto a las cenizas consumidas de sus fuegos. No lejos de este *wadi*, justo enfrente, comienza un desierto de pedernal que cubre la mayor parte de la montaña de Esaú. Es una desnudez pedregosa ennegrecida por el tiempo, una montaña que han barrido el viento y las lluvias seculares. Los guijarros brillan vaporosos al sol y están tan pulidos por el *ayach*, o viento cargado de arena, como las piedras e incluso las montañas de el Sinaí. El extenso, y a menudo profundo, lecho de grava forma la meseta más elevada de la provincia; los gastados pedernales proceden del lavado de la creta subyacente en la que se insertan enormes venas (tabulares) silíceas. Estamos acostumbrados a que la grava la arrastre el agua de los torrentes, pero, si éste es el punto más alto, ¿de dónde procede el agua? ¡La altitud es de 4.000 pies sobre el nivel del mar! Los árabes llaman a esta región *Ard Suwwán*, tierra pedregosa; el mismo nombre que le daban los antiguos geógrafos: *Arabia Petraea*. Pero ¡oh, maravilla!, estas gravas son menos antiguas que el hombre: he encontrado instrumentos de pedernal tallados como los de las gravas y limos de algunos ríos y lagos europeos. Mientras recorríamos este *wadi*, pasamos junto a seis o siete piedras miliares sin inscripciones. Doce millas más adelante, atravesamos la cabecera de un torrente seco y profundo (o *seyl*) que los del Hach llaman *Durf ed-Drawish* "los odres de los derviches menesterosos" y cuyo curso no se dirige hacia el oeste, en dirección al Mar Muerto, sino al este, hacia el desierto, por eso dicen: «Todos los *seyls* de esta región llevan el agua de lluvia hacia el *Tchol Bagdad*». La vez anterior que estuve allí, me refugié una noche junto a sus orillas. Un poco más adelante, vimos que el suelo a nuestros pies estaba extrañamente cubierto de lava cuyos bordes han quedado marcados sobre la grava como si hubiera fluido desde el oeste, donde se distinguen unas montañas volcánicas negruzcas. Aquí, y durante las próximas cincuenta millas de nuestro viaje, nos encontramos entre las gravas yermas de la tierra de Esaú. Seguimos las rutas de los Howeytát, una nación beduina no precisamente pequeña cuyas fronteras las marcan los dos mares. Más que beduinos son campesinos seminómadas: muchos se dedican a la agricultura pero todos viven en tiendas. No me sorprendería que descendiesen de los nabateos. *Ibn Yeysey* es el jeque de los Howeytat *Darawesha* de la montaña de Edom; sus rutas pasan por Petra. Poco después de mediodía pasamos junto a un torreón en ruinas; un indicio tan simple de la actividad humana es un consuelo para la vista en esta región desolada. A tres horas de allí, caminando en dirección este a través del desierto, están las ruinas de un notable lugar: *Borma* o *Burma*.

Antes de la puesta del sol, acampamos a poca distancia del *Qel-lat Anezy*, donde tan sólo hay una cisterna de agua de lluvia custodiada por dos grandullones, hijos de los antiguos guardianes damascenos de la torre y de unas mujeres de Shobek, que normalmente viven en el pueblo. Mis compañeros de peregrinación apenas podían creer que yo hubiera bebido agua de aquella alberca el año anterior pues nunca habían encontrado agua en él. A unas millas de allí, en dirección oeste, se encuentran las ruinas de un lugar que los árabes llaman *Yardaniyya*. Estuve en él en mi anterior visita, pero, como sirve de refugio y escondite a algunos beduinos errantes, sólo conseguí que me acompañara, a cambio de una remuneración, uno de los del grupo con quien viajaba. Encontré el muro de una ciudad de planta cuadrada de casi treinta pies de altura, construido con toscos bloques de lava sin argamasa. Hay torres en las esquinas y dos pequeños bastiones en un extremo, pero el área que ocupa no es muy grande. Dentro, no vi más que montones de piedras de los edificios caídos, un arco de medio punto en el centro y una pequeña alberca. ¿Qué significan esos altivos muros en un lugar tan pequeño?, y el terreno tampoco es apto para la agricultura: más que ciudad parece una fortaleza, tal vez un *praesidium* de la ruta comercial. Desde allí se ve una montaña volcánica negra que sirve de punto de referencia desde Maan. Al pasar por aquí en mi anterior viaje, se nos acercaron unos jinetes árabes. Como éramos muchos y bien armados, tan sólo nos pidieron insolentemente un puñado de tabaco. En su campamento habrían sido unos huéspedes acogedores, pero de haber caído en sus manos en medio del desierto, nos habrían desvalijado y quizás nos habrían cortado el cuello a unos cuantos por simple capricho. Eran tres beduinos de larga cabellera que nos desearon *salam* (paz) y un cuarto cíclope greñudo del desierto, a quien la ligereza de las yeguas de los otros había dejado atrás: iba sentado groseramente sobre el espinazo de su dromedario, sin brida ni silla de montar y cabalgaba como los pastores: empleando sólo la voz y la fusta. Sus compinches, descalzos y con las piernas desnudas, montaban a pelo en sus hermosas yeguas, con una mano en las riendas y la otra en la larga lanza que llevaban apoyada en el hombro. Parecían jinetes algo desmañados, pero, al percatarse de nuestra presencia, hicieron un alarde o ejercicio bélico para que pudiéramos apreciar lo bien que montaban: clavaron los talones en los ijares de sus monturas y, encorvados y con los muslos prietos, salieron al galope y dieron un par de vueltas por la llanura. Después describieron un amplio círculo mientras apuntaban con sus lanzas a un enemigo invisible y de nuevo acudieron jactanciosos, y un poco jadeantes, a nuestro encuentro. El más harapiento de los tres, montaba una preciosa yegua castaña como se ven pocas: a pesar de que su inculto dueño nunca la había almohazado, tenía el pelaje suave y brillante y era una forma de vida deliciosa en aquella tierra indigna de ser hollada por sus graciosas pezuñas. La ondulante cola le llegaba casi hasta el suelo y la solícita madre Naturaleza se había encargado de cardarle la crin (*orfa*).

La gente de las regiones arábigas siempre ha odiado a los nómadas que envuelven con el peligro del desierto la seguridad de sus oasis-isla. Yo viajaba entonces con el capitán del camino del hach en Maan y sus soldados, la mayoría campesinos armados de la zona, que iban a vender un rebaño de cabras del gobierno (el reticente tributo de los pocos pueblos idumeos no sometidos) en *Nablús* (Sichem). En la retaguardia, algunos hicieron unos disparos, llenos de desdén hacia los beduinos, cuyas monturas saltaban y se estremecían con cada tiro amenazando con dar en el suelo con sus jinetes. «¡No, señores! —respondieron—, ¿por qué asustan a nuestros caballos, señores?» Los beduinos los miraban por encima del hombro y los campesinos siguieron disparando con la esperanza de verlos salir malparados. El de la potra se agarraba al cuello del animal y los otros estaban a punto de caerse, así que el oficial gritó: «¡Basta, amigos!» y «¡ya está bien, amigos!» y ellos respondieron: «¡Wel-lá, se nos han disparado solos!». Poco se les daba a aquellos desesperados, que llevaban dieciséis meses sin cobrar un céntimo, obedecer a su mezquino capitán. Avanzaban a paso rápido entre pírricas danzas al son del tambor, cantando desenfrenadamente mientras se convulsionaban y daban mandobles con la espada desenvainada. Los beduinos preguntaron por mí: «¿Y éste quién es?» y les contestaron: «Un nasraní». Para los nómadas, ese nombre de mal agüero era como un desastre que azotara la comarca, así que sus orgullosas gargantas hablaron de nuevo: «¡Aseguraos de no traer a nadie más como él por aquí!». Al oír aquello, grité: «¡Prendedlos, no los dejéis escapar!». Debieron de pensar que ya iba siendo hora de poner tierra de por medio, así que nos dieron la espalda sin despedirse y al poco tiempo desaparecieron por el horizonte.

El Aqaba: el derviche moribundo

A mediodía, llegamos al borde de la alta meseta calcárea del Y. Sherra, el *Masharíf es-Shem* de los viejos eruditos musulmanes, "la frontera de Siria, o el norte". A partir de ahí comienza propiamente Arabia, *Beled el-Arab*, aunque los beduinos desconocen todas estas minucias.

El camino del hach baja por una hondonada de roca calcárea y afiladas placas de pedernal, similar a la cabecera de un valle. Estamos a punto de descender hacia las areniscas de las que proceden la mayoría de las arenas de Arabia. A mano izquierda, hay un *qel-la* en ruinas y una cisterna. La columna de la caravana llega al angosto paso y nos retrasa a los de la retaguardia más de media hora. Los viajeros denominan a este lugar *Aqaba*, "cuesta": así se llama el *es-Shemiyya* sirio o norteño. La altitud era de 4.135 pies. Sobre una de las primeras rocas que dificultan el camino de descenso, estaba sentado bajo un parasol el mismísimo Pachá con sus oficiales, pues ese 24 de noviembre volvimos a encontrarnos con el reconfortante sol y con el verano que no había terminado aún en Arabia. Las líneas de la caravana se estiran mucho y parecen eternizarse en la pendiente coronada de roquedales. Los camellos apenas pueden pasar de dos en dos y el Pachá aprovecha para pasar revista a los *hayyach* a medida que pasan lentamente; los peregrinos se apean de las literas y los lomos de los animales y van todos a pie. Mi desdichado camello, recién comprado a unos beduinos en Maan, aún no se había acostumbrado a la marcha y justo delante del Pachá se le soltaron las riendas, lo que provocó un pequeño barullo e hizo que tuviera que acudir a ponerle remedio. A pesar de que en Damasco me había visto vestido a la usanza árabe, confié en que no me hubiese reconocido. El *Aqaba* es largo y, una vez pasados los reales del Pachá, poco dificultoso. Los beduinos llaman a esta bajada *Batn el-Gul*, "la panza (hondonada) del Ogro", o también "el sitio de los estrangulamientos", *fen yugulún ez-zil-lamy*; una sima de desolación situada en medio de las ruinosas areniscas rojizas de estas áridas montañas, donde reina un eterno silencio y no se ve ni un solo ser vivo. El *Aqaba* no es demasiado profundo: cuando llegamos al lugar donde los peregrinos volvían a montar, comprobé que sólo habíamos descendido 250 pies. La caravana se demoró allí casi una hora y no hubo ninguna desgracia que lamentar. En los descensos, los camellos son difíciles de manejar: salvo los jóvenes y los más dóciles, las pobres bestias son tan torpes que no pueden hacer otra cosa que dejarse caer con las patas rígidas hasta el escalón siguiente. Esas areniscas hórridas e inhóspitas recuerdan a las montañas desiertas de los alrededores de Sharm en el Sinaí.

Al llegar abajo, caminamos sobre arena, a ambos lados hay muros de arenisca, el largo cañón que se abre entre ellos desciende como un valle ante nosotros. A mano izquierda, el despeñadero esta incrustado de esquistos negruzcos que han caído también a nuestros pies, los negros guijarros se amontonan y brillan al sol, bruñidos por la arena del desierto, y marcan el límite de un pequeño campo de lava o *harra*; durante el descenso del *Aqaba* vi también rocas basálticas. Pasadas tres millas, el camino sale del desfiladero entre las montañas y cabalgamos por una extensa llanura *Debibat es-Shem, Ard Yidar* cubierta de arena, difícil de manejar y que se escapa entre los dedos. A pocas millas del camino, a mano derecha, están las extrañas y nebulosas cumbres del desolado Hisma.

Vi a uno caído en la arena, medio sentado medio tumbado sobre sus manos. Era un religioso mendicante, un mísero derviche vestido con una capa harapienta de mendigo, que clavaba sus manos en la compasión humana como las garras de un águila. Los últimos de la caravana pasamos junto a él. La bolsa de mendigo se le había caído del cuello y se había vaciado. El desgraciado imploraba ante las lentas líneas de peregrinos en dirección a la Meca; la mayoría pasaban de largo y, al verlo agonizante, esperaban en su interior no acabar ellos mismos como aquel hombre. Algunos caritativos sirvientes damascenos de nuestro grupo se le acercaron: «*Ana mayyet*», sollozó el derviche, "soy hombre muerto". Uno que era también mi sirviente, un valeroso malandrín generoso y malhablado, detuvo un camello que iba de vacío, levantó al desdichado entre sus fuertes brazos con una palabra de consuelo y lo colocó sobre la silla. El derviche moribundo soltó un débil grito como el de un niño, recogieron a toda prisa sus escasas vituallas y se las alcanzaron, él murmuraba tembloroso dándoles las gracias lleno de temor. No hay servicio de ambulancia en el bárbaro ejército de peregrinos. Y la caridad de la exhausta multitud se enfría durante el viaje por el vasto y terrible desierto.

Debido a ello, cada día mueren varios en la caravana: se guardan las pertenencias del muerto, por la noche sus compañeros lavan y amortajan el cuerpo en el campamento, lo entierran en una tumba excavada con sus propias manos y colocan una tosca lápida junto al camino en el desierto. A los peregrinos fallecidos de ese modo, en el sendero de la religión, los llaman *shahud*, mártires. Pero no hay mayor desesperación que la del indigente, solo y sin amigos, que cae en el desierto vacío: cuando el largo convoy se aleja, dejándolo olvidado de la mano de Dios, lo más probable es que lo desvalije algún beduino, si es que lo encuentra aún con vida. Los cuerpos sin enterrar los devoran las hienas que siguen el olor hediondo de la caravana. Tampoco los *Agueyl* que cierran la marcha muestran mucha compasión; nadie en la caravana hará nada por nadie, salvo "a cambio de dinero". ¡Si hemos vivido dignamente aspiramos a morir en paz; le pedimos a Dios que, como recompensa nos deje morir acompañados de nuestros amigos! Todos los años durante la peregrinación hay gente que es dejada atrás; ancianos y personas de constitución débil que ponen su esperanza en Alá pero, fiados en recorrer tan largo camino merced a las reticentes limosnas de los hombres, no consiguen llegar a La Meca. El caído, de edad avanzada, es posible que lleve días sin comer y sus pies llevan andadas más de doscientas millas desde Muzeyrib. ¡Qué grandes sacrificios y cuántas vidas humanas perdidas para nada, por una creencia vana, cuando una pizca de ciencia bastaría para deshacer toda su religión!

Los peligros de Arabia: los semitas

Una vez llegados a Arabia, dejamos atrás todos los puntos de referencia conocidos. Dos son los principales peligros en Arabia: la hambruna y la pavorosa arpía de la religión, un tercero es el súbito cuchillo de los ladrones ismaelíes. El viajero debe ser digno de vivir bajo el arco divino del cielo ante los demás; si es de corazón limpio, sincero y resignado, podrá viajar hasta el fin del mundo, aunque no sea hombre religioso y el camino esté sembrado de peligros. Los semitas son como un hombre sumergido hasta los ojos en una cloaca cuyas cejas tocaran el cielo. En toda aventura en el desierto semítico, siempre hay un momento en el que su noble y antigua humanidad hace que uno se congracie con ellos y llegue a conocer a los árabes. En nuestros días, el amargo fanatismo de los wahabíes ha endurecido el corazón de los nómadas, pero cualquier tienda beduina de la tierra de Ismael sigue siendo un santuario (salvo que viva en ella alguna maligna Yael[8]). El extranjero que se acerque a la tienda de unos nómadas puede hacerlo sin miedo pues será bien recibido. Siempre agradecerán que les lleve alguna buena noticia, y unas palabras justas apaciguan al principio a todos los árabes. Los pueblos de los oasis son más peligrosos, al principio eran de población beduina, pero en ellos se ha corrompido la antigua tradición del desierto y sus almas son ahora pasto del fanatismo. En cuanto a mí, espero que nadie busque en este libro más que la visión de un hombre hambriento y el relato de un hombre fatigado; por lo demás, el sol me convirtió en árabe pero nunca me inclinó al orientalismo. Arabia no es sólo arena, es una tierra seca sin apenas una gota de lluvia. Además de los blandos arenales, hay páramos rocosos y muchos ásperos canchales donde vientos seculares barren el suelo desolado. Las franjas arenosas y los márgenes de las montañas de arenisca, los *Nefuds*, probablemente estén relacionados con eso que se llama en Inglaterra "arenas verdes"[9]. Normalmente, el desierto árabe es de una desolación extrema y no se ve una sola planta capaz de servir de sustento a criatura alguna. En una extensión del desierto tan grande como la que ocupa una casa no se encuentran muchas hierbas, a lo sumo algún arbusto cuyas dos terceras partes son incomestibles para el ganado.

8. Sísara, general del ejército cananeo, se refugió en la tienda de Jéber, el quenita, cuando huía derrotado por las tropas de Barac. Allí «Yael, esposa de Jéber, cogió un clavo de la tienda, cogió un martillo en la mano, se le acercó de puntillas y le hundió el clavo en la sien, atravesándolo hasta la tierra. Sísara, que dormía rendido, murió». Jueces 4:21. En adelante, todas las notas a pie de página son del traductor.

9. Nombre con el que se conoce también a las areniscas glauconíticas, que contienen un alto porcentaje del mineral glauconita.

Charles M. Doughty

Cuentos de los años del cólera

Antes de la puesta de sol, llegamos a nuestras blancas tiendas, montadas junto al ruinoso *qel-la*, abandonado y sin puertas, de *Dar el-Hamra*, "la casa roja". El caravasar se construyó con tierra y piedra rojizas. Su aspecto bajo la luz del crepúsculo, en medio de aquel mundo desolado, es imponente y terrible. Estamos a 4.200 pies. Después de recorrer más de cien millas en cuarenta y tres horas, habíamos llegado al agua: un sumidero plagado de gusanos. Las calurosas noches de verano refrescan al ocultarse el sol y son frías en otoño y primavera, lo que supone un peligro para la salud de los peregrinos, sobre todo cuando regresan hastiados del clima tropical de La Meca. Eswad me contó una triste historia sobre un año de cólera, hacía ahora tres o cuatro, que sorprendió al Hach en su retorno: calculaba que había habido más de cien muertos diarios (son muchos) durante las caminatas y en las estaciones nocturnas. «Atábamos a los muertos y los dolientes con sogas sobre los camellos vacilantes hasta que llegamos a este lugar, todo el mundo estaba atemorizado, no había nadie que no pensara que él podría ser el siguiente en morir y que nunca volvería a ver su casa. El día estaba lluvioso, la lluvia estuvo cayendo sin cesar toda la noche. El disparo de señales sonó muy temprano antes del amanecer y el Hach se puso en camino a toda prisa, abandonando sobre el suelo mojado del oscuro desierto a ciento cincuenta muertos y agonizantes. Al final, los que sobrevivimos a aquella peregrinación llegamos a las benéficas tierras altas de Peraea y nos detuvimos para pasar la cuarentena durante ocho días en ez-Zerka.» Presumía que menos de la mitad lograron volver, por el Boábat Alá, a las agradables calles de Damasco. Circulan muchas historias extrañas sobre los años del cólera en el Hach, ésta entre ellas: «Hubo un pobre hombre que murió por el camino y sus amigos lo enterraron en una tumba no muy profunda que excavaron piadosamente con las manos, lo taparon apresuradamente con arena y partieron con la caravana. Al poco tiempo, el calor reanimó al hombre, que salió de su tumba y se encontró en un mundo vacío y con que el Hach lo había abandonado.

Tambaleándose, siguió el rastro de las pisadas por el desierto y, ayudado por unos y otros nómadas, fue de *qel-la* en *qel-la*, recorriendo a pie los cientos de millas que lo separaban de Damasco, hasta llegar a su casa donde fue vilmente recibido por su pariente más cercano quien, olvidando toda caridad, le recriminó por no ser quien decía ser, ya que tiempo atrás lo habían dado por muerto y enterrado en su tumba de Arabia. Habían llorado su muerte y su regreso era de lo más inoportuno pues ya habían repartido su herencia».

Meda'in Salih

MEDA'IN SALIH: LA GUARNICIÓN DEL QEL-LA • EL DERVICHE POBRE • LA MUERTE POR SED. ¡EL ISMAELÍ FATÍDICO! • EL JEQUE ZEYD. LOS MONUMENTOS • EL REGRESO DEL HACH

MEDA'IN SALIH: LA GUARNICIÓN DEL QEL-LA

En medio de un aire tórrido y caliginoso, tras dos horas de marcha sobre la llanura arenosa, llegamos a Meda'in Salih, segundo *merkez* del camino, a mitad del largo viaje; la llegada de la caravana fue saludada con muchas salvas de cañones y todos desmontamos junto a nuestro campamento de tiendas blancas, instaladas a poca distancia del *qel-la*.

El Ayamí quería que le firmara inmediatamente la rescisión total del contrato. Yo pensé que, de ser posible, sería mejor alojarme en el *qel-la*; en cierta ocasión, en Damasco, el *qel-layiyy* supervisor de éste y de los siguientes caravasares había prometido darme asilo si conseguía llegar hasta aquí. Oí decir que los beduinos habían acudido desde más de tres días de distancia y que por la mañana volverían a sus aduars nómadas. Le pedí al persa que hiciera transportar mi equipaje pero, puesto que su compromiso había concluido, se negó a hacerlo a pesar de que me debía las medicinas que había tomado gratis y a voluntad durante todo el camino. Estos amables orientales al final siempre resultan groseros y descorteses, ¡no es raro que no lleguen nunca a nada! Entretanto, los más fatigados les compraban carne a los carniceros beduinos en el mercado del campamento y no tardó en haber una pierna de cordero fresca colgando delante de cada tienda del

Hach. Los exhaustos damascenos, habitantes de una ciudad fluvial, acudieron diligentemente a lavar sus prendas sucias. Los cocineros de las compañías reunían leña para preparar sus fuegos y por todas partes cundía la agitación.

Los peregrinos aquí se vuelven muy desconfiados, pues esta estación tiene fama de ser la más peligrosa del camino a Medina, los "ladrones" son, claro, los pobres beduinos. Todos los años se cuenta la misma historia de un cocinero que «la última vez, por Alá, se volvió un momento para coger un poco más de leña y cuando quiso darse cuenta le habían robado el caldero. El cocinero se puso en pie, echó a correr y agarró al primer bedawí descalzo que se encontró; y resultó ser él, el maldito, quien huía con el caldero caliente bajo sus ropas andrajosas». Algunos amigos me advirtieron que anduviera con cuidado pues en un instante podía perder algo sin remedio. Algunos pobres nómadas se acercaron a donde estábamos, los hachyíes de las ciudades les gritaban: «¡Idos!» y se apartaban de ellos, otros les empujaban por los hombros hacia delante como a animales salvajes, algunos persas, temiendo que pudieran robarles, se armaron con piedras. Después conocí a aquella pobre gente y eran vecinos correctos y amistosos. También vinieron algunas de sus mujeres para ofrecernos hatos de plumas de avestruz que habían recogido en el desierto. Los desvergonzados *aqqams* les arrojaron puñados de migas de galleta, y eso que en Damasco esas plumas cortas y ornamentadas valen más de su peso en plata. Eswad, que era un hombre desenvuelto, hizo un gesto que ofendió a una de ellas: «¡Ay de ti!, ¿no te da vergüenza?», exclamó la pobre joven; los nómadas desprecian el comportamiento grosero de la gente de la ciudad. Estuve recorriendo el campamento y llegué junto al *qel-la*, donde unos vendedores de dulces, con pesas de piedra, vendían cucuruchos de dátiles sobre sus mantas extendidas; en los viajes a través del desierto tales mercancías suelen viajar a lomos de asno. Hablé con uno de ellos para alquilarle el animal y trasladar mi equipaje. «Hijo mío (contestó el hombre, que me tomó por uno de la guarnición mora), tengo cosas que hacer y no puedo prestártelo.» Volví a donde estaba el Ayamí, que ahora estaba dispuesto a prestarme una mula; en cuanto le firmé la rescisión, el villano se convirtió en héroe: se deshizo en un torrente de sonrisas y parabienes como si su única ocupación fuera libar miel con las abejas entre las flores, llamó a el-Eswad para que condujera la carga y me acompañó con sus amabilidades postizas y su falsa cortesía oriental. Al despedirme, «¡perdónanos, (dijeron los mejores *aqqams*) Jalil Agá!» [10], querían que olvidase su comportamiento durante el trayecto, en ocasiones rudo y desconsiderado. Encontramos al *qel-layí* de pie ante la puerta del *qel-la*, (sobre la que vi una hermosa inscripción en árabe); estaba muy atareado recibiendo las vituallas de la guarnición y las mercancías de la caravana. Me dio brevemente la bienvenida y me invitó a entrar hasta que estuviese menos ocupado. Algunos que andaban merodeando en torno a la guarnición, trataron de impedirme el paso alegando que ningún extranjero tenía derecho a entrar allí.

¡Qué sorprendente indiferencia la de los fatigados hachyíes! No vi a uno solo que se dirigiera a contemplar los monumentos, a pesar de que en su religión tienen tanto renombre como Sodoma y Gomorra y de que en el Corán [11] se cuentan extrañas fábulas sobre ellos. ¡Lástima que Mahoma no visitara Petra! Podría haber tomado otro largo desvío en el *Wadi Musa*, aunque lo cierto es que esas maravillas de la fe apenas son visibles desde el campamento. Los palmeros, siempre temerosos de los árabes, no se aventuran más allá a no ser en gran número. Al partir siempre de noche, los peregrinos no ven las Ciudades de Salih, aunque sí pueden verlas al retorno del Hach. Al anochecer, Eswad vino al *qel-la* a despedirme y me pidió que fuera muy prudente, pues, como el resto del servicio del Hach, las guarniciones de las torres tienen reputación de violentas. Al rato llegó el *qel-layí* quien, sorprendido de encontrarme sentado en la oscuridad junto a mi equipaje, me asignó una celda. Luego vino uno y lo llamó a presencia del Pachá; supe más tarde que lo habían convocado por mi

10. Jalil fue el nombre adoptado por Doughty durante sus viajes por Arabia.

11. Aunque Doughty escribe siempre la palabra "Corán" con minúscula, lo que ha provocado que algunos autores le atribuyan cierta antipatía hacia el libro sagrado de los musulmanes, hemos optado por emplear la grafía convencional.

causa. Alrededor de la medianoche, resonó en el campamento el disparo de aviso y oí el alboroto del Hach al ponerse en camino y el solemne campanilleo de los tajts er-Rum viajando de nuevo en la oscuridad junto con el resto de la caravana. Unas pocas millas más adelante atraviesan un *bogaz* o desfiladero en las montañas. La primera estación es *Zmurrud*, un *qel-la* abandonado; en otra jornada llegan al *qel-la* de *Sawra*, después vienen los *qel-las* de *Hediya, Suchwa, Barraga* y *Oweynat el-Béden*, donde se instala el campamento poco antes de llegar a Medina. Ahora que han dejado atrás la mitad del camino, la paz de espíritu de los peregrinos y su confianza en que verán por fin los lugares sagrados aumentan con cada paso en dirección a La Meca. Bajo la tenue luz del amanecer oí un nuevo rumor, varios nómadas desdichados rebuscaban con la avidez de aves carroñeras en el lugar que había ocupado el campamento.

En cuanto comenzó a clarear, los beduinos acudieron en tropel a la torre y durante todo el día nos vimos invadidos por ellos. Mohammed Ali, el *qel-layí*, dijo: «¡Wel-lá, nunca se sabe, son capaces de envalentonarse y tratar de tomar el *qel-la*!». De hecho, unos años antes, estos mismos beduinos Feyir capturaron el *qel-la* a raíz de ciertas medidas económicas adoptadas por el gobierno del Hach para reducir el *surra* de los nómadas. En cuanto se hubo alejado la caravana, los árabes que había en el *qel-la*, con su jeque Motlog a la cabeza, sorprendieron a la débil guardia y los enviaron sin hacerles daño a *el-Aly*. Luego forzaron las habitaciones selladas y saquearon los almacenes del Hach y de los soldados del *Yurdi* donde se guardaban las provisiones destinadas al avituallamiento de todos los *qel-las* a partir de Meda'in Salih. Aquel año las tribus no dejaron pasar en paz a la caravana y otros *qel-las* fueron igualmente sorprendidos y asaltados; los W. Ali tomaron casi al mismo tiempo el *qel-la* que hay a continuación de Meda'in Salih y el de Sújwa. Los bedu argumentaban que no hacían más que reclamar lo suyo, la costumbre del *surra* o pago del derecho de paso no podía quebrantarse. Al año siguiente, fue enviado con el Hach un escuadrón de caballería sirio para proteger los caravasares, que instaló sus reales en el-Ali; pero nada más alejarse de allí la caravana, los beduinos (sobre todo los W. Ali) rodearon el oasis y mantuvieron el sitio hasta el segundo año. En una ocasión pregunté a los beduinos: «¿De qué servirían todas vuestras amenazas si el guardián de la torre decidiera cerrar sus sólidas puertas?». A los árabes no se les ocurriría romper el revestimiento de hierro empleando una viga como ariete o utilizar leña para quemar la madera de la puerta, ni emprender ninguna acción osada que pudiera poner en peligro sus desventuradas vidas ante unos muros bien defendidos. Me contestaron: «El *qel-la* no puede estar siempre cerrado y los beduinos disponemos de muchos trucos astutos, de uno u otro modo, aunque fuera mediante una *zubiha* (regalo de una oveja u otro animal para el sacrificio) nos las arreglaríamos para cogerles desprevenidos».

El guardián (*mohafuz*) de este *qel-la* era *Hach Nechm* un moro viejo de Fez; los otros porteros eran *Hach Hasan*, un moro de Marruecos que había pertenecido antes a la guarnición de la torre y que, llegado con nosotros en peregrinación desde Damasco, se había quedado a petición de su paisano Nechm. *Abd el-Qáder* (Servidor del Todopoderoso) un joven, llamado como el noble príncipe argelino e hijo de uno de sus administradores, que había empezado a relacionarse con los *muatterín* de Damasco, por lo que su "tío" (cuya venerable autoridad sobre la emigración mora es absoluta) había enviado al díscolo a pasar un año en el desierto bajo la vigilancia de *Mohammed Ali*. Un cuarto era Mohammed, un muchacho medio beduino, hijo de un guardián damasceno de un *qel-la* con una mujer nómada; además, había un esclavo y otro pobre hombre enviado para guardar el agua de Moaddam.

Los moros hacían armados la ronda por la torre entre los traicioneros beduinos; *Hach Nechm* se sentaba en la habitación del café en medio de sus huéspedes nómadas con el arcabuz cruzado sobre las rodillas. Era viejo y débil, de todos ellos el único hombre enérgico era Hasan. Aquel fortachón se pasaba el día ocupado en sus tareas, canturreando y sonriendo para sí con un inquebrantable buen humor. Era un tipo despierto y seguro de sí mismo, capaz de desentrañar con facilidad todo tipo de mañas, aunque algo bárbaro y estrecho de miras, su cabezonería hacía que Mohammed Ali le gritara: «¡Wel-lá, estás hecho un *Berber*, Hasan!» (los beréberes son a menudo rubios y de ojos azules, herencia de los primeros habitantes de Berbería). Había pasado doce años en el este y aunque su aspecto era el de un hombre de mediana edad sus ojos delataban a un hombre de más de cincuenta, «¿Y qué (decía entre risas), si mi corazón se mantiene joven?». Los moros son de natural errabundos. Muchos, ataviados con el *burnús* blanco, acuden a La Meca en cada peregrinación; desde allí se dispersan hacia Siria y Mesopotamia y por todo el este arábigo en busca de trabajo y fortuna. Desempeñan sus viejos quehaceres en tierras nuevas y cuando no encuentran ocupación (todos tienen inclinación por las armas) se alistan como soldados. Debido a su naturaleza acre y circunspecta, se les suele contratar como soldados para cuidar de los huertos en Damasco, pero hay muchas otras responsabilidades privadas que se les encomiendan también a los decididos magrebíes. Estos occidentales se reconocen por su habla áspera y gutural y por sus voces extranjeras.

Nechm llevaba mucho tiempo por estos pagos y más que viejo se había ido haciendo achacoso, por lo que no le quedaban esperanzas de regresar a su Fez natal, aquellas tierras felices de las que hablaba constantemente con sonriente simplicidad. Había recorrido todas las tierras de Berbería, conocía incluso el *sáhara* argelino, había prestado servicio en Túnez; luego en Egipto, Nilo arriba; luego fue soldado en Siria y, por último, en el servicio del hach, en el campamento de Maan. Aunque ferviente musulmán, había visto y vivido lo suficiente para ser tolerante y me recibió con amabilidad. «Los *Engleys* (decía) de Yebel Tar (Gibraltar) eran vecinos de mi pueblo en el estrecho.» Prefería a los *Engleys* antes que a los Stambulíes, turcos corruptos y malos musulmanes. El año pasado sin ir más lejos, el *Sir Amín* les dejó una bota de vino en el *qel-la* hasta su regreso. «¡Quién bebe de lo prohibido para un musulmán es un hombre maldito!» Era padre de dos niñas, pero no parecía tenerles mucho cariño; la descendencia femenina es una carga y motivo de pocas alegrías para las familias musulmanas pobres, pues el padre al final no recibirá más que una pequeña dote cuando se separen de su casa.

El destino había previsto una vida infeliz para Mohammed, era un muchacho vano y tímido, un jovenzuelo ambicioso sin la voluntad ni la virtud necesarias. Era un zascandil en el trabajo y un haragán por las mañanas. Una vez oí a Mohammed Ali reprenderle de este modo: «Hijo mío, es bueno levantarse (cuando despunta el día) a la hora de la oración matutina. Es cuando se van los ángeles de la noche y cuando llegan los ángeles del día, pero si uno se entretiene y se queda durmiendo es cuando Satán entra en él. No sé si sabrás que, en cierta ocasión, tuve a un muchacho en la servidumbre, un nasraní que, a pesar de que se lavaba la cabeza con jabón y se peinaba el cabello, siempre tenía el rostro hinchado y pálido, wel-lá, como un puerco; si te fijas en ellos por las mañanas, verás que todos los *nasara* son como puercos».

El joven *Abd el-Qáder* no es que fuera malo sino más bien ignorante (*jáhil*) y muy corpulento, tanto que Hasan dijo un día al verlo: «La cabezota de *Abd el-Qáder* es tan grande como la de nuestra mula pero la de él no tiene nada dentro». Así siguieron tomándole el pelo hasta sacar de quicio al pobre muchacho, al final acabaron por enviarlo a cuidar del agua de B. Moaddam con el otro.

Mohammed Ali (de apellido) *el-Mahyub*, supervisor de los *qel-las* entre Tebuk y el-Medina era un rufián simpático y cruel, algo cabeza hueca, cuya naturaleza en parte amable y en parte violenta se había echado a perder (como le ocurre a tantos de su mismo temperamento) en la escuela del gobierno turco; era analfabeto. Su familia procedía de una región montañosa ("de sanas y antiguas costumbres", según decía) de Argelia; tras la conquista, prefirieron embarcar en los barcos fletados por el gobierno francés para llevarlos a Siria, antes que convertirse en súbditos de los *nasara*. Entre sus ancestros, la tradición aseguraba que «mucho tiempo atrás habían vivido en las tierras de los alrededores de Maan, donde también Moisés pastoreó los rebaños del profeta Jetró[12]; los B. Israel se las arrebataron». Se incorporó al servicio militar y luchó y sufrió con las tropas sirias durante la terrible *yihad* librada

12. Éxodo 3:1

contra los moscovitas en el Cáucaso, donde lo hirieron en dos ocasiones. Por lo que pude ver, pues él mismo me lo mostró, el disparo le entró por la espalda y las viejas heridas seguían incomodándolo con el mal tiempo. Después, al mando de una pequeña tropa de jinetes, sirvió en Palestina y en las tierras que hay más allá del Jordán donde unió su fortuna a la de Mohammed Saíd, a quien le debía su cargo actual. Cuando estaba de humor, aquel feroz soldado podía ser justo y razonable, incluso las aguas más turbulentas se remansan alguna vez, y en esos momentos casi parecía humano; tanto los mejores como los peores musulmanes son capaces de argumentar con religiosidad. Tenía por incomparable el valor de los magrebíes y era peligroso llevarle la contraria; cuando se enfadaba era como un tigre y sus crueldades lo habían hecho conocido en aquella parte del camino. En cierta ocasión, cuando era teniente en Maan, había mandado ahorcar (y aún se vanagloriaba de ello) a tres hombres. Luego, cuando le encargaron construir una torre sobre el manantial del *qel-la* Medowwara para resguardar el agua de la hostilidad de los árabes, tomó prisioneros a unos cuantos jeques bajo la acusación de haber saqueado el Hach y los encerró en la torre a pan y agua; todos los días hacía moler cierta cantidad de grano con un molinillo (de un peso considerable) sobre sus pechos, hasta que terminaron por ceder a tales tormentos, que soportaron con viril entereza, y aceptaron pedir que les enviaran el rescate que les exigió. Entrado ya en años, tenía el cuerpo envejecido, enfermo y lleno de úlceras, por lo que daba la impresión de que no viviría mucho, y un rostro sañudo y ensombrecido por su alma vana y enferma; al hablar, chillaba con una voz penetrante como la de un *gul*. Su negro corazón, gobernado por una cabeza tan débil, era motivo de constante sobresalto para todos en la soledad del *qel-la*. Cuando le interesaba, era capaz de disertar (incluso con cierta elocuencia erudita) empleando siempre las palabras justas. Poca cosa más aprenden los orientales en los días ociosos que pasan tomando café en compañía masculina; en esa escuela de observación infinita de las miserias humanas se ejercitan para hablar apelando directamente al corazón de los otros. Durante dos largos meses, escuchamos sus historias, sazonadas de refranes que reflejaban el saber popular, y que parecían no tener fin. Con tanto realismo las contaba, que mejorarlas parecía tarea imposible y muchas se inspiraban en su variopinta existencia. De estilo licencioso y cuartelero y ahora, con el seso extraviado, por los instintos brutales y enloquecidos y otras compunciones de una vida malgastada, parecía que (de haber tenido ocasión) aquel carcamal hubiese podido ser otro Tiberio el viejo. A pesar de todo, era tan devoto como sólo pueden serlo ellos y muy escrupuloso en lo tocante a su religión; le pesaba mucho en la conciencia tener que llamar *Jalíl* al nasraní, y se propuso llamarme Ibrahim cinco de cada seis veces. Retornaba siempre con una solemnidad pasmosa a sus oraciones en las que le parecía saborear un dulce anticipo del Paraíso, ése era su único solaz en los desiertos de su mente corrompida. Aunque él mismo era peor que un escorpión, no dudaba en censurar la criminal administración otomana ni en criticar todos sus delitos; estaba inscrito en el registro de súbditos franco-argelinos de Damasco, para disponer de una última guarida en la que refugiarse si las cosas se ponían feas con el *Dowla*; en tierras turcas, quienes tienen derecho a ello, acuden con presteza a los consulados extranjeros en busca de protección.

Los nómadas tienen una pésima opinión del gobierno turco del Hach, en vista del comportamiento tiránico y brutal de sus pretendidos administradores. A su vez, los habitantes de las ciudades los tienen a ellos por una abyecta banda de ladrones. Si algún nómada es cogido en falta, se oye la voz del ángel exterminador gritando la orden militar: «Llevaos a este bedawí y atadlo a la rueda del cañón». Mohammed Ali estaba loco de orgullo moruno y lleno de resentimiento; tan sólo un año antes había mantenido una disputa, aquí en medio del desierto, con el Pachá del Hach. Las mercancías del gobierno y los aparejos de los mukkowem se suelen depositar en una cámara sellada del *qel-la*, y el Pachá envió una bolsa de reales del dinero público para que se la guardaran junto con lo demás. A su regresó mandó a su sirviente para que recogiera el dinero. El hombre, mientras la sopesaba en la mano, imaginó que habrían aligerado la bolsa, pues los árabes están siempre llenos de suspicacias, y empezó a acusar a Mohammed Ali; pero el moro, desenvainó la cimitarra y acuchilló al irreflexivo criado desarmado, lo sacó arrastrándolo de los talones y entre frenéticas maldiciones ordenó cerrar la puerta de hierro. El Pachá mandó llamar a Mohammed Ali a su presencia para dar cuenta de aquel ultraje, pero el moro, con el corazón todavía encendido, juró que no acudiría hasta que su honor hubiese sido reparado. «¡Fuera de aquí, y decidle al Pachá de parte de Mohammed Ali que si Mohammed Saíd dispone de cañones, también yo tengo artillería en la terraza del *qel-la*, por Dios Todopoderoso que resistiremos hasta el último hombre; que no olvide que somos *mogreba*!» Aquello era obrar mal y despreciar a un amigo, pero contaba con que sus servicios lo recomendarían ante el Pachá; en caso contrario, podría excusarse mostrando las heridas sufridas por la sagrada causa. Y siempre podría alegar: «Wel-lá, que no estaba del todo bien de la cabeza y que era un mogrebi», es decir, alguien de naturaleza colérica y generosidad irreflexiva; en el peor de los casos podría desafiar su ira demostrándole que era extranjero y súbdito francés. Su artillería (así son todas las bravatas de los árabes) eran dos piezas muy pequeñas carcomidas por el óxido que, por su tosquedad, podría haber fabricado algún herrero nómada; las habían traído años atrás del *Borj*, una torre antigua que había a media milla de distancia, en dirección a los monumentos, y que se decía que se habían empleado en una antigua disputa entre los *Annezy* y los de la tribu de los *Harb*.

Antes de que se fuesen los árabes, su jeque Motlog llegó preguntando por mí: *Wen-hu, wen-hu*, «¿dónde está ese *dowlany* o enviado del gobierno?». Atravesó mi puerta y vi a un beduino moreno que miraba ceñudo y de modo algo extraño a quien tenía por un *gomany*, un enemigo. Mohammed Ali les había dicho que yo era un *Sir Amín*, un secretario mandado por el gobierno con alguna misión. Poco duró aquel engaño, porque como los musulmanes rezan en público y nadie vio rezar a Jalil, enseguida se dieron cuenta de que no era de su misma religión. Mohammed Ali odiaba a todas las demás y era muy celoso del creciente despotismo ejercido en el mundo por los peligrosos *nasara*. Eso les hace meditar con feroz pesimismo acerca de la decadencia del Islam militante. Pero aun así me trataba con amabilidad, como un indulgente filósofo de natural tolerante en lo relativo a la religión. Ésos eran los habitantes del *qel-la*, una torre cuadrada de setenta pies de lado. El interior de estos caravasares es pintoresco y todos los que visité me parecieron idénticos. En el centro hay un patio con el pozo, alrededor están el establo, el almacén y la habitación donde se guarda el forraje. Unas escaleras llevan a una galería que rodea el piso superior, donde, orientadas al sur y al norte hay pequeñas celdas de piedra. Otro tramo de escaleras lleva de la galería a la terraza del tejado, donde puede acudir rápidamente la guarnición si se hace necesaria la defensa del *qel-la*.

El derviche pobre

Los beduinos habían partido. Una noche, estábamos sentados en la pequeña habitación del café (que está en la galería de arriba), junto al fuego invernal de madera seca de acacia, cuando, entre el repiqueteo del molinillo del café, ¡nos pareció oír a alguien que gritaba a través de la aspillera! Todos escuchamos…, una voz hueca nos llamaba desfallecida. Mohammed Ali le contestó en turco, que había aprendido durante su vida de soldado, le respondieron en el mismo idioma. «Ah», dijo el agá apartando la cabeza, «es algún pobre hach; vamos, Hasan, y tú, Mohammed, baja a abrir la puerta». Y todos se apresuraron con devoción religiosa para permitir la entrada al desdichado peregrino. Ante nosotros trajeron a un pobre hombre de buena presencia, algo entrado en años y casi desnudo, que temblaba debido al relente nocturno. Era un derviche turco que había caminado hasta allí, desde su pueblo en Asia Menor, una distancia de casi seiscientas millas; pero, aunque robusto, carecía de la suficiente resistencia para tan largo camino. Enfermó poco después de Maan y, cuando el Hach partió de Medowwara, dejó tras él al pobre hombre cuando dormía en medio del desierto, ¡desde entonces había recorrido dificultosamente aquellas doscientas millas a través del desierto siguiendo las huellas de la caravana y descansando tan sólo en los *qel-las*! El viajero, exhausto y solitario, no podría alcanzar ya los *hayyach* que se alejaban continuamente de él a marchas forzadas. Mohammed Ali le trajo un manto de fieltro de Alepo para que el pobre derviche, que había sido desvalijado por los árabes tres horas antes de llegar a Meda'in, pudiera protegerse del frío.

Todos lo recibieron con mucha amabilidad y, mientras le preparaban la cena, lo consolaron asegurándole que el año siguiente, si así le placía a Alá, podría completar la peregrinación sagrada, ahora más le valía quedarse con ellos donde lo mantendrían durante los dos meses y medio que faltaban hasta el regreso del Hach. ¡Pero él no quiso ni oír hablar del asunto! Había dejado su hogar para pasar penurias en países lejanos, y no vería las ciudades venturosas ni regresaría jamás. El palmero se sentó junto al fuego con agradecimiento devoto y honesta humildad. Devuelto a la fraternidad de los hombres, demostró ser un pobre hombre inocente y amable. Cuando volvimos a animarnos, uno de los nómadas de la puerta tarareó la música del desierto: despegó los labios tratando de contentarnos y empezó a berrear orgulloso su canción beduina al son de los graves acordes del rabel. Se trataba de *Wadi*, de los beduinos Feyir, un tipo atractivo de rostro atezado que estaba sentado con nosotros a la luz de la lumbre. Había vivido un año en Damasco y, pese a su aspecto honrado, se había convertido en un granuja y un felón. Era de sangre ilustre y gracias a su semblante noble y distendido parecía que le sonriera la fortuna, pero el desdichado no tenía camellos así que su tienda estaba montada perpetuamente frente al *qel-la*; rondaba más que las moscas por la habitación del café, ponía los ojos en blanco y adulaba a cada minuto a Mohammed Ali, mostrando sus dientes blancos y asintiendo con un *¡Alá Ajbar!*, «¡Dios es grande!», a todos los sabios dictámenes del gran señor del *qel-la*.

Envuelto en su manto, el pobre derviche se pasó el día sentado, descansando dulcemente de las fatigas pasadas. A la tercera mañana, la última a la que obliga la hospitalidad, ya estaban hartos de él: Mohammed Ali le puso en la mano un hatillo con comida, le echó al hombro un odre pequeño, le mostró el camino, se despidió y le animó a seguir como pudiera las huellas de la caravana. Las miserias del Hach son infinitas; para los pobres, la religión es una promesa de dichas venideras y entre ellos hay muchos que son casi indigentes. ¡Cuánto dolor han supuesto, año tras año, para miles de desdichados las palabras de ese árabe fatídico que declaró ser el mensajero de Alá!

La muerte por sed. ¡El ismaelí fatídico!

Pronto vinieron beduinos que habían visto a nuestro derviche seguir lentamente el camino del hach. El tiempo estaba despejado y el sol invernal calentaba bastante a mediodía, pero la estación era demasiado fría para que un hombre tan exhausto pasase la noche al raso. Semanas después, llegaron otros beduinos procedentes de Medina y les preguntamos si habían visto a nuestro derviche. Al oír cómo iba vestido contestaron: «Sí, *bil-lá*, nos lo encontramos muerto encima de su capote, junto al camino, cerca de *Sawra* (no muy lejos de allí), casi a la vista del *qel-la*». Sus benefactores lamentaron que aquél a quien habían despedido con vida fuera hoy un cadáver en medio del desierto, pues algún día ellos podrían correr el mismo destino. Todas las voces dijeron al unísono: «¡Murió de sed!». Suponían que se le habría derramado el agua del odre, que debía pender penosamente de su débil cuello en las calurosas mañanas. La visión de un viajero desventurado, caído y abandonado durante la peregrinación, no era nueva para los nómadas; a menudo (se lo he oído contar a los propios beduinos) ven a las hienas esperando con la mirada fija y las fauces entreabiertas para devorarlos tan pronto como su cuerpo tibio exhale el último aliento. Pasan de largo, los beduinos no albergan ningún sentimiento piadoso o caritativo que les impulse a enterrar a un extraño sin recibir nada a cambio. Mohammed Ali me explicó que no hay ningún Hach en el que no desfallezcan algunos y se les deje atrás para morir. Donde más sufren es entre las dos ciudades sagradas del *Harameyn* «donde, ¡oh, Jalil!, las murallas se alzan a ambos lados como muros hasta el cielo». El aire estancado no ofrece ninguna protección ante el sol desnudo, cuando el simún sopla sin aliento sobre ellos, caen vencidos y acaban asfixiándose. No es que falte el agua, ni siquiera en los tramos más calurosos, pero los malditos beduinos no dejan beber a los viajeros, salvo a cambio de más y más presentes de los pachás turcos; la cosa no tiene remedio y atravesar este valle de la muerte no pone fin a tantas tribulaciones. El campamento está demasiado lejos de La Meca y un enjambre de pobres extranjeros debe buscar alojamiento en la ciudad santa donde no es raro que muchos se hacinen en habitaciones angostas. La mayoría llegan con la salud afectada y debilitados por el largo viaje y es normal que aparezcan graves y horrorosas enfermedades. ¡De La Meca han partido muchas pestilencias hacia el resto del mundo!

La importancia del éxito de la facción religiosa de Mahoma ha sido, sin duda, enorme. Las viejas costumbres semíticas se reformularon bajo el sello espurio del alma árabe (libre, expeditiva y turbulenta) y se compendiaron para producir una sobria norma de vida, (una deleitable congruencia carnal situada al nivel de las posibilidades humanas). ¿Acaso no son las enseñanzas de Mahoma la principal creencia de una décima parte de la humanidad? ¿Cómo sería hoy el mundo si el fatídico ismaelí no hubiera abierto la boca? Incluso una religión estulta capaz de arraigar en una multitud de hombres es una fuerza de crucial importancia en este mundo injusto. ¡Los vínculos que unen a millones de personas en la vida y en la muerte son peligrosos! El Islam y la comunidad de los judíos son como grandes conjuras secretas, solo se profesan amistad entre ellos y ante los demás su corazón se muestra duro, inicuo, desleal e implacable. Pero la causa de que la rápida maduración del mahometanismo no produjera también su decadencia fue la religión preislámica de la kaaba.

El jeque Zeyd. Los monumentos

Pasaron los días y Mohammed Ali siguió diciéndome cada noche que por la mañana me acompañaría a los monumentos. Eran promesas de turco, tenía que vérmelas con alguien que en su interior ya había devorado al nasraní: en Siria le había maravillado la extraña candidez de ciertos viajeros francos al comprar "antigüedades". «¿Qué me darás si te llevo a ver los monumentos?», decía, «recuerda que soy tu única protección en este desierto. Si yo no se lo impidiera, muchos en el *qel-la* tratarían de matarte, por Dios Todopoderoso que digo la verdad». Le contesté que fijara su precio y que le enviaría el dinero desde Damasco, pero las promesas lejanas difícilmente serán aceptadas por un árabe, viven en un mundo tan desleal que ellos mismos prestan poco crédito a los juramentos más solemnes.

Entonces llegó del desierto Zeyd, un jeque de los beduinos Feyir, montado en un dromedario con su escudero a la grupa y su hijo más joven a lomos de una yegua. Zeyd había estado en Damasco y había aprendido todas las malas artes otomanas y a asegurarse, mediante sobornos, el favor de los funcionarios. Dos años antes, parió su yegua y, al comprobar que no había dado a luz a una potra (no creen que los machos valgan lo que un cuartillo de leche de camella), el zorro del desierto Zeyd le entregó el potrillo al lobo moruno Mohammed Ali y el *qel-layí* viajó desde Siria montado en su ahora joven y fuerte alazán. Nada había vuelto a oír Zeyd del asunto, salvo aduladoras promesas, y ahora ambos esperaban que aquel asunto del nasraní sirviera para saldar las cuentas que tenían pendientes. «Jalil, dale a Zeyd diez libras y te llevará en su yegua a visitar los monumentos.» El más lejano está a menos de dos millas de la torre y la mayoría quedan a menos de una milla de distancia. Zeyd pretendía que había no sé qué cosas que ver «en *Bir el-Ganem*, donde hubimos de llevar a un *rafiq* de los *Bil-lí* arab». Lo único cierto es que aseguran eso de toda la región de el-Hechr, que se extiende, durante casi treinta millas, entre Mubrak en-Naga y *Bir el-Ganem* y que, a lo largo de la antigua ruta comercial, hay ruinas de pueblos incluso hasta llegar a el-Medina. Pero todos los nómadas admiten que en ninguno de esos sitios hay *byut* o *beban*, esto es, habitaciones excavadas en la roca, como las del el-Hechr o Meda'in Salih.

Zeyd se había dedicado a recorrer las tiendas de los de su tribu y los había comprometido a todos con la fórmula, *Yirak*, "soy tu vecino". Si rechazaba a Zeyd, no podría contratar a ninguno. La suerte estaba echada: estábamos destinados a ser compañeros durante una larga temporada. Zeyd era un jeque del desierto muy moreno, casi negro, de edad y estatura medianas, y rostro severo y roído por el hambre. Una tez tan oscura no está bien vista por los árabes, que en estas tierras altas son más bien rubicundos que morenos. Consideran que se parece a la sangre innoble de las razas esclavas y por ello incluso el pelo crespo y ensortijado es para ellos una deformidad. Recordemos que, en los Cantares, la amada excusa la morenez de sus hermosos rasgos: «Tengo la tez morena, pero hermosa, muchachas de Jerusalén, como las tiendas de los bedu, los pabellones de Salomón»[13] y ensalza la blancura rubicunda de su amante. El negro, la privación de la luz, es el color de la muerte *(mawt el-eswad)* y, por similitud, del mal y la calamidad; del corazón del malvado se dice que es negro *(kalb el-eswad)*. Según esta fantasía, el día del Juicio Final, el Juez Supremo no oirá en audiencia a todas las almas de un mar de generaciones, sino que, merced al pragmatismo de los árabes, el mal aparecerá marcado en su rostro como una horrible negrura. En el evangelio se dice que las ovejas serán separadas de las cabras[14] —hay ahí cierta diferencia de color— y que los justos brillarán como el sol[15]. Los árabes dicen de un hombre sin tacha, *kalbhu abiya*, "su corazón es blanco", de forma parecida nosotros decimos que es "cándido". Zeyd se expresaba con la voz más profunda que oí jamás salir de garganta humana; a semejante personaje beduino cualquier gran pintor podría haberlo retratado como a un ismaelí del desierto. Tenía los pómulos hundidos y sus ojos miraban con sobriedad desde esa región sin ley de la hambruna, donde todo su alimento eran el café desde por la mañana y el tabaco y donde la mayor virtud para un beduino es *es-subbor*, soportar valerosa y pacientemente el hambre. «*Aha, wella* (decía Zeyd) *el-arab fasidín*, "los nómadas son disolutos y también lo es el *Dowla*"», el mal estaba en su propia alma; aquel filósofo beduino contemplaba las tribulaciones humanas con tolerante incredulidad. Aunque era un jeque de noble cuna, no gozaba de buena reputación entre los de su tribu;

13. Cantar de los cantares 1:5.
14. Mateo 25:32.
15. Mateo 13:43.

era cicatero en su hospitalidad y ello es motivo de reproche entre los nómadas del desierto vacío. Como corresponde a un hombre del *mechlis* educado, desde su juventud, en la intachable escuela del parlamento de la tribu, era comprensivo y amplio de miras, nada en Zeyd era bárbaro o grosero, su manera de comportarse tenía la graciosa altivez de los animales salvajes. En él no vi ni rastro del mal humor de los fanáticos. Era capaz de hablar conmigo con una sonrisa acerca de la intolerancia de sus paisanos; a él le bastaba con pensar que bastante se ocupaba Alá del gobierno del mundo para que los hombres se inmiscuyeran también en ello. Aunque viril, no era temerario y nunca se habría arriesgado a nada de forma irreflexiva. Su actitud en casa era *meskín* y de una sórdida avaricia, era precavido como todo beduino y no muy previsor. La amistad de Zeyd era fundamentalmente sincera y no había que temerlo como enemigo. Zeyd sabía ser generoso si no le costaba nada serlo, y debido a su indolente prudencia de jeque, le costaba implicarse en asuntos poco provechosos.

Zeyd (tales eran sus mañas del desierto) había traído cinco bocas que alimentar al *qel-la*, semejante hospitalidad era una carga para sus anfitriones y Mohammed Ali, que vio cómo la jugada se volvía contra él, vino por la mañana a mi habitación muy cariacontecido. Me preguntó si sabía que todo ese grano había que traerlo a lomos de camello desde Damasco. Desconocedor de sus ardides, le contesté que no era yo quien los había llamado y me gritó: «¡Ponte de acuerdo con él y no le entretengas más, Jalil, es un jeque de los árabes, ¿acaso no sabes que el corazón de todo beduino está con su familia y que, durante su ausencia no conoce el descanso, pues su ganado está solo en el desierto?». Le pregunté si no sería mejor que, en lugar de seguir discutiendo, me enseñaran los monumentos. «Lo que dices es razonable», contestó, «Zeyd debería llevarte al bébán más cercano. Y recuerda, Jalil, que nunca antes se vio a un cristiano por estas tierras (casi a las puertas de los lugares sagrados)». Le contesté poniendo la mano sobre los toscos sillares del *qel-la*, «sin embargo, estos muros levantados por manos cristianas atestiguan lo contrario». «Dices bien, aquí todos somos tus amigos. Nasraní o musulmán, Jalil, ahora eres uno de los nuestros, wel-lá, no toleraríamos a ningún otro. Pero ahora ve con Zeyd, y ya llegaréis a un acuerdo después; en caso contrario, yo mismo te enviaré a ver los monumentos con alguien del *qel-la.*»

Al cabo de media milla, llegamos a unos pozos antiguos que hoy sirven de abrevadero a los beduinos de la comarca. Son tan profundos como el pozo del *qel-la*, y tienen una boca de diez o doce pies de anchura, el pretil es cuadrado por un lado, como si hubiese habido allí algún entarimado del antiguo sistema de irrigación. El borde del pozo, revestido de toscos sillares de piedra seca, está profundamente arañado por las blandas cuerdas de muchas generaciones de nómadas (¿quién podría ver algo así sin emocionarse?). Entonces, a poca distancia, pude distinguir el primer monumento y otro excavado más arriba, como el remate de un gran frontispicio, en un lugar donde sólo hay una puerta ciega que no lleva a ninguna habitación y apenas penetra en la roca. Dicha ambiciosa estructura tiene setenta pies de anchura y se la conoce por *Qasr el-Bint*, "el aposento de la doncella". No es, como pretenden algunos, inaccesible; pues mis compañeros subieron descalzos por unos antiguos escalones, que había en un extremo del acantilado, y treparon hasta el borde mismo de la cornisa rocosa. Desde abajo, vi aquel frontispicio, situado a una altura espantosa y de una solemnidad y simetría diáfanas, coronado con los mismos extraños pináculos de los monumentos de Petra; también la roca es la misma arenisca blanda y amarillo grisácea con vetas arenosas y pequeños gránulos de cuarzo. En Arabia, la palabra *Qasr*, en plural *qusur*, suele tener el sentido de "morada permanente", ya sea de piedra o de barro, frente a *beyt shaar*, la tienda de pelo de camello, o vivienda portátil, de los nómadas. Así, incluso a las cabañas de adobe que se ven alrededor de algunas sementeras en el desierto, y que no suelen estar continuamente habitadas, se las llama *qusur*. En *Hayil* y *er-Riyad* la residencia del príncipe recibe el nombre de *el-Qasr*, "alcázar". En algunos pueblos del desierto, el *Qasr* es un grupo de casas rodeado por una albarrada; del pueblo de *Semira* se dice que "son tres *qusur*". Cualquier edificio fortificado para su defensa y protección (tales reductos son muy comunes en Arabia) se llaman gella, derivado de *qel-la*. La palabra *Borj (purg-)*, torre de defensa, de origen claramente extranjero, no la oí nunca en el *Nechd* árabe.

Dejando la roca del *Borj* a nuestras espaldas, llegamos a un monumento principal; en la portada había una lápida con una inscripción ¡y un pájaro! que son típicos de los frontispicios del Hechr; la anchura de toda la estructura, incluyendo las cornisas y las columnas, es de veintidós pies. Me pregunté qué dormido acertijo entrañarían aquellas letras extrañas y dificultosas que había ido a buscar hasta tan lejos. Todo el conjunto está tallado en la roca, primero se excavó un hueco en el blando acantilado, y en su centro se esculpió aquel monumento en forma de templo. El estilo parece corintio; los pináculos escalonados, una ornamentación asiática que parece extraña a nuestros ojos, los he visto en las casas de adobe de Hayil. Varias pilastras sirven de puntales de la estructura, los capiteles son de un estilo extrañamente severo, cuadrados y vaciados al mismo tiempo, como los de Petra. En el centro de este falso templo hay esculpido un majestuoso pórtico con los mismos ornamentos que en el resto. Al entrar, descubrí una cámara cavernosa toscamente tallada, no muy alta y que no se correspondía con la dignidad del frontispicio (estamos en el interior de un sepulcro). En la penumbra de la habitación distinguí ciertos nichos murales o *loculi*; el suelo está cubierto de arena arrastrada por el viento. Se me ocurrió que, con la ayuda de un telescopio, podría transcribir la inscripción que aparecía levemente desdibujada bajo la luz del sol; pero un enjambre de moscas me tapaba los ojos a cada momento; había verdaderas nubes y ello se debía, según me dijeron los árabes, a que en los últimos años no había caído nada de lluvia.

A mediodía hacía un calor bochornoso, la arena reverberaba y el aire se estancaba bajo los monumentos abrasados por el sol mientras los repulsivos insectos pululaban, atraídos por el olor de los antiguos sepulcros. Zeyd no quiso ir más allá, dijo que hacía demasiado calor y que estaba cansado. Regresamos a través de las rocas del *Borj*; y en el paso vimos algunos monumentos más, que también son dignos de interés entre los frontispicios de el-Hechr y que, al no estar demasiado lejos del campamento y del *qel-la*, son los primeros que visitan algunos hachyíes curiosos. Debajo del pórtico de uno de ellos, sobre el dintel de la puerta, hay esculpidos a manera de columnas unos animales de cuatro patas, es el único con tal singularidad. Los laterales de los zócalos de otro se caracterizan a su vez por estar ornamentados con grifos. En él y en varios más, la lápida está adornada con la filigrana de una flor (tal vez de granado) con seis pétalos. En la estela situada sobre el dintel de un tercero, hay esculpida en bajorrelieve la grácil efigie de un pájaro cuya cabeza aún se conserva. El resto de los pájaros esculpidos de los monumentos, están tallados en altorrelieve de pie sobre un pedestal cincelado sobre el muro del frontispicio que sale del borde del pedimento; pero, sea por las pedradas ociosas de muchas generaciones de pastores o debido al inexorable paso del tiempo, en ninguno más se ha preservado la cabeza. Después de entrar en muchos monumentos, me di cuenta de que todas las habitaciones eran sepulcrales. Los *loculi* murales tallados en las paredes de los toscos habitáculos, parecen estantes pensados, por su longitud, para albergar cuerpos humanos de diversas tallas, desde niños a adultos; no obstante, su profundidad es tan escasa que, probablemente, no servían para recibir a los muertos. En las rocas del suelo hay fosas hundidas, repletas de huesos humanos, también hay huesos desperdigados por la arena del suelo. En algunos monumentos, un repulsivo hedor momificado inunda las fosas de la nariz; sólo con pasar unos minutos en su interior daba la impresión de que un olor fétido impregnaba nuestras ropas. En otro monumento, *Beyt es-Sheyj*, encontramos la arena del suelo cubierta de harapos medio podridos que estremecía el viento, ¡al ir a recogerlos, me dí cuenta de que eran las mortajas de los huesos resecos de las tumbas!

«Jalil», me dijo Mohammed Ali, «mi consejo es que le pagues a Zeyd trescientas piastras». Yo consentí en ello, pero el jeque no tenía intención de aceptar menos de mil. De haber cedido a su extraordinaria avaricia, el rumor se habría extendido por la región y habría hecho mis viajes mucho más peligrosos en el futuro. Sin embargo, cuando Zeyd partió, le entregué cierta cantidad a modo de adelanto, para que no volviera a su casa ultrajado, y me prometió que, al regreso del Hach, volvería para llevarme a vivir con él entre los bedu. Zeyd esperaba sacar algún provecho de mi habilidad para vacunar. Al agá le rondaban otras cosas por la cabeza: ambicionaba hacerse con mi rifle, una carabina de la caballería inglesa, en regiones tan inseguras como éstas las buenas armas son muy apreciadas. «Si me la das, Jalil, haré que todos los días te acompañe alguien del *qel-la* hasta que hayas visto cuanto desees los monumentos y después te llevaré a ver otros en *el-Aly* y si quisieras conocer a Ibn Rashid trataré de mandarte allí también...»

...A continuación, visitamos las rocas occidentales, *Q'sur o Qusur B'zeyny*, nombre que reciben también el resto de los monumentos del Hechr "a excepción del *Beyt es-Saní*". En las peñas y salientes de este roquedo hay muchos frontispicios más, todos tallados en el mismo estilo artificioso, muchos con águilas, algunos sin epitafio, en varios las tabletas aún están por escribir. Ciertos frontispicios están erosionados y casi borrados por las inclemencias del tiempo.

"Las Ciudades de Salih" son estos despeñaderos cuajados de monumentos. Llevábamos ya cinco horas fuera y mis compañeros, armados con sus largos fusiles de chispa, apenas me permitían quedarme en ningún sitio más de lo que dura un suspiro, repitiendo: «Estos parajes son mucho más peligrosos de lo que te imaginas; los beduinos podrían caer sobre nosotros desde cualquiera de esas rocas y cuevas». La vida de los árabes está plagada de suspicacias, constantemente miraban a su alrededor y volvían la cabeza con aprensión; también *Hach Nechm* que, en cierta ocasión, había derramado la sangre de los Welad Ali, tenía pavor a que le sorprendieran fuera del *qel-la*. El suelo del llano por donde pasamos, entre acantilados y monumentos, está cubierto de fragmentos de cerámica y cristal roto. Recogimos también ciertas piezas de cobre que los beduinos llaman *himmarit* (tal vez *Himyariát*) y que son antiguas monedas oxidadas. No es frecuente que los árabes encuentren monedas de plata y oro en los lugares donde pernoctan los camellos; aunque, treinta años antes, un rústico de *el-Aly* descubrió en un recipiente de piedra casi un quintal de monedas de plata antiguas. Otros dos hombres de la tribu de W. Ali, a quienes llegué a conocer, también habían encontrado tiempo atrás un tesoro semejante. Algunos de los *himmarit* himyaríticos no están corroídos del todo y tienen estampada una lechuza ateniense, toscamente imitada de las monedas griegas. Los fragmentos de cerámica y cristal roto son prácticamente indestructibles y se encuentran en casi todos los yacimientos de Arabia, en la actualidad nadie emplea ya enseres tan frágiles sino que los recipientes son de madera o de cobre. ¡La Arabia de las grandes rutas comerciales de la antigüedad era mucho más civilizada! La de nuestros días tiene el aspecto de una tierra en decadencia. Todas las naciones traficaban con el oro y el incienso sagrado de Arabia Feliz, pero hoy el mundo no necesita de la hija de Arabia y permanece desolada y olvidada.

Poco queda de las viejas y corteses generaciones de la ciudad caravanera de el-Hechr; el polvo del desierto ha vuelto a engullir sus calles de adobe. Su historia tan sólo ha quedado escrita en los oscuros garabatos tallados en muchas de las agrestes fragosidades de estos parajes funestos, y en las lápidas de sus monumentos funerarios, ahora rocas solitarias que admira el viajero temeroso en estas montañas desoladas. La acumulación de fragmentos de cerámica podría indicar la localización de algún lugar habitado, tal vez un puñado de casas: es bastante común que los poblados semíticos de los oasis se asienten sobre veneros de agua subterránea. Quizás el emporio de Hejra era un *zoco* y unos suburbios, con bosquecillos de palmeras rodeados por un muro...

...Por fin llegamos al *Mahál el-Mechlis* o casa senatorial, aquí la faz de todo un acantilado se excavó para tallar un vasto edificio de más de cuarenta pies de ancho y de una simplicidad solemne y amable. Las grandes pilastras laterales son pareadas, cosa que no ocurre en ningún otro monumento; sin embargo, y a pesar de su grandiosidad, el imponente frontispicio parece inacabado. ¿Quién fue el autor de este edificio que yace prácticamente solo en su enorme vanidad sepulcral?, la cámara del interior no es más que una tosca celda con una o dos tumbas. Sin duda, su nombre estaba escrito en la enorme lápida, una sola línea de tamaño mucho mayor que las otras, con caracteres profundamente tallados [traducidos ahora por los eruditos: *Para Hayl, hijo de Downa (y) sus descendientes*. En época de Mahoma nadie debía de poder interpretar ya las inscripciones, o el profeta sin profecía no habría podido pronunciar sus desvaríos acerca de estas cavernas sin evitar el escarnio. El pórtico inacabado, con el águila y los ornamentos laterales, se dejó como si hubiera surgido de la roca. Las enormes pilastras no están esculpidas del todo hasta el suelo; la burda piedra del suelo, tallada en bloques listos para ser removidos, está aún delante del edificio, lo que permite hacerse una idea de cómo trabajaban los antiguos canteros. Mis rudos compañeros me mostraron los bloques y dijeron: «Éstos eran los bancos de los consejeros de la ciudad».

En esta región (donde tampoco hay piedras para el empavesado) las tapas de los sepulcros y las puertas de "las mansiones desoladas" seguramente eran de madera, lo más probable es que se tratara de madera de acacia o de tamarisco y, sin duda, hace ya mucho que ardieron en las hogueras de los nómadas, a quienes no frenaban las trabas idólatras del culto a los muertos. Pese a la imitada magnificencia (romana) de estos mercaderes que comerciaban con los sabeos, no hay una sola placa de mármol en ningún monumento, ni un fragmento de mármol en toda la llanura del Hechr. Les bastó con "escribir para siempre con cincel de hierro"[16] en la blanda arenisca de las montañas de Arabia. En las jambas de todas las puertas hay una muesca que debió de servir para alojar una falleba de madera. A menudo, los frontispicios están completamente arañados con los *washms* ociosos de los antiguos beduinos. Me maravilló comprobar lo mucho que se parecen a la infantil escritura himyarita.

El regreso del Hach

Por entonces se confirmó que el Hach llevaba consigo la viruela. Ese mal terrible es, junto con el cólera, sinónimo de destrucción en la Arabia nómada, pues los cuerpos mal nutridos apenas ofrecen resistencia a la malignidad de la enfermedad. Las caravanas de peregrinos (muchas de las cuales parten de las propias provincias de Arabia) son

16. Job 19:24.

como torrentes por los que fluye todos los años la infección de las ciudades a través de la yerma península.

Al octavo día de tan larga espera vimos llegar por la llanura al Hach, que había viajado durante toda la noche. Los soldados y los oficiales del *Yurdi* montaron y acudieron al galope a saludar al Pachá. Los primeros en llegar fueron los encargados de montar las tiendas: en pocos minutos habían erigido la ciudad de tiendas de los peregrinos junto al campamento del *Yurdi*. Las campanillas volvieron a resonar en nuestros oídos al paso solemne de los enormes camellos portadores de los pomposos tajts er-Rúm (el número de los que regresaban era muy reducido). La variopinta multitud del Hach llegó poco después. Los rezagados siguieron llegando durante media hora hasta que el último del grupo llegó a sus alojamientos. Dos veces al año esta ciudad de lienzos se instala por un día en la ajetreada llanura zamudita. Los zapateros se sentaban en las esquinas del *zoco* para ejercer su negocio y remendar los zapatos de los que viajaban a pie. La calle del mercado de tiendas del *Yurdi* se vio pronto engrosada por las tiendas de los mercaderes recién llegados. El precio de los pequeños artículos en esta estación es cinco u ocho veces mayor que en Damasco. Los del *Yurdi* habían traído aceitunas sirias, puerros, queso y galletas de caravana. El panadero del *Yurdi* se afanaba con sus planchas, *tannur*, junto al horno para vender por unos pocos peniques el fino pan blanco a los pobres peregrinos. Los agridulces y refrescantes limones y los dátiles *helw* de *el-Aly* se vendieron enseguida. Los comerciantes llegados en camello desde Damasco abrieron sus fardos en las tiendas y prepararon sus tazas de café, utensilios metálicos, alfombras preciosas (como jardines de frescos colores, suaves como un prado en primavera) ¡presentes para los grandes jeques y telas para los pobres bedu! Los mercaderes que regresan con el Hach traen mercancías de La Meca; en sus tenderetes vi sacos de café de el-Yemen (Arabia Feliz)...

...Los oficiales del *Yurdi* le habían hablado bien de mí y Mohammed Ali también me había alabado ante el Pachá, pero no me pareció apropiado ir a visitarle tan pronto, pues sabía que mi visita a Meda'in Salih le había ocasionado un gran disgusto. M. Ali me había puesto al corriente de todo en sus ratos de enfado y buen humor. La noche de diciembre en que el Hach partió de Meda'in, el turco *Sir Amín* y Mohammed Saíd Pachá volvieron a llamar a M. Ali a su presencia antes de ponerse en camino. «Wel-lá», le dijeron, «¿no habrás escondido al nasraní para enviarlo secretamente a Medina y La Meca?». «Pongo a Dios por testigo, no señores, este hombre sólo se ha aventurado hasta aquí para ver Meda'in Salih. Confiad en mí: no irá un paso más allá. Si queréis puedo traerlo a vuestra presencia y el mismo responderá ante vosotros.» «No», dijo el Pachá, «No quiero volver a verle la cara, tengo que mantener mi dignidad (tal vez porque, cuando fui a visitarlo en Damasco, no me dirigí a aquel corpulento malversador de caudales públicos como "Magnánimo Señor")». El *Sir Amín* (de Estambul) añadió: «Óyeme bien, *qel-layí*, si ese *Engleysy* trata de dar un solo paso más en dirección a Medina habrás de traerme la cabeza de ese perro». [Ingleses, que ayudáis a estos bárbaros en Constantinopla: a ver si se os mete en la cabeza que antes dejarían con vida a un perro que a vosotros en Medina o La Meca]. El Pachá le dijo a Mohammed Ali: «Deja que se quede contigo en el *qel-la*, y manda que lo acompañen a visitar los monumentos para que después de él no vengan más Francos. Cuídate de que nada malo le ocurra porque, wel-lá, respondes ante nosotros de su vida». *Sir Amín*: «Por Dios Todopoderoso que, a menos que siga vivo a nuestro regreso, te colgaremos, Mohammed Ali, de la puerta de tu propio *qel-la*». Últimamente les preocupa amargamente que puedan reclamarles la vida de un ciudadano europeo. M. Ali consideró el asunto con decisión y les contestó ante sus propias narices que «obedecería sus órdenes; pero, por el Altísimo, él era un magrebí y no se dejaba intimidar por nadie». Ahora necesitaba del favor del Pachá para que me recomendase ante los salvajes beduinos del camino. Cuando la caravana partiera por la mañana yo vagaría con los beduinos por el inmenso desierto. Los oficiales del *Yurdi* habían convencido a Zeyd, igual que el propio Pachá; pero Zeyd esperaba sacar dinero y ante un beduino libre no tenían ningún poder.

De Meda'in Salih a Teyma

EL PACHÁ. LA PARTIDA CON ZEYD • LA VIDA NÓMADA • EL PASTO DE PRIMAVERA. EL CAMPAMENTO. LAS TIENDAS • LA FAMILIA DE ZEYD: HIRFA • LAS MUJERES. HIJOS E HIJAS • EL PUEBLO ERRANTE. LA HORA DEL CAFÉ. MOTLOG • LA CENA LÁCTEA DE LOS NÓMADAS. LAS YEGUAS BEDUINAS • LOS SOLUBBA ERRANTES

El Pachá. La partida con Zeyd

Con el último cañonazo, antes del amanecer, los beduinos cargaron sus camellos y se pusieron en camino. Comprobé por las estrellas que nuestra ruta se desviaba mucho hacia el este. Los árabes están llenos de mañas y por un momento estuve a punto de dudar de mis compañeros: hasta que despuntó el sol no le quité ojo a los B. Sójr que servían de porteadores en el hach y marchaban desordenadamente en medio de salvajes cánticos beduinos. El cuerpo principal de la caravana estaba muy lejos en la retaguardia y no se divisaba todavía; hasta que no vi el viejo surco de las ruedas del cañón del *Yurdi* no supe con seguridad que ibamos por buen camino. Para estar aún más seguro, desmonté y continué el camino a pie; además le hice jurar a Zeyd, a quien no había visto en todo el día anterior, que me acompañaría a ver al Pachá. Al poco tiempo, cerca de Shuk el-Ayuz, vimos al Pachá que cabalgaba en vanguardia a lo lejos, acompañado de sus oficiales y de unos cuantos soldados. Monté con Zeyd en su *zelul* (mi camello estaba enfermo) y cabalgamos en su busca a buen trote. Zeyd los saludó con la noble sencillez de los beduinos, en un tono severo y profundo, como un señor en su propio feudo: «Que la paz sea contigo». Mohammed Saíd, al oír la voz beduina a sus espaldas, dijo simplemente: «¡Ah!», sin siquiera volverse; pero echó un vistazo de refilón bajo el sol y me reconoció. Inmediatamente le dijo a mi compañero beduino con muy buen humor: «Te confío su vida (se puso la mano derecha sobre el corazón), cuida de él como de la niña de mis ojos». Después me preguntó: «¿Has terminado ya con lo que te trajo a Meda'in Salih? ¿Qué significan las inscripciones? ¿Crees que habrá alguien en tu país capaz de descifrarlas? ¿Y las casas? ¿Es cierto que no son casas sino sepulcros? ¿No has encontrado ningún tesoro? Adiós». Yo retrasé la despedida y le hablé al Pachá del camello enfermo que me había comprado Zeyd, así que le dijo: «¡Óyeme!: le devolverás el camello a su dueño y recuperarás el dinero; y (volvió a dirigirse a mí) y si este bedawí no hace tal cosa yo mismo le pediré cuentas por ello en Damasco». De nuevo volvió a dirigirse a Zeyd: «¿Dónde están tus árabes?». «A menos de un día de aquí, en dirección este. Se dirigen a Teyma.» El Pachá me preguntó otra vez: «¿Y tú a dónde vas?». «A Teyma, a Hayil, espero que también a Jaybar.» El Pachá contuvo el aliento; desconfiaba de mi visita a Jaybar, pues se encuentra en el circuito de Medina. Contestó: «Es muy peligroso». Entonces Mohammed Tahir, que cabalgaba junto al Pachá, dijo muy amablemente: «Lleva consigo sus vacunas y eso le protegerá entre los árabes. Yo mismo lo he visto». Y añadió: «¿Están todas las inscripciones en el rollo que me confiaste?». Yo contesté de inmediato: «Todas están ahí y confío en que Dios me permita mostrárselas a vuestras señorías en Damasco». El Pachá contestó con gravedad: «*Insha'l-lá*, "si el Señor lo permite"». Sin duda pensó que las posibilidades de que regresara de aquella aventura eran muy remotas. Después, Zeyd, al reproducir las palabras del Pachá en las tiendas nómadas, puso en mi boca muchos *bil-lás* ("por Dios") beduinos y ni siquiera mencionó que lo escuché como en sueños.

Al separarnos de ellos, dejamos a un lado el camino del hach y fuimos a llenar nuestro *guirbiyy* en una pequeña charca de agua de lluvia. Luego marchamos hacia el este y nos internamos en los abruptos altos de arenisca de *Borj Selmán*. Ante nosotros apareció un infinito enjambre de langostas que se abatían sobre todos los arbustos del desierto. Era la época de cría: por lo visto, una vez cumplidas las exigencias de la naturaleza, no tardan en morir. No habíamos comido nada, pero Zeyd encontró unos cuantos puerros silvestres y unos pequeños tubérculos, *zunma* o *sbeydy*, que asados parecen patatas. También arrancó unas ramitas de un arbusto de sabor agradable y duradero, *zaluq*, y de acedera silvestre y me ofreció su comida. Sacó de sus alforjas un trozo de pan de cebada y lo partió en dos. «Es de nuestro *surra*, ¿o es que no puedes comer el pan de los beduinos, eh, Jalil?» Las tierras que atravesábamos, que ellos llaman Borj Selmán (un nombre de los tiempos heróicos de los Beni Helál), no son más que una lengua desierta de grava y arena entre despeñaderos de arenisca. «Ésta», dijo Zeyd mostrándome la fragosa tierra con un gesto de sus manos morenas, «es la tierra de los bedu». Me observó para ver si me desanimaba al ver ante mí el desierto vacío. Y dijo: «¡Escucha, Jalil, si piensas vivir aquí con nosotros, pueden enviarte dinero todos los años con el Hach y te daremos una mujer en matrimonio; si tuvieras hijos, cuando te marches se quedarán conmigo y será como si fueran míos, *bil-lá*». También quedó en proporcionarme un camello de los suyos.

La vida nómada

Viajamos hasta el atardecer cabalgando y caminando por turnos, e intercambiando nuestros mantos por consejo de Zeyd, quien expresó entonces sus dudas de que encontráramos a los árabes ese día: cambian de campamento con tanta frecuencia que Zeyd no podía precisar en más de diez o veinte millas a la redonda el lugar donde habían instalado sus reales. Con nosotros viajaba uno de los *Agueylíes* de la noche pasada que, armado con una maza, iba tirando de mi camello enfermo. Mientras buscábamos a los árabes, apareció de pronto ante nuestros ojos el bulto lento y vacilante de unos camellos que ramoneaban bajo la línea del horizonte; poco antes de la puesta de sol los condujeron hacia el aduar, que estaba aún a una hora de distancia. Al llegar donde los pastores, desmontamos y nos sentamos junto a ellos; uno de los muchachos tomó nuestro tazón y corrió a ordeñar sus *nagas* para nosotros. Se trata del *jeyr Alá* ("el regalo del Señor") que no debe negársele a ningún viajero, aunque los anfitriones tengan que privarse ellos mismos de la cena. Poco después, mis compañeros me preguntaron si me encontraba mal, pues según dijeron: «Los extranjeros suelen sentir dolor tras beber leche de camella por primera vez». Es una leche clara y agria que, una vez en el estómago, se convierte enseguida en grumos.

Al acercarnos a las tiendas beduinas, según la costumbre del desierto, me quedé atrás junto al *Agueylí* y dejé que Zeyd se adelantara. La suya resultó ser una pequeña tienda de verano o "tienda ligera", que ellos llaman *hechra* "construcción" (según su forma de hablar), montada sobre la arena. Era pobre y humilde, impropia de un gran jeque y en su interior no había extendida ninguna alfombra de alegres colores. Aquello nada tenía que ver con la opulencia de los beduinos del norte a la que estaba acostumbrado hasta ahora. Zeyd me invitó a entrar con una sonrisa adusta y, para mi sorpresa, me hizo pasar con él a los aposentos de su mujer. Estos beduinos, a menudo emigrados, no suelen desconfiar de los nasraníes a quienes han conocido en el norte y de quienes han oído decir que son gente más honrada que los musulmanes. Allí me presentó a su joven esposa: «Jalil (dijo) aquí tienes a tu nueva "tía" (*ammatak:* huésped); y, Hirfa, éste es Jalil, cuídalo bien». Antes del amanecer, el resto de los miembros de la tribu volvieron del mercado del hach; los nómadas permanecieron un día más en el Borj Selmán. Al tercer día nos pusimos en camino. La altitud de la región es de casi 4.500 pies.

El desmontaje del campamento de los árabes y el traslado del ganado a nuevas tierras de pasto se llama *rahla*. En el *mechlis* del día anterior se decide adónde y cuándo trasladarse, o bien se deja la decisión en manos del jeque: al amanecer, los de las tiendas más próximas se fijan en si el harén del jeque ha empezado a desmontar la tienda, señal de que comienza el *rahla*. Las mujeres beduinas se apresuran entonces a desclavar las piquetas y las tiendas se desmoronan, la tela de la tienda se enrolla, los puntales se juntan y se atan formando un haz, se saca el utillaje doméstico (que guardan en sacos de estambre tejidos por ellas mismas) y se carga todo en los camellos. Los demás vecinos no tardan en darse cuenta y pronto desmontan el resto de las tiendas que hay dispersas por el amplio aduar. Los pastores se ponen en camino; el harén [plural de *horma*, mujer] monta junto al equipaje y los hombres, con las largas lanzas en la mano y sus armas —espadas o fusiles de chispa— colgando de la silla, cabalgan en los *zeluls* en pos de su jeque: así se pone en marcha un pueblo nómada. Pero si la tienda del jeque sigue en pie una hora después del amanecer, cuando hay que llevar el ganado a pastar, la gente empieza a decir: «Dejad que los animales vayan a alimentarse, hoy no habrá *rahla*».

Aquella mañana del 16 de febrero amaneció gélida y ventosa en las altas montañas. *«Shil!»*, ¡montad!, gritó Zeyd; y Hirfa, entre suspiros y estremecimientos, empezó a cargar la impedimenta doméstica. Los jeques no ayudan a sus débiles esposas a asegurar el equipaje, lo contrario sería considerado una indignidad incluso por sus propias mujeres. Los hombres permanecen sentados hasta el último momento, calentándose junto a las pocas ramas que hayan podido reunir en la hoguera, y normalmente Zeyd preparaba café. Los camellos de transporte se llevan junto a los fardos y se les obliga a acostarse; tan sólo el pastor ayudó a Hirfa a cargar las bolsas sobre la tosca silla, *hadach*, un bastidor de madera de acacia del desierto, fabricado por algún nómada *saniyy* o solubiyy. La albarda, o *witr*, que se coloca debajo, está hecha de la misma tela que las tiendas y se rellena de hierba seca; se unce por debajo de la barriga del camello con una simple cuerda. Cuando llamaron a Zeyd para que les ayudara con los bultos, pues eran demasiado pesados, lo hizo sólo a regañadientes, murmurando: «¿Qué soy un jeque o un cargador?». También yo ayudé a colocar los fardos repletos a ambos lados de la silla hasta que quedaron equilibrados. Zeyd era el jefezuelo de una tribu honorable. Un jeque no debía realizar trabajos pesados ante sus hombres: ésa es tarea de personas inferiores. Como mucho, un gran jeque puede ocuparse del cuidado de su yegua en el aduar, mientras los demás pasan el día pastoreando en el campo, pero si la lleva a abrevar a un pozo y encuentra allí a alguno de sus hombres, el jeque le pedirá que saque él el agua. No obstante, de niños y más tarde de jóvenes, cuando ya portan armas, los hijos de los jeques pasan la mayor parte del tiempo con el ganado de la tribu en compañía de los pastores. He visto a Zeyd salir con una hoz en busca de forraje para su yegua y regresar, con una gavilla a la espalda, murmurando sombrío que ésa era tarea de su hijo Selím, a quien censuraba a menudo por desobediente y acusaba de ser el tormento de su vida, *Sheytán*, aunque sin llegar a amenazarlo jamás, pues a un padre beduino nunca se le ocurriría tal cosa.

Recorrimos algo menos de diez millas y acampamos a cuatro horas al este de *Dar el-Hamra*. El harén se apresuró a "construir" las tiendas mientras los hombres permanecieron ociosos pues, cuando no tienen que pastorear el ganado o que participar en alguna correría, acostumbran a pasar el día en casa sentados, mandando y holgazaneando. Acostumbran a decir que. «Las *yowwar* (las esposas beduinas) son para trabajar en la casa y necesitan disciplina.» Zeyd preparó una hoguera junto a la duna tras la que se había refugiado de las rachas de viento hasta que los *beyut* estuvieran en pie y se arrodilló con alegría beduina para avivar el fuego. Selím recogió algunas ramas y nos sentamos para calentarnos un poco y asar unas langostas.

Pasamos allí dos días, y volvimos a ponernos en camino cinco horas en dirección este, a través del mismo páramo arenoso y con tiempo agradable, y nos instalamos en el campamento *el-Antaríyye*. El aire puro de esos elevados desiertos es tenue y ligero, pero el agua es escasa y está infectada con la orina de los camellos. Hirfa me proporcionaba, por orden de Zeyd, una o dos onzas de preciosa agua, para que pudiera lavarme "como los de la ciudad". A ella le parecía un despilfarro malgastar así el agua cuando en todo el día los sedientos hombres de la tribu no tenían suficiente para beber. Muchas veces, en el viaje de un abrevadero a otro, no queda ni medio litro de agua en la tienda de los grandes jeques; y cuando el marido le pide a la esposa que llene el cazo para preparar el café de los invitados, ésta le contesta desde su lado de la tienda: «No tenemos agua». Gran parte de la provisión de un gran jeque la consume su yegua; el caballo es, de todo el ganado del desierto, el que peor tolera la sed. Zeyd utilizaba a menudo esa excusa (pues hasta para preparar el café era cicatero), «no tenemos agua». El gran jeque Motlog acudió una mañana a verme y antes de nada me preguntó: «¿Has tomado café?». «Hoy no, dicen que "no tienen agua"». «¡Cómo!», preguntó, «¿Zeyd no te ha preparado café esta mañana?», y es que ni siquiera los jeques más pobres dejan de ofrecer una taza matutina a cada miembro de su compaña. Motlog conocía a su primo Zeyd y sonrió diciendo: «¿Será posible?, ¡Zeyd no tiene agua!, está bien, Jalil, ven con nosotros y te prepararé café». Me condujo a su tienda, que no quedaba muy lejos, se sentó ante el hogar y, como jeque de la tribu que era, tostó, molió, hirvió y preparó la taza de la hospitalidad para el extranjero cristiano. En aquel lugar Zeyd perdió un camello al que espantaron los lobos. Montó en su yegua al rayar el alba y cabalgó con la cimbreante lanza de jinete al hombro para seguir sus huellas. Al día siguiente, Zeyd regresó con la bestia extraviada: la había encontrado cerca de la alberca Moaddam.

El pasto de primavera. El campamento. Las tiendas

Mientras los camellos se alimentaban de la jugosa *rabía*, estaban *yezzín* o "sin beber". Los años en que se da bien la primavera por estos *diras*, los animales pasan casi dos meses y medio *yezzín* sin que nadie los lleve a abrevar. Luego se agota la fuerza vital de la hierba que antes crecía lozana en el suelo y ésta se marchita bajo el sol y termina por secarse. Cuando, después de algún chubasco, las grandes bestias encuentran un poco de agua de lluvia en un hueco entre las rocas, las he visto alargar lentamente su largo y pesado cuello para olisquearla, mojar sólo un poco los temblorosos labios, y resoplar y sacudir la cabeza como si les repugnara. Durante esas semanas de abundancia de pastos los camellos de los nómadas están fuertes y retozones. Es entonces cuando acumulan en la joroba la carne y la grasa que les permitirán soportar la escasez del verano y el largo año en el desierto. Cuando los recogen a la puesta de sol y regresan al campamento con la panza llena dando grandes pasos por delante de los pastores, la gente sale de las tiendas y grita un ruidoso *Uluuu-uluuu-uluuu* para dirigirlos mientras pasan dando tumbos; les hacen parar con un *¡Uh-*

uh, uh-uh, uh!; y a los que tropiezan con las cuerdas de las tiendas les riñen con un *¡hutch!* Los camellos se tumban unos junto a otros ante la tienda de su dueño y allí pasan la noche mascando y rumiando hasta que se hace de día. Los árabes dicen que los camellos nunca duermen: puede que la exhausta bestia estire el cuello en el suelo y que cierre los ojos grandes y líquidos por un instante, pero enseguida volverá a levantar su lánguido cuerpo para ponerse a rumiar de nuevo. A veces, durante la estación más fresca, se incorporan para pacer un rato bajo la luna, pero, tímidos por naturaleza, no suelen alejarse mucho. Hubo alguna vez que me desperté después de medianoche y, al ver que los camellos se habían ido, me levanté para ir a recogerlos; pero los beduinos siempre me decían: «Sigue durmiendo, Jalil, no hay de qué preocuparse; deja que vayan a comer donde quieran». Prefieren dejarlos pastar, ahora que pueden, aunque es frecuente que algún merodeador nocturno aproveche la ocasión para despojarles de su ganado. Los camellos, el único medio de subsistencia de los nómadas, son la causa de todas sus disputas. «*Neshil*, cargamos en ellos nuestras cosas», dicen, «y bebemos halib, su leche.» El embarazo de las hembras dura doce meses y la época de cría coincide con el comienzo de la *rabía*. El año nómada está dividido del modo siguiente: *er-rabía*, la primavera que dura tres meses; *el-gayz*, el verano, tres meses más; *es-sferry*, el otoño, otros tres meses; *esh-shitá* (pronunciado *esh-sh'-tá*) el invierno. Entre los bedu, la familiaridad con este tipo de saberes, igual que el conocimiento de las estrellas, es propia de las personas cultivadas. Los beduinos habían acampado en un lugar donde había buenos pastos y permanecimos allí casi hasta el tercer o cuarto día. Cuando pasan más de un día en el mismo sitio, sea donde fuere, los nómadas dicen: *«el-arab umyemmín»*, el campamento está instalado. Los pastores traen informes acerca de los pastos de la zona y cuando los jeques lo deciden en el *mechlis* todos vuelven a ponerse en camino, normalmente a unas doce o trece millas; ahora su "rostro miraba hacia" Teyma.

Si el *rahla* es corto, los bedu marchan sin prisas mientras los animales ramonean bajo sus pies. Los jeques abren la marcha y el harén monta tras ellos con la caravana de camellos de carga, si alguno se descarría siempre hay algún pastor cerca para echar una mano: cualquiera desmontaría para ayudar a su vecino e incluso a un extraño. El resto del ganado viaja junto a sus demás pertenencias. A veces las mujeres desmontan para cotillear un rato y caminan con los pies desnudos (allí todo el mundo va descalzo). Pero los maridos beduinos dicen: «Preferimos que el harén monte y no se fatigue, pues las tareas del hogar son muchas». Una hora antes del mediodía, las mujeres Fukara desmontan para ordeñar sus escasas cabras y ovejas. Todos los parientes y familiares viajan por su cuenta con su ganado. Por ello los árabes se dispersan mucho cuando viajan y aunque haya varios cientos de personas recorriendo el vasto terreno irregular (llano en su mayor parte, pero al mismo tiempo lleno de quebradas), es frecuente no ver más que a los que tenemos más cerca. Cuando los beduinos llegaron cerca del lugar donde iban a acampar, Zeyd volvió con nosotros y clavó el mango de su larga lanza de jinete *shelfa* o *romh* en un arbusto del desierto: ése es el símbolo de la hermandad de Zeyd y de los que acampan con él y se consideran su gente. Hirfa obliga a arrodillarse a su camello, pues "construirá" la tienda allí; a medida que van llegando el resto de los parientes y clientes de Zeyd, desmontan y levantan las tiendas un poco más lejos. Es el "aduar de Zeyd" y ellos los árabes de Zeyd. Hacen arrodillarse a los camellos de carga con el grito gutural *¡ij-j-j!*, y doblegan amablemente el rígido cuello de los animales más testarudos con la fusta o echándoles mano al pescuezo. Si a pesar de todo alguno se resiste, le tiran de la barba y enseguida se desploma gimiendo sobre las rodillas. Descargan los fardos, desenganchan los palanquines y su dueño les hace volver a incorporarse con un puntapié y les deja pastar libremente. Las mujeres extienden las tiendas dejando fuera las esquinas y las cuerdas laterales; buscan una piedra que sirva de martillo y clavan en el suelo las piquetas; colocan debajo las estacas o "pilares" *(amdán)* y estiran y levantan la tela para dejar plantada la tienda. La mujer entra y, cuando termina de colocar las cosas, le lleva al marido su desayuno, que consiste en un cuenco de *leban* extraído del odre o en un puñado de dátiles con un cuenco de agua del desierto; cuando hay invitados puede tratarse de dátiles con suero de leche y un poco de mantequilla dulce. Después, se sienta en el interior, meciendo sobre sus rodillas la *semila* u odre de leche amarga, para preparar la mantequilla del día.

Igual que Zeyd, cualquier persona principal entre estos beduinos es el jefe de un pequeño aduar: la disposición general del campamento no sigue (como es costumbre entre los árabes del Norte) ningún plan establecido. Los nómadas de esta región se instalan donde les place dentro del "lugar de acampada". Los Feyir o Fukara nunca vagabundean en *feryán* o poblados nómadas dispersos junto a sus parientes, como acostumbran a hacer los nómadas en todas partes para aprovechar mejor los pastos; sino que siempre viajan y acampan juntos. El motivo es que viven en campo abierto y fuera de su territorio tienen demasiados amigos, y sobre todo enemigos, con cuentas que saldar. Los árabes de Zeyd ocupaban seis tiendas: junto a la suya estaba la tienda de una mujer divorciada, la madre de su único hijo; luego la tienda de otra mujer repudiada, madre de uno de sus ahijados, Settám, y de quien también tenía una hija propia; y junto a ellos (Zeyd carecía de parientes próximos) el camellero y su padre, un viejo sirviente de la época del padre de Zeyd, y el pastor. Nunca faltan desdichados que se unen al aduar de algún jeque: con nosotros venía una viuda entrada en años que, en su desgracia, ejercía de madre de los niños huérfanos de su hija muerta, un niño deforme que reptaba por la arena como un animal [*ya latif*, "¡oh, dichosa visión!", decía al verlo la pobre y desventurada abuela con religiosa ironía] y una niña de pelo enmarañado y aspecto increíblemente desaliñado. No tenían tienda y sus vidas discurrían bajo el techo de Dios, el chico iba tan desnudo como cuando vino a este mundo desértico. El camello en el que cabalgaban era una donación de la caridad pública; pero sólo Dios, que alimenta a todas sus criaturas, sabe en qué consistía su sustento diario. No hay bedawí tan impúdico como para golpear o regañar a su propia gente o mofarse de aquéllos a quienes Dios ha afligido tan amargamente; ni que esté dispuesto a rechazarlos de allí donde instalen su campamento. A veces un extraño plantaba su tienda entre las nuestras: un viajero nómada o un exiliado de la tribu vecina que solía acampar junto a algún jeque conocido suyo.

Hirfa siempre le preguntaba a su marido hacía que lado había que construir "la casa". «Móntala mirando hacia este lado», contestaba Zeyd señalando hacia el sur con la mano, pues con la puerta orientada hacia el tórrido sol, el número de jóvenes aburridos y de gorrones que acudían a tomar café era mucho menor. Dado que los únicos que cobran el *surra* de la tribu son los jeques, o personas principales, no parece mucho pedir que atiendan a sus invitados. He visto a Zeyd evitarlos e incluso levantarse desconsideradamente al verlos llegar (la mitad de la tienda, la parte destinada a los hombres, está siempre abierta y cualquiera que pase por allí en el desierto puede entrar libremente en ella); siempre respondía a sus quejas alegando que, wel-lá, tenía negocios que atender o que tenía que acudir al *mechlis* y que fueran a tomar café a otra parte. Pero cuando había entre ellos algún jeque, Zeyd no tenía más remedio que cumplir como un señor e invitarles a tomar café. Incluso estando ausente, siempre que un jeque visita la tienda de otro, hay que prepararle café, salvo que decline amablemente la invitación diciendo: *bil-lá*, no tengo sed. Hirfa, hija de jeque y pariente cercana suya, estaba cortada por el mismo patrón que Zeyd en lo que a su política ahorrativa se refiere.

El aduar ya está montado y los hombres se dejan caer por donde Zeyd, por si el jeque no ha salido ya a tomar su café matutino en el *mechlis*. Se echan unas ramitas secas junto al hogar: uno coge el pedernal, se agacha y enciende la yesca, sopla y aviva las incipientes y alegres llamas con un poco de estiércol seco de camello, lo coloca bajo unas pajas secas y añade más estiércol. Cuando prende la lumbre, el jeque echa mano de sus *delal*, potes de café, que están en la *fatya*, la cesta de utensilios del café; esta gente de vida nómada siempre coloca sus cosas en el *beyt* adecuado, de otro modo las perderían con tanto trasiego. Otro se incorpora para ir a llenar la cafetera en el odre o alguien les alcanza un cuenco lleno de agua por encima de la cortina que separa los apartamentos de las mujeres; una vez está la cafetera en el fuego, Hirfa les da un pequeño puñado de bayas verdes de café. Nos sentamos en semicírculo alrededor del hogar; luego llega quizá algún conocido o uno de la tribu que va de un aduar a otro. Zeyd preparaba café a ciertas horas; después, cuando observó que no me gustaba especialmente el agua que utilizaba, se iba a tomarlo a otra parte. Cuando no iba al *mechlis*, se escondía dos o tres horas como un búho —como un perro dirían ellos— en mi pequeña tienda cerrada, a pesar de que la fina lona se recalentaba insoportablemente bajo el sol de mediodía. Era muy divertido ver a Zeyd advertirnos medio asfixiado de que le dijéramos a todos los que viniesen que "Zeyd no estaba en casa"; y los muy tunos de sus hombres se partían de risa cuando lo pillaban. *«¡Mukkarín el-Bedu!»*, los nómadas están llenos de ardides, dicen los árabes de las ciudades.

Los jeques y las personas principales se reúnen en la tienda del gran jeque, o de otro de los jefes, cuando se instalan en un nuevo campamento: allí beben café, la mayor parte con la fusta, *mishaab*, *mehyán* o *bajorra*, en la mano como si fuera un cetro (una costumbre heredada del mundo antiguo). Los primeros asuntos que se plantean tienen que ver con la nueva disposición de los aduars, por ejemplo: *«¡Rahyel!»* (el hermano del jeque) «*¿fen ahlak?*», ¿dónde está (acampada) tu gente?; *«ez-Zerriyye»* (el hijo del jeque) «*¿fen ahlak?*»; *«Mehsan»* (un hombre bueno y sencillo que se había casado con la única hermana de Zeyd), «*Jalaf* y los demás, ¿dónde están vuestros aduars? ¡Zeyd no está! ¿Alguien lo ha visto? ¿Y *Michwel*, ¿dónde están sus árabes?», con cada desplazamiento los nómadas cambian de ubicación y en el breve horizonte desértico sólo se distinguen unas pocas tiendas. Los beduinos permanecen silenciosos mientras se prepara el café, pues ya han oído esa conversación cientos de veces. Algunos dibujan distraídamente con la fusta en la arena para matar el tiempo. Durante el día se pasean con esos alegres bastones; pero cuando los aduars están muy alejados, o después de medianoche, echan mano de la espada, que pende del hombro por un cordel. El mejor metal es el ayamí, algo curvo y con un puño muy sencillo (su forma es muy hermosa) envuelto en alambre; después del persa, el acero más apreciado es el de la India, el-Hindí.

Entre los nómadas, la palabra "árabe" significa "la gente" Cuando los viajeros beduinos se encuentran con pastores en el desierto, les preguntan: «*¿Fen el-arab?*, ¿dónde está tu gente?» En cambio para referirse al ingente número de tribus nómadas emplean el plural *el-arbán*. La otra palabra, beduino, que ha pasado a todas nuestras lenguas, en árabe se dice *bedawiyy*, es decir, habitante del desierto *(badiya)*, en plural *bedawiyyín*, y más comúnmente *el-bedu*. Mientras estamos allí sentados, se sirven dos rondas de unas pocas gotas negras en las tazas. Una vez bebidos los hirvientes sorbos de café y relatadas las últimas novedades, los hombres se incorporan para volver a casa sobre la tórrida arena: todos van descalzos y es muy raro que algún árabe posea un par de sandalias. Cada uno vuelve así a sus asuntos, pronuncia los rezos de mediodía y, después de comer algo, pasa las horas más bochornosas adormilado en el aposento cerrado de su mujer. Una vez le pregunté a una esposa honesta: «¿Cómo se las arreglan vuestros maridos para pasar los largos días hasta el atardecer?» y me contestó sonriendo recatadamente: «¡Cómo ha de ser, señor, sino con el solaz del harén!».

La *hechra*, o pequeña tienda desmontable, que las mujeres disponen extendiendo las cuerdas hasta las piquetas del suelo, antes de que le coloquen debajo los *amdán* o puntales tiene esta forma: por cada par de cuerdas hay un par de estacas, aunque en el centro de la tienda hay tres estacas por cada par de cuerdas. Las tiendas más grandes se sostienen con más pares de cuerdas en el centro y se apoyan en puntales más altos. La tienda árabe, que ellos llaman el *beyt* [pl. *byut*] *es-shaar*, "tienda o casa de pelo", es decir, de estambre negro o pelo de camello, recuerda un poco a una cabaña con su techo inclinado. El tejido de la lona es fuerte y basto, lleva un refuerzo cosido en el punto donde se insertan los *amdán* y, según dicen, puede durar toda una generación, aunque se va adelgazando con el uso y a medida que el techo va estando más raído deja de ser una protección eficaz contra los hirientes dardos del sol de Arabia y no arroja más que una tenue sombra. La tienda árabe se tensa con fuerza sobre los puntales y, en el terreno adecuado, es capaz de resistir las ráfagas tempestuosas que se producen varias veces al año, sobre todo en los valles montañosos más profundos. Ni siquiera sobre la arena suelen volarse las tiendas. Sin embargo, las cuerdas, *tun el-beyt*, están hechas de estambre retorcido hilado por las mujeres y a veces se rompen, por lo que los más pudientes (como los grandes jeques) suelen hacerlos fabricar de cáñamo que compran en las ciudades. Todas las tribus del camino perciben cada año cuerdas, ropa y utensilios a cuenta del *surra* del hach. La tienda está hecha de largos trozos del tosco estambre que tejen las mujeres; ellas mismas hilan la lana de sus ovejas mezclada con lana de cabra y de camello, por eso la tela es tan oscura. En las escrituras hebreas leemos: "Negra como las tiendas de Kedar[17]". Las buenas tejedoras bordan cenefas blancas de lana de oveja o de algodón (este último lo compran en Medina o en la costa).

Una vez tensada la lona sobre las estacas, se cuelga del techo un largo faldón de tela que sirve de pared de la tienda nómada: los bordes se unen con espetones de madera. Normalmente, la parte delantera de la tienda se deja abierta, al menos la mitad de la *muqaad* o habitación de los hombres: la de las mujeres suele estar cerrada (cuando no desean ser observadas, para dormir o cocinar) con una tela; la parte destinada a las mujeres está separada del apartamento de los hombres por una colgadura que pende, a la altura del pecho o el cuello, de los puntales del centro de la tienda. La *muqaad* nunca se cierra por delante con una lona: sólo con tiempo lluvioso inclinan los *amdán* para bajar un poco el techo. Por ello las tiendas nómadas proporcionan un cobijo muy precario y los beduinos, que apenas visten mejor que los muertos, sufren mucho cuando el tiempo es frío y tormentoso. En invierno a veces aseguran el dobladillo del faldón posterior con grandes piedras y vallan la parte delantera con arbustos secos. Los faldones pueden levantarse según de dónde vengan el sol y el viento, de modo que la parte trasera puede convertirse en delantera en un instante. Una buena esposa debe cuidarse de correr o descorrer la lona para que los invitados de su marido tengan aire y sombra o cobijo.

En el lado del harén, es decir, en la parte familiar, se guardan los enseres domésticos. Junto a los cortinajes femeninos están los pocos sacos de lona que constituyen su exiguo equipaje, *el-gush*: allí se almacenan el trigo y el arroz, si es que los tienen; algunos trozos de sal, pues nunca comen cosas insulsas; la reserva de lana e hilo de la mujer (ser una buena tejedora se considera honorable entre las mujeres ára-

17. Cantar de los Cantares 1: 5

bes); y tal vez algunas varas de calicó nuevo. También puede que haya una raíz de *er'n*, cuyas virutas escarlatas se remojan en agua y, a los dos o tres días, aprovechando la pausa entre dos *rahlas*, se emplean para curtir los pellejos de cabra de los que se hacen los guirbies y semilíes, y el cuero con el que fabrican los cubos, los zaques y demás utensilios nómadas. Hasta las mujeres más pobres guardan en una caja (normalmente comprada en la ciudad) sus escasas medicinas, su peine y su espejo, *merguba*, los adornos heredados de generaciones anteriores: los pendientes, los anillos de plata —e incluso de oro— para la nariz; además de algunas cosillas de su marido (sus ropas no tienen bolsillos) que ellas se encargan de poner a buen recaudo. Pero si el marido es persona de relieve —un jeque que cobre el *surra*— guardan el dinero y las joyas en un cofre de Medina, pintado de bermellón, que va a lomos del camello en el *rahla* (otro signo de alcurnia). A menudo he pensado que algo parecido debía ser el arca sagrada de la religión, que acompañaba en su vida nómada a los B. Israel.

Normalmente, la llave de la caja pende reluciente de un alegre lazo escarlata sobre el velo, junto al dedal y las pinzas (que usan para extraer las espinas de sus pies desnudos). Los dátiles, si es que los tienen, se almacenan en pesados sacos de piel de camello cuyas tiras de cuero no dejan de aletear en el *rahla*. Los adornos a base de flecos y borlas son muy del gusto semítico, lo leemos en Moisés y los vemos en las antiguas esculturas judías. Del cuero de esos sacos, humedecido por el jugo de los dátiles, se fabrican las mejores sandalias. Los rezumantes odres de agua no se dejan directamente sobre el suelo sino sobre ramas frescas de retama u alguna otra hierba del desierto; en el centro se coloca el gran caldero de latón, *yidda*, estañado por el herrero nómada o por el quincallero del mercado del pueblo. En él hierven la mantequilla (cuando la tienen) para hacer *samn* y preparan sus frugales comidas; la comida que, por hospitalidad, ofrecen a sus huéspedes se cocina también en él.

Las *byut* shaar de los árabes son, pues, tiendas de pelo que les sirven de casa. ¡Las "casas de pelo" se corresponden muy bien con el triste paisaje! La tienda es la casa semítica: las casas de adobe se construyen del mismo modo; con una sala pública para los hombres y sus invitados y un apartamento interior para la mujer y la vida doméstica. No muy distinta era la casa adornada del Dios nómada del desierto en tiempos de Moisés. También el firmamento, según el profeta hebreo, es un tabernáculo del único hogar de la Creación. Estas casas desmontables del desierto, habitadas por bandidos, son también santuarios de los "huéspedes de Dios", *zuyuf Alá*, los viajeros y todos aquéllos que, casualmente, se presenten ante su puerta. Peligrosos vagabundos en campo abierto, los pastores del desierto son reyes en su hogar, patriarcas de hospitalidad para quien busque un cobijo donde pasar la noche. «¿Acaso no somos todos "huéspedes de Alá"?», dicen los desdichados nómadas. Lo que Dios les ha dado, lo compartirán con el huésped de Dios: de no hacerlo no estarán obrando bien. Tras la llegada del huésped, y una vez ha tomado asiento entre ellos, observan un honorable silencio, sin hacer preguntas inoportunas (tal es el uso y la costumbre del desierto), hasta que haya comido o bebido algo, y con "el pan y la sal" se sella la paz entre ellos durante un tiempo (que dura dos noches y un día, mientras su comida permanezca en él). Tales son el mundo dorado y la "protección de Alá" que prevalecen en mitad del desierto: los viajeros beduinos se sorprenden al comprobar la sórdida falta de hospitalidad de las ciudades, donde por otro lado sería imposible observar la costumbre de los nómadas.

La familia de Zeyd: Hirfa

Hablemos ahora de la familia de Zeyd. Tenía otra mujer que lo había abandonado —cosa frecuente, dada la tiranía masculina de los matrimonios múltiples— y ahora vivía con la tribu de su madre, los Bishr, quienes pastoreaban no muy lejos de nosotros en el desierto. Zeyd acudió a sus vecinos y, con las amables promesas que tan bien sabía urdir y fingir, la convenció de que regresara. Un jeque me aseguró que era hermosa, «tiene los ojos grandes y ovalados», aunque cuando la conocí tuve ocasión de comprobar que en eso consistía toda su pálida belleza. La esposa retornada no acampaba con nosotros, cerca de la celosa Hirfa, sino que "construía" su tienda con unos parientes en otro aduar. Zeyd y Hirfa eran primos cercanos; Hirfa era la hija huérfana de un jeque y los camellos de la herencia parece que habían decidido en parte a Zeyd a tomarla como esposa. Hirfa era una inmadura muchacha beduina que debía rondar los veinte años; la dorada juventud casi se había desvanecido en el otoño de su rostro infantil, sin que éste llegara a ser desagradable. Siempre tenía una sonrisa alegre e inexpresiva en los labios que, debido a su insatisfecho corazón, solía acabar en un suspiro. "La mujer (dice el proverbio) que suspira es porque tiene un mal marido." Hirfa suspiraba por ser madre: llevaba dos años con su marido pero seguía siendo *bint*, como dicen los nómadas, en "plena juventud", y lloraba en silencio con el dolor de una mujer semítica. Zeyd y Hirfa eran Isaac y Rebeca; se sentaban muy ufanos y amorosos entre nosotros —que éramos amigos y como de la familia— con esa sencillez tan característica de los beduinos, pero cuando Hirfa empezaba con sus mohines, Zeyd la abandonaba lleno de frialdad y sus almas volvían a distanciarse de nuevo. En el fondo de su corazón, Hirfa deseaba un marido joven y no al pálido Zeyd de quien sospechaba que no podría darle hijos. Una y otra vez requerían la opinión del extranjero cristiano acerca de su estéril matrimonio y de si había sido o no legítimo, siendo como eran hijos de hermanos. Debido a su alta cuna, la menuda e irritable Hirfa era como un jeque para el harén e incluso para los demás hombres; todos los jeques principales eran parientes suyos. En las pequeñas tribus de Arabia la mezcla de sangre entre familiares se produce de forma constante: después de tantas generaciones ¿quién podría decir que esta raza semítica se ha empobrecido por ello?, aunque lo cierto es que abundan los tullidos y los retrasados.

La señora Hirfa, caprichosa y audaz, miraba con demasiados buenos ojos al pastor, un hombre joven y agradable, a quien cortejaba abiertamente en ausencia de Zeyd; pero él era prudente y fiel a su jeque. A pesar de la proximidad del celoso Heyaz y el austero *Nechd* wahabí las mujeres Fukara llevan la cara descubierta y (entre parientes) no percibí el menor rastro de desconfianza por parte de los maridos. En esta tribu de comedores de dátiles no había prácticamente ningún hombre de edad avanzada, salvo el jeque Motlog y sus hijos, ni ninguna mujer hermosa. Zeyd estaba dispuesto a corregir a su pequeña y testaruda esposa y una noche recurrió a la vara para lograrlo.

La comedia de Hirfa y Zeyd se había convertido en objeto de las chanzas diarias en el *mechlis* y las tertulias del café de sus primos los otros jeques; cuando me veían llegar decían: «¡Ah!, ahí está Jalil: *márhaba*, bienvenido, oh Jalil; hacedle sitio a Jalil; pasa, Jalil, y siéntate a mi lado». «¡Me alegra verte, Jalil!, pero ¿dónde está tu tío Zeyd?» «Zeyd está *zahlán* o melancólico; se pasa el día durmiendo en casa», en esas tierras solares los hombres a menudo ahuyentan las penas durmiendo. «Pero dinos, ¿sabes si le ha pegado a Hirfa? ¿Qué novedades nos traes? ¿Es que no aprecias a tu tío?» Uno que lo quería mal (*Jalaf Al-layda*, un exiliado, un jeque de los W. Ali) añadió: «Zeyd no es hombre que pegue a las mujeres; sólo una *mar'a*, mujer, le pegaría a una *mar'a*; ¿acaso tu gente lo hace, Jalil?». Yo contesté: «Por supuesto que no, eso es propio de canallas». Y él: «Igual que entre nosotros los bedu: es *ayb*, una vergüenza, wel-lá». Los vergajazos de la fusta de Zeyd quedaron impresos en su pequeño e indomable espíritu y en la siguiente parada después del *rahla*, en cuanto hubo montado la tienda a toda prisa y Zeyd marchó al *mechlis* dejándola sola, Hirfa huyó amargada al desierto. Un devoto beduino de nuestro aduar, que días atrás había hecho un piadoso comentario al ver brillar un meteoro en el cielo, trató de retenerla sujetándola por las muñecas y le imploró que tuviera paciencia, pero ella era hija de un jeque y no iba a permitir que nadie la retuviera, consiguió soltarse y escapó enfurruñada.

Para la esposa beduina contrariada ése suele ser el remedio público: mostrarse distanciada de su marido y dispuesta a abandonar su casa y su matrimonio, lo que lo convierte en objeto del escarnio público por no abandonarla. Tan pronto como se supo la noticia, su pariente más próximo por parte de madre —uno que se le parecía como si fuera su hermano— salió en persecución de Hirfa y la encontró corriendo sola como un avestruz por el desierto. Pasó una hora hasta que la trajo de regreso y la dejó llena de aflicción junto a su tienda y la de Zeyd. «¡Eh!, Jalil», me dijo, «¿qué vas a darme por haber traído de vuelta a tu tía que te proporciona *leban* y agua?», luego me mostró su alfanje y añadió: «Wel-lá, la he traído *bes-seyf*, a punta de cuchillo». Zeyd, disgustado, pasó algunas noches en la tienda de su esposa Bishr y, otro día, la celosa Hirfa, sin inmutarse por el desplante, volvió a escapar de la tienda recién montada, dando rienda suelta a la bilis de su corazón en presencia de unos invitados de Zeyd. Éste se quedó sentado mirándola con aire ofendido pero sin tratar de impedírselo (lo contrario habría sido impropio de un hombre libre). La mujer beduina fugitiva tiene derecho a ir donde le venga en gana; es tan libre como el desierto y nadie puede detenerla. Hirfa acudió a los parientes de su madre y se alojó desecha en llanto en la tienda de su tía; ni siquiera su propio marido puede presentarse en el *beyt* donde se haya refugiado su esposa para reclamarla.

Cuando se hubieron marchado los invitados, Zeyd se quedó muy pensativo en la tienda ahora desolada; pero dar muestras de resentimiento por una mujer habría parecido indecoroso y poco varonil, así que se tumbó en la arena a dormir las penas y echó una cabezada bajo el sol hirviente. ¡Para los nómadas es casi una religión demostrar templanza y paciencia en las cuestiones maritales! La "paz de Dios" reina en cada fragmento del vasto y temible desierto sobre el que arroje su sombra la tienda de un pobre pastor. Al cabo de un tiempo fui a llamarle y le dije: «No es bueno dormir así bajo el sol». Después fuimos juntos a tomar café al *mechlis*, donde, entre las sonrisas maliciosas de algunos, Zeyd se quejó con voz grave y monótona de que «se había quedado sin familia, a menos que Jalil —su huésped— trajera a Hirfa a casa». Las noticias vuelan por las tiendas de un aduar nómada y no hay comidilla que escape a las lenguas frívolas de los obtusos beduinos, siempre dispuestos a matar el tiempo con habladurías.

Las mujeres. Hijos e hijas

En el aduar comprendí que era mi honorable deber como huésped acudir la tarde siguiente para tratar de convencer a Hirfa de que volviera a la casa de Zeyd: habría sido bochornoso por su parte ir a buscarla y ella no podía regresar por su cuenta. Encontré a Hirfa sentada con aire avergonzado entre sus amistades, unas viejas chismosas que habían conocido a su madre; todas habían acudido a la tienda de su tía para consolarla, también estaban sus primos más jóvenes. La esposa infértil jugueteaba entristecida con el bebé de una vecina. «Jalil», dijo, «si quieres que te escuche, tendrás que llenar mi pipa de tabaco, *galyán*.» Las viejas gritaron: «Tendrás que llenar todos nuestros galyáns (todas eran grandes "bebedoras" de tabaco) o no la dejaremos marchar». Los jóvenes añadieron que se quedarían con Hirfa y se casarían con ella ellos mismos y nunca se la devolverían "al malvado Zeyd".

Una vez distribuido el tabaco, tomé a Hirfa de su pequeña mano beduina (como no trabajan, todos tienen manos menudas) y le pedí que se levantara, la obstinada esposa me contestó: «Nadie va a retenerme, Jalil, suelta mi mano». Entonces le dije: «Tengo que llevarte a casa, mi dueña, vuelve conmigo o tendré que montar mi tienda junto a la tuya después del próximo *rahla*». Hirfa: «Hazlo, Jalil, y sé bienvenido. Tú y yo iremos a donde podamos comer camello juntos (se refería a una familia pródiga), pero antes vuelve a llenar mi *galyán*». La tía: «Y el mío, Jalil; o Hirfa se quedará con nosotros y no la dejaremos partir». Después de llenar otra vez sus galyáns, pregunté si la señora vendría ahora conmigo. Un primo joven dijo: «Yo soy su padre y Hirfa es mía, Jalil, ¡no!, no se la devolveremos a Zeyd». La tía añadió: «Vete ahora, Jalil, Hirfa irá después y nosotras la acompañaremos (para llevarla a casa honorablemente)». Poco más tarde, cuando llegué a la puerta de mi tienda, me llamaron para pedirme otra ronda de tabaco y Hirfa volvió a sentarse en su propio *beyt*.

Las mujeres están aquí en desigual concubinato y su vida es una servidumbre humilde y fatigosa. Sus padres y tutores las ceden por un precio establecido (con total desprecio y coacción hacia la debilidad de su sexo) a un marido que podrá rechazarla siempre que se le antoje. Puede darse el caso de que (aunque es raro que los nómadas las obliguen a ello) su virginidad y los pocos años florecientes de su juventud le sean entregados a un hombre de edad provecta, cuyo corazón además no le pertenecerá por completo, puesto que —aun si no está dividido todavía— deberá prepararse para compartirlo en el futuro con otra. Y cuando se marchite o si tiene la desventura de no proporcionarle hijos varones, es seguro que la rechazará como a un trasto inútil; entretanto, suyas son todas las tareas del hogar que hacen que el amor se vaya apagando. ¿Qué unidad espiritual puede darse entre estos amantes que nunca se unen lealmente? El amor dulce y natural puede brotar por un instante, pero planteado en términos tan desiguales nunca perdura. El amor requiere una tierna confianza y no consiente que el corazón de la mujer sea violentado de ese modo.

¡Pocas son pues las mujeres que disfrutan de largos años de felicidad en su matrimonio!, pocas o casi ninguna permanecen en la casa de su primer marido. Suele tratarse de madres de familias numerosas, o casadas en familias humildes en las que los maridos no pueden permitirse mantener otra esposa. Pero las personas acaudaladas y de alta cuna terminan siempre por separarse de las mujeres viejas y buscarse nuevas esposas, como buenos musulmanes. Gastan alegremente para procurárselas, como quien se compra las ropas de la nueva temporada. La mujer despreciada puede ser aceptada por otro hombre rico que se sintiera atraído por ella de antiguo, o unirse en un nuevo matrimonio a la casa de alguien más pobre. La alegría y el consuelo de las mujeres es ser madres de hijos varones, lo que al menos les permite quedarse en la tienda de sus hijos como matronas, incluso si su endurecido padre decide repudiarlas. Así ocurría con Gobny, la madre del joven hijo de Zeyd, Selím. Zeyd, conmovido por sus lágrimas, le había buscado un marido más pobre de la tribu de los Yamala de quien había tenido otro bebé: pero el hombre la trataba con rudeza y ella regresó con su hijo mayor y acampó para vivir de nuevo como una pobre viuda junto a Zeyd. ¡Una mañana amaneció y la tienda de Gobny había desaparecido!, los árabes se quedaron entre perplejos y divertidos, pues aunque había sido hermosa en su juventud se trataba de una pobre infeliz, hasta que supimos por Selím que había cargado su camello durante la noche y se había escapado a un aduar lejano con los Jamaly. El canalla del marido había venido el día anterior, la había besado y le había prometido acogerla de nuevo. Pero, dos días después, la desdichada regresó con los ojos enrojecidos para abrazarse a su hijo, que, confundido, se había mudado con su padre, y a partir del siguiente *rahla*, la simple y atribulada esposa acampó como siempre junto a Zeyd.

Los árabes dicen: «El harén dobla en número a los hombres». De ser así la razón natural aconsejaría a cada hombre tener más de una esposa, y no me extrañaría que fuera cierto. De primavera a primavera, nueve meses al año, la mayoría de las mujeres nómadas languidecen de hambre: dan a luz a pocos niños, nunca oí mencionar que se dieran partos dobles. Son buenas madres y, a no ser que vuelvan a quedarse en estado, amamantan a sus bebés durante largo tiempo con sus escuálidos pechos. En el campamento de Zeyd había una niñita de cuatro años aún sin destetar y la madre decía: «No tenemos cabras y no hay nada en este desierto ¿qué otra cosa podría hacer por mi *bint*?». Lavan a los bebés con orina de camello y creen que así los protegen de las picaduras de los insectos, debido al olor acre que desprende, sobre todo cuando los animales han comido de ciertos arbustos alcalinos como el rimz. Con esa misma agua peinan todos, hombres y mujeres, su largo cabello, aunque a veces les decolora el pelo y he visto las greñas trenzadas de algunos jóvenes totalmente encanecidas. Existe una extraña costumbre (no sólo entre las mujeres nómadas sino incluso entre los cristianos de los países árabes) que parece un resto de la vieja idolatría que imperaba entre ellos y consiste en que las madres, las amigas e incluso las jóvenes doncellas visiten a las mujeres casadas para besar con devoción el *hammam* de sus hijos varones.

En toda Arabia, tanto los hombres como las mujeres, los hombres de las ciudades y los beduinos, se pintan los ojos de azul con *kohl* o antimonio siempre que pueden conseguirlo; así se pinta Ibn Rashid sus ojos de pájaro. No sólo les hace más atractivos ante sus mujeres, que les ayudan a pintárselos y a trenzar sus largos y varoniles mechones de pelo, sino que según creen les ayuda a conservar y aguzar la vista. Con el pelo largo peinado con raya al medio, las trenzas colgando a ambos lados de la cara y los ojos pintados de azul, el fino rostro de los árabes tiene un aspecto tan femenino bajo el colorido pañuelo que casi les hace parecer mujeres.

En las ciudades wahabíes a las mujeres de las familias pudientes se les enseñan las oraciones y algunas aprenden a leer. En las tribus nómadas las mujeres rezan raras veces, excepto en *ramadán*, el mes de la devoción y la abstinencia corporal: pocas se saben sus oraciones, imagino que ni siquiera la mitad de los hombres se las saben. Los bedu de Arabia pasan por gente cultivada sólo con que sepan pronunciarlas formalmente, los nómadas peor intencionados suelen ser los que más rezan. Las mujeres no rezan prosternándose como los hombres sino que recitan las oraciones arrodilladas y con los brazos en cruz. Los árabes dicen que «*El-enza*, la hembra (dócil en el trabajo y portadora de los bienes de los pastores) es preferible en todos los animales, salvo en el hombre». Aunque no todos opinan lo mismo, pues los moros o árabes occidentales prefieren el *hurr*, el dromedario macho, por su fuerza. Los semitas arrojan todas las culpas sobre el enza humano. Según creen su naturaleza es maléfica y los árabes se quejan de que "tiene siete vidas". Los árabes son contrarios a las mujeres y hacen caer sobre ellas la maldición de Dios: «Algunas (dicen los bedu) envenenan a sus maridos y muchas son adúlteras». Reprochan a sus pobres mujeres su propia impotencia e iniquidad, aunque no siempre sin motivo, pero ¿qué no podría decirse de la perversa inconsistencia de los maridos? La *horma* debe estar sometida: si se la admitiera en pie de igualdad (dicen) la ineptitud de su perversa naturaleza no tardaría en salir a la luz. La vigilan toda el día y nunca permiten que se libere de su servidumbre. Aunque el sabio rey de Jerusalén nunca encontrara una mujer buena, muchos hombres han encontrado alguna mejor que ellos mismos. El velo y las celosías son más propias de la obscena austeridad de las ciudades: entre los apacibles habitantes de las tiendas en el desierto las mujeres disfrutan de mucha libertad cuando están entre sus parientes; sin embargo, en la mayoría de las tribus las mujeres ahora van medio veladas. Cuando uno me preguntó mientras tomaba café con Zeyd si nuestro harén iba velado, le contesté: «¡No! Van a cara descubierta, entre gente honrada no hay necesidad de ocultar el rostro; además creo que entre vosotros, los árabes, los que hacen que sus mujeres porten velo son los de las tribus más disolutas». A los beduinos siempre les gusta ver cómo alguien critica a las otras tribus. Me contestaron: «Sí, *bil-lá*», están corrompidos. Le pregunté a Zeyd: «¿Eres de la misma opinión?». «Jalil», contestó con sinceridad, «piensas como los *kuffar*, el rostro de la esposa sólo debe ser visto por su marido».

Los nómadas y la ley divina de Moisés desprecian al sexo femenino; después de dar a luz a una niña el tiempo de purificación es el doble y el valor del bebé será justo la mitad. Si pronuncian algún juramento quedará anulado sólo con que el marido diga "no". Sin embargo, a la madre semítica de un varón se le rinden honores. Si leemos: "Respetad a vuestra madre y vuestro padre"[18] es porque el escriba semita dio prioridad a su madre. Y es frecuente que, incluso entre los árabes más rudos, el hijo guarde hacia su madre un tierno cariño aun mayor que el profesado a su joven esposa. Así el amor materno es dulce y femenino y al mencionar a sus hijos siempre añadirá algún proverbio supersticioso como *el-agal Alá*, "¡que el Señor los guarde!". Igual que las demás madres, el harén nómada da a luz entre dolores tras un parto que dura varias horas. Existe la tonta creencia de que las hijas del desierto son como los animales salvajes y no sufren al parir. Pero su casa y su nación son migratorias; no pueden albergar ni la menor esperanza indolente de descanso y comodidades. La hierba se consume a diario a su alrededor, el ganado sediento avanza continuamente en busca de agua y nuevos pastos, la gente se muda incesantemente: puede que mañana no puedan yacer en el mismo campamento que hoy. Su cama es un manto o una lona extendidos sobre el suelo; y no puede negarse que viven casi con la misma sencillez y necesidad que los animales salvajes. Por ello, las mujeres nómadas dan pruebas, ¡por costumbre, por necesidad!, de un valor especial. Si el momento llega mientras los árabes viajan, su familia se detiene y construye la tienda para ella. Si están acampados, la mujer se aleja furtivamente con algu-

18. Levítico 19:3.

nas amigas de más edad para dar a luz en el desierto. Si los nómadas están a punto de partir y es peligroso dejarla atrás, la levantan cuidadosamente y la sientan como a cualquier otro enfermo en una especie de nido hecho con la alfombra o la lona enrollada sobre la silla del camello, para que siga cabalgando con ellos en el *rahla*. Y como pasan la mayor parte de su vida de ese modo, los nómadas se fatigan poco y casi descansan mientras montan.

En la *Yahiliyya* o "los viejos tiempos de ignorancia", poco antes de la época de Mahoma, existía en el desierto la terrible costumbre de enterrar vivas a las niñas (lo que parece corroborar que los nacimientos de niñas eran más numerosos). La mujer no ha nacido para manejar la espada y su mano sirve sólo para manejar la sencilla rueca: ni fortalece la *ashira* ni aumenta la hacienda de la casa de su padre, es sólo una boca más que alimentar allí donde tanto escasea la comida; su progenitor tendrá que arreglárselas durante muchos años para mantenerla y todo a cambio de una incierta asignación matrimonial (con la que tendrá que comprarle algunos objetos domésticos que le servirán de dote) cuando se vaya a otra casa como una extraña. El día de su nacimiento el padre se esconde de sus conocidos.

Cuando le pregunté a los bedu si alguna vez habían oído hablar de esa tradición me contestaron asombrados que «no podían concebir que jamás hubiera existido semejante costumbre en el país». En las familias árabes se concede muy poca importancia a las hijas una vez pasada la primera infancia. El hijo es querido por su padre, hasta que llega a la edad adulta, por encima de la esposa que lo trajo al mundo, de su propia alma y sólo detrás de su propio padre; los hijos pequeños apenas son menos apreciados que sus hermanos mayores. Dios ha enviado un hijo y el padre no puede contrariarle en nada mientras sea niño. Pasado el tiempo le servirá de consuelo en la vejez y le proporcionará un entierro honorable; y después, año tras año, cuando los nómadas vuelvan a pasar por allí, ofrecerá sacrificios a los muertos y rezará por él, de modo que su nombre sea recordado entre los vivos. Por eso un hombre zarandeará una y cien veces a su mujer antes que darle una bofetada a un hijo malcriado y enajenárselo así para siempre. Molesto o disgustado reñirá a su hijo desobediente con palabras vehementes, pero su cólera nunca llegará tan lejos como para turbar la paz del hogar; con el tiempo su hijo será más importante que él y no conviene ofenderle. Los nómadas aseguran que hay padres que gobiernan con la vara. No puedo creerlo. Cuando muere un hijo el espíritu de su padre permanece nublado mucho tiempo, henchido de un silencioso pesar; pero el recuerdo de una hija fallecida, a menos que poseyera algún don singular o supusiera alguna promesa truncada antes de tiempo, no perdura demasiado. Los musulmanes (es decir, *Los-Sometidos-al-gobierno-divino-del-mundo*), no se lamentan por los muertos y se limitan a decir: «Se ha ido, ¡que el Señor se apiade de él!».

También descubrí que a los beduinos les cuesta mucho imaginar la vida futura; cumplen con los principales deberes de su religión, el rezo y el ayuno, (como hicieron los padres semíticos antes de ellos) para que les sea propicio el presente. Hacen sacrificios por los muertos en algunos casos hasta la tercera generación. He visto a un jeque acudir con devoto recuerdo a realizar su sacrificio y a orar junto al túmulo donde yacía su padre o el padre de su padre; y les he visto besarse la mano y murmurar rezos y bendiciones con una ternura casi femenina al pasar junto al lugar donde descansa su progenitor; y no hay duda de que saber que permanecerán durante mucho tiempo en el recuerdo de sus hijos les sirve de consuelo al morir. En los países semíticos asentados, el harén, y a veces incluso las mujeres cristianas, acude ciertos días a llorar a las tumbas. Vi a una viuda que llevó allí a sus hijos huérfanos y todos se arrodillaron juntos: la vi enseñarles a llorar mientras se lamentaba con voz ahogada y sollozante, *Ya habibi*, "¡sí, sí, amado mío!". A los niños árabes sólo se les educa mediante ruegos y súplicas; las niñas suelen ser rebeldes en casa y los hijos muchas veces no prestan atención a los reproches de su madre. Conocí a un niño de mal carácter que le pegó un bastonazo a su cariñosa madre; y cuando le pregunté por qué se lo permitía, me contestó con un suspiro: «Mi hijo es un *káfir*», es decir, infiel y rebelde por naturaleza; el niño en cuestión no era del todo beduino, pues su padre era Abu Sinún, el moro. Alguien me preguntó si nuestros niños también eran tan malhumorados y, cuando me oyeron hablar de la terrible severidad de la ley mosaica exclamaron: «Pero entre nosotros hay muchos muchachos malcriados que golpearían a su propio padre si pudieran». Los árabes exageran y en eso también cuesta creerles. Los salvajes curten a sus hijos; pero los niños beduinos crecen sin que sus padres les instruyan. Lo único que aprenden es lo que oyen contar a la gente en las tiendas de estambre, donde el único censor es la opinión pública. Hay beduinos devotos, imbuidos de la vida religiosa del desierto, que a veces pueden llegar a reprenderles; pero a los niños nunca se les riñe por mentir, aunque los árabes dicen que "la mentira es vergonzosa". Las mentiras son fáciles estratagemas y el modo más rápido de confundir al enemigo. La propia naturaleza está llena de mañas y la religión árabe tolera la mentira.

El pueblo errante. La hora del café. Motlog

Ahora que los camellos estaban *yezzín*, errábamos sin tener que preocuparnos por encontrar grandes abrevaderos; la gente bebía de cualquier pequeño charco del *suffa* o rocas del suelo. En las montañas del desierto hay multitud de pozos cegados desde antiguo por la arena arrastrada por el viento. En estos pozos el agua de las lluvias invernales se conserva largo tiempo, aunque corrompida y maloliente, en la arena húmeda y putrefacta por las raíces de las plantas y la urea del ganado de los nómadas, que lleva abrevando aquí desde el principio de los tiempos. Con ella los árabes (que prefieren el agua pútrida del desierto al agua pura) preparan su café diario y mitigan así su mal sabor. La peor es el agua negruzca que extraen de los pozos más viejos hasta vaciarlos por completo; antes que beberla prefería pasar sed y a menudo no podía pegar ojo durante la noche. Las formas que adoptan las erosionadas rocas de arenisca en el desierto suelen ser extrañas: espiras, agujas, pináculos y torturadas montañas son magníficos puntos de referencia. Le pregunté a Zeyd si los conocía todos. Respuesta: «Desde mi infancia no hay piedra de nuestro circuito que me sea desconocida», lo que significa más de tres o cuatro mil millas cuadradas. Los nómadas suelen llamar *zul-la* "cresta" (diminutivo *zul-leya*) a la montaña (*yebel* en las regiones asentadas); nosotros decimos sierra casi en el mismo sentido. Cualquier pico elevado, alcor o montículo que pueda utilizarse como punto de referencia lo llaman *towíl*; un promontorio *jushm*, "morro, hocico" (en Arabia *jushm* significa nariz). Algunas estribaciones montañosas reciben el nombre de *huzb*; los beduinos Moahib llaman *bottín* a cualquier colina de poca altura. Las extensiones desérticas se llaman *jala*, "la tierra vacía", y el suelo *beled*. Así es la Arabia desértica.

Pero hablemos ahora de los nómadas y de cómo pasan sus vidas: «El-bedu *ma yetaabun*», no trabajan (dicen ellos) físicamente; pero sus espíritus están constantemente mortificados por el temor a los enemigos y su carne por la sed y el hambre perpetuas. Las menesterosas vidas de los árabes no les permiten salir de una honesta mediocridad y les obligan a convertirse en ladrones. «La vida en el desierto es la mejor, "si no fuera por los bedu"», dicen proverbialmente los árabes de los oasis: creen que los pobres beduinos están llenos de iniquidad, *melawn el-weyladeyn*, "malditos por parte de padre y madre". La estancia en el poblado errante es muy placentera: se encuentra uno rodeado de la tierra y el aire más puros, considerando mil nuevos proyectos en compañía de hombres casi siempre ociosos alrededor del fuego. Allí donde desmontemos encontraremos hoy nuestro reposo, mañana nuestro hogar estará lejos. El regreso del sol por el este advierte al beduino en el desierto de que es hora de ir a rezar sus oraciones; o, si no las conoce formalmente, para murmurar hacia el cielo su temerosa súplica y decir: «¡Ah, Señor, mi Dios!» y «¡que el día nos sea propicio; concédenos que no suframos ningún mal!». Apenas tienen asegurado el sustento diario ¡qué sería de ellos si les robasen una sola cabeza de ganado! ¿Cómo sobreviviría su familia? Después, el pastor termina de prepararse y los animales se pierden de vista.

El dulce gorjeo de los pájaros no saluda la llegada de la luz, pues la voz humana es la única que se oye en el seco desierto. Los beduinos, que yacen en sus capas sobre el suelo arenoso de las tiendas abiertas, se ponen en pie apenas pasada la medianoche. En la tienda de cada jeque se encienden nuevas hogueras y se disponen las cafeteras; luego cogen un ascua con los dedos y la colocan en la pipa de tabaco. Los pocos granos de café que les proporcionan sus esposas se tuestan y se muelen y, mientras hierve el agua, cogen las tacitas, *fenyel* (de *fenyén*), que, como vimos, se fabrican en occidente para uso de los poco habilidosos árabes. Tras abrir con solemnidad la gutiyya o caja de las tazas, comprobamos que los nómadas no tienen más que tres o cuatro *fenyéns*, envueltas en un trapo mohoso, con el que se afanan en frotarlas como si con eso fuesen a limpiarlas. Los árabes machacan los granos tostados con un generoso repiqueteo —rítmico (como todo lo que hacen)— en un almirez de latón comprado en la ciudad o de madera tachonado alegremente de clavos y fabricado por algún herrero nómada. En cuanto el agua empieza a hervir en el pequeño *delal*, le añaden el fino polvo de café, *el-bunn*, y apartan el pote del fuego para dejarlo en infusión un momento. De un pañuelo anudado sacan un puñado de clavos y una pizca de canela u otra especia, *bahar*, las muelen todas juntas y a continuación agregan el polvillo. En seguida vierten unas pocas gotas para probar el café. Si el sabor es de su gusto, cogen hábilmente las tazas con una sola mano con un agradable estrépito y empiezan a servírselo a sus acompañantes empezando por su derecha y, si hubiese alguno presente, por los jeques y personas principales. El *fenyén qahwa* no son más que cuatro sorbos: ofrecerle la taza llena a un huésped, como se hace en las ciudades del norte, sería considerado una injuria tan amarga como decirle: "bebe tu taza y vete". Después suele producirse cierta controversia, sobre todo cuando el grupo es numeroso, por ver quién beberá primero. Algunos, cuando llega su turno y reciben el *fenyén*, prefieren no beber y cedérselo a alguien de rango inferior como si se tratase de personas más honorables, pero el otro lo rechazará con la mano y contestará: *ebbeden*, "¡no lo quiera Alá!, ¡bebe tú primero!". Dispensado de ese modo, el hombre dará cuenta de sus tres tragos y devolverá su *fenyén* vacío. Pero si sigue insistiendo, demostrará con ello su voluntad de reconciliarse con uno que ha dejado de ser su amigo. El vecino al verse observado por el resto del grupo, puede aceptar la taza con elegancia y hacer gala a su vez de buena voluntad, aunque los hombres más endurecidos persistirán en rechazar la amable oferta del otro.

Puede que algún rezagado se haya visto obligado a tomar asiento en un lugar que no corresponda a la nobleza de su sangre, de la que tanto se precian los nómadas. Con tal de no molestar a todo el mundo, cuando un jeque llega tarde suele sentarse lejos del grupo dando muestras con ello de una honorable modestia que contribuirá a hacerle más popular. Cuanto más hacia el fondo de la tienda se sienta uno, más honroso es el lugar que ocupa; ahí es donde se sientan los jeques y los extranjeros. En el círculo que hay fuera y enfrente a la tienda se sienta el populacho. Los recién llegados se presentan donde les corresponde por derecho o, en todo caso, en un lugar un poco más humilde donde sus pretensiones sean bien recibidas; en la correcta observación de estas normas radica el honor del nómada ante los hombres de su tribu. Lo que puedan pensar de él el resto de los hombres es lo más parecido a la conciencia de un nómada. Un hombre pobre al aproximarse espera muy ceremonioso, envuelto en su manto harapiento, hasta que los que están indolentemente sentados ante él en la arena se dignan a prestarle atención: entonces, se levantan a regañadientes y se echan para atrás para agrandar el círculo y hacerle sitio. Pero si quien llega es un jeque, un buen anfitrión o un ricacho poseedor de un par de cabezas de ganado, todos sus camaradas le saludan llenos de adulación, *taad henneyi*, "ven con nosotros".

Los astutos jeques Fukara superan en cortesía a todos los demás a la hora de beber café, y Zeyd era el primero en afectar esa especie de impostura caballeresca, estaba lleno de fanfarrona complacencia y de alabanzas hacia la gente más humilde. ¡Con qué suavidad sabía levantarse para animar, e incluso obligar amablemente a otro, a ocupar su sitio! En semejantes ocasiones Zeyd se mostraba como un hombre de lo más generoso cuando, en realidad, era el mayor de los tacaños. Las tazas se llenan dos veces y todo el mundo bebe sin manifestar ninguna aprensión porque otro haya posado los labios en ellas previamente. A los grandes jeques puede llenárseles más veces, pero eso se considera adulación por parte del escanciador. Algunos jeques Fukara son unos sibaritas tan delicados que para obtener el máximo disfrute, remueven, agitan y revuelven la taza y de esos tres amargos tragos podrían sacar diez. Terminado el servicio del café, se vierten los posos en un pote algo más grande que tienen preparado y lleno de agua caliente y con esas amargas lías los nómadas prepararán la próxima bebida convencidos de que de ese modo ahorran café.

Así transcurren las grandes reuniones, pero digamos también algo de los pequeños grupos que se juntan a diario en el aduar privado de algún jeque, atraídos por el ruido del *surbut* o mortero del café del buen señor. El semblante de los indolentes nómadas es a la vez serio y frívolo. Hay tantas galyáns o pipas de tabaco —casi siempre vacías— como beduinos. Cuando descubren que alguien tiene un poco de la codiciada hoja envuelta en su pañuelo le obligan a compartirlo con ellos —si se negara a hacerlo se lo quitarían alegremente por la fuerza—. Si nadie tiene, se sientan a rascar el hollín de sus galyáns y con triste resignación le colocan encima un tizón encendido y un poco de estiércol seco de camello o de hierba seca: así saborean al menos un poco del dulce sabor del tabaco que tanto aprecian y por el que, después de un periodo de abstinencia, les he visto trocear la boquilla de la pipa para aprovechar las escasas gotas de tabaco que quedan en ella y, tras colocar un tizón sobre la madera picada, "beber" su humo con un último disfrute...

...Cuando el sol asciende, los beduinos que se sientan en la tienda del café de su aduar ven llegada la hora de acudir al *mechlis* ("sesión") de la congregación o parlamento de la tribu. También en las "casas" de estambre de Motlog o de cualquiera de los jefes principales donde se reúnan esa mañana los compañeros de tertulia con el gran jeque, se bebe café. La asamblea se lleva siempre a cabo allí donde se encuentre el jefe de más rango. Los hombres se ponen en camino y preguntan a todo el que se encuentran por el campamento: «¿Dónde está el *mechlis*? ¡eigh *weled*! ¿Sabes dónde se reúne el consejo?». En ese parlamento ponen en común todos los asuntos de importancia pública y planean la política a seguir con Ibn Rashid, el *Dowla* y las tribus circundantes. Se informa a la gente de los movimientos de los enemigos o de si se han detectado indicios de una razia; de vez en cuando se habla de las últimas novedades acerca de los pozos propios y ajenos y los propietarios informan de los pastos encontrados el día anterior por los pastores. Todo el mundo tiene voz en él y se presta atención hasta al más humilde si es un miembro de la tribu. En el *mechlis* se planifican los próximos desplazamientos de la tribu, y se toman resoluciones que llaman *esh-shor* y están en boca de todos; a menudo hacen partícipe de ellas a sus aliados y son muy necesarias para cualquiera que se disponga a emprender un viaje.

Es también el consejo de los ancianos y el tribunal público ante el que los hombres de la tribu presentan sus pleitos entre el clamoroso apoyo de los partidarios de ambas partes y en el que cualquiera puede hacer su alegato. Entretanto, el jeque se deja aconsejar por los ancianos y personas de más relevancia: el veredicto se dicta siempre con imparcialidad y jamás se aceptan sobornos. La sentencia es inapelable. Al condenado se le multa con un precio en cabezas de ganado menor o en camellos y debe pagar inmediatamente o partir al exilio antes de que el gran jeque envíe a alguien a cobrar el valor estimado de la deuda. Los pobres beduinos son malos pagadores y a menudo se consideran insolventes por lo que en todas las tribus hay exilados de otras tribus.

Imparten justicia de tal modo que, en opinión de sus vecinos, los árabes del desierto son los más justos de entre los hombres. Raras veces yerran el juez y los ancianos en esas sociedades pequeñas, donde todo el mundo está emparentado, la vida de los miembros de la tribu es un libro abierto desde su infancia y la hacienda de cada uno es conocida por todos. Como todo lo que es obra de los árabes, los juicios son expeditivos. No es frecuente que los asuntos tarden más de una sesión en resolverse. Cuando la acusación es grave o falta alguno de los testigos la causa se aplaza hasta la sesión siguiente. La justicia de los nómadas es blanda comparada con la severidad de los resabios de la ley hebrea que aún perduran en las regiones asentadas. En el desierto no hay ningún delito, ni siquiera el homicidio, que no pueda resolverse mediante el pago de una multa (tasada en cabezas de ganado) si los familiares otorgan su consentimiento. La ley hebrea extirpaba los abscesos de la comunidad asegurándose de que la certeza del castigo pesara en la conciencia de los malhechores. El bedawí sólo tiene que temer el destierro: si su corazón se lo permite, puede escapar a cualquier pena sólo con tomar para siempre el camino del exilio.

Hacia mediodía, cuando termina el *mechlis*, el grupo empieza a dispersarse por el campamento. El bedawí regresa a su tienda descalzo y solitario sobre la arena caliente y allí dormitará hasta el atardecer, *el-asr*. Los nómadas duermen durante el día: algunos beduinos se ponen a dormir a las diez como si hubiese vuelto a caer la noche. Pero quedarse dormido en el círculo del café se considera de mala educación, uno debe hacerse a un lado y tumbarse en un rincón. Cuando alguien se deja vencer por el sueño los demás le despiertan y le dicen: «¡Arriba, hombre! ¿Cómo se te ocurre dormir aquí?». No obstante, hambriento y extenuado como estaba entre tanto murmullo, más de una vez me quedé súbitamente dormido en las tertulia del café y ellos toleraron esa debilidad de mi naturaleza con una maravillosa compasión y humanidad. Todos los árabes reverencian el sueño del hombre: les parece un momento de comunión con Dios y una tregua en medio de tantos trabajos y, cuando se retiran piadosamente a dormir, saben que no serán molestados a la ligera hasta que se despierten. Únicamente les parecería pernicioso dormir desde *el-asr* hasta la puesta del sol. Tanto dormir les ayuda a permanecer despiertos durante las negras horas nocturnas, cuando las alarmas se suceden en el desierto: a menudo los perros ladran a los lobos hasta el amanecer, y los *habalís* merodean por los alrededores del campamento. Algunos pasan las horas centrales del día charlando a la sombra de algún acantilado o bajo el tenue cobijo proporcionado por alguna acacia o en la gran tienda del jeque. Al atardecer, el beduino sale de su inactividad, murmura unas palabras piadosas como preparación para las oraciones vespertinas, se arrodilla, toma algo de arena y se restriega las manos con ella, luego se las lleva a la frente y, como carece de agua, se frota ambos lados de la cara. Cuando termina sus oraciones, vuelve a levantarse y se aleja en busca de alguna columna de humo, indicio seguro de un poco de café y de buena compañía. Los jeques cuyas tiendas están más alejadas acuden a lomos de sus yeguas. El más gallito entre los anfitriones era Buryes, un joven jeque rico procedente de una familia de W. Ali desafectos que estaba viviendo con los Fukara, suya era la tienda más espaciosa de nuestro campamento. Si el *mechlis* volvía a reunirse para algún asunto público, o después de un *rahla*, el grupo era más numeroso ya que muchos de los pastores habían vuelto para entonces.

En cuanto al jefe de la tribu, Motlog, era un hombre bien parecido, fuerte y proporcionado, de estatura y edad medianas y de rostro amable y hebraico; lucía la honrosa barba negra y espesa de los árabes y, bajo el especioso ceño, su mirada varonil transmitía confianza y moderación. Era hombre correcto en el hablar, igual que lo son todos siempre que no hay problemas, y cuando algo suscitaba su interés estaba lleno de las innatas artes beduinas. De costumbres sencillas, era el único que iba sin la alegre fusta de colores en la mano y jamás se ceñía la espada; esa prudente urbanidad le permitía camuflar la superflua insolencia característica de los nobles y además le sentaba bien. Cuando el numeroso *mechlis* se reunía en su tienda él —el gran jeque y anfitrión— se sentaba con orgullosa humildad entre la gente común con los ojos clavados en el suelo; pero todos le echaban intranquilas miradas de soslayo, conscientes de que su inteligencia seguía atenta y despierta. Parecía que renunciara a su autoridad pero, cuando se hacía necesario, gobernaba a los ingobernables bedu con una sola palabra. La primera vez que acudí al *mechlis* tenía sentado a mi lado a un tosco hijo del desierto, el pastor del aduar de Zeyd. Le pregunté al oído: «¿Quién de ellos es Motlog?». Respuesta: «¡Aquél es Motlog!», y añadió jactancioso: «Ese hombre es nuestro Pachá, gobierna a los árabes con tanta justicia como el Pachá del hach. Cuando dice "¡El *rahla*!" todos montamos y nos ponemos en camino y allí donde él desmonta construimos nuestras tiendas. ¡Oh, Motlog! ¿No es cierto lo que le digo a este nasraní?, y, Jalil, si quisiera podría hacer que nos cortaran la cabeza, wel-lá, *bil-lá*, a todos». Motlog elevó su mirada hacia nosotros con una media sonrisa por un instante y luego volvió a sumergirse en sus asuntos. El jeque de una tribu nómada no es ningún tirano;

si un gran jeque golpeara a alguien de la tribu mancillaría su propio honor al hacerlo: para ellos, golpear a un hombre en su casa es la esencia misma de la bestialidad.

La cena láctea de los nómadas. Las yeguas beduinas

Cuando se extingue el ardiente calor de la luz del desierto, la hoguera vespertina se vuelve más placentera. El sol se oculta en las altas estepas de Arabia, a más de tres mil pies de altitud, y el aire refresca enseguida, la arena no tarda en enfriarse (aunque a tres dedos de profundidad perdura hasta el amanecer cierta soleada tibieza que es como un resto del calor del día anterior). En sólo media hora caen la noche azulada y la canosa luz de las estrellas donde brilla con maravillosa claridad el cinturón de la vía láctea. Al ponerse el sol, la esposa nómada trae un hato de ramas y arbustos secos que ha arrancado en el desierto con la azada (herramienta de la que raras veces disponen) y echa la leña junto a la lumbre para alimentar el aromático fuego nocturno. Zeyd le había proporcionado a Hirfa, su joven y noble esposa, una doncella beduina para que la ayudara. La esposa dispone de otro fuego en su apartamento, que utiliza para cocinar. Normalmente Hirfa cocía bajo las brasas un pan para el extranjero; Zeyd, su marido, por tacañería u alguna otra razón, no comía nada hasta medianoche, a su regreso del *mechlis* antes de irse a dormir.

A primera hora de la tarde, los bedu están todos *fi ahl-ha*, en casa, dando cuenta de lo poco que hayan podido encontrar para cenar; nadie vagabundea ya por el campamento y la llegada de cualquier persona que no fuera un extranjero sería considerada una "descortesía". Las camellas de cría yacen tumbadas ante la tienda de pelo y los beduinos las dejan descansar durante una hora antes de ordeñarlas. Las grandes y debilitadas bestias han vagado todo el día sobre la faz reseca del desierto; y en pastos tan magros apenas encuentran lo suficiente para vivir. La yegua esta atada ante la tienda en el lado de las mujeres por donde no pasa casi nadie. Junto a ella dejan todo el forraje seco que son capaces de encontrar en aquel yermo. Cuando los árabes han acabado su cena y bebido *leban* del rebaño, los pocos hombres del aduar empiezan a reunirse alrededor del hogar del jeque, donde hay posibilidades de tomar algo de café. El más joven o el de menor rango del grupo se reclina junto al haz de leña y, de vez en cuando, alarga el brazo para echar un poco de rimz seco y otras ramas resinosas y aromáticas al fuego, hasta que la llama se aviva en la vasta y lúgubre oscuridad. Los nómadas no queman los buenos arbustos de pasto, *gussha*, ni siquiera cuando están en territorio enemigo. Es el pan del ganado. Hasta que llegué a conocer bien las plantas, les ofendí sin saberlo más de una vez al echar al fuego las que crecían más a mano; entonces las mujeres, los niños y los hombres menos avispados me lo reprochaban y aseguraban muy perplejos que "mi comportamiento era digno de un infiel".

Satisfechos, al apagarse la vana luz de la tarde, los asiduos vuelven a sentarse para charlar o permanecer lánguidamente en silencio con tanta solemnidad como sus animales. Los ancianos, siempre fatigados, y los pastores, que han pasado el día fuera bajo el sol, se recuestan apoyándose en el codo (según la típica postura árabe que Zeyd me hizo aprender y adoptar) alrededor del fuego comunitario. Aunque en casa la mayoría se tumban alrededor del fuego con los talones hacia fuera, como los radios de una rueda y boca abajo (pues creen apaciguar así el hambre que les carcome), y se apoyan para charlar sobre el pecho y los dos codos: más tarde, los habitantes de tan pobre nación duermen en la misma posición, aunque no sin extender previamente sus mantos harapientos sobre el suelo pedregoso *(beled)*; postura que ellos mismos reprueban. Ya vimos que, para los nómadas, *beled* es el suelo deshabitado del vasto desierto y los oasis; por lo que dicen de los muertos que "están bajo el *beled*". En algunos oasis también llaman dira —el circuito nómada— a los poblados. Una vez le pregunté a Zeyd: «¿Entonces decís que el *beled* es nuestra madre?». «Pues claro, Jalil; del suelo sacó Dios al hombre y a él ha de volver.» Una vez que me preguntaron por nuestras costumbres les contesté: «Vosotros estáis acostumbrados a tomar asiento en el suelo y nosotros nos sentamos en grandes sillones como los turcos». Opinaron que debía ser cansadísimo estar todo el día con las piernas colgando de la silla. «Jalil tiene razón», respondió Zeyd que, como jeque de los árabes, había estado en presencia de los pachás y los altos funcionarios del gobierno en Damasco; y explicó cómo le recibieron sentados en sus sillones (los orientales se sientan con las piernas cruzadas) con una pierna por encima de la otra: «Los funcionarios de menor importancia cruzan un solo pie mientras que los personajes de alto rango cruzan ambas piernas», Zeyd nos mostró el modo de hacerlo. Los árabes me preguntaban a menudo si nos reuníamos al atardecer alrededor del fuego como ellos y si íbamos a los *byut* vecinos en busca de compañía y de un poco de café.

Si alguno se levanta mientras están allí sentados, la yegua resopla suavemente, lo observa por si se trata del encargado de llevarle su deliciosa leche de camella, y lo sigue con la mirada con un relincho de satisfacción. Cada yegua tiene una camella que le sirve de nodriza, pues no tienen grano que comer y los ásperos tallos del desierto no bastan para alimentarla: el caballo no rumia y pierde mucha humedad por la piel por lo que resiste mal la sed y el hambre. De modo que mantener una yegua en el desierto no le sale precisamente barato a un jeque, que a menudo debe llevar un camello de más con una reserva de agua. La yegua necesita beber dos veces al día, incluso tres en la época más calurosa del verano, y un camello sólo puede transportar guirbies con agua suficiente para dos días. Según un viejo proverbio, quien tenga una mujer o un caballo no conocerá nunca el descanso, pues tan frágiles posesiones no le traerán más que problemas. No obstante, en un clima tan sereno bajo el primordial elemento de la tienda del mundo, los bedu no le dedican muchos más cuidados a sus yeguas y en el desierto nadie se ocupa siquiera de almohazarlas. Ordeñan primero la leche para la yegua y a continuación (a menudo en el mismo recipiente) la de la familia nómada. Aquélla espera tirando de la cuerda y con la vista puesta en el lugar de donde proviene el agradable sonido; luego el pastor le acerca el cuenco espumeante de la ubre y el animal sorbe entre dientes de un largo trago la leche dulce y tibia. Los camellos se ordeñan sólo una vez al día, al anochecer, a menos que haga falta un poco de leche por la mañana para algún huésped o un enfermo o para algún viajero a lo largo del día. El ganado menor, *ganem* o *dubbush* se ordeña a la puesta de sol y sólo en los sitios donde abundan los manantiales las mujeres vuelven a estrujarle la teta por la mañana. El *dubbush* lo ordeñan las mujeres, las camellas sólo los muchachos o los hombres. La primavera es la época de la leche, cuando los hombres y las bestias (si han caído las lluvias del invierno) prosperan mejor en el desierto. En el ganado menor dura tan sólo unas semanas desde el destete hasta que vuelve la temporada seca en la que se agosta la hierba, pero las camellas dan leche once meses al año.

El suplemento lácteo es tan necesario para los caballos del desierto que, en el seco verano y otras épocas de escasez, cuando los camellos están *azab*, ausentes del aduar, en busca de pastos, la yegua debe partir con la manada del señor para seguir bebiendo la leche de su nodriza. Y si el jeque la necesita durante esos días la alimentará cada tarde, en ausencia de su ama de leche, con un cuenco de *meresiyy*, o leche seca revuelta con un poco de agua. El meresí es suero puesto al fuego hasta que se seca y adquiere un aspecto parecido a la cal. En el desierto es un regalo de Dios, sobre todo en épocas de penuria y durante los peores calores del verano; en los largos meses en los que la leche escasea, se vuelve cada día más caro y más difícil de conseguir. El meresí, muy práctico para llevarlo de viaje, es bebida de trashumantes y en las regiones fronterizas no se la considera precisamente un manjar; pero en los oasis de Arabia es muy apreciada para acompañar la escasamente sustanciosa dieta a base de dátiles que, comidos solos, serían demasiado calóricos. El meresí ("lo que frotado entre las palmas de las manos puede mezclarse con agua") o leche seca recibe otros muchos nombres en las provincias de Arabia: *zirán* y *búggila* o *bagl* en el *Nechd* occidental y *múzir* en el sur, cerca de La Meca. La mantequilla es la principal mercancía de los pobres nómadas: con ella pueden comprar en los pueblos los artículos domésticos de primera necesidad. Con meresí en las alforjas y la posibilidad de encontrar agua más o menos cada tres días, nunca dudé en emprender largos viajes por el *jala*. El meresí permanece inalterado hasta la estación siguiente y el segundo año sigue estando bueno, sólo se vuelve un poco más duro. Lo mejor es molerlo hasta convertirlo en harina como hacen en Qásem; mezclado con un poco de agua y azúcar en un tazón es un merecido refrigerio tras los pesares y sudores de un viaje por el desierto.

Atender a la alegre y reflexiva charla de los beduinos supone un verdadero placer y una lección de humanidad para el viajero —y no hay región tan peligrosa que no pueda cruzarse con humanidad, pues el hombre es igual en todas partes y, a su modo, incluso las bestias de la madre tierra lo son—; y además un oportuno descanso de las preocupaciones que ensombrecen nuestro afán por vivir pacíficamente en un mundo moralmente desolado. ¡No menos agradable es el sonido de la leche cayendo de la ubre en las vasijas de los árabes!, alimento para el hombre y bebida salutífera en un país depauperado. Cuando traen el cuenco espumoso los niños se congregan a su alrededor y a menudo se invita al huésped a comer con los dedos la dulce espuma, *orga*, *rogwa* o *irtug*, en su compañía; o bien vierten la leche en el agrio odre y la agitan durante un rato, tras lo cual la esposa vuelve a servírsela a los comensales con esa agrura añadida que tan refrescante les parece.

Los Solubba errantes

Mientras íbamos hacia el *mechlis*, Zeyd me dijo: «Un poco más allá te mostraré a unos cuantos de un pueblo muy antiguo». Se trataba de una familia de pobres vagabundos *Solubba* recién llegados. Me admiró la lozanía y la belleza del rostro de sus niños harapientos, y lo mismo observé siempre entre los nómadas Heteym. Estos parientes foráneos y marginados tienen mucho mejor aspecto que los famélicos beduinos. Los Heteym, ricos en ganado menor, tienen comida suficiente en el desierto y los *Solubba* viven de la caza y de su trabajo como quincalleros, dedicados a la reparación de armas y cafeteras en los aduars beduinos. Golpean sobre el yunque las hachas, *yedúm*, (con las que los pastores podan las dulces ramas de acacia para alimentar a sus rebaños), las hoces para segar el forraje, los eslabones con los que encienden el fuego golpeándolos contra el pedernal y cosas parecidas. Además, son carpinteros y trabajan la madera de las acacias del desierto para fabricar las toscas sillas de los camellos de carga, los palanquines de los *zeluls*, las poleas *(mahal)* para sacar agua de los profundos pozos del desierto, rudimentarias vasijas para la leche y otros utensilios parecidos; por si fuera poco, ejercen de veterinarios (aunque algo rudos) como la casta de los herreros o *Sunna*. Los *Solubba* obedecen los preceptos de su patriarca, que les prohibió convertirse en ganaderos, y les instó a vivir de la caza en el desierto y a acudir a las tiendas de los beduinos para ganarse la vida con su trabajo como herreros. Como no tienen animales que les proporcionen leche, suelen beberla en las tiendas beduinas; la mujer les vierte *leban* de la *semila*, aunque en sus propios cuencos: los beduinos, por lo demás poco amables, no beberían con agrado después de los Solubbíes, que pueden haber comido algún *futís*, o animal muerto de muerte natural. Los bedu también dicen de ellos que "se alimentan de gusanos e insectos repugnantes", pero se trata sólo de una fábula pues no comen esa clase de bichos. La lengua malediciente de los beduinos los despacha sin contemplaciones por *kuffar*, porque sólo unos pocos solubbíes se saben las oraciones canónicas, sin darse cuenta de que ellos mismos no son más apreciados en las ciudades. Los *Solubba* demuestran un celo noble y humilde por la religión de su patria y no prestan oídos a ninguna otra; son tolerantes y, a su manera, humanos, pues ellos mismos son personas oprimidas y despreciadas.

En verano, cuando a los bedu se les termina la leche, cargan sus ligeras tiendas, el utillaje doméstico y todos sus beneficios en asnos, el único ganado del que disponen, y abandonan el campamento de los árabes para emprender su viaje a través del ancho *jala*. Los Solubbies se encaminan hacia algún lugar remoto y poco frecuentado donde abunde la caza y se instalan junto a un pozo en el desierto. Son los únicos (en todo el desierto de Arabia) que gozan de libertad para viajar por donde les venga en gana; pues a cambio de un modesto tributo nadie les molesta. Aunque nativos, no tienen reconocida la ciudadanía en la Península. Se dice que ningún bedawí robaría a un solubí aunque se lo encontrase solo en medio del desierto y con un pellejo de avestruz en la mano, y eso que cuesta lo mismo que un *zelul.* A los beduinos errantes les alegra toparse con la tienda de un solubí plantada junto a un pozo solitario, pues a buen seguro el pobre solubí compartirá su caza con ellos. Se desplazan a lomos de asno, incluso cuando van de caza y emplean también esas débiles bestias, que necesitan beber cada dos días (aunque por lo demás, el asno está casi tan bien adaptado al desierto como el camello), para trasladarse con sus familias por vastas regiones desérticas que los bedu recorren a duras penas a lomos de sus ágiles y poderosos *zelul*, capaces de soportar la sed durante tres días. Esta raza de hombres del desierto dispersos por Arabia supera a los pastores bedu en su conocimiento del terreno tanto como estos últimos aventajan a los torpes habitantes de los oasis. Los *Solubba* (que desde cualquier otro punto de vista no son más que unos pobres ignorantes) han heredado una sabiduría de padres a hijos que les permite encontrar los abrevaderos más recónditos. Vagan sobre la inmensa faz de Arabia, desde los altos de Siria hasta el-Yemen, más allá de at-Ta'if, ¡y qué sé yo por dónde más! Y, por lo que cuentan los árabes, vale la pena prestarles oídos en todo aquello que esté al alcance de su limitado entendimiento.

Deben ser unos cazadores consumados para sobrevivir en esa tierra yerma y, allí donde otro apenas acertaría a distinguir la huella de un venado, los pobres Solubbíes guisan a menudo la dulce carne de las gacelas y el *bedún* y, en ciertos distritos arenosos, del antílope, pues conocen todas sus sendas y escondrijos. Los propios bedu cuentan maravillas de ellos y dicen que «los Slubba son como pastores de animales salvajes, pues cuando se encuentran con una manada son capaces de separarla y elegir como si fuera un rebaño "hoy cogeremos ésta y pasado mañana aquéllas"». Exagerar es humano y esa forma excesiva de hablar es típica de los árabes, pero no hay duda de que los *Solubba* son unos viajeros admirables y hombres de gran resistencia, lo suficientemente entusiastas para ganarse su sustento con sus propias manos, y los de mejor vista son magníficos cazadores. Los *Solubba* o

Sleyb tienen además otros nombres que son en realidad epítetos. Al oeste de Hayil suele llamárseles *el-Jlúa* o *Jeluiy*, "los desolados", pues viven apartados del *Qabayl*, sin ganado ni compañía; los bedu se llaman también así cuando durante un viaje no encuentran ningún aduar de los árabes y deben dormir "solos" en el *jala* vacío. También los llaman, *Kiláb el-Jala*, "perros del desierto" en la despreciativa lengua del país. *El-Gunemiyy* es el nombre de otros parientes de los Sleyb en el este del *Nechd*; y se dice que los unos no se casan con los otros. Los árabes suelen suponer que todos provienen de algunos *káfir* o *nasara*.

Teyma

VISITA A TEYMA

Visita a Teyma

En nuestro deambular habíamos terminado por acercarnos a Teyma, que ahora distaba apenas una jornada de camino, por lo que algunos de los nuestros, entre ellos Zeyd, decidieron ir a comprar provisiones; yo mismo iría con el grupo en compañía de Zeyd. Partimos por la mañana, formábamos una harapienta cofradía de treinta hombres, la mayoría Fehyat, con sus camellos. Pronto pasamos de las arenosas montañas a un yermo estéril lleno de huecos y elevaciones del terreno; un suelo rocoso cubierto de guijarros. El desierto que rodea Teyma es de una aridez extrema y en él no crece ni una hoja ni un arbusto. Atravesamos una profunda vaguada, *Mhai*, y cabalgamos junto a los restos semienterrados de un antiguo pueblo, *Yereyda*, donde pueden verse unas cuantas losas separadas unos ocho o nueve metros entre sí y dispuestas en círculo, probablemente los muros de las tiendas de los antiguos árabes que se refugiaban en invierno en esta hoya. En los Moal-laqat, o poemas seleccionados de la antigua Arabia[19], hay alguna mención a tiendas circulares, pero en la actualidad todas las tiendas de los nómadas árabes son cuadradas. Los del grupo gritaron: «¡Mira,

19. Se trata de una antología poética preislámica recopilada por el erudito Hammad ar-Rawiya. Consta de siete (en otras versiones nueve o diez) odas escritas por diferentes poetas del siglo VI o VII en las que se pinta uno de los retratos más conseguidos de la vida beduina antes del Islam.

Jalil!, un pueblo de los antiguos *Awel-lín*». «¿Y qué antiguos eran ésos?» «Unos dicen que los Sheratat; otros que los *Beni Kelab* o los *Chelb*, suyos, *bil-lá*, eran el Borj Selmán y las tierras de *Umsheyrifa*.» Zeyd añadió: «Esto era de los *Ahl Zeyma* (nada que ver con Teyma) y su jeque *Ali es-Sweysiyy* el-Yahudí». Al llegar a un altozano, Zeyd me mostró las montañas que servían de punto de referencia: al oeste *Muntar B. Atía*, junto a ella *Twoyel Saída*, y ante nosotros *Helayma* enfrente de *el-Gueneym*, que está detrás del oasis. Algunos murmuraron: «¿Por qué le enseña Zeyd nuestras montañas?». «Quiero convertir a Jalil en un bedawí», contestó él.

La verde visión de Teyma, un remanso en medio del desierto, nos resultó deliciosa; nos aproximamos a la isla de palmeras, circundada por los largos muros de los huertos y fortificada con altas torres. Teyma ocupa un lecho fluvial, llano, limoso y muy fértil, en medio de la planicie, al oeste del *Nechd*. Sus torres como faros, bien construidas con ladrillos de adobe secados al sol, se alzaron en tiempos más inseguros, antes del gobierno de Ibn Rashid, cuando, como la mayoría de las ciudades de Arabia, Teyma estaba sometida a las facciones de los jeques y los barrios de la ciudad se dividían según sus rencillas hereditarias. Cualquier persona próspera, después de fortificar sus palmeras con un alto muro de ladrillo, construía una torre en él; también había una torre de adobe en cada *zoco* de la ciudad para servir de refugio y defensa de la gente del barrio. Ante una situación de peligro, la gente se retiraba con su familia a la plantación amurallada: en el cercado podían trabajar y alimentarse de sus frutos aunque sus enemigos los mantuvieran sitiados durante un año o dos. Cualquier enemigo que se acercara durante el día era divisado desde la torre de vigilancia. Las murallas podrían parecer una débil defensa; pero, por taimada y sutil que pueda parecer, la imaginación semítica prácticamente carece de inventiva. Una carga de pólvora o un tronco de palmera usado como ariete habrían bastado para acabar con tan frágil resistencia; pero sólo unos niños o un grupo de locos se unirían para intentar algo que no se hubiera probado antes. En las parábolas del Evangelio cuando uno plantaba una viña construía luego una torre para protegerla[20]. La torre de vigilancia del huerto puede verse aún en todas las fronteras del desierto. Pasamos entre los grises muros que cubrían las ramas floridas de los ciruelos; ¡qué ameno contento para nuestros ojos resecos! Medí la altitud del oasis en 3.400 pies. Desmontamos a la entrada del primer *zoco* enfrente del *dar*, la casa o patio de un joven conocido nuestro, Sleymán, que durante el Hach había sido uno de los huéspedes del *qel-la* en Meda'in. Vivía aquí con su hermano, que era el proveedor de dátiles de Zeyd, por lo que nos recibieron y agasajaron amistosamente. El harén condujo a Hirfa, que había cabalgado con nosotros hasta allí, a sus apartamentos.

Cuando el molinillo de café (que, al igual que los morteros, aquí está hecho de mármol calizo, obra de los *Sunna* de Yawf) comienza a repiquetear a la llegada de los invitados, los vecinos acuden con solemnidad desde el *zoco*; a cada uno de ellos salió a recibirlo cordialmente nuestro jeque Zeyd y, según la vieja cortesía, les dio la mano y los abrazó.

Teyma es una colonia de Shammar en el *Nechd*; según cuentan, sus antepasados vinieron a instalarse aquí no hace más de doscientos años: de esa época son las pocas palmeras de casi quince brazas de altura que crecen junto al gran pozo, *Haddach*, y que sólo unos cuantos negros se atreven a escalar para recoger sus frutos. Todas las palmeras proceden de Yebel Shammar; salvo la variedad *helw* que fue traída de *el-Aly*. Aún hoy siguen hablando, aunque se trate de otro dira, la lengua de Shammar. Aquí encontramos por primera vez los esbeltos tipos del *Nechd*, alegres, valientes y de tan pronta y franca hospitalidad que, al extranjero recién llegado del Heyaz, casi le recuerdan a los beduinos. Van descalzos y alegremente vestidos con ropas compradas en Hayil y procedentes de *el-Iraq* y viven en espaciosas casas de adobe, casi todas con un piso superior; los batientes de las ventanas están siempre abiertos para que entren la luz y el aire, el suelo es de tierra batida, las puertas están hechas, como en todos los oasis, de tablones de palmera. Esta

20. Mateo 21: 33.

despejada ciudad Shammar, nunca fue asolada por las plagas, el *burr* o desierto de aire incorrupto rodea sus muros por doquier, sólo los beduinos del seco desierto se quejan de que por la noche (debido a la evaporación del suelo irrigado) les produce dolor de cabeza, *zikma*. Aquí no encontramos las casas en ruinas, los muros derruidos y las tierras abandonadas que vemos en casi todos los pueblos árabes. Esta alejada población del *Nechd* es el lugar más próspero que haya visto en mis viajes por Arabia. Si alguien descubre un antiguo pozo fuera de los muros puede quedárselo, cercará tanto terreno como pueda regar y, una vez aradas, sus nuevas tierras quedarán listas para sembrar y plantar palmeras, pasados quince años cada tronco valdrá lo que un camello. Teyma, hasta entonces una ciudad libre, se rindió sin ofrecer resistencia a Ibn Rashid. Son hábiles para emplear aquello de lo que disponen de antemano, pero sin el menor ingenio: sus pozos no son más que pozos antiguos redescubiertos y despejados por ellos mismos. Carentes de toda inventiva, no perforan ningún pozo y se creen incapaces de excavar una última braza en la blanda arenisca para llegar al fondo de los pozos de siete brazas. Los musulmanes, dicen, no saben construir pozos, sólo los *nasara* saben hacerlo y los *yahud*. Hasta Qásem no se encuentran árabes que sepan perforar un pozo en la piedra y los abúlicos árabes son incapaces de contratar trabajadores extranjeros. Confían en que Dios asegure su sustento, cosa que, según dicen estos cicateros, siempre será mejor que arriesgar su dinero.

No había nadie que pidiera limosna por las calles; y de hecho es muy raro ver indigentes en el *Nechd* occidental. En Teyma no conocí más que a un pobre, de edad no muy avanzada, pero totalmente desamparado. A la hora de la cena entraba en las casas, donde era bien recibido y le permitían comer con los demás, aunque algunos se quejaban de que arramblaba hasta con las últimas migajas. Había en la ciudad uno o dos beduinos indigentes que entraban a cenar y "al café" en todas las casas sin que nadie se lo impidiera. Por la noche, se tumbaban envueltos en sus mantos en la sala del café o salían a dormir al fresco sobre uno de los bancos de adobe de la calle.

Alrededores de Teyma

UNA MARCHA FORZADA. LA IMAGEN DE ABU ZEYD. LA YEGUA DESCARRIADA • DÍAS ESTIVALES EN EL DESIERTO. ANIMALES SALVAJES • LOS JUEGOS DE LOS NIÑOS ÁRABES. LA FIESTA DE LA CIRCUNCISIÓN • EL ROBO DE LOS CAMELLOS • EL CRÁTER. EL HARRA • EL AWEYRID. LA ERUPCIÓN DEL VESUBIO DE 1872

UNA MARCHA FORZADA. LA IMAGEN DE ABU ZEYD. LA YEGUA DESCARRIADA

En este aduar, como la gente debía partir por la mañana, las tiendas se dejaban plegadas y el equipaje preparado antes de dormir. Las familias beduinas yacían bajo las estrellas, junto a sus útiles domésticos y los deformes odres repletos y rezumantes. La noche era fría a una altitud de 3.600 pies. Los nómadas descansaban tendidos en la arena, envueltos en sus mantos; unos pocos tenían esteras para dormir, *ekím*, hechas de estambre negro como la lona de las tiendas, aunque tejidas con hilo de mayor calidad y adornadas con una cenefa de cuadros de lana blanca y de colores y con flecos alegremente teñidos. Los ekims de Teyma son famosos en la región.

En esa época del año hacía frío bajo las estrellas en el vasto desierto y siempre partíamos antes del amanecer. Los hijos de los pobres carecen de manto, sólo un blusón de algodón cubre sus delicados cuerpos, algunos bebés incluso van desnudos. Medí unos 9° C, y ya con el sol bastante alto, 30° C. Íbamos a marchas forzadas; los hatos y los rebaños, *et-tursh*, marchaban ante nosotros. En caso de peligro a los beduinos les cuesta prescindir de su ganado, que constituye toda su riqueza, y prefieren ponerse a salvo con sus bienes aun a riesgo de perder algunas cabezas. Casi todos los días paría alguna camella. Las mujeres instalaban a los corderos y los cabritos recién nacidos, a las vacilantes crías de camello de menos de cinco días y a los pequeños cachorros de los perros del campamento junto a sus propios hijos en los camellos de carga. Las madres montan a camello sobre la lona de la tienda o una alfombra enrollada y entre los pliegues viajan también las crías de los animales, los niños los llevan abrazados ante sí. Los niños pequeños, los ancianos, los enfermos e incluso los postrados, dan pocas muestras de cansancio aun después de largas horas de marcha. Los enfermos viajan sentados en una especie de nido de lona y los que han sido pastores incluso se arrodillan o se tumban sin temor a sufrir una caída y descansan así sobre el oscilante lomo del camello. En el desierto es costumbre ayunar durante el viaje y, por largo que sea el *rahla*, los árabes no prueban bocado hasta desmontar en el aduar, aunque las madres suelen dar a sus hijos algo de beber o unas migajas durante el camino.

Viajando bajo el agobiante calor, vimos en primer lugar, en el horizonte vespertino, la alta y solitaria montaña de arenisca Y. Bird. «Esa zul-la», gritaron mis vecinos en su jerga risueña, «es el jeque de nuestro dira». Birrd tiene una altura de casi 5.000 pies. A mano derecha se extiende una línea de acacias en la llanura desértica, señal de la presencia de un *seyl* seco, *Go*, que desciende, según dicen, desde el oeste de Jaybar y acaba aquí en el desierto. En toda la altiplanicie entre Teyma y Tebuk y Meda'in Salih no hay un solo *wadi*. La escasa lluvia que cae a lo largo del año no llega sino a salpicar la arena. El sol marceño que había sido testigo de nuestro *rahla* se puso a nuestras espaldas como un magnífico pabellón de una esplendidez oriental tal como suele ocurrir durante las marchas en el desierto, donde la atmósfera casi nunca está limpia de nubes. De nuevo nos alumbró la fría luz de las estrellas antes de que las familias desfallecidas desmontaran junto a Birrd hasta la mañana siguiente en que volverían a ponerse en camino; el fatigado harén preparó un refugio para el viento nocturno extendiendo la lona de la tienda sobre un par de estacas. Nada más inútil que tratar de obtener leche de las tetas resecas de las extenuadas reses. Ese día los nómadas habían recorrido más de cuarenta millas. En épocas normales, los pastores errantes instalan el aduar y sueltan el ganado para que ramonee antes de mediodía. A toda prisa, en cuanto alboreó el nuevo día, nos pusimos en camino, y acampamos unas millas más allá del dira Bishr; desde allí calculan que hacen falta tres jornadas para llegar a Hayil, lo mismo que a *Dar el-Hamra*, y un día y medio para ir a Teyma.

Una pobre mujer vino llorando a mi tienda pidiéndome que leyera y adivinara en mis libros qué había sido de su hijo. El pequeño había salido con las ovejas y llevaba perdido desde el largo *rahla* del día anterior. Fue casi imposible persuadirla de que mis libros no eran cabalísticos. No logré sacar a los árabes de su indiferencia y convencerles de que enviaran a alguien junto al padre del niño a buscarlo, ni siquiera se les pasa por la cabeza demostrar un poco de compasión. Si el camello de una pobre viuda se pierde, nadie tendrá la amabilidad de ir tras sus huellas a menos que pueda pagarle un real. El pastorcillo apareció poco después en el otro extremo del campamento, donde se había refugiado en la tienda de un pariente.

Desde allí bordeamos los altos y blancos límites del *Nefud*, a través de una región arenosa cubierta de plantas de la "rosa de Jericó" crecidas el año anterior. Los bedu las llaman *ch(k)ef Marhab*. *Kef* es la palma de la mano con los dedos apretados contra ella. Según la tradición, Marhab es el jeque de los judíos de Jaybar. Encontramos también una hierba tierna, con dos hojas verdes y aterciopeladas, que tiene un agradable sabor a berros y es muy buena para el ganado nómada. Los árabes desmontaron después en el campamento de *Gormul el-Mosubba*, reconocible desde muy lejos por la aguja de arenisca con forma de torre y más de sesenta pies de altura que llaman el *Towílan*. El tercer día salimos de allí entre la niebla y con un viento helado, hacia *Y. Chebad*; desde Chebad nos dirigimos al abrupto distrito de *el-Yebal*. Tras otra jornada, acampamos ante un profundo barranco junto a la gran montaña de arenisca de Irnán en el *Nechd*. Desde allí avanzamos en dirección sureste hacía la montañosa sierra de *Ybba Mogayr*; los beduinos levantaban el campamento al segundo o tercer día, recorrían siete u ocho millas y desmontaban. Cerca de *el-Yebal* vi unos círculos de toscas lajas de piedra dispuestas con el filo hacia afuera como en *Yereyda*. Y en otro lugar, unos recintos amurallados con dos esquinas y varias tiras de piedras sueltas, que habían sido construidos sobre pequeñas elevaciones del terreno por lo que pensé que debía tratarse de algún tipo de parapeto. Los nómadas no supieron darme razón de ellos pues se trataba de algo anterior a su época y sus tradiciones. Al este de *Ybba Mogayr* pasamos junto a la base de una antigua y tosca torreta en el desierto. Se la mostré a algunos de los que cabalgaban junto a mí en el *rahla*. «Restos (contestaron) de la creación del mundo. ¿De qué sirve preguntar por ellos?» Nada (dijo Zeyd), comparado con lo que me enseñaría por la mañana y que era una verdadera maravilla: las efigies de *Abu Zeyd*, un personaje heróico y fabuloso, y de la señora Alia, su mujer, retratadas en un acantilado más allá de la montaña de *Ybba Mogayr*.

Cuando se viaja por Arabia suelen verse toscas trébedes sobre las que se calentó antaño algún puchero nómada; son vestigios alentadores, pues sirvieron para reconfortar a alguien en una tierra donde la vida humana casi parece imposible; aunque resulte difícil saber cuándo, ya que las piedras pueden permanecer allí durante siglos. La tierra más dura y pedregosa está surcada por doquier por antiguos senderos de camellos, también de generaciones pasadas, y no parece haber lugar en el inmenso desierto que no haya sido visitado alguna vez por los árabes en sus vagabundeos; y, aunque no nos crucemos con nadie, es posible que haya gente a menos de cien millas de nosotros. Casi no hay ningún sitio donde no pueda encontrarse estiércol de camello, *yel-la*, blanqueándose al sol, para hacerlo servir de combustible; puede permanecer allí hasta tres años y en ocasiones más si lo cubre un poco de arena. Hay otros indicios humanos en el desierto que las madres observan con aprensión; en cada nuevo *rahla* veíamos pequeños óvalos de piedra que señalan el lugar donde descansan los nómadas prematuramente fallecidos, aunque a los adultos que mueren en sus propios *diras* suelen trasladarlos (siempre que no sea demasiado dificultoso) hasta el cementerio más próximo.

A primera hora de la mañana, Zeyd cogió su yegua y su lanza y nos pusimos en camino para visitar la imagen de *Abu* Zeyd, la maravilla del desierto. Atravesamos la llanura arenosa hasta que el sol estuvo en su cenit y, al llegar a la montaña, estuvimos rodeándola un rato sin que Zeyd lograse encontrar el yacimiento. En algunos acantilados desolados se ven manchas blancas como marcas marinas, son los posaderos de aves de presa: halcones, ratoneros y búhos, sus grandes nidos de ramas se ven con frecuencia en los abruptos precipicios de arenisca. En el suelo reseco viven muchos animalillos que no necesitan agua para vivir, como ratas, lagartos y liebres. A veces se oyen los chillidos de las lechuzas en la noche serena y las mujeres nómadas y los niños contestan con un burlón: *¡Imguebás! ¡Imguebás!* El harén dice: «Es una mujer desconsolada que busca a su hijo perdido en el desierto y que fue transformada en ese triste pájaro». Los Fehyíes comen búhos, y los bedu, que devoran toda clase de alimañas, se burlan despreciativamente de ellos.

Seguimos rodeando la montaña hasta que nos cansamos. Zeyd era hijo de un jeque, estaba acostumbrado a asistir a las tertulias del café desde la juventud y, en un dira ajeno, era incapaz de recordar las señales. A mediodía, seguíamos vagando sin rumbo, hambrientos y sedientos, y empezamos a arrancar algunos dientes de león que habían brotado entre las rocas con las últimas lluvias para distraer el apetito. Por fin, en el fondo de un barranco, vimos unos cuantos camellos que pastaban a los pies de la montaña y encontramos a unos pastores Fehyat. Según nos dijeron, las imágenes no estaban muy lejos; después nos mostrarían el camino, pero antes debíamos sentarnos y descansar un rato. Los pobres corrieron bajo las ubres de la naga, la ordeñaron y nos trajeron el odre de leche repleto del tibio sustento. ¡Que el cielo se compadezca de los infortunados y caritativos nómadas! Cuando hubimos bebido, recogieron el ganado y se vinieron con nosotros. Un poco más adelante había un pequeño desfiladero, una larga grieta que penetraba en el seno de la montaña, rebosante, según nos pareció, de pastos de incomparable frescura. Al final del jardín de hierbas hay una charca cenagosa y plácida; las rocas de encima estaban cubiertas de inscripciones talladas y en una de ellas vi el retrato de un metro de alto de *Abu* Zeyd con la retorcida fusta de camello, bajorra, o, como dicen los árabes, que de retratos saben poco, una espada en la mano. Junto a él hay una figura más pequeña, tal vez de una mujer, que llaman "su mujer Alia". Es probable que las antiguas y alegres imágenes se tallaran sobre la arenisca con una piedra. A diferencia de los sencillos garabatos de los bedu, están dibujadas del natural con trazo rotundo y arcaico esmero. La mayor parte de las escuetas leyendas himyaríticas están escritas (como suele suceder en el desierto) de arriba abajo; sin duda son los nombres, dichos y *salams* de muchos viajeros y camelleros de generaciones pasadas. En esta parte de Arabia y en Medina *Ybba* significa *Abu*, padre; *Mogayr* tal vez quiera decir cueva. Le pedí a Zeyd que me prestara una naga y me abandonara allí con *Abu* Zeyd. Zeyd contestó (con una patraña) que había pagado ya un camello a los Bishr para que le permitieran enseñarme su *Abu Zeyd*. Los Fehyat contestaron con sencillez que «ningún hombre podría vivir allí solo, pues por la noche lo espantarían los demonios».

De regreso, Zeyd desmontó junto a una oquedad cubierta de arena que había entre las rocas a los pies de la montaña, y sondando la arena con sus propias manos, alcanzó una maloliente humedad. Zeyd sonrió vanagloriándose y gritó «¡Ja, hemos descubierto una fuente nueva. Wellá, hay agua debajo del fango, mañana vendrán los pastores a llenar nuestros guirbies!». Muy cerca crecía una hierba solanácea cuajada de frutos; el beduino no la había visto nunca antes, así que me pidió que la llevara al aduar para mostrársela al harén —pero nadie, pese a toda su sabiduría, fue capaz de reconocerla—. «Una planta extraña (dijeron) en este dira.» Para ellas es un motivo de prestigio que las tengan por avezadas en el uso de drogas y ungüentos. Mas adelante, topamos con un pequeño charco en la roca; el agua tenía aspecto rojizo y amoniacal como si la hubieran ensuciado los camellos. «¡Sí! (dijo) de no haber tenido otra habríamos preparado el café con este agua.» Sobre la piedra vi otras leyendas himyaríticas. Cerca de allí había dos pastoras que dejaron lo que estaban haciendo al ver acercarse a dos hombres. Su pequeño rebaño pacía cerca de allí. Zeyd, un gran jeque, las saludó con el típico regocijo del desierto y las harapientas doncellas le contestaron alegremente. Las pastoras no temen a nadie de la tribu y se alejan solas del aduar con los rebaños por el desierto vacío. Miramos en todas direcciones, pero no vimos ni rastro de la yegua de Zeyd que habíamos dejado a la entrada de la montaña con la brida atada a una de las patas traseras, como estilan los nómadas. De ese modo la yegua beduina solo puede dar un paso cada vez y se la puede dejar pastar libremente sin peligro de que se aleje demasiado. Por fin la vimos desde un altozano, volviendo sobre sus pasos en dirección al lejano campamento. «Está sedienta (dijo Zeyd), dejémosla que encuentre sola el camino a casa» —y eso que las negras tiendas estaban fuera del alcance de la vista. Los caballos nómadas siempre vuelven por su cuenta cuando necesitan beber. Todos los días, cuando el sol está bien alto, le ponen a la yegua unos grilletes que se abren con llave, y la sueltan para que vaya en busca de su alimento fuera de la tienda de su amo. Si los aduars no están muy separados, los caballos acaban reuniéndose y pastan y ramonean juntos. Sus nobles dueños les prestan tanta atención como a los perros del campamento, hasta que las yeguas regresan a mediodía por sí mismas y las llevan a abrevar. Después vuelven a salir a pastar o pasan las horas más calurosas a la sombra de la tienda del amo (si es lo suficientemente grande). Siguen ramoneando cerca de allí hasta la puesta del sol, cuando regresan a los aduars o las llevan de vuelta a casa y las atan durante la noche.

Ante nuestros pies saltaron las minúsculas crías de una segunda generación de langostas, de color plomizo y con alas tan tiernas como las hojas en primavera, nacida de los animados enjambres que unas semanas antes habían sobrevolado y asolado el desierto. Cuarenta días más tarde también éstas volarían convertidas en una plaga —más hambrienta aún que la anterior— y taparían el cielo. Vimos el cielo oscuro sobre las negras tiendas de los nómadas y le mostré a Zeyd un chubasco que caía ante el sol declinante. «¡Dios quiera que llegue al campamento!», contestó. La vida del ganado en esta tierra languideciente depende a veces de unas pocas gotas, y el cielo de Arabia, raras veces despejado, llora con el llanto de los hipócritas.

Levantamos el campamento y plantamos las negras tiendas sobre la blanca desolación arenosa del *Nefud*, cuyo límite se distingue a lo largo del pardo desierto de arenisca, el lecho de un *seyl*, *Terray*, los divide abruptamente. Los árabes pretendían partir hacia un pozo, *el-Hiza*, del *Nefud*, donde algunos años se encuentran pastos en abundancia, pero regresamos en dirección a la montaña *Helwán*. Durante el camino vi otros círculos (de ocho o nueve metros de diámetro) de lajas de arenisca. El *rahla* por Arabia era fatigoso. Del cielo marceño cayó de pronto una tormenta de fría lluvia y a las mujeres beduinas les faltó tiempo para desmontar a toda prisa y construir las tiendas entre los remolinos de agua: una *hechra* puede plantarse en tres minutos. Nos sentamos sobre la arena mojada dentro de las tiendas, envueltos en nuestros mantos rígidos y empapados, mientras pasaba la tempestad y las gotas impulsadas por el viento caían sobre nosotros a través de la lona desgarrada. En el *Nefud*, en dirección a *el-Hiza*, hay ciertas colinas arenosas resonantes, *Rowsa*, *Deffaiyat*, *Subbiya* e *Irzum*, que recuerdan a los montones de arena de *Y. Nagus*, junto al pueblo marítimo de Tor, en el Sinaí. En la cresta de la duna, la arena se desliza bajo el pie del caminante y en su caída los infinitos granos producen un rumor creciente y vertiginoso, como cuando se pasa un dedo humedecido sobre el borde de un vaso de agua y como el desmayado estrépito que sigue al resonar de una gran campana o de una copa de metal. El *Nagus* es la caja de resonancia de los campanarios en los monasterios griegos, cuya madera produce una agradable nota musical cuando el sacristán golpea con la maza para llamar a los *colieros* a sus oraciones. Hay otro ejemplo de arenas cantarinas, *el-Howayriyya*, en los acantilados (al este del Mezham) de Meda'in Salih…

Por la noche empezaron a agolparse las nubes; los jeques volvieron a casa con los mantos húmedos. La yegua regresó bajo la lluvia y se detuvo ante el fuego, como si fuera uno más de nosotros, para secarse el pelaje y calentarse un poco. Puede decirse que los delicados caballos nómadas carecen de malicia. He visto a una yegua que estaba refugiada a la sombra en la tienda de su amo acercarse al grupo de contertulios y agachar la cabeza para que se la acariciaran, hasta que el jeque se levantó para echarla de allí. El magro y áspero forraje del desierto los vuelve débiles y agradecidos a la mano del hombre que es como la teta de la madre para ellos. Todos los días se ven camellos díscolos y agresivos, pero es raro encontrar caballos impetuosos y tercos. La mayoría son bayos. Los jeques confían en su yegua para que les proporcione ventaja sobre el enemigo o les permita huir velozmente del campo de batalla, pues es la mejor forma de saquear y escapar de los que van montados en *zeluls*. Jamás las maltratan (ni a ellas ni a ningún hombre o animal, aparte de los perros). La yegua no es muy apreciada por la familia del amo, pero su lugar natural es la acogedora tienda nómada. Está ligada a la beneficiosa compañía del hombre y su presencia le sirve de consuelo en el inhóspito *jala*. La dulzura del hogar nómada la anunció ya el Profeta al describir el hogar divino, el Alá coránico es blando de corazón, ¡un padre y soberano semítico indulgente con su pueblo!, y, al mismo tiempo, un enemigo duro y cruel con los extraños.

Días estivales en el desierto. Animales salvajes

Nuestras negras tiendas llevaban ya mucho tiempo plantadas en las franjas arenosas que se extienden ante al blanco margen del *Nefud*: enfrente está la alta sierra de Irnán, en cuyos agrestes recodos crecen las escasas hierbas que subsisten en una atmósfera tan estéril y donde encuentran refugio las cabras salvajes que nunca beben. Cuando expira la noche, el sol se eleva como una corona de llamas hostiles entre los inhóspitos roquedales de arenisca; en el desierto, el día no se instala paulatinamente sino que alcanza su cenit en una hora. El sol irrumpe como un tirano en el desolado paisaje y nos asaetea y atormenta con sus rayos flamígeros hasta el ocaso lejano. Aquí no se escucha el canto matutino de los pájaros, ni siquiera el alegre canto de la perdiz sobre la extrema y desértica desolación. El vertiginoso calor le aplasta a uno la coronilla; los oídos hormiguean con una estridencia parpadeante como una sutil crepitación en la naturaleza cristalina y quemada por el sol; la arena ardiente obliga a entornar los ojos y las tiendas apenas sirven de refugio pues la ígnea lluvia de luz solar cala sin dificultad a través de la tela de estambre. Las montañas se vislumbran a lo lejos asomando como huesos resecos en el aire diáfano: la fragosa pendiente de *Ybba Mogayr*, las altas espiras y los cúmulos ruinosos de *el-Yebal*, Chebad, la sierra de *Helwán*. Los rebaños de los debilitados camellos nómadas vagan dispersos en busca de pastos por la desfalleciente comarca donde la langosta ha devorado hasta la última hoja. Todos soportan sin aliento el aire silencioso y ardiente hasta el asr, cuando los soñolientos árabes de las tiendas resucitan tras las horas centrales del día. Luego la tarde va declinando hasta la llegada del crepúsculo. Los pastores, fatigados por el sol, regresan con el ganado para saborear en el aduar las dulzuras de la diversión y el descanso. El día concluye, llega el frescor nocturno con el purísimo aire de la montaña y comienzan las canciones y las tertulias junto al fuego comunal. La luna se eleva rojiza sobre la solemne oscuridad del *yebel* como una refulgente almenara. Por la mañana, el día volverá a ahogarse mortalmente en el sol veraniego del desierto...

...La breve estación primaveral es el único momento de tregua en el desierto. Hombres y animales se dejan arrastrar por la próspera corriente; el ganado se atiborra de dulces pastos y, aunque poca o ninguna hubiera en la de Zeyd, la mantequilla abunda en las tiendas de los árabes. A los cabritos y a los corderos los atan con un lazo por el cuello a una cuerda que atraviesa la tienda nómada. Al rayar el día llevan a las balantes criaturas con sus madres (que las reconocen por el olfato y rechazan a las que no son suyas). Cuando sacan a pastar al rebaño, las dejan atadas en casa; pues si las dejaran acompañar a sus madres se beberían toda la leche de las ubres y dejarían a los árabes sin comida. Los lánguidos y hambrientos balidos colman todo el día las tiendas de estambre, hasta que las vuelven a soltar al regreso del *ganem* y corren a mamar meneando la cola y alargando el cuello bajo la teta de la madre. En los meses primaverales se duerme poco en las tiendas de los árabes, pues los débiles gritos se oyen durante toda la noche. Luego las mujeres se encargan de terminar de ordeñar la dulce leche. Las tribus B. Wáhab de las planicies son beduinos camelleros y tienen poco ganado menor; en primavera disponen de leche cuando paren las hembras. La hembra paridera se tumba sobre un costado y da a luz en silencio a una cría tan grande como un hombre adulto; el pastor estira de las patas con todas sus fuerzas y deja a la cría, como muerta, ante la madre. Ella la huele y se incorpora para lamerla. Con una fuerte palmada del hombre sobre la piel callosa, *zora*, (que, como un pilar, la naturaleza ha colocado bajo el pecho del camello para soportar el enorme peso de su cuello) la cría resucita: a las tres horas, tras muchas caídas y aún débil y vacilante, ya se sostiene en pie y estira el largo cuello en busca de la teta de la madre. A la mañana siguiente, el camello recién nacido la seguirá cuando salgan al campo. La hembra puede ordeñarse inmediatamente, pero durante uno o dos días su leche es purgante. El primer sonido que emiten las crías es un quejido ovejuno, *bah-bah*, fuerte y agradable. Su pelaje es suave como la seda, tienen la cabeza redondeada, el cuerpo corto y arqueado y un andar rebrincado que hace que, al mirarlas con los ojos entornados, parezcan los polluelos de un ave descomunal. Hasta pasados doce meses no dejan de mamar, aunque a las pocas semanas ya empiezan a mordisquear los tallos de los arbustos del desierto, pero, como todavía no tienen el cuello completamente desarrollado, tienen que separar las patas delanteras para alcanzarlos. Una tarde en que acariciaba el suave lomo lanudo de los camellos recién nacidos, el pastor me gritó (con gesto hostil): «¡Jalil, deja de hacer eso, se acostumbrarán las caricias y no crecerán bien. ¿No lo sabías?». Creyó que el extranjero planeaba algún maleficio y Zeyd, que no era nada supersticioso, tuvo que tranquilizarlo con una sonrisa amable, pues se trataba de sus propios camellos.

La cría del camello vale un real al nacer y cada mes incrementa su valor en esa misma cantidad. En algunos hogares pobres las sacrifican para poder beberse ellos toda la leche. La madre despojada vaga olisqueando en su busca y, según dicen los árabes, mientras llora su pérdida pueden verse sus pupilas de cierva "bañadas en lágrimas". Diez días después, el animal ha olvidado su desgracia y vuelve a pastar libremente y a proporcionarles leche a los árabes. Al ordeñarla por la mañana puede obtenerse hasta un litro y medio y otro tanto a la hora de la cena: las ubres de los enormes y frugales animales no son mucho mayores que las tetas de las cabras maltesas. A las hembras con crías sólo las ordeñan por la tarde. La ubre tiene cuatro tetas que los nómadas meridionales reparten del modo siguiente: dos se las reservan para ellos, atándolas con un hilo de estambre y una pinza de madera; las otras las dejan para la cría. Los árabes del norte protegen las ubres de las camellas con una redecilla de estambre. Durante los viajes, o cuando llevan un tiempo sin beber, la leche de la naga se reduce a la mitad y no todas las *nagas* dan la misma cantidad. Mientras dura la leche de primavera, los nómadas apenas se alimentan de otra cosa. En los hogares más pobres es el único alimento durante esos dos meses. Los beduinos no beben otra leche que la de sus camellos y sólo se beben el suero de la del ganado menor. El harén prepara la mantequilla, agitando el amargo odre (hinchado) sobre las rodillas. En el pródigo desierto del norte el *semiliyy* es mayor y para agitarlo lo cuelgan de la horquilla de una robusta estaca dentro de la tienda nómada. En cuanto a la dieta láctea, es la mejor del mundo según mi propia experiencia con los beduinos; aunque en todos los aduars nómadas hay gente que no llega a acostumbrarse a ella y hombres fornidos a los que la carne líquida les deja una constante sensación de hambre, pese a que parecen estar en plena forma. Los beduinos dicen de los distintos tipos de leche: «La leche de cabra es dulce y engorda en lugar de fortalecer el cuerpo; la de oveja es muy dulce y la más grasa de todas, no es sano beberla entera» y añaden que «puede matar a la gente» de un cólico. A pesar de sus dichos, la he bebido muchas veces caliente de la teta y es un gran alivio para la fatiga. Es muy sabrosa y con ella se hace el mejor *samn*, el suero de oveja «hay que dejarlo durante un tiempo en el semilí con otro tipo de leche hasta que se suavice y después ya puede beberse». Según creen, no hay mejor alimento que la leche de camella, sobre todo (por ser ligeramente purgante) la de *bukkra*, o naga joven que acaba de tener su primera cría. Los más adustos añaden con la típica sencillez de los beduinos: «Quien tiene para beber y una *yara* no padecerá ni una hora». La leche de cabra y de naga tiene el sabor de las plantas donde ha pastado el ganado; en algunos terrenos corrompidos sabe a ajenjo. Uno de los jeques Al-layda me gritó en el *rahla*: «¿No tendrás *kaak* (galletas) de Damasco que ofrecerme?, hace seis semanas que no mastico nada, todo nuestro alimento es esta riada de leche. Así es la vida de los beduinos; son como animales dispersos por el desierto». Otro me suplicó que le diera un puñado de dátiles; «sólo con la leche siento como el hambre me corroe por dentro». Los beduinos guardan un cálido recuerdo de quien comparte su comida con ellos, y cuando tienen algo que ofrecer le invitan amistosamente.

Hartos de leche, a los árabes les encanta poder echarle el diente a un bocado de caza menor. Además de la liebre del desierto que a menudo sobresaltábamos en los *rahlas*, lo más apreciado es el zob, a quien llaman amablemente «el señor Hamed, jeque de los animales salvajes», dicen que es humano —otra de sus bromas pícaras y traviesas— y para demostrarlo muestran los cinco dedos de sus manitas. No se comen ni las garras ni los siete anillos coriáceos del extremo de la larga cola del jeque Hamed, pues dicen que es "carne humana". El animal se alimenta sobre todo del aromático arbusto del *Nechd, el-arrafech*. Su cuerpo es ancho y aplastado y termina en una cola de longitud constante formada por veintitrés anillos; es de color negruzco salpicado de ocelos verdes, y de vientre plano y amarillo pálido. Con su pellejo los nómadas fabrican las pequeñas botellas que utilizan los pastores para llevar la leche. El saurio enano excava una madriguera en el duro suelo de grava con sus robustas garras y pasa el invierno soñando en su interior. Los cazadores del zob cuando encuentran el agujero meten una larga vara terminada en un gancho de hierro y sacan a Hamed. Le cortan el pescuezo, echan el cuerpo entero sobre las brasas y, una vez asado, lo consideran un delicado manjar. Su peor enemigo entre los animales que "lo carcome y lo devora" es, según dicen, el *zurbán*, ignoro si se trata de un animal real o fabuloso. El *jerbo*, o rata saltarina, es una pequeña criatura blanquecina que vive en el vasto y seco desierto y tiene una belleza patética. Estos animalillos pasan el día bajo tierra y no beben nunca. El erizo, al que llaman *kunfuz*, y *abu shawk*, "papá púas", lo comen por estas latitudes los de la tribu de los Feyir y sus vecinos lo desprecian aunque sean del mismo tronco común de los *Annezy*. Selím trajo un erizo al que había golpeado en la cabeza, asó al Púas en las brasas y repartió los trozos, a cada uno lo suyo. El pedazo que me correspondió acabé echándoselo al galgo hambriento, pero el perro olfateó la carne y la rechazó. Cuando en cierta ocasión conté la anécdota en las tribus vecinas se burlaron maliciosamente de que los Fukara comieran lo que los perros despreciaban. Todos comen puercoespín y *wabbar*. He visto ese animal de cuerpo grueso como el de una liebre grande y parecido a las grandes marmotas alpinas; van juntos en parejas o en grupos de cuatro, seis, ocho o diez. El *wabbar* se encuentra junto a la falda de las montañas de arenisca, donde se alimenta de hierbas tiernas y de hojas de acacia a cuyo árbol trepa con mucha destreza ayudándose con sus patas almohadilladas y sin garras; las patas delanteras tienen cuatro dedos y las traseras tres. Su carne es grasa y dulce. Nunca se los ve sentados sobre sus patas traseras; tienen el pellejo gris como el pelaje de un oso.

Raras veces matan un lobo los cazadores nómadas, pero si alguno es abatido por sus disparos los beduinos se lo comen (el lobo se comía en la Europa medieval). Los árabes creen que su carne es medicinal y, según dicen, «muy buena para los dolores de las canillas» tan comunes en gente que va descalza y con las piernas al aire todo el año. Zeyd había comido lobo pero decía que era como el perro. «Sí, *bil-lá*, (me respondió), la madre del lobo es la tía del perro.» Sus galgos cazan a veces al zorro, *hosseniyy*, y los Feyir se lo comen; su carne es «dulce y parecida a la de la liebre». Incluso se comen a la repugnante hiena y dicen que «su carne es buena». El bédan de las montañas (la cabra montesa de las Escrituras[21], pl. *bedún*, y entre los Kahtán *waul*, como en Siria) es ya caza mayor y raras veces la abaten estos pastores habitantes de tiendas. Sus enormes cuernos tienen casi un palmo de ancho y he visto algunos que medían hasta dos pies y medio de largo; crecen a lo largo del espinazo hacia la cadera. Todos los cazadores relatan que cuando el animal se ve en peligro embiste con ellos echados hacia atrás. Está emparentada con el ibex europeo.

La gacela, *gazel*, pl. *gazlán*, vive en las llanuras; los árabes la llaman frecuentemente *zobbiyy* (tabiza en el Nuevo Testamento). En las vastas planicies arenosas son blancas y en el negro Harra de color gris

21. Por ejemplo, en Deuteronomio 14:5.

oscuro; se trata de los corzos de las Escrituras[22]. Hay otra noble criatura de los desiertos árabes que hasta ahora nos era desconocida, el *wozihi*, o "vaca salvaje" que mencioné más arriba. Tiempo después vi a un macho y una hembra en Hayil, es una clase de antílope, *Beatrix*, emparentado con los hermosos animales africanos. Por lo que parece, no es el "buey salvaje" de Moisés[23], pero bien podría tratarse del *rim* (Hebr.), el "unicornio" de la Biblia de los Setenta. Sus cuernos son tan esbeltos como las astas que tantas veces hemos visto dibujadas en nuestra infancia y que representaban "el cuerno del unicornio". En la parábola de Balaam leemos "Dios los sacó de Egipto, tenía la fuerza de un *rim*"[24] y, en la bendición de Moisés a las tribus, los cuernos de José "son como los 'dos' cuernos del unicornio"[25]. Sobre todo en Job se nos habla del carácter indomable de esta criatura *velox*: "¿Está el *rim* dispuesto a servirte? ¿Puedes atar al *rim* a los surcos fértiles?"[26]. Es peligroso acercarse a un *wozihi* herido, pues con un golpe de sus afilados cuernos puede atravesar el cuerpo de un hombre; por eso los cazadores esperan hasta el último momento para acercarse corriendo y cortarle el cuello a su presa. Fue un error libresco atribuirle al animal un solo cuerno, pero nosotros pecamos de lo mismo cuando le añadimos a las imágenes de los dioses y ángeles paganos un par de alas para que tengan cuatro extremidades anteriores. El *wozihi* sólo se deja atrapar por los cazadores más hábiles; los *wozihis* vagan por el sediento desierto en rebaños de tres y cinco.

En cuanto a las alimañas, hay muchas serpientes y víboras pero en las tribus nómadas no se comen ninguna de ellas. El *Yelamiyy* es un pequeño lagarto marrón que huye asustado cuando alguien pasa cerca de él. Los escorpiones acechan bajo las frías piedras; me los he encontrado en la tienda sobre la ropa, aunque nunca sufrí ningún daño. He visto a muchos adultos y niños que habían sido mordidos, pero la

22. Por ejemplo, en Cantar de los Cantares 4:5.
23. Deuteronomio 14:5.
24. Números 23:22.
25. Deuteronomio 33:17.
26. Job 39:10.

picadura no es peligrosa y se limitan a llamar a algún sabio para que les "lea". La zona lesionada palpita, dolorida y entumecida, durante tres días pero no llega a inflamarse demasiado. Las hormigas recogedoras de semillas tienen numerosas ciudades subterráneas en el arenoso desierto; he medido algunas de sus serpenteantes avenidas y alcanzan casi los ochenta y cinco pasos de longitud. Pasan los días de verano recorriéndolas muy afanosas y cargadas como camellos. El más común de los grandes depredadores es la *zubba*, la hiena; luego está el *nimr*, un leopardo con manchas negras y marrones; más raro es el *fahd*, un gato salvaje de pelo bermejo y con manchas, poco mayor que un zorro. Los beduinos recordaban que los Bishr habían criado un joven *fahd* que (son extraordinariamente ágiles) su amo utilizaba para cazar gacelas. En todos los países árabes hay una extraña superstición entre los padres (frecuente también en las sectas cristianas de Siria) que consiste en ponerle el nombre de algún animal a los niños cuyos hermanos han muerto anteriormente o que tienen aspecto enfermizo o retrasado (sobre todo el lobo, el leopardo y el chacal) para compensar con la fuerza de dichos animales su fragilidad humana. A menudo se ven ratoneros y halcones describiendo círculos en el cielo del desierto y *el-ágab*, que es un aguilucho negro, y *er-rájam*, el pequeño alimoche, todos parecen gaviotas suspendidas en el cielo. No he visto buitres ni águilas de gran tamaño en el desierto (salvo en el Sinaí). Aparte de éstos, no hay muchos más animales en los desiertos de Arabia.

Los juegos de los niños árabes. La fiesta de la circuncisión

En las áridas altiplanicies, las alegres noches de verano son frescas desde la caída del sol. Después de cenar, los hombres salen a charlar con los vecinos o a beber una taza de café: los árabes disertan hasta medianoche en la tertulia del *mechlis*. Con frecuencia sólo el pastor se quedaba en el aduar entonando su rústica canción al son del rabel.

Algunas noches de luna los chicos venían con nosotros: niños y niñas salían corriendo de los *beyut* y saltaban unos sobre otros en la arena jugando a los caballitos hasta que encontraban una roca o duna a la que encaramarse. Las niñas mayores se reunían allí y cantaban a coro una y otra vez la misma canción de un solo verso dando palmas. Los salvajes arrapiezos se quitaban las túnicas y los pañuelos, o lo dejaban todo en los *beyut* de sus madres y correteaban desnudos, sólo con el *haggu* enrollado alrededor de su talle delgado, la tira de cuero trenzado de la que jamás se despojan los árabes de bien, tanto hombres como harén. Cada chico escoge a otro, su *fáras* o yegua, y corren juntos lejos, muy lejos, cada pareja trota tras la otra y se persiguen por el desierto bajo la luz de la luna. Cocean a sus veloces perseguidores y vuelven a escapar entre relinchos. Este pasatiempo de los niños árabes de pura raza transcurre siempre sin riñas ni rencores, no se oye una voz más alta que otra y nadie se lleva ningún golpe. Los nómadas nunca son brutales. El juego puede durar una o dos horas: los más jóvenes a veces se acercan a donde están las muchachas que juguetean como enormes camellos entre los pequeños *ganem*; pero nunca se acercan desnudos ni se aproximan más que con la mirada al grupo de jóvenes damiselas cantantes. Cualquier joven malintencionado sería despreciado por todos. Pasada la infancia, los indolentes árabes no practican ningún juego varonil. A los Ahl Guiblí, o nómadas meridionales, jamás les vi ejercitarse siquiera con sus yeguas. Les habría parecido pueril fatigarse sólo por ser los mejores. Su único deporte consiste en disparar los fusiles de chispa en los festivales domésticos. Los pastores tienden naturalmente a la vida contemplativa: están tan mal alimentados y corre tan poca sangre por sus venas que no son lo suficientemente sanguíneos para participar en juegos viriles; muy raramente se encuentra a un beduino robusto. Al sur de Hayil no vi ni una sola muchacha con las mejillas sonrosadas; también a ellas las consume el verano y las agosta en la flor de la vida.

Ahora, durante el tibio verano, es la época de los muzayyíns, la fiesta de la circuncisión de los niños nómadas. La tienda de la madre se decora con harapientos jirones de tela escarlata, manojos de plumas de avestruz y tantos cachivaches de colores como puedan encontrar o pedir prestados. También se reúnen las esbeltas hijas de los vecinos para cantar a coro en el festival vestidas con sus mejores galas. Un pañuelo nuevo con una pluma envuelve la frente de cada damisela; llevan pendientes tan grandes como brazaletes y también sus anillos para la nariz, *zmeyem*, todos de plata, aunque ya dijimos que los más antiguos son de oro fino, *záhab el-asfr*. Se trata de adornos que las mujeres beduinas llevan sólo en raras ocasiones (en el tabique nasal agujereado suelen llevar un diente de clavo), también llevan pulseras con cuentas y anillos de metal. Se sueltan las finas y negras trenzas sobre los frágiles hombros para que brillen al sol recién peinadas con orina de camello. Las mujeres han pedido prestadas capas nuevas, que llevan tanto los hombres como las mujeres. Se apartan para formar un corro y empiezan a dar vueltas dando palmas y entonando una cadencia de palabras que es un único verso. Al ver sus jóvenes y famélicos rostros podría tomárselas por unas gitanillas; no pocas veces se alejan de la tienda de su madre para ir a tocar ante los hombres, con la mirada clavada en el suelo y cierta timidez virginal. Los árabes no suelen reprimir sus burlas mucho tiempo y pronto los muchachos empiezan a meterse con ellas. Algunos incluso les tiran bruscamente de las plumas mientras bailan y ellas (sus primas cercanas) no pueden reprochárselo más que con la mirada; a veces los *weleds* se dedican a separar al alegre grupo entre risotadas para elegir esposa; y si hay presente algún extraño le preguntan con cuál de todas querría casarse. «¡Eh! ¿Qué opinas de nuestras mujeres? ¿Y ésa y aquélla, no te parecen guapas?» Pero las vírgenes nunca sonríen y, cuando alguna levanta la mirada, sus salvajes ojos parecen ensimismados y abstraídos. Son como niños a los que han educado con mano de hierro y tienen que mantener una actitud estudiada, pero a pesar de todo no son Sirenas. En la tiranía masculina de la religión musulmana se da mucha importancia al comportamiento tímido y reservado de las hijas; y aquí bailan como jóvenes candidatas a un matrimonio feliz y a la bendita maternidad de hijos varones. ¡Ojalá llegue pronto el día!, sin duda será tan dichoso como éste que celebran ahora, en el que un niño-hombre se une a la religión del Islam y que es más feliz que el día mismo de su nacimiento. Al niño nómada se le circuncida al cumplir los tres años, siempre que lo permitan las fechas y la madre pueda disponer de trigo o arroz suficientes para la cena de los invitados. A veces, si el tiempo es demasiado ventoso o debido al *rahla* de los árabes, la operación se retrasa hasta el día siguiente.

Los amigos del padre acuden invitados, algunos se engalanan con el cinto de fusilero y la alegre canana, que repiquetea con multitud de cadenitas de acero y cartucheras de latón, y llevan al hombro el largo fusil de chispa con el que probarán su puntería contra el cráneo del cordero sacrificado a "la hospitalidad" por el *babbu* del niño. El hombre lleva a cabo el sacrificio con sus propias manos, como en el mundo antiguo, y trincha y desuella el cadáver con la típica resolución de los árabes. Todos los nómadas son hábiles carniceros; los cuartos traseros los cuelgan de un arbusto o rama, que tal vez hayan encontrado en su vagar por el desierto junto a la falda de alguna montaña lejana. A la caída del sol echan la carne en el caldero o *yidda* y dejan los despojos colgados del arbusto. Una vez cocinada la carne, preparan una papilla con el caldo y la harina que tengan en casa. Al ponerse el sol, el corro de muchachas se dispersa y los hombres se retiran a sus oraciones, a esa hora se recoge también el ganado. Cuando los hombres terminan sus rezos se sirve la cena en la tienda: a menudo hay carne para más de treinta personas en la enorme fuente de madera, grande como un escudo, que colocan ante ellos. Poco después, llegan del campo entre el alegre bullicio del *muzayyin* algunos pastores jóvenes que les inclinan al baile: se ponen en fila y cada uno apoya el brazo sobre el hombro del vecino; a un grito los sonrientes *weleds* dan un paso y avanzan tambaleándose mientras entonan groseramente la balada de un solo verso. Las mujeres de la tienda dan palmas, una de ellas se pone en pie con una vara en la mano y sale al encuentro de los hombres; se trata de la madre que contesta a sus cánticos con alegría. Entretanto la fila se sigue aproximando vacilante con su eterna cantinela. Cuando se le acercan, ella se aparta fingiendo defenderse con la vara sin dejar de mirarlos y ellos hacen como si la acosaran y persiguieran. Los nómadas intuyen la necesidad de la circuncisión, son pastores y alegan muchos ejemplos entre el ganado: sólo en el hijo de Adán se encuentra tal impedimento. A sus preguntas respondí: «¡De modo que os atrevéis a enmendar la obra de Alá!». «No hablamos de eso sino de lo que es lo más conveniente.» Les pregunté cuáles eran las obligaciones de un musulmán y contestaron: «Que el hombre ayune un mes y recite sus oraciones diarias», sin mencionar la circuncisión que ellos llaman "purificación".

El robo de los camellos

El quince de abril, tras un viento matutino que sopló frío del noreste, medí a primera hora de la tarde, con sol, viento en calma y a 4.000 pies de altitud, una temperatura de 35° c dentro de la tienda. La lánguida hierba se secó con la llegada del estío, el desierto cambió de color; se había acabado la primavera. Los beduinos levantaron las tiendas para ir a instalarse en sus desolados campamentos. Cierta mañana, una hora después de partir los camellos, se dio la alarma de *gom* en la vanguardia. Un pastor que había escapado en su *zelul* llegó y lo contó todo en el *mechlis* «*el-bil*, han robado los camellos». Los jeques se levantaron del fuego y dejaron allí las tazas con aire grave y sobresaltado, todos salieron apresuradamente en busca de sus yeguas. El día anterior habían visto merodeadores haramía, así que todo el mundo corrió a buscar sus armas. La gente salía como avispas furiosas de las tiendas: unos llevaban fusiles y otros lanzas, todos iban a pie salvo los jeques y corrían en busca de esos enemigos invisibles tras el breve horizonte del desierto; poco a poco sólo fueron quedando en el campamento las mujeres, los niños y unos cuantos viejos y enfermos. Algunos me preguntaban si no pensaba perseguir con ellos a los ladrones, pues Zeyd había dicho que Jalil les acompañaría en sus correrías. «Jalil (gritaban las mujeres), mira en tus doctos libros, ¿no puedes usarlos para profetizar? *(shuf fi-l-gayb)*: léelos y dinos qué dicen de estos gomanis. ¡Mal rayo les parta! Sin duda descubrieron nuestros fuegos la última noche y se escondieron en la montaña hasta que vieron salir a los camellos.» La larga mañana pasó entre la fría incertidumbre de aquella desventura.

Unos días antes, Motlog se había marchado a Hayil para conferenciar con el emir y había dejado a Rahyel al mando de la tribu; pero el pobre hombre estaba perplejo ante tan inesperado contratiempo. Los hombres armados regresaron después del mediodía y todos acudimos al *mechlis* para tratar del percance. Nadie hizo ademán de ir a perseguirlos y cuando pregunté al que tenía al lado me contestó: «Sí, montaremos en los *zeluls* en cuanto regrese el 'bil por la noche», y es que no les habían robado todo el ganado, sino sólo el que había en el lado norte del aduar. La rapidez en la batalla es crucial, pero los beduinos se quedaron todo el día sentados y dejaron escapar a los ladrones mientras dilucidaban de qué tribu podían ser. Todos coincidían en que «eran árabes del norte», pues habían visto que iban armados con pistolas. Discutían si serían Sheratat o Howeytát Ibn Yasy (beduinos de cerca de Maan); o si no de los Ruwal-lá. «Oídme y os diré quiénes eran», dijo Zeyd (que se envanecía de saberlo), «Yo digo *es-Sojur*, y ya veréis como tengo razón». Luego estudiaron con curiosidad las pocas palabras que habían salido de los labios de los enemigos. Habían desafiado a los pastores: «¿Qué árabes sois?, ¿eh?, ¿los Feyir?», pero con eso no bastaba para establecer el *loga* de una tribu. Los *gom* eran trece hombres de a caballo y veinte jinetes montados en *zeluls*. Al huir con el botín se les escapó una yegua que fue llevada al campamento, pero tampoco así pudieron sacar nada en limpio pues los jeques nómadas no acostumbran a marcar sus caballos con la marca de la tribu. Al tercer día, ¡la yegua murió de sed porque nadie le dio de beber! Si se pierde la cabra de uno de la tribu, nadie le da de beber si no se sabe quién es el dueño. Durante el tiempo que pasé con ellos salvé la vida de uno o dos animales extraviados al persuadir a mis pacientes de que les dieran un poco de agua…

Rahyel y su partida llevaban ya tres noches fuera. Los pocos hombres que habían quedado en el campamento venían continuamente a tomar café. Las fieles esposas se pasaban el día en el campo esperando el regreso de sus maridos A media tarde, oímos el júbilo de las mujeres, *¡lul-lihu!*, pero la alegre cantinela se ahogó en sus gargantas cuando, después de mucho mirar, comprobaron que los que se acercaban cabalgando por el horizonte no traían nada consigo. Los hombres se pusieron en pie, salieron y se quedaron observando fijamente. Dijeron: «¿A qué vienen tantos gritos del harén? ¡Mirad, vienen con las manos vacías y cada cual vuelve a casa por su cuenta!», y, sumiéndose de nuevo en su indolente fatalismo, entraron en la tienda como hombres vencidos y se sentaron. «Pronto vendrá alguien a traernos noticias.» Poco después, Rahyel desmontó ante su tienda, que estaba montada justo detrás de la nuestra. Normalmente, mientras el marido obliga al camello a hincar la rodilla, la mujer sale a recibirle en silencio, desensilla al animal y se ocupa de guardar el equipaje; el hombre no suele saludarla abiertamente y, si tiene que acudir al *mechlis*, ni siquiera se digna a dirigirle la palabra. Así que Rahyel no entró en su tienda y vino directamente a vernos. «¡Que la paz sea con vosotros!», dijo con la garganta seca, luego se sentó con aire cansado y entristecido y nos contó: «El segundo día, mientras perseguíamos al enemigo por el *Nefud*, sopló un viento que borró todas las huellas», y añadió: «¡Fue la voluntad de Alá!». Dieron vuelta a las monturas, pues sin pistas no había modo de continuar persiguiendo a los ladrones. «¡Bien está! ¡Dios lo ha querido así!», respondieron los indolentes árabes. Y de ese modo dejaron que un enemigo más débil se les escurriera entre los dedos sólo porque se había levantado un poco de viento, y eso a pesar de que les habían robado casi la décima parte de sus camellos. Rahyel quiso redondear su historia con un final feliz y exclamó: «Wel-lá, hemos encontrado agua en los pozos *el-Hiza* en el *Nefud*; y al pasar por Teyma oí que algunos de los *gom* habían pasado por allí y eran Sheratat». Rahyel y su tropa habían cabalgado casi doscientas millas para nada. «Con el tiempo descubriremos de qué tribu eran los que nos robaron los camellos (dijeron los beduinos); entonces lanzaremos una razia sobre ellos y, si Dios quiere, los recuperaremos.» Pero con frecuencia vuelven con las manos vacías de las razias. Una partida de Fukara, "veinte *rikáb*", o *zeluls* de guerra, que habían ido no hace mucho a saquear a los Beni Atía, no había conseguido ningún botín.

En el desierto todo el mundo vela por sus propios intereses y nadie actúa pensando en el bien común. El jeque puede persuadir pero nunca obligar a nadie y si algún descontento decide mantenerse al margen nadie puede impedírselo. El tejido social es débil y los individuos están poco unidos entre sí, muchas de las desgracias que les acontecen podrían evitarse con una política pública adecuada. «¿Por qué no enviáis avanzadillas (le sugerí a Zeyd) para explorar el *jala* antes de llevar a pastar el ganado?, ¡podríais destacar a alguien en lo alto de las rocas para vigilar la llegada del enemigo! ¿Qué necesidad tenéis de correr tantos riesgos en medio del desierto?» Cuando Zeyd repitió gravemente mis palabras en el *mechlis*, el hijo del jeque respondió sin dudarlo: «Sí, eso estaría muy bien si pudiera hacerse; pero Jalil debería saber que, por miedo a los *habalís*, es imposible encontrar a alguien entre los bedu que esté dispuesto a aventurarse en grupos de dos o tres. Es imposible saber donde se esconden hasta que oyes *¡deh!* detrás de un arbusto o de un peñasco y te alcanza el disparo».

El cráter. El Harra

Yo deseaba ascender al gran cráter de Anaz para poder contemplar desde allí el vasto país volcánico; pero siempre que encontraba a alguien dispuesto a acompañarme, el jeque de los Moahib se lo prohibía secretamente; el jeque Tol-log reservaba así los posibles beneficios para él y sus hijos. Estaba convencido que yo tenía el don de descubrir tesoros o manantiales: como buen bedawí no podía concebir que hubiera ido hasta allí si no era con la intención de enriquecerme y él estaba dispuesto a sacar tajada. Los jeques Feyir, hombres de mentalidad más civilizada, habían entendido mejor lo que les dijeron los funcionarios del Hach; pero éstos eran rudos montañeros de ideas fijas. Tol-log, reconsiderando todas las maravillas que había oído contar de los *nasara* me preguntó junto al fuego del café: «Jalil, Wel-lá, ¿es cierto que hay un navío del viento —habla y deja que todos lo oigan— en el que los nasraníes pueden volar?». «Muy cierto, Tol-log: una gran burbuja en una bolsa de seda mayor que esta tienda y que flota por el aire.» Tol-log: «¡Pero dinos más! ¿No hay también un barco que navega bajo la superficie del agua con muchos árabes en su interior y que puede emerger de nuevo?».

«¿De dónde (le pregunté) has sacado tal cosa?» «De un hijo de mi tío (de un Sbayta) de Siria que casó con una occidental muy rica procedente de las tierras que hay allende los mares, no sé muy bien de dónde.»

Levantamos de nuevo el campamento y, cuando volvimos a instalar nuestros reales, eché un vistazo desde un cerro y comprobé que desde allí se divisaban cuarenta cráteres; fui a visitar el más cercano. Recorrer una sola milla sobre la lava afilada y los lechos de agrestes rocas y bloques volcánicos es un verdadero suplicio. Salí a toda prisa para que nadie pudiera reconocerme y así llegué a uno de los conos y cráteres más pequeños, de unos 300 pies de altura, donde abundaban los materiales procedentes de la erupción: pumita, cenizas ligeras y herrumbrosas y muchas cornisas de lava puntiaguda. La ladera estaba recorrida por los surcos dejados por las escasas lluvias anuales. Trepé y entré en el cráter. En el interior estaban las abruptas paredes de escoria y lava cuya parte superior se había derrumbado en su mayor parte antes de que se desbordara la lava que lo había cubierto todo tras el violento estallido de la erupción. En uno de los flancos de aquella montaña encontré un bloque de granito rojo, surgido de la cabecera de alguna vena plutónica en lo profundo de la montaña. En ciertas partes del Harra, el granito rojo, que los nómadas llaman *hachr el-kra*, no queda a demasiada profundidad y dicen que es visible cerca de Anaz y por debajo de la montaña del Aweyrid. En el Yaw hay algunas ruinas antiguas que están hechas de grandes bloques de dicho mineral. De ello deduzco que es el material predominante en la vecina región de *Shefa* y en los escabrosos picos que se distinguen por el horizonte hacia el noroeste, las montañas del Tehama, *Wuttid* y *Yowla*. Los bedu tallan excelentes piedras de molino de *hachr el-kra*: como carecen de herramientas, escogen un bloque y lo golpean sin cesar con otra piedra hasta reducirlo a la forma deseada: luego hacen el agujero golpeando con un clavo. En la base del cráter encontré un hueco natural con tobas amarillas emanadas de antiguo del abismo volcánico y muchos cristales volcánicos verdosos (crisolitas) en las grandes piedras de escoria.

Al contemplar el Harra desde cualquier otero, sólo se divisa una desolación metálica, ¡qué tosca negrura y qué infecunda acumulación de materia volcánica!, la naturaleza nos muestra su rostro más duro como si llevara sin sonreír toda la eternidad, un horror de materia deforme ardiente y rojiza. ¡Quién no sentiría encogérsele el corazón al internarse allí!, ¿dónde buscar refugio bajo ese cielo estéril y en esa tierra de pesadilla? ¡Cualquiera tomaría conciencia sobresaltado de lo *meskín* de su existencia y se sentiría como un profano ante la divina estatura del mundo más elemental! Es como si el sueño feroz de las fuerzas cosmogónicas engulliera el mosquito del alma —ese breve movimiento y esa usurpación parasítica que constituyen el leve accidente de la vida en la materia—. Anaz se distinguía, como cabalgando sobre la tempestad rocosa, a doce millas de distancia. Abandoné toda esperanza de llegar allí a través de tantas grietas volcánicas, coladas de lava y abrasadoras extensiones de cantos rodados basálticos.

Mientras recorríamos de nuevo el Harra, se me ocurrió que jamás podría haber imaginado una tierra tan extremada, semejante a los miles de pliegues que fatigan la vista al mirar desde la cumbre del Vesubio hacia el sureste y donde ningún europeo en su sano juicio osaría aventurarse; aunque en Arabia los pobres nómadas disponen de *samn* y *leban*. Cualquier pedregal o abrupta hondonada donde desmontaran los árabes se convertía en nuestra morada durante dos o tres días con sus noches y allí las espantosas cicatrices basálticas, los escasos arbustos espinosos y las estériles retamas terminaban por hacérsenos familiares e incluso nos costaba separarnos de ellas; sin duda los nativos Mahubí sienten ese vínculo por su Harra natal. Son gente sencilla y suelen suponer que la mayor parte del mundo es también una región de lavas; no sólo sus hijos sino también los hombres y las mujeres me han preguntado a menudo: «¿Jalil, tu país es Harra o una llanura arenosa?».

Aparte de los árabes y de su ganado, prácticamente no hay vida en el Harra. Ni siquiera las moscas, que abundan hasta en los *diras* nómadas más desérticos, se atreven a seguirnos hasta estas límpidas y aéreas alturas. No hay más que un pájaro negro de aspecto grácil, algo más pequeño que un tordo, y con algunas plumas blancas: el *sweydiyya*, que, como nuestro petirrojo, es un alegre compañero de la humanidad. Muchas veces, cuando menos se lo espera, el viajero oye resonar su breve canto por los yermos páramos, los intrincados caminos del desierto o las impresionantes y titánicas ruinas de montañas desoladas, con una dulzura argentina, como si un espíritu benigno interpelara a su alma. En cuanto a los animales de gran tamaño, sólo los lobos merodean por los aduars de montaña: son más numerosos y más osados en el Harra que en los *diras* de las llanuras. Las noches, tan serenas en Arabia, seguían siendo frescas a esa altitud durante las primeras semanas de julio; incluso durante los días de verano corre cierta brisa. Un día, al amanecer, medí 26° C, luego 32° C durante la mañana, y unos 35° C a mediodía a la sombra de la tienda. Estas tierras altas son intolerablemente frías en invierno y los viajeros beduinos apenas pueden resistir las hirientes rachas de viento; incluso los animales salvajes abandonan entonces el Harra. Los Moahib en esa época se retiran al Tehama y se refugian en el *Wadi Yizl*, donde abunda la madera seca de tamarisco, *turfah*, que arderá toda la noche en sus tiendas de estambre, los beduinos no visten más que una túnica de algodón y un amplio manto sobre sus magros cuerpos y la mayoría se acuesta sin colcha, no obstante aseguran: «El frío nos afecta poco o nada». Durante el día se reconfortan con sorbos de café o leche caliente; allí el sol de mediodía siempre es tibio en invierno.

Lo único que teníamos para beber en el país de la lava era el agua de las charcas, negra, espesa y fétida. Normalmente, después de abrevar los camellos dos o tres veces, la charca se vacía casi por completo y el agua sobrante ensucia la ropa más que limpiarla; sin embargo, ya que no hay otra, los nómadas se alegran y se sienten agradecidos de poder llenar sus guirbies. ¡Peor aún!: algunos acuden a lavarse si no hay ningún jeque que se lo prohíba y ponen a remojo y retuercen sus polvorientas túnicas: siempre que un nómada encuentra agua suficiente considera una obligación lavar su cuerpo; en los aduars los hombres salen de la tienda con un cuenco de agua y van a purificarse en algún rincón apartado del desierto. Los nómadas podrían limpiar las charcas (que ahora apenas se utilizan) de los sedimentos excrementicios acumulados durante generaciones; si no lo hacen, no es por falta de inteligencia, sino porque carecen de cualquier noción de virtud pública que les impulse a realizar trabajos en provecho del bien general y porque el jeque no tiene autoridad para obligar a los hombres libres de la tribu. De cuando en cuando aparece algún espíritu inquieto que, por voluntad propia y en pos del beneficio particular, se dedica a limpiar los pozos que se han ido cegando.

El Aweyrid. La erupción del Vesubio de 1872

...Cuando contemplamos el Aweyrid, no parece tarea fácil adivinar la historia de la magnífica fisonomía que nos muestra la naturaleza. Dos mil millas cuadradas de areniscas cubiertas por una efusión general de lavas; alrededor, más allá de la costra volcánica, distinguimos el borde erosionado de los acantilados y los picos de arenisca que se extienden hacia el llano. Es como si las lenguas de lava hubieran preservado las deleznables rocas de arena mientras la región de areniscas circundante se gastaba y se erosionaba lentamente, de modo que la masa del Aweyrid, que está ahora a seiscientas brazas por encima de ella como una imponente montaña, estuvo en tiempos al mismo nivel que las actuales llanuras hundidas de arenisca.

Al observar el tremendo espesor de las lenguas de lava podemos imaginar los antiquísimos orígenes del Harra, las capas y capas de basalto que se fueron superponiendo tal como aparecen en las paredes de las grietas de ciertos *wadis* del desolado Aweyrid. Dado que las hil-lian no alcanzan demasiada altura, podemos suponer que muchas de ellas (como el infernal *Monte Nuovo*) son escorias y cenizas lanzadas al aire durante una gran erupción. Las lavas que primero se desbordaron son más antiguas que la configuración actual de la región: resulta sorprendente, en un país casi sin lluvias, que la base de lava y basalto del Harra se agriete y se hunda varias brazas hasta algunos valles como Zirba. Todo termina por desgastarse y es normal que terminen por formarse acanaladuras en las partes más débiles, si el agua les pasa por encima, pero ¿cómo es posible que un material indómito y casi indestructible como estas "piedras metálicas" se haya erosionado tanto? Las inscripciones de los acantilados de Meda'in demuestran que, con este clima, se tarda más de dos mil años en erosionar el grosor de una uña de una blanda pared de arenisca.

Las viscosas masas están todas resquebrajadas y por las hendiduras que se abren en la estructura de arenisca de la montaña ha surgido una costra invasora de lavas planetarias que, dilatándose con tremenda violencia, se ha colado en multitud de grietas naturales y ha brotado al exterior entre las infinitas efusiones y salpicaduras del vapor de agua que, sobrecalentado, revuelto y mezclado con la piedra fundida y unido a la salida de la lava, contribuye a la formidable furia elemental de una erupción volcánica. En 1872 fui testigo de una gran erupción del Vesubio. El día en que se produjo el tremendo estallido yo estaba ya en la cumbre de la montaña a primera hora de la mañana; anduve con dificultad sobre la lava ardiente, hundido hasta el tobillo en un polvo sulfúreo: en el centro había una chimenea con forma de mamelón, de formación relativamente reciente, de la que emanaba un ligero vapor corrosivo que durante la noche debió de parecerles a los del llano una almenara rezumante de lava. Un poco más allá, estaban los restos de la pequeña erupción diaria: un charco de lava fundida del que surgían los estruendosos sonidos y los ruidos groseros emitidos por la parturienta montaña; de cuando en cuando, salía despedida por el aire una nube de proyectiles semifundidos. Me acerqué al terrible hervor y contemplé cómo el charco ardiente se desbordaba por las orillas igual que una fuente metálica y cómo se enfriaba al entrar en contacto con el aire, formando una película semejante a la telilla de nata que flota sobre la leche caliente, una blanda espuma que duró sólo un momento, pues al instante siguiente, con un temible estallido como el de un cañón de aire comprimido, los furiosos vapores del *magma* infernal que había debajo lo lanzaron todo por el aire y allí el lienzo empezó a girar con rumoroso sonido y se rasgó y voló convertido en jirones de diverso tamaño. Las escorias, retorcidas y redondeadas cayeron entre silbidos, blandas todavía, desde sus parábolas de más de media milla de altura; la mayoría eran del tamaño de un ladrillo, aunque las había también grandes como losas. El charco vomitaba un hediondo reguero de lava.

Por la tarde, el metal fundido acumulado en el vientre del volcán (paredes de material volcánico y venas de lava, como el charco del yesero en la arena) había terminado de corroerlo y, filtrándose a media altura por las erosionadas laderas, surgió una catarata de lava. En ese fatídico instante, una lluvia ardiente de cenizas volcánicas cayó sobre unos cuantos desdichados que se habían acercado a contemplar el espectáculo, abrasó sus ropas y apenas sobrevivieron más de una hora. Un joven sufrió el tormento de verse perseguido por la lengua de lava —para entonces tan ancha ya como el Támesis a la altura del Puente de Londres— que acabó por rodearlo y engullirlo. Las lavas que surgen de lo más hondo del vientre del volcán encierran una violencia expansiva mucho mayor: se abren camino hasta la cima de la montaña y allí provocan una vasta y monstruosa destrucción.

Antes del amanecer, la montaña se había convertido en un caldero de lava, tan grande como una ciudad, que al hervir (con un temible borboteo) hacía temblar la tierra a un día y medio de allí. La materia líquida mineral de la parte superior es lanzada al cielo donde se dispersa en gotas minúsculas, se enfría y cae en forma de ceniza. El vapor y el humo que se ciernen sobre la espantosa tormenta volcánica están cargados de electricidad, aunque apenas si se oyen los truenos entre tan tremendo estruendo. Durante muchos días, el aire está cargado de los ruidos y aullidos de la montaña. El viento arrastra el polvo a grandes distancias, las cenizas se depositan alrededor del volcán, los bloques candentes caen sobre las laderas, según su tamaño, más o menos cerca de la boca del cráter; entre ellos hay extraños pedruscos arrancados de las capas inferiores de la tierra (5.000 pies más abajo) que en el Vesubio eran de caliza. Vista de noche desde el collado de la montaña, la erupción parecía una gavilla candente de llamas rojas y purpúreas que medía más de una milla y borboteaba amenazadoramente, una columna de humo negro salía del cráter que tenía ya casi media milla de anchura. La terrible luz de la conflagración planetaria se atenuaba por el velo espeso del polvo volcánico que no dejaba de caer; la oscuridad y el polvo negro nos impiden ver nuestras propias manos y el suelo que pisamos, nos apoyamos en las paredes rocosas mientras la montaña palpita bajo nuestros pies; incluso a una milla de distancia el ruido producido por la contienda de los elementos impide oír la voz del vecino. Pasan los días y las ocultas pasiones subterráneas van expirando lentamente hasta que la erupción llega a su fin.

El útero volcánico se ha desembarazado de su carga superflua, la columna de lava ha llegado en su postrer movimiento hasta la base de la montaña donde su ardiente fuerza va fraguándose y enfriándose. Los grandes conductos no se solidificarán hasta pasadas, por lo que sabemos, dos o tres generaciones. Tras muchos años de reposo, el antiguo túnel volcánico cerca de la superficie puede llegar a sellarse por completo. En cuanto a las bolsas más profundas de mineral fundido, el tiempo que tardan en enfriarse no se mide en años planetarios y siguen percolándose hacia el *magma* fundido de las profundidades de la tierra. Cuando se reproduce el estallido volcánico es de suponer que la bolsa de metal fundido ascienda para brotar de nuevo, debido tal vez a una filtración de agua marina. Lentamente, el tapón basáltico cede ante el incremento del calor volcánico o las irresistibles fuerzas elementales se abren camino violentamente. ¿Sería posible que la palabra "lava", *laba* en árabe, hubiera llegado a las lenguas europeas a través de los moros italianos de Sicilia, donde los invasores árabes encontraron tantas cosas a las que llamar *laba*? La *laba* de los árabes (en lo que respecta a los grandes Harras que mejor conozco, el Aweyrid y el *Harrat Jaybar*) no coincide exactamente con lo que nosotros entendemos por lava, sino que se dice de los bloques basálticos de aspecto afilado y casi vítreo: las escorias, las gangas, la ceniza y las pumitas no se consideran *laba*. Hasta aquí la región volcánica.

De Teyma a Hayil

LOS FEYIR EN TEYMA. AYSA Y ZEYD • VIAJANDO CON LOS BISHR

Los Feyir en Teyma. Aysa y Zeyd

Los Feyir abrevaron una vez más en Teyma; vi cómo conducían al ganado mayor y después del abrevado acostaban a los camellos de carga junto a las tiendas, pues Méhsan y los demás pensaban partir por la mañana y regresar al desierto. Entre los animales encontré a mi vieja naga y vi que tenía muy irritado el espinazo: la herida no curaría en menos de quince o veinte días, pero yo debía viajar al día siguiente. Unos amigos nómadas que vinieron a verla opinaron que alguien la había montado y maltratado ya que todavía se distinguían en su pellejo las marcas de las cinchas de la silla. La culpa no podía ser de otro que de Aysa, el pastor de Zeyd, un joven con quien yo había intimado algo. Así que lo cogí de la barba delante de todos y maldije al "padre de ese yahudí". El joven, fuerte y resuelto, me echó mano a los hombros y me vituperó por nasraní; pero yo dije: «Deberías haberla cuidado mejor» y seguí sujetándolo por la barba. Los hombres de la tribu allí presentes guardaron silencio, incluso los de su propia familia, que eran todos amigos míos y sabían que me asistía la razón. Aysa, al ver que todos le reprochaban su culpa, se resignó a sufrir mis críticas, así que obligué al *weled* a hincar la cabeza contra el pecho y lo dejé marchar. Aquella demostración de fuerza fue inoportuna, de nada sirve organizar un escándalo por algo que ya no tiene remedio, y yo habría pasado por alto su falta, pero pensé que era necesario adoptar una posición más dura. Además los árabes prefieren a los hombres que son agridulces como la granada: amables y afectuosos con los amigos de confianza y capaces de defender con justa ira su causa o la de su vecino. Al cabo de un tiempo, el padre de Aysa vino a mi tienda y el anciano rústico reconoció con voz humilde la falta de su hijo: «No obstante, Jalil, ¿Por qué me culpaste a mí y me llamaste yahudí delante de tus amigos?». Pero el viejo Salih me devolvió la sonrisa y estrechó mi mano derecha cuando se la tendí.

Por la tarde, me encontré a Zeyd, sentado en uno de los bancos de adobe cerca del *haddach*[27]; había acudido al centro de la ciudad con la esperanza de que pasara por allí algún conocido antes de la puesta del sol y lo invitara a cenar. Volví a pasar al cabo de una hora y Zeyd seguía en su sitio, con el rostro casi negro dividido entre la paciencia con la que los nómadas soportan el hambre y su altivo desprecio hacia los Teyamena. Zeyd podría haber pasado por un hombre próspero si hubiera sido lo suficientemente generoso para trabar amistades tanto en este mundo como en el cielo, pero la tacañería no ocasiona más que miserias y falta de aprecio de los vecinos. Me detuve a charlar un poco con Zeyd y por fin sacó su *galyán*, el remedio del hambre; después le pidió a un muchacho que salió de un dar cercano que le llevara un tizón encendido y el joven le obedeció.

A primera hora de la noche se abatió sobre nosotros una tormenta de viento y lluvia. Las altas palmeras se inclinaban en toda su longitud ante las rachas furiosas como si fueran a desgajarse de raíz. Me refugié con Méhsan en casa de nuestro anfitrión Fechr; pero el delgado tejado de ramas y adobe se empapó y la incómoda lluvia no tardó en correr por las paredes. Méhsan habló de mi marcha con los Bishr al día siguiente y llamó a Fechr para que actuara como testigo y le ayudara a disuadirme; según ellos, incluso Zeyd, que debería haberles hablado bien de mí, me había abandonado, lo más probable era que no volviera a verlo. «¿De

27. Doughty, que buscaba ansiosamente nuevas inscripciones, no reparó en que había una muy larga en una de las piedras del muro del pozo. Fue una pena pues no pudo transcribirla y la pieza, hoy conocida como la "Piedra de Teyma" y conservada en el Museo del Louvre, habría sido uno de sus hallazgos más importantes.

qué te extrañas? Zeyd no tiene corazón», dijeron al unísono, «Sí, *bil-lá*, Zeyd no tiene corazón» y repitieron: *ma láhu kalb* «¡no tiene corazón!» Fechr sufría un dolor agudo "de piedra", *el-hasa*, una enfermedad común en estas tierras, pese a tratarse de una región de areniscas, aunque muchas veces se trata de una inflamación; ellos creen que se debe al ir descalzos sobre el suelo ardiente. Cuando el tiempo mejoró, volvimos a nuestras tiendas para pasar en ellas nuestra última noche en Teyma.

Viajando con los Bishr

Las mujeres del *hawta* cargaron las tiendas y el equipo y, antes de que se hiciera de día, vi partir a nuestros árabes. Zeyd había dormido en el pueblo e iba a lomos de su yegua. Me dijo que si lo acompañaba ahora me llevaría donde los Bishr y los comprometería para mi mayor seguridad; pero él debía seguir a sus árabes y no podía demorarse más y yo no podía aprestarme tan deprisa así que no volví a ver a mis compañeros Fukara. Un extranjero que pasaba por allí me echó una mano para cargar a la vieja naga y cabalgué a lo largo de los muros durante media milla para tratar de reunirme con los Bishr, que por suerte no eran tan madrugadores. Allí me presenté a Hayzan, el hombre que había accedido a llevarme, y a otro le compré un bastidor de silla de montar sobre el que colocar el equipaje encima de mi magullada camella. Estaban cargando a sus animales y nos pusimos en camino inmediatamente.

Dejamos Teyma a mano derecha y nos internamos en el desierto entre los picos de Érbah y el Gueneym. Poco después de atravesar sus lindes, el *Nefud* se extendía hacia el este. Viajamos bajo la lluvia con muy mal tiempo; a las cuatro de la tarde desmontaron en un altozano en el húmedo desierto a unos 600 pies por encima de Teyma y soltaron a los hambrientos camellos para dejarlos ir a pastar. Los viajeros beduinos encendieron fogatas con un arbusto resinoso del que se alimentan los camellos y que, aunque estaba cubierto de gotas de lluvia, prendió con facilidad. Se protegieron como pudieron del viento húmedo y de las ráfagas de lluvia colocando arbustos a su alrededor y fijándolos con grandes piedras.

Partimos al amanecer: ¡el súbito rugir y los berridos de los numerosos camellos de los beduinos cuando los cargan me recordaron mi viaje del año anterior con el hach!, antes de las diez de la mañana teníamos enfrente *Helwán* y el tiempo mejoró un poco. Los Bishr se desviaron hacia el sur y pudimos distinguir Birrd (Bird); a las dos de la tarde, desmontamos y dejamos que los camellos pastaran. La altitud allí era, como el día anterior, de unos 4.000 pies. La lluvia había cesado y Hayzan salió a cazar con su halcón. Había dos o tres hombres en el grupo que llevaban consigo a sus halcones sobre el pomo de la silla o sobre el puño, con sus pihuelas y caperuzas. En ocasiones lanzaban a los pájaros cuando saltaba alguna liebre en el desierto; las alas de los halcones estaban totalmente caladas por la lluvia: los pájaros volaban con desgana, revoloteaban a poca altura y, tras una o dos vueltas, el halconero corría a recoger la presa. De ese modo Hayzan cazaba una liebre diaria y por la noche me traía un trozo que confortaba nuestros cuerpos exhaustos. Por el camino eché de menos a Hannas y a su primo Rayyán. Se habían separado del grupo de nuestros árabes para ir a reunirse con su gente, que estaban acampados más al sur, pasado el *Harrat Jaybar*. Ese día me dejaron solo con los Awayíes —unos beduinos bastante violentos y poco hospitalarios—, aunque con la esperanza de llegar antes de Hayil. Nos sentamos a tomar café con el jeque Irzum que insistió en prepararlo él mismo. "El jefe de las siete tribus" tostó, molió, coció y sirvió el cordial brebaje con sus propias manos. Misshel no me sirvió más que una taza y a los de la tribu les puso dos o tres. Puesto que comprendí que aquel gesto tan innoble se debía a mi condición de nasraní, exclamé: «¡He aquí, *bil-lá*, un gran jeque y muy poco *qahwa*! ¿Es costumbre de los Awayíes, oh Misshel, que vuestro huésped se quede con la taza vacía mientras vosotros bebéis?». Al verse dejado en evidencia, Misshel me sirvió a regañadientes un poco más, murmurando unas palabras fanáticas *¡ya fárkah!*

El tercer día por la mañana temprano vimos el Y. Irnán y le dije a mi vecino: «Ajá, Irnán». Una gruñona mujer que estaba cerca gritó: «Oh, ¿y qué sabes tú de Irnán?». A media tarde, desmontamos en un alto sobre el *Ybba Mogayr* donde medí con mis instrumentos una altitud de 4.000 pies. Desde allí se divisaban en la distancia algunos camellos de los árabes *Ibn Mertaad* que eran aliados suyos. Una vez instalados, vino a mi tienda una mujer a pedirme aguja e hilo (semejantes bagatelas tienen un valor considerable en el *jala*); pero empezó a regatear de manera desabrida con el fatigado extranjero y le pedí que se marchase. Ella me echó una mirada aviesa y replicó: «¡Ja!, nasraní, pronto te lo robaremos todo!». Vi con aversión [de raza] que todas las mujeres Bishr vestían el *burka*, un velo infame que cubre el rostro y sólo deja asomar los ojos vacíos y enfermizos. Semejante desolación del rostro de la mujer me pareció señal de que ahora viajaba por un país nuevo, el celoso y (wahabí) *Nechd*; incluso el estéril suelo de Arabia está lleno de variedad.

La cuarta mañana desde nuestra partida de Teyma, atravesamos el escabroso terreno que hay detrás del *Ybba Mogayr*. ¡Qué extraña resulta la incomodidad de la lluvia y el viento en Arabia, cuando nuestros ojos habituados al sol no ven más que pálidas neblinas colgando de las montañas peladas como huesos!, el viento cargado de lluvia sopló con fuerza en la llanura durante la noche. Al atardecer nos instalamos junto a unas tiendas de los árabes Mertaad y poco después me reuní con ellos junto a las alegres fogatas. Entré en uno de los *beyt* mayores y su propietario me recibió amablemente y enseguida me trajo un cuenco lleno de leche de camella. No me hicieron preguntas —la discreción forma parte de la amabilidad del anfitrión—, ya habían visto mi tienda blanca antes del atardecer. Cuando me levanté para marcharme, el hombre me pidió con gesto afable que me quedara y vi que preparaban un cordero para el sacrificio: Misshel había desmontado ante su tienda e iban a preparar cena para los invitados. Ayid Ibn Mertaad, aquel buen jeque, me contó que los años de sequía sus árabes ascendían al Shimbel y llegaban incluso a Palmira y Keriateyn. Me tumbé y dormité un poco en la hospitalaria seguridad de su tienda de estambre mientras preparaban la fiesta, luego fueron a llamar a Misshel y los jeques Awayíes. Sirvieron el cordero hervido (tan lejos de la costa del Mar Rojo) sobre una bandeja de arroz de otra clase, *temn*, que traen de el-Iraq y (aunque ellos lo aprecian menos) es más sustancioso y tiene mejor sabor. Misshel y los demás miembros de la tribu Bishr, después de cenar y bendecir a su anfitrión, se llevaron —nunca lo había visto hacer antes— un trozo de carne para la mujer que viajaba con ellos.

A la mañana siguiente, la quinta desde nuestra partida de Teyma, ascendimos a las escarpadas planicies que hay hacia el este por un camino llamado *Derb Zil-lach*, donde la altitud era de unos 4.500 pies, y vi unas florecillas, hijas de la lluvia, que acababan de brotar en el desierto. A mediodía llegamos al aduar de Misshel consistente en unas pocas tiendas plantadas sobre la ancha plataforma montañosa de arenisca, *el-Jarram*, la altitud era de 5.400 pies; al aire libre el termómetro marcaba 27° c. Desde allí, la larga cadena montañosa de Irnán se alzaba por encima de las nubes hacia el norte, casi a un día de distancia.

Por la tarde, llegaron dos hombres de otra tribu venidos de un dira situado más al sur, cerca de Medina; según nos dijeron, ¡no había caído ni gota de lluvia en el dira de los Jeheyna ni en toda la región del *Wadi el-Humz*! Les trajeron un cuenco de dátiles y los invitados beduinos, con la típica cordialidad del desierto, me pidieron [por ser otro huésped] que me acercara a comer con ellos. ¡Misshel, a pesar de que yo estaba en su tienda, no había agasajado al nasraní! Comí uno o dos de aquellos frutos, para que entre nosotros mediara "el pan y la sal". Yo tenía conmigo un ancho cinturón moro de lana roja; y Misshel me pidió que se lo diera o, *bil-lá*, «me haría prisionero y se quedaría con todas mis cosas como botín». El cinto de los pueblos asentados, *kumr*, es muy codiciado por los jinetes nómadas pues creen que envolviendo con él las partes más débiles del cuerpo su fuerza se incrementa. Yo le dije que necesitaba aquel cinto, pero que le daría mi vieja naga y el cinturón si Misshel me entregaba un camello joven y fuerte. ¡El hombre tenía más de doscientos camellos! En tal caso, dijo Misshel, tendría que hacerme prisionero. «¿Ves estos huesos de dátil, Misshel? No puedes hacer tal cosa pues entre nosotros están el "pan y la sal".» «Eso no te servirá de nada: si mañana te echo de aquí ¿crees que tú y tu naga vieja seréis capaces de encontrar el camino y regresar a el-Hechr?» «Sé que está cuatro jornadas al suroeste, que Dios te lo pague, estoy seguro de que si Alá quiere llegaré allí.» «Pero la región está llena de *habalís*.» «¿Es que el rico Misshel va a despojar a un hombre pobre?, además todas tus amenazas son vanas pues sigo siendo tu huésped.» Creen que todos los *nasara* son expertos jinetes así que me dijeron: «¿Te enfrentarías mañana con Misshel a caballo y armado con una pistola?». Yo contesté: «Si ha de ser así, lo haré lo mejor que pueda». Al ver que no me arredraba, él zanjó la discusión con una sonrisa obstinada: «No, por la mañana Jalil tendrá que montar en su naga vieja (insistió Misshel) y cabalgar hasta Meda'in Salih». Su hijo más joven, que yacía hidrópico en la tienda, habló con más sensatez: «Dejemos que Jalil se vaya a dormir y mañana le daremos una naga a cambio de la Jueyra y el cinturón». ¡En su ambición por despojar a un hombre extraviado los árabes son peores que cualquier otra nación!

Por la mañana, Hayzan me instó a prepararme para la partida, Askar y algunos compañeros suyos pensaban ponerse en camino hacia Hayil y podríamos viajar con ellos, me preguntó: «¿Será capaz tu vieja naga de cabalgar con los *zeluls*?». «Es una camella vieja, no un dromedario.» «Entonces no podremos acompañarlos.» Después de cobrar su dinero, Hayzan me dijo que no podía acompañarme él mismo «sino este otro hombre», que aseguró que era su hermano y al que llamó por un nombre falso. ¡Es muy difícil evitar esa clase de engaños de los beduinos! Misshel dijo: «Bien, yo respondo por él, id en paz». Aun así puse la condición de que mis alforjas viajaran en su *zelul* para que yo pudiera montar en la naga y así nos pusimos en camino.

Aquel *rafiq* parecía un auténtico salvaje; Askar y su grupo iban bastante por delante; pasamos junto algunos pozos someros que habían sido excavados hacía poco; me sorprendió verlos en un terreno tan alto. Luego llegamos a la cima de la montaña del Jarram por la cara norte que se precipita sobre la llanura de abajo en forma de profundos acantilados; era un terreno muy difícil para los camellos que con las patas delanteras rígidas saltaban de cornisa en cornisa. Como pudimos, fuimos descendiendo penosamente hacia el desierto de arena en dirección a una sierra de arenisca, *Abbasiyya*, que hay al oeste de Misma, y terminamos por alcanzar al grupo de Askar. Al llegar cerca del extremo oriental de la montaña les pareció ver *habalís* ocultándose entre las rocas, «Heteym del *Nefud* y enemigos nuestros», que un día antes habían sido vistos merodeando por allí. «Jalil (dijo Askar), ¿podrá tu naga mantener el paso?, ¡somos bedu y escapamos de cualquier peligro en nuestros *zeluls*!; apresúrate todo lo que puedas o tendremos que dejarte atrás y caerás en manos de los ladrones.» Todos pusieron sus ligeros *zeluls* al trote; mi vieja naga, sobrecargada y fatigada después del largo viaje desde Teyma, salió detrás de ellos con un paso tan envarado que casi no podía soportarlo. Vi que en caso de peligro sus esfuerzos serían en vano; las estrellas se habían confabulado en contra de aquel viaje y ninguno de mis compañeros, a excepción de Askar, tenía ni rastro de humanidad. Mi salvaje *rafiq*, a quien antes de partir había obligado a pronunciar el solemne juramento "por los tallos de la hierba" de que no me abandonaría, ahora gritaba *wel-lá bil-lá* que me abandonaría si no aceleraba el paso (cosa que era imposible) pues debía seguir a sus compañeros y era su *rafiq*; así cabalgaron una o dos millas.

La lluvia de los últimos días había refrescado el ambiente; la mañana estaba nublada, pero a veces el sol lucía cálidamente. Con muchas dificultades, llegué a donde estaban los otros y le pregunté a Askar: «De habernos atacado los enemigos, ¿habríais abandonado a vuestro compañero de viaje?». Él contestó: «Te habría montado a la grupa de mi *zelul* y habríamos corrido la misma suerte, Jalil, no te abandonaré». Tenían la esperanza de que esa noche pudiéramos alojarnos con otros árabes antes de llegar a la montaña Misma que se alzaba ahora ante nosotros. La llanura estaba cubierta de arena y rocas de arenisca en cuyos huecos había pequeños charcos de agua de lluvia. A media tarde, distinguieron unos camellos muy lejos por delante de nosotros; desmontamos, unos cuantos treparon a los riscos para espiarlos y no tardaron en informarnos de que aquellos árabes estaban *rahíl* y parecían a punto de acampar. Luego cabalgamos hacia la montaña de

Misma en dirección a los beduinos; resultaron ser una familia de Shammar que viajaba por aquellas inmensas soledades. No hay duda de que al vernos debió de recorrerlos un escalofrío de terror, pues los encontramos agazapados en una oquedad del terreno, rodeados de sus camellos y la esposa no había montado el *beyt*. Nos vieron pasar con mirada inquieta pues los *Annezy* y los Shammar no se llevan bien. Lo único que contiene su enemistad es el mandato del Emir. Yo le habría pedido a aquellos beduinos que me dejaran beber un poco de agua, pues nos habíamos pasado el día cabalgando sin tascar el freno y ya casi se había hecho de noche, pero mis compañeros siguieron adelante. Le pedí a mi *rafiq* que me prestara su *zelul*, tal como habíamos acordado; pero aquel salvaje se negó a hacerlo y no quiso reducir la marcha. Varias veces me quedé tan atrás que temí perderlos de vista y siempre me embargaba el temor de que mi exhausta naga terminara por desfallecer o por perder a su cría.

Por orden de Askar, que vio que ya no resistiría más, el tipo consistió en que intercambiáramos nuestras monturas y subí a su dromedario; llegamos entonces a paso lento a Misma, cerca del extremo oriental de aquella serranía de arenisca. Mis compañeros buscaron desde la cima las negras tiendas de los árabes en la llanura desértica que se extendía hasta el horizonte. A uno le pareció ver tiendas a lo lejos, pero los demás no estaban seguros y el sol se estaba poniendo ya. Tras una rápida cabalgada de nuestros *zeluls*, que fue como el vuelo de un pájaro, llegamos a un montón de arena empujada por el viento contra la falda de la montaña. Aunque en terreno firme cualquier caballo podría adelantarlos, cuando uno monta en un buen *zelul* y va "nadando", como dicen sus antiguos poetas, sobre la arena, resulta tan fácil que incluso un jinete poco habituado a veces casi llega a no notar la silla...

...Habíamos cabalgado dos horas desde la caída del sol y llevábamos recorridas casi cincuenta millas en aquel día, así que empezaron a discutir la conveniencia de desmontar y pasar la noche allí mismo. Estábamos tan seguros de que cenaríamos cada noche con los árabes que aún no habíamos comido nada y no llevábamos ni comida ni agua. Decidieron seguir cabalgando un poco más y no tardamos en distinguir el relumbrar de las fogatas beduinas. Llegamos una hora más tarde y reconocí los sonidos vespertinos de un aduar nómada: la monótona risa de los niños correteando alrededor de las hogueras y canturreando en las casas de pelo. Llegamos tan en silencio que los perros no ladraron. Había dos o tres tiendas. Cuando los árabes se percataron de nuestra presencia, todas las voces callaron: en un instante los alegres fuegos, alrededor de los cuales se sentaba la gente un momento antes, quedaron enterrados en la arena. Éramos seis o siete jinetes y pensaron que podía tratarse de una razia hostil. Desmontamos en silencio y nos sentamos algo alejados: ninguno de nosotros susurró siquiera el nombre de su compañero; pues en el desierto vacío son frecuentes las viejas deudas de sangre. Ante un encuentro inesperado, y mucho más a esas horas, los nómadas se quedan a la expectativa llenos de mutua desconfianza. Cuando, impacientado por su mutismo, quise decir «*¡Salam!*», me rogaron que me callara. Una vez se convencieron suficientemente de nuestras intenciones pacíficas, se acercó uno con aire circunspecto y nos saludó con palabras de paz: «*Salam aleyk*» y todos contestamos: «*Aleykom es-salam*». Tras ese sacramento verbal entre los bedu, se disipan todas las prevenciones ante una mala pasada. El hombre llevó a Askar y a su grupo a su *beyt* y yo fui a otro con mi *rafiq* Nasr y un nómada al que habíamos encontrado cabalgando con su hijo en el desierto más allá de Misma. Reavivaron las brasas enterradas y volvieron a encender los fuegos.

Quiénes eran aquellos árabes no supimos decirlo y tampoco ellos sabían quiénes éramos nosotros; ya hemos dicho que los pueblos del desierto no hacen preguntas a sus invitados hasta que han comido carne; pero después de intercambiar algunas palabras acerca de la lluvia de aquel año y los pastos, a veces tratan de adivinar la tribu a la que pertenecen. Cuando le pregunté a mi rudo compañero «¿de qué tribu son éstos?», me contestó con un susurro que «aún no lo sabía»; pronto comprendimos por las voces que llegaban de la otra tienda que habían reconocido a Askar. Y es que, pese a que apenas se conocían, era el hijo de su propio gran jeque, pues aquellos árabes eran Welad Sleyman, una rama de los Bishr. Nuestro anfitrión acudió a la tienda del jefe a oír las noticias y nosotros nos quedamos con su esposa, la vi moler trigo en un almirez de madera, de un modo distinto al de los bedu meridionales que había conocido hasta ahora, pues aquí suele ofrecerse trigo molido al invitado como *temn*. El invierno había llegado ya al yermo desierto y habían protegido las tiendas de la lluvia y el viento con arbustos secos.

Vino uno de la otra tienda y cenó con nosotros. Me sorprendió ver a aquel hombre y él se sorprendió al verme a mí: ¡un beduino con el fez rojo de los turcos, *tarbush*, y una vieja túnica listada, *kumbaz*, a la usanza de los países fronterizos! Cuando le pregunté qué clase de hombre era, me contestó que era "débil" y se había alistado en ash-Sham para combatir a cambio de unos cuantos reales; y ahora había regresado a su hogar y a la vida nómada con una buena cantidad de dinero. Con él había comprado camellos, cabras y ovejas y estaba dispuesto a comprar mi naga por el precio que pidiera —siete reales— para sacrificarla en honor de su padre muerto. ¡Que los beduinos se alistaran como soldados me pareció cosa de otro mundo! Sin embargo, después supe que hay beduinos Bishr y *Harb* entre los jinetes *Agueyl* de las grandes ciudades. El beduino, a quien el extranjero le recordó su propia vida en Damasco, estuvo encantado de poder charlar conmigo largo y tendido, aunque sólo fuera para volver a pronunciar los nombres de los principales *zocos* de la opulenta ciudad. Por la mañana me traería el dinero y si decidía quedarme allí se encargaría de llevarme a Hayil adonde tenía que ir poco después. Pero, cuando mi *rafiq* me llamó para montar antes del amanecer, no pude quedarme a esperarlo. Tiempo después, lo encontré en Hayil y me reprochó que no lo hubiera esperado y preguntó por la naga que yo había vendido ya a precio de saldo. Me contó que cuando llegamos aquella noche habían echado mano a los fusiles para dispararnos, pero que al ver mis enormes alforjas y oír mi voz, supieron que no era un nómada y que no se trataba de una razia.

Volvimos a apresurarnos sobre el rostro del desierto con objeto de encontrar un gran aduar de los árabes, donde mis compañeros contaban con tomar una taza de café. Los jeques, acostumbrados a la vida de las tiendas, necesitan sorber un poco de café para que la vida les merezca la pena; mientras cabalgaban, fumaban incesantemente *tittún* de sus pipas. Llegamos al rayar el alba y desmontamos, como la vez anterior, en dos grupos; Askar y sus compañeros fueron a la tienda del jeque; en eso consiste la cortesía del desierto: en no abusar de ninguna familia. Aquella gente eran Shammar y nos recibieron con su hospitalidad acostumbrada. Nos sirvieron unos dátiles exquisitos (de color y sabor diferentes a los de *el-Aly* y Teyma) y un enorme cuenco de *leban* de sus camellos —esa reconfortante bebida del desierto—. Luego nos llamaron a la tienda del jeque, donde el propio jeque estaba ya preparando café entre sonrisas magnánimas. Cuando oyó que yo era un alfaquín hizo que trajeran a su nietecilla enferma. Le expliqué a la madre que íbamos de paso y que mis remedios sólo aliviarían un poco a la niña. El jeque se volvió hacia mis compañeros y les dijo que «yo debía ser una persona muy honrada». «Así es», le contestó Askar, «podéis confiar en él plenamente». El jeque me alcanzó el cuenco y después de beber un trago me preguntó: «¿De dónde eres?». Yo le contesté: «Soy un Englesy», y él susurró en mi oído: «¡Engreys! ¿Eres nasraní?». Yo repliqué en voz alta: «¡Sí, *bil-lá*!»; el buen jeque me sonrió como diciendo: «No te traicionaré». Una vez preparado el café, me sirvió a mí antes que a nadie. Cuando mis compañeros hubieron tragado una segunda taza de café hirviente se levantaron con desdichado apresuramiento para volver a ponerse en camino; el jeque me pidió que me quedara un momento para beber un poco más de leche y acabar de recuperar las fuerzas.

Cabalgamos en dirección este por el desierto desolado, abandonando así el distrito de Misma y dejando a mano derecha ciertas montañas que sirven como punto de referencia del gran abrevadero de *Bayza Nezíl*. Desde el Jarram podríamos haber cabalgado hasta Hayil por la cara oriental de la montaña *Achya*; pero calcularon que por esa parte no encontrarían a ningún beduino errante. Toda esa alta y despejada llanura —3.800 pies— está cubierta de pizarras ferrosas, pero hacia mediodía entramos en una región granítica, negra y brillante como el carbón. Los despeñaderos que se alzaban desde el suelo eran de granito gris; *Ibrán*, una montaña negruzca, apareció sobre el horizonte, a unas horas de distancia, extendiéndose hacia el norte. Algo más adelante, llegamos a las arenas del *Nefud* y encontramos forraje silvestre; de modo que los beduinos desmontaron para recoger provisiones con las que alimentar a sus animales mientras estuvieran en Hayil, cuyos alrededores son *máhal*, un terreno casi tan yermo como el que rodea a Teyma. Segar hierba era impropio de un gran jeque por lo que, mientras los demás se afanaban, Askar excavó con las manos un agujero en la arena para sondear la profundidad a la que estaban las últimas lluvias; las últimas que había que esperar en el año y de las que dependía el pasto del año siguiente. Había llovido en los últimos dieciséis días, pero aún así no vimos casi ni rastro de pequeños manantiales. Askar introdujo el brazo desnudo casi hasta el hombro y sacó arena húmeda; ¡el agua de lluvia se había filtrado a menos de un metro! En Arabia, las lluvias estacionales son locales, por lo que estas latitudes se consideran un país prácticamente seco. Aunque llovió en el Jarram en el dira Jeheyna no cayó ni una gota y en Jaybar, distante sólo cien millas, llovió tan poco que en los meses siguientes no brotó la *rabía* en aquellas montañas de lava.

No habíamos avanzado mucho en el *Nefud* cuando, a media tarde, vimos un rebaño de camellos que pastaba disperso ante nosotros; más allá, encontramos las tiendas de los nómadas plantadas en una oquedad del terreno. Los beduinos, cuando acampan en grupos pequeños, suelen elegir sitios bajos, donde están a cubierto de los rigores del tiempo y no se ven con tanta facilidad las negras tiendas durante el día o las hogueras durante la noche. Aquéllos también eran Shammar, la tribu que señoreaba toda la región que se extendía ante nosotros hasta los pueblos del Yebel; vivían dispersos en familias en un país pacífico bajo el dominio del Emir y donde abundaban los pozos. Los enjambres de moscas que pululaban por la arena eran un claro indicio de que nos acercábamos a un asentamiento junto a un palmeral. Cada vez que encontrábamos tiendas en esta región los árabes preguntaban de inmediato con mucha seriedad: «¿Qué hay de la lluvia?, dinos, ¿ha llovido mucho en el dira de los Awayíes?». Mis compañeros siempre respondían del mismo modo: *La tanshud*, "no preguntes". Si alguno inquiría «quién es ese extranjero que lleváis con vosotros», los

Awayíes respondían con una expresión cuyo significado ignoro: *jeyr Alá*. El jeque de aquel aduar me habría comprado la naga y me habría llevado a Hayil después tenerme un par de días como invitado.

Se me ocurrió que al menos podíamos quedarnos a pasar la noche, pero mis compañeros se levantaron de la cena y volvieron a coger los *zeluls* para seguir cabalgando y Nasr parecía dispuesto a marcharse con ellos; no quisieron demorarse ni un segundo y pensé que sería mejor partir con los que ya conocía y asegurarme de llegar a Hayil, que quedarme atrás en las tiendas de unos beduinos desconocidos; por si fuera poco oímos que a poca distancia había un gran campamento de los Shammar y un jeque que nos ofrecería café: Askar prometió recomendarme a aquellos árabes si lograba convencer a mi *rafiq* de que se quedara conmigo. Yo estaba deshecho después de aquella durísima cabalgada, a cada momento parecía que el corazón fuera a salírseme del pecho, tormento al que llaman *qatu-l-qalb*, o desgarracorazones. Cabalgaban por delante y a paso rápido durante todo el día, de modo que, por mucha voluntad que le echase, la muerte parecía un verdadero alivio a mis actuales pesares. Los árabes estaban acampados junto a la montaña, pero llegamos allí de noche y al no ver sus hogueras, los Awayíes decidieron seguir cabalgando para llegar antes a Hayil. Habrían terminado por abandonarme, pues no podía ir más allá y mi decrépita naga estaba a punto de desfallecer; pero al poco rato Askar murmuró soñoliento a sus compañeros: «Desmontemos y durmamos un rato». A nuestra derecha brillaba una fogata que había estado oculta tras una irregularidad del terreno, pero optaron por ignorarla y entregarse a la dulzura del sueño: desmontamos, atamos a los camellos por las rodillas y nos tumbamos a descansar junto a nuestros animales en el desierto arenoso.

No habíamos cabalgado ni una hora aquella mañana cuando, justo al despuntar el día, distinguimos las tiendas negras del campamento beduino donde los Awayíes me habían prometido que descansaríamos; pero en cuanto el hirviente café nos hubo abrasado la garganta y hubieron comido alguno de los dátiles de los Shammary, se levantaron para volver a montar en sus dromedarios. Las promesas de los nómadas son como sonidos en el aire; ni mi salvaje y brutal *rafiq* quiso escucharme ni Askar logró persuadirlo: «Wel-lá, no tengo autoridad sobre él», dijo; y Nasr gritó: «Escoge, Jalil, entre quedarte ahí sentado o venir con nosotros, porque yo me marcho». ¿Qué otra cosa podía hacer sino seguir con aquella carrera que ahora se había convertido en una agonía para mí y para mi naga que estaba a punto de reventar? Mientras cabalgábamos Askar dijo: «Es evidente que Jalil no podrá seguirnos; ¿no preferirías, Jalil, volver a las tiendas? No dudes de que te acogerán bien». «¿Cómo van a acogerme bien si incluso les habéis mentido en el *qahwa* diciendo que no sois Awayíes y ni siquiera les habéis hablado bien de mí? ¿Y qué ocurrirá cuando descubran que soy un nasraní? ¡Y cuando vean que mi propio *rafiq* me abandona!» «Hoy llegaremos a un poblado y te dejaremos allí.» Se nos había olvidado beber en las tiendas y cuando el sol llegó a su cenit estábamos sedientos y con muy pocas esperanzas de encontrar más charcos de lluvia en la arena del desierto. Un poco más adelante, vieron refulgir algo en la lejanía y se apresuraron a ir allí, pero resultó ser un fondo arcilloso con un charco en el centro del que nadie quiso beber. La altitud de la llanura es de 3.700 pies y parece descender hasta el *Y. Achya* que se veía ahora extendiéndose de norte a sur como un imponente dique granítico de no demasiada altura. El terreno está cubierto de arena granítica, cantos rodados y piedras graníticas erosionadas. Dos horas antes de mediodía, pasamos junto a las ruinas de un pueblo con un solo pozo que había sido abandonado cinco años atrás. Askar dijo: «El ganado pereció después de varios años sin lluvias por la falta de pasto y los escasos habitantes murieron de viruela» —dos calamidades que no son raras en las pequeñas aldeas de Arabia—. Cuando pregunté por el nombre del lugar me contestó brevemente: *Melawn Talibuhu*, que significa algo así como: "Maldito sea el que pregunte por él".

Encontramos una charca de agua limpia de lluvia en la roca que, entibiada al sol, nos pareció más dulce que la leche. Allí satisficimos nuestra sed y dimos de beber a los animales, que llevaban recorridas casi ciento treinta millas sin beber ni comer desde el Jarram. Antes de montar, sus compañeros fueron a cortar algo de hierba seca y Askar me advirtió: «Jalil, allí donde vamos la gente es desconfiada. No dejes que te vean escribir, pues no hay duda de que lo malinterpretarán; si tienes que escribir algo, hazlo a escondidas y esconde las hojas de tus libros. Hasta ahora has estado con los bedu, y los bedu te conocen y saben quién eres; pero, ¿me oyes?, ¡en los pueblos la gente no tiene tan buen corazón!». Volvimos a cabalgar durante una o dos horas y vimos la verde copa de las palmeras de un pueblecillo al pie de la montaña, donde vivían, según me dijeron, cinco o seis familias, Yefeyfa. Al norte vi *Y. Taly*, una solitaria montaña de granito en el horizonte. Mi grupo, que siempre iba muy por delante, había desaparecido de la vista. Los dejé marchar, puesto que no podía seguirlos y estaba convencido de que con semejantes puntos de referencia no tardaría en llegar a algún lugar habitado. Así llegué a un camino muy bien marcado en el suelo del desierto —por generaciones y generaciones de viajeros nómadas, como suele ocurrir cerca de los asentamientos—. Continué a pie llevando al exhausto camello a paso muy lento, hasta que divisé las primeras copas de las palmeras y el verde perfil de las plantaciones de Mogug. Por fin, distinguí a Nasr que regresaba a buscarme. Al entrar en el lugar, el cansado camello se cayó al suelo dando berridos y eso nos retrasó un poco; pero Nasr lo obligó a levantarse con golpes crueles y entramos en Mogug a eso de una hora y media después de mediodía.

Me sorprendió encontrar el pueblo en ruinas y que muchas de las palmeras estuvieran marchitas y muertas, hasta que supe que Mog(q)ug(q) había sido devastado por una plaga unos años antes. Los edificios ya no están construidos con sencillos ladrillos de adobe como en Teyma, sino con capas de arcilla y algunos ladrillos secados al sol dispuestos desordenadamente; la comarca es granítica. El aspecto decadente del lugar me hizo pensar en ciertos oasis que había visto años antes en el Sahara argelino. El agua es tibia, como en el resto de Arabia, y de sabor corrompido; el sitio es insalubre, sus dátiles escamosos y secos y no tienen buen sabor. Seguimos hasta el *qahwa* del jeque adonde me habían precedido mis compañeros y nos encontramos con el buen jeque que había salido a recibirme. Me cogió amablemente de la mano y ordenó a sus hombres que prepararan forraje fresco para nuestros camellos. Una vez sentados en la sala del café, vino mucha gente del pueblo que —tal vez prevenidos por Askar— no se sorprendieron al verme y se mostraron muy amistosos. Al encontrar a todo el mundo tan bien dispuesto, expuse ante el jeque mi querella con Nasr y conté con el apoyo de Askar que corroboró que mi naga no podía continuar.

Incluso entonces se dispusieron a montar inmediatamente y a cabalgar toda la noche para llegar a Hayil cuanto antes. Nasr dijo que iría con ellos y que si no quería acompañarlos tendría que abandonarme allí. El jeque de Mogug dictaminó que, puesto que el camello no podía continuar, Nasr, que había cobrado un sueldo por llevarme, debería quedarse conmigo o dejar suficiente dinero para pagar a alguien (que me acompañara hasta Hayil) y luego partir libremente. El muy rufián, cuando vio que las ordenes del jeque le obligaban a desembolsar sus reales, eligió quedarse conmigo. Askar y su grupo se levantaron de nuevo a toda prisa dejando el agua y los dátiles para cabalgar hasta Hayil. Todo el largo camino desde el Jarram lo habían recorrido a la carrera sin llevar consigo ni comida, ni odres de agua, ni café, confiando en su habilidad para encontrar todos los días a los árabes. Todos eran jóvenes en la flor de la edad que montaban para demostrar su resistencia y destreza. Le pregunté a Askar a qué venía tanta prisa y por qué no descansaban un poco en algún sitio. Respuesta: «Para volver a casa cuanto antes y porque quedarse en los aduars por el camino es de mala educación *(ayb)*». Tras su partida, la gente del pueblo que se quedó en el *qahwa* —todos Shammar— maldijo a mis compañeros por *Annezy*. Aquellas mezquinas rivalidades entre vecinos a menudo me favorecieron mientras viajaba solo por las vastas tierras de Arabia.

Aquí vi por primera vez mercancías de Bagdad, procedentes del *zoco* de Hayil: los hombres de Mogug no encendían los galyáns con eslabón y pedernal sino con las internacionales *Zündhölzer*[28] de Viena —volvíamos a estar en el mundo—. El tosco salón del café era oscuro

28. Se trata de fósforos o cerillas, que empezaron a fabricarse en Viena hacia 1830.

y menos limpio que acogedor; el suelo de tierra donde nos sentábamos estaba cubierto de huesos de dátiles con los que habían agasajado a sus huéspedes diarios. Los del pueblo eran gente cordial que, dentro de sus limitaciones, disfrutaba conversando con el extraño sobre los países y las religiones extranjeras: lamentaron que los infieles y, en especial los *nasara* que eran un pozo de ciencia y dominaban todas las artes, siguieran resistiéndose a admitir la verdad. De vez en cuando me alcanzaban sus pacíficos galyáns. Después de sufrir fatigas tan extremadas, el sabor de su tabaco verde y amargo me pareció de una dulzura incomparable, y en sus voces civilizadas creí encontrar un agradable reposo tras la salvaje malignidad de los Bishr. Un joven me preguntó si sabía leer y si tenía libros. Era el maestro de escuela de Mogug. Puse en sus manos un libro de geografía, escrito en árabe por un erudito misionero americano de Beirut. El joven lo estuvo hojeando con la cabeza inclinada en la habitación oscura y un ávido afecto por las letras que, en una tierra más afortunada, podría fructificar en los amplios campos del conocimiento. Por fin cerró el libro al ponerse el sol y se lo puso sobre la cabeza para demostrar lo mucho que lo apreciaba —un gesto oriental que no he visto en ningún otro lugar de Arabia, donde se da tan poco (o ningún) "Orientalismo"—. Me preguntó si podía comprar el libro y (como le dije que no) si podía llevárselo a casa para leerlo por la noche, cosa que le permití.

Un hombre alto y moreno entró en el *qahwa*; vi que se trataba de un extranjero del norte, de porte altivo y muy bien vestido. Saludó con frialdad a la compañía y se sentó: venía de Gofar de donde había partido aquella mañana. Colocaron los dátiles ante él y al mirar a su alrededor vio allí sentados a dos o tres que había conocido años antes: los saludó y poniéndose en pie solemnemente los besó y les preguntó cómo les iba. Era un Shammary de Irak; su dira beduino estaba a 250 millas de allí. Me observó larga y detenidamente mientras estaba allí sentado con el pañuelo extendido para protegerme del sol y por fin preguntó: «¿Quién es? ¡Eh! ¡Un nasraní decís!, ya lo sabía yo: éste, oh amigos, ha venido con intenciones secretas que no conocemos; ¡este hombre pertenece a la nación de los francos!». Yo le contesté:

«Todos los presentes saben que soy un *Engleysy*, ¿es que debo avergonzarme por ello? ¿Quién eres tú y de dónde procedes?». «¡Voy a Hayil a tratar unos asuntos con el Emir!, wel-lá», dijo él volviéndose hacia el grupo, «¡sólo puede tratarse de un espía venido a explorar el país! Decidme qué se cuenta de este hombre, si pregunta a los árabes y escribe las respuestas». Uno del pueblo dijo: «Años atrás hubo aquí un extranjero que se hacía llamar musulmán, pero que era como Jalil y se dedicaba a escribir todo lo que les preguntaba».

Los del pueblo siguieron allí sentados sin prestar demasiada atención a la charla de Nasr (que así se llamaba también), disgustados probablemente por el aspecto altanero del septentrional y porque confiaban en mí. «Si Jalil tiene algo que ocultar, va camino de Hayil: dejemos que el Emir se ocupe de él.» Nasr, al ver que la gente no se ponía de su parte, dejó a un lado sus miradas hostiles y comenzó a hablar amablemente conmigo. Por la noche nos invitaron a una casa en la aldea; ante nosotros colocaron una copiosa cena de cordero hervido y *temn* y comimos juntos.

Nasr me contó que en su dira del norte abundaban los caballos: él mismo tenía cinco yeguas y numerosos camellos pese a que no era ningún jeque; el desierto allí no era como en estas extremadas regiones meridionales, sino pródigo en las bondades de Alá. Al ver mis ropas sucias y rotas —tanto tiempo llevaba en el *jala*— me recomendó que me presentara mejor vestido ante el Emir en Hayil y que procurara ser muy circunspecto y no diera motivo —una simple palabra podía dar lugar a un malentendido— de provocación entre gente violenta y de genio rápido [en eso radican todas las dificultades de viajar por Arabia] nada acostumbrados a los extranjeros. Allí oí por primera vez en el *Nechd* el *nun* pronunciado por doquier en la terminación de los nombres, que proporciona una especie de dulzura ática a la lengua arábe y entre ellos es considerado de una erudición natural. La noche bochornosa acabó con una tormenta de lluvia y rayos; eran los últimos días de octubre. En aquel pueblecillo no vivirían más de 150 almas.

Por la mañana nos quedamos a tomar el tempranero *qahwa*; y luego cabalgamos una milla más por la llanura, entre rocas graníticas azules y rojas, hasta las empinadas faldas del *Achya*, ante nosotros vi un paso en una grieta que se abre en mitad de la montaña a lo largo de dieciocho millas hasta la llanura que hay debajo; aquel desfiladero se llama *Ri'a es-Self*. El camino al principio es empinado y escabroso; hacia las nueve en punto pasamos junto a un frío manantial que caía desde el acantilado —no he visto ninguna otra cascada en la seca Arabia—. Allí llenamos nuestro guirbí y los árabes, despojándose de sus ropas corrieron a lavarse —los nómadas chapotean como gorriones cada vez que encuentran la ocasión—. No mucho más allá están las toscas paredes de una antigua presa y, en un entrante de la montaña, unas palmeras abandonadas por los beduinos que en el pasado habían arado aquellas tierras. En lo más alto del ri'a, medí 5.100 pies.

Un bedawí pobre se había unido a nuestro grupo en la llanura, iba con nosotros montado en un asno y se alegró cuando le ofrecí un puñado de dátiles de Teyma para el desayuno. Más tarde, al rodear una roca nos encontramos con tres Shammar de aspecto fiero que llegaban a toda prisa con las armas en la mano. Nos obligaron a detenernos y, mientras estuvimos allí intercambiando novedades al modo de los árabes, no dejaron de mirarme con hostilidad. Quizá habían oído contar a alguno de los maliciosos acompañantes de Askar que el nasraní pasaría hoy por el ri'a y se les había ocurrido asaltarme. Ahora, al ver que les igualábamos en número, le dijeron al del asno que era de su tribu: «¡Vuélvete y acabemos con él!». «¡No lo permita Dios (les contestó el pobre hombre), es mi amigo!» Entonces sonrieron salvajemente mostrando todos los dientes y siguieron su camino. «Lo ves, Jalil, (dijo Nasr) es lo que te decía acerca de los peligros de cabalgar solo por su territorio, los Shammar están malditos y, si hubiéramos estado solos, te habrían matado. ¡Alá maldiga a los Shammar!» «¿Acaso no hemos disfrutado estos días de su hospitalidad?» «Te digo que se muestran amables con sus invitados en los *beyut*, pero que cuando encuentran a un hombre solitario, *j'luy*, en el *jala*, y sin testigos, lo matan. Son como esos asesinos que acabamos de ver, acechan tras las rocas y acaban con cualquiera al que encuentren indefenso.»

Hay poco amor entre los Bishr y los Shammar y tan sólo impera la paz del Emir. No muchos años antes, había dividido a los vecinos una amarga riña por los derechos de Bayza Nezil la principal estación de abrevado de sus desiertos. Bayza Nezil está en la frontera del territorio Bishr y no podían sufrir con paciencia que los Shammar fueran a abrevar allí y hasta lograron el apoyo del Emir Telál. De modo que incluso abandonaron su propio dira y emigraron al norte y estuvieron vagando por las tierras desérticas de sus parientes *Annezy* en Siria; se quedaron allí dos o tres años, pero como eran recién llegados había muchos enemigos dispuestos a robarles el ganado y los Bishr terminaron por regresar a su propio país y al Emir.

En mitad del ri'a, la montaña granítica retrocede hacia el norte y hay unos cúmulos basálticos de poca altura que parecen conos volcánicos. Detrás de nosotros oímos el estrépito de muchos camellos galopando sobre la grava; era un rebaño suelto de *achlab*, o dromedarios de un tratante de camellos. Los pastores se dirigían a venderlos en "el Yebel Shammar". Eran Bishr y al verlos terminaron nuestras aprensiones. Un muchacho me gritó: «¿No tienes un poco de *kaak* (un bizcocho de Damasco) para darme? No he comido nada en todo el día». La tarde estaba muy avanzada cuando llegamos y pude contemplar el llano de Gofar y el verdor de las palmeras del oasis a poca distancia de donde estábamos. El sol se estaba poniendo y Nasr me mostró la montaña basáltica en forma de cuernos, *Sumrá Hayil*, que queda un poco por detrás de la capital hacia el norte. Gofar, escrito Káfar, y tal como lo pronuncian los nómadas Yiffar, está, como Mogug, separado del desierto por los muros de los huertos. En la llanura, ante la ciudad, medí una altitud de 4.300 pies. Entramos por un camino ancho y vacío, entre largos muros, donde no vimos a nadie ni las casas del pueblo. Estaba atardeciendo, momento en que los lugareños se retiran a cenar. Tan sólo encontramos a una mujer a la que resultaba desagradable mirar, pues su rostro femenino estaba cubierto por el sórdido velo, que a nosotros nos parece una fanática villanía asiática: aquí la amable raza árabe se ha vuelto desconsiderada con el harén. A partir de Káfar todos los rostros de mujer, que Dios creó para alegría de la humanidad, están tapados por dicho celoso horror y tan penosas prendas no dejan ver de sus mujeres más que las manos. Desmontamos junto a una mezquita en el *munaj*, o establo para los camellos de los viajeros donde a éstos se les ofrece de cenar: las cargas públicas para sufragar la hospitalidad son aquí (por lo común) muy elevadas, pues, de acuerdo con la costumbre árabe, los viajeros suelen ponerse en camino por la tarde y todos los que salen de Hayil hacia el sur se detienen a dormir en Gofar.

Llegamos a la vez que los pastores y a todos nos ofrecieron unos dátiles resecos y escamosos para cenar y un poco de agua; los dátiles, incluso los mejores, no se consideran un plato digno que ofrecer por la noche a un extraño. El que nos sirvió se excusó por ello, diciendo que el encargado estaba en Hayil. Los ciudadanos de Gofar, los *BeniTemím*, no son famosos por una hospitalidad que es más fácil encontrar en Hayil donde viven los Shammar. Mi *rafiq* Nasr, que desde la marcha de los otros se había mostrado más tratable, se puso a reprocharle a los que pasaban por la calle que nadie me hubiera ofrecido café y una casa en la que dormir diciéndoles: «¿Vais a dejar que una persona honorable se quede en la calle?». Nasr repartió equitativamente el forraje seco que llevaba entre su *zelul* y mi pobre naga; después preparó unas gachas con un poco de avena que yo había comprado en Mogug y las amasó con unos dátiles y metiéndoselas a puñados en la boca alimentó a mi fatigado animal. Allí nos tumbamos junto al ganado para pasar la noche estrellada en la calle polvorienta.

Montamos al romper el día: Nasr quería llegar a Hayil a tiempo para desayunar en el salón de los invitados con Askar y su grupo. Me sorprendió comprobar que toda la ciudad de Gofar por la parte de Hayil está en ruinas y los antaño fértiles huertos se parecen ahora al suelo del desierto vacío; los altos tallos de las palmeras secas y marchitas permanecen aún en pie. Recorrimos los cavernosos laberintos de adobe entre los muros caídos, cuyas vigas habían sido robadas, y los andenes de los camellos de tiro junto a los pozos hoy abandonados. Cuando pregunté: «¿Qué es esto?». Nasr contestó: «*Beled mat*», un lugar muerto. Los habitantes habían perecido, igual que los de Mogug, durante una plaga acontecida siete años antes. Ahora los pozos se habían hundido, tal vez a una profundidad de más de veinticinco brazas. Los propietarios de las tierras, pasada la pestilencia, no habían tenido fuerzas para labrarlas y se habían retirado al oasis interior.

Pasados los muros de los huertos de Gofar, está la extrema aridez de la llanura desértica *(máhal)* que hay antes de Hayil; el suelo, una grava granítica cortante, se extiende entre las desoladas montañas de *Achya* y *Selma*, estéril como la orilla del mar y con menos vida que el polvo de nuestras calles; no obstante hay lugarcillos y aldeas junto a algunos veneros de agua. Es un terreno montañoso donde apenas puede crecer nada por sí mismo, pero si se regara podría producir avena y trigo y los otros granos del *Nechd.* Aunque sus palmeras crecen muy altas no producen más que bayas pequeñas y picantes y por tanto poco sustanciosas. Apenas vimos una hoja de hierba o un arbusto aparte de la planta del sen con sus capullos amarillos del tamaño de un guisante. Las escasas cabras de la ciudad hay que llevarlas a pastar muy lejos, junto a las estribaciones de *Achya.* Pasadas dos horas Nasr dijo: «Hayil está un poco más allá, estamos a mitad de camino; las mujeres y los niños recorren el camino entre Hayil y Gofar antes del desayuno (a mediodía)». Por tanto el camino debe tener casi once millas. Hayil seguía oculto por el desierto —en la Arabia nómada el horizonte siempre me pareció muy cercano—. El camino entre las dos ciudades es muy transitado y pronto nos encontramos con los que venían de Hayil: harén y niños a pie y algunos hombres montados en burro. «¡Ja! (le dijo uno y luego otro y otro a Nasr) ¿por qué lo traes aquí?» Así supe que la llegada del nasraní se había hecho pública en Hayil. Y Nasr al oír sus palabras empezó a asustarse. Decía: «¡A ver si me van a cortar la cabeza!» y «Jalil, ¿dónde está la bolsa del tabaco?, alcánzame ese *galyán* que, *bil-lá,* me da vueltas la cabeza». Llevábamos andada una milla cuando distinguí a dos jinetes que cabalgaban hacia nosotros en medio de una gran polvareda. Empecé a preguntarme si no serían aquellos raudos jinetes dos crueles mensajeros enviados a mi encuentro por el Emir. El nombre de nasraní era execrado en aquella región e incluso entre los nómadas se dicen unos a otros: «¿Me tomas por un nasraní capaz de hacer tal cosa [tan inicua]?». Lo jinetes casi nos habían dado alcance y frenaron ante nosotros de repente como sólo saben hacer los árabes a lomos de sus yeguas, dejando que sus ropas flotaran por delante en el aire tranquilo; uno de ellos le gritó con voz áspera a Nasr (quien no contestó nada pues estaba muy asustado): «¿De quién es todo ese equipaje?, ¿eh?». Y volvieron a salir al galope; yo estaba sentado exhausto sobre el camello y no me fijé muy bien en qué clase de hombres eran.

Hayil

LLEGADA A HAYIL: AUDIENCIA CON EL EMIR • HAMUD Y MOHAMMED. UN DÍA CORRIENTE. EL SUELO DEL DESIERTO • LA TERCERA AUDIENCIA. LA CASA DE IBN RASHID. SUS DOMINIOS • LA VIOLENCIA DEL ESCANCIADOR DE CAFÉ

Llegada a Hayil: audiencia con el Emir

Poco después, vimos algunos edificios altos con torres almenadas. Las elegantes y recias torres de adobe del *Nechd* tienen la misma forma que nuestros faros; Nasr, que no había estado en Hayil desde la época de Telál, dijo: «Es la residencia de verano del Emir». A medida que nos acercamos a Hayil vi los muros que convertían a la ciudad en un gran reducto lleno de palmeras. A mano derecha, vi un largo bosquecillo de palmeras en el desierto encerrado tras un alto muro; a la izquierda hay otro mayor que plantó Abeyd para asegurar la herencia de sus hijos. Luego apareció, como si estuviera suspendida sobre la ciudad, la enjalbegada torre del homenaje del alcázar, todos los edificios de adobe los blanquean con aljez. Pasamos junto a la residencia de verano que queda a un lado del camino; dicen que en la torre hay montada una pequeña pieza de artillería. Por debajo del muro había un conducto que llevaba agua de riego hasta una alberca pública donde acuden las mujeres a por agua. La consideran la mejor de la ciudad y la llaman *ma'es-Samá*; en los otros pozos el agua tiene un sabor mineral amargo y salado «y (aunque no sea ése el único motivo) produce fiebres». Desmontamos y le pedí agua a una mujer que bajó la gran vasija (metálica) que llevaba sobre la cabeza y nos dio de beber. Nasr me avisó de que no volviera a montar y me aseguró que teníamos que atravesar varias puertas bajas. No era más que una astucia del salvaje bedawí, que con sus largas trenzas más parecía un sátiro o un licántropo que un hombre. Temen que en las ciudades puedan menospreciarlos o incluso maltratarlos a causa de un malentendido así que no quiso que el nasraní cabalgara sobre la (orgullosa) altura de su camello.

Seguimos caminando por la corta calle exterior y llegamos a una tosca puerta de dos hojas (que se cierra por la noche) que lleva al *zoco* de Hayil. Allí distinguí el rostro de un viejo conocido que me estaba esperando: Abd el-Aziz, el mismo que, doce meses atrás, había llevado la yegua entregada como obsequio a Ibn Rashid al *qel-la* de el-Hechr. Lo saludé y me saludó preguntándome amablemente por mi salud y me invitó a entrar. Él se adelantó por otro camino para llevarle las noticias al Emir y yo atravesé el *zoco* público, que a esa hora estaba lleno de comerciantes y bedu, allí vi las oscuras tiendecillas árabes en las que la gente se afanaba comprando y vendiendo. Cuando nos mezclamos con la multitud de hombres y camellos casi nadie reparó en el extranjero; sólo algunos se volvían para mirarnos. Un poco más allá, salió a nuestro encuentro un mercader muy bien vestido y con la barba teñida de azafrán que me cogió de la mano a la manera árabe y me preguntó cautelosamente: «¿De dónde venís?». En Hayil se ven pocas barbas azafranadas: en sus últimos años Abeyd ibn Rashid se tiñó los grises cabellos de azafrán. Se trata de una costumbre persa y el que mis cabellos fueran del color de los ingleses me ayudó mucho en mis viajes por Arabia. Los hombres acaudalados se pintan los ojos con *kohl*; y así, adornados con vivos colores, los árabes parecen pájaros. Cerca del final del *zoco* está el mercado de trigo, donde se vende leña y forraje del desierto. Más abajo, vi a unas cuantas mujeres veladas que llevaban desde el amanecer allí sentadas debajo de un porche con unas cestas para vender dátiles y calabazas; algunas venden adornos pobres traídos del norte para el harén.

Llegamos a la larga plaza pública rectangular, *el-Méshab*, que hay delante del alcázar. Bajo el porche siguiente, que sirve de refugio a los pobres viajeros beduinos, Nasr obligó a mi camello a acostarse, avió apresuradamente el equipaje y se marchó; el pobre nómada estaba asustado. Abd el-Aziz regresó del alcázar, me preguntó qué hacía sentado en aquel lugar y se sentó para volver a preguntarme por mi salud. Parecía abrigar buenas intenciones hacia mí y al mismo tiempo sentirse un poco avergonzado, ¿no había sido él quien me había animado a viajar allí? Me dejó y volvió a cruzar las puertas del alcázar para volver a hablar con el Emir. Abd el-Aziz, por lo demás un hombre excelente, era tímido y poco generoso; el principal objetivo de sus vidas es no incomodar en nada a Ibn Rashid y él era un sirviente del Emir. Disponía de un asiento público bajo el *qahwa* privado del Príncipe sobre el Méshab, donde se sentaba en su compañía en los *mechlis*. La gente de la plaza aún no había reparado en el nasraní y estuve tres cuartos de hora sentado en el centro de Hayil; mientras tanto, tras los muros de adobe del castillo, quizá estuvieran discutiendo sobre mi vida o mi muerte. Pensé que la curiosidad y la avaricia árabes tal vez me proporcionaran una oportunidad: al menos esperaba que alguien me invitara a desayunar y calmara mi penosa hambruna.

En un extremo del Méshab había rebaños de *zeluls* acostados; eran de los grupos de beduinos que llegaban a diario para tratar sus asuntos con el Emir. Algunos bedu empezaron a arremolinarse a mi alrededor, sorprendidos de ver al extraño sentado bajo el porche. Vi también a un personaje, muy bien vestido y apoyado en su bastón de mando, que salió del castillo por la puerta de la torre de adobe y se acercó adonde yo estaba. Se trataba de *Mufarrich, ráyul el-Mozif*, el maestro de ceremonias de los salones del Príncipe, un extranjero, como hay tantos en Hayil al servicio del Emir. Su ciudad era Aneyza, en Qásem (que había debido abandonar debido a una terrible desventura que contaremos después). El elegante administrador invitó al extranjero a desayunar; pero antes nos llevó a mí y a mi naga a través del Méshab y nos proporcionó un alojamiento, el último en la hilera de habitaciones para los huéspedes, *majzans*, que hay en la plaza frente al alcázar; después me hizo entrar en el castillo y me llevó al gran salón del café, donde se acoge a los invitados y al servicio del Emir. A aquella hora —mucho después de que todos hubieran desayunado—

estaba vacío, pero mandaron llamar al encargado de preparar el café. Yo admiré las nobles proporciones del salón de adobe, igual que antes había admirado el enorme alcázar; los airosos muros estaban pintados con ocre y aljez y la fila de altos pilares, que sostenían la sencilla techumbre de vigas de madera noble y esteras hechas con hojas de palmera, tenían la pátina y el barniz del humo de la hospitalidad diaria. Junto a las paredes hay bancos de adobe cubiertos de alfombras de Bagdad. Cerca de la entrada hay un gran cuenco de cobre o "mar" de agua, con un tazón atado con una cadena (el harén de las cocinas se ocupa de rellenarlo a diario con agua del *ma' es-Samá*). De él saca el agua el escanciador del café y puede beber cualquiera que tenga sed. En la parte superior del principesco *qahwa* hay dos chimeneas, como dos tumbas, donde queman arbustos del desierto cuando hace frío; carecen de leña de calidad y el fuego suele encenderse bajo las enormes cafeteras en un hogar de adobe parecido a la fragua de un herrero. Mufarrich no tardó en hacerme pasar al salón de los invitados, *mozif*; dicho alojamiento de invitados está construido dentro del complejo del castillo, se trata de un patio en forma de claustro sobre el que hay una galería. Los huéspedes pasan junto a la artillería del Príncipe, consistente en cinco o seis piezas pequeñas; el hierro está oxidado y la madera podrida.

Los beduinos comen abajo, pero los jeques principales y su séquito lo hacen arriba, en las galerías; Mufarrich me acompañó arriba, a un lugar donde la alfombra estaba cubierta de viejos huesos de dátil. Allí me senté y me trajeron dátiles —los peores del desierto— en un recipiente metálico cubierto de polvo y grasa; me dejaron solo para que comiera, pero yo preferí seguir en ayunas. Ése es el saludo matutino del gobernante árabe a sus invitados —son bedu—, ¡qué diferencia con la pulcritud del desierto que se da en la mayoría de los pueblos de Arabia donde abunda el agua! Mientras esperaba a que volvieran a llamarme estuve paseando por la galería, por la que revoloteaban pequeñas tórtolas de Irak, tan mansas que me dejaron cogerlas en la mano. Comprobé que aquellas galerías de suelo de adobe tenían ochenta pies de longitud. Se apoyan en cinco pilares cilíndricos con toscos capiteles en forma de dientes de tiburón. Mufarrich reapareció y volvimos al *qahwa*, donde el café ya estaba preparado. Pronto entró un joven envuelto en deslumbrantes vestiduras de seda y empezó a interrogarme. Aquel jovenzuelo resultó ser el secretario del Príncipe, sus parcas palabras sonaban desdeñosas: «¡Y digo yo! ¿Quién eres? ¿De dónde vienes y qué es lo que quieres?». Yo contesté al modo de los beduinos: «Weled, no puedo contestar todas tus preguntas a la vez; repíteme tu primera pregunta»; pareció algo desconcertado al oír el tono en que le hablaba aquel pobre hombre, y una voz amistosa me susurró: «Trátalo con más respeto, pues se trata de Nasr». Así dijo el tal Nasr: «¡En pie! ¡El Emir te llama!». Y salimos hacia los aposentos del Emir.

Por debajo del edificio de adobe del castillo circula una larga galería junto al muro exterior que da al Meshab, la recorrimos hasta llegar a un portón forrado de hierro, vigilado desde el interior por un joven esclavo *Galla*, y llamamos a la puerta. La entrada se abre a un pequeño patio interior en el lado sur de sus habitaciones donde algunos guerreros aguardan las órdenes del Emir. Atravesamos el umbral y entramos en sus aposentos, iluminados por una luz tenue, pues las ventanas no son más que casetones para que entre el aire y en el *Nechd* nunca tienen cristal. El mandatario Mohammed —el hijo menor de Abdulá ibn Rashid, el primer príncipe de Shammar y el cuarto Emir desde su padre— estaba recostado sobre el codo, apoyado en unos almohadones junto a la chimenea, donde ardían unos arbustos del desierto. Lo saludé: «*Salam aleyk*, la Paz sea contigo», él se llevó la mano derecha a la cabeza, al modo de los países fronterizos, pero no respondió nada, ¡otra vez su adversa opinión de que nadie al margen de la religión salvífica puede ofrecer la paz de Dios! Peinaba las largas trenzas por cuya belleza se le describe en el desierto como un «hombre joven y lozano». De tez leonada e incluso amarillenta, magro de carnes y enjuto como todos los habitantes del *Nechd*, es de media altura y tiene el rostro anguloso típico del *Nechd*, el aspecto astuto de Mohammed recuerda al de alguien que ha sobrevivido a muchos males en este mundo, ¿y quién habría dicho en su momento que tenía probabilidades de llegar a ser Emir?

«¡Siéntate!», dijo. Mohammed, que bajo los demás príncipes había sido guía de la caravana persa del Hach, había visitado las ciudades de Mesopotamia y conocía los modales del *Dowla*. El jefe de la guardia me llevó al asiento de los invitados. En mitad de una larga alfombra extendida bajo los muros de adobe; entre el lugar que ocupaba yo y el Emir, se sentaba algún personaje apoyado en unos almohadones; se trataba, según oí decir, de un pariente de Ibn Rashid, un anciano venerable y tolerante. El Emir me preguntó: «¿De dónde vienes, y cuál es el propósito de tu viaje?». «Acabo de llegar de Teyma y vine de Siria para visitar Meda'in Salih.» «¡*Ráyul sádeq*, wel-lá!, ¡un hombre fiable! (exclamó el anciano jeque). No es como el que vino aquí, ¿recuerdas Mohammed?, hace años, sino uno que habla con sencillez.» Emir: «¡Bien, así que vienes de Teyma! ¿Y qué te ha parecido Teyma? ¿Viste alguna cosa?». «Teyma es un lugar agradable, lleno de palmeras y aire fresco.» «¿Cuál es tu nombre?» «Jalil.» «¡Ajá! Y has estado con los bedu, eh Jalil, ¿qué opinas de los bedu? "No hay bedu bueno", ¿con qué beduinos has estado?» «Con los Fukara, los Moahib y los Sehamma, más allá del Harra.» «¿Y qué opinas de los Feyir y sus jeques? ¿No es Motlog un buen hombre?» «Los Fukara hacen honor a su nombre, sus vecinos los llaman yahud Jaybar.» El Emir, entre sorprendido y sonriente repitió mis palabras (como suelen hacer los árabes) a los presentes: «¡Dice que son los yahud Jaybar! Y bien Jalil, ¿qué tal te trataron los árabes?, ¿ordeñaron para ti?, ¿te ofrecieron su hospitalidad». «Apenas tienen leche para sí mismos.» El emir se quedó pensativo, pues había oído decir que yo vivía con los beduinos para beber leche de camella. «¡Ajá! ¿Y los Moahib son buenos? ¿Es Tol-log una buena persona?» El Emir esperaba que yo dijera que no, pues Tol-log era un viejo "rebelde" o enemigo suyo. «Fue un hombre muy bueno conmigo, lo tengo por un beduino muy honrado.» Al oír eso replicó: «¡Mmmm, mmm! ¿Y los Sehamma? ¿Quién es su jeque?». «Mahanna y Fózil.» «Y cuántos *byut* tienen?»

Entonces dijo: «¿Has traído algo contigo (para vender)? ¿A qué te dedicas?». «He traído medicinas, soy un alfaquín.» «¿Qué medicinas?, ¿*kanakina* (quinina)?» «Tengo de la mejor.» «¿Y qué mas?»

«Tengo de esto y lo otro, pero los nombres son muchos; ¡también he traído un *chai* muy bueno que quiero regalarte, Emir!» «Tenemos *chai* de Bagdad; no, no, tenemos suficiente.» [Después, en otro lugar, me dijeron: «Jamás habría aceptado tu *chai*, aunque fuera el mejor del mundo: Ibn Rashid no come ni bebe nada que no haya sido preparado por cierto esclavo suyo, vive con el perpetuo temor de ser envenenado»]. Emir: «Bueno, ¿y qué enfermedades sabes curar? ¿Sabes curar a los *mechnún* (a los perturbados en su entendimiento por los *yann*)»; el Emir tenía algunos primos afectados en la familia de Abeyd, y en su corazón debía anidar el triste recuerdo de su hermano Telál. Yo contesté: «*El-mechnún hu mechnún*, quien está loco por naturaleza, loco está». El Emir repitió mis palabras, asintió solemnemente con la cabeza y le dijo a los presentes: «¡*Hu sádiq*, dice verdad!». Algunos cortesanos le respondieron: «*Fí taríq*, pero todo tiene remedio». Los árabes suponen que hay un *taríq*, si se sabe encontrar, un modo Divino, para lograr cualquier fin. «Y dime, ¿qué animales viste en el desierto?» «Liebres y gacelas, no soy cazador.» «¿Es lícito comer liebre? ¿Tú la comes? (pretendía así saber si de verdad era cristiano), ¿comes cerdo?» Yo contesté: «Hay un extraño animal en el desierto de los Sheratat, al que llaman buey salvaje o *wozihi*, y tengo algunos cuernos suyos de Teyma». «¿Quieres ver al *wozihi*?, tengo uno aquí y te lo mostraré.» Por último me preguntó: «¿"Bebes" humo?». El uso del tabaco, erradicado en las calles del *Nechd* aunque tolerado en las casas, se considera inapropiado en las personas religiosas y dignas. El propio Mohammed y su primo Hamud habían sido hermanos del *galyán*, pero al ascender de categoría habían abandonado el solaz del aromático *Hameydiyy*. El Emir añadió: «¿Así que eres *Mesihiyy*?», ¡aquéllas eran palabras generosas, pues no quiso llamarme por el reprobable nombre de nasraní!; según dicen, el Emir «cuenta entre sus esposas con una mujer cristiana». Los cristianos de lengua árabe de los grandes países de frontera se llaman a sí mismos *Mesihiyyún*.

Le pidió a Nasr que leyera de un gran libro de historia que había en un estante, encuadernado en rojo *(Ajbaru-'d-Duwal wa azaru-'l-Uwwal)*, lo que se decía del profeta *Aysa ibn Maryam*; y el secretario leyó en voz alta. El autor musulmán nos habla de la persona, la tez, las facciones de Jesús, "hijo de la virgen"; y de su vida profética, de cómo anduvo con sus discípulos por la tierra de Israel, y de que acostumbraba a descansar allí donde le sorprendía la puesta de sol. El Emir escuchó ceñudo aquella historia y dijo con impaciencia: «¡Bien, bien, ¿pero qué te impulsó a emprender semejante viaje?». Yo respondí de pronto: «¡*El-elum*, las ciencias!», pero el sentido de ese plural es, en el *Nechd* y en el habla de los beduinos, las "noticias". El gobernante contestó enseguida: «¡Así que por eso has venido hasta aquí!». Me resultó difícil explicarle lo que entendía yo por ciencias, pues cualquier esfuerzo que no esté destinado a garantizarse el sustento les resulta ajeno. Entonces dijo: «Y el idioma, ¿lo aprendiste entre los bedu? ¿Sabes leer *Arabiyy*?». Hizo que Nasr volviera a traer el libro y lo pusiera en manos de Jalil. Mohammed se levantó de su sitio [se dice de él que es hombre muy leído y familiarizado con las letras árabes, además de un amable poeta: aunque sus actuales obligaciones con el Estado le impiden seguir ocupándose en tareas tan poco provechosas] y, con la impaciencia y curiosidad casi infantiles de los árabes, el propio Emir Ibn Rashid vino a sentarse a mi lado. «¿Dónde he de leer?» «Empieza donde sea, en cualquier capítulo, ¡ahí!», y señaló con el dedo. Así que leí: «El rey (quienquiera que fuese) asesinó a todos sus parientes y hermanos». ¡Fue Sheytán que diera con ese texto sanguinario; el Emir quedó visiblemente conmovido!, y con la rápida intuición de los árabes supo que lo consideraba un fratricida. «¡No leas ahí!», dijo atropelladamente, «¡lee más arriba, este capítulo! (mientras daba golpes con el dedo)», de modo que volví a leer otro pasaje. Emir: «¡Ajá, muy bien!, veo que sabes leer un poco», se levantó y volvió a su sitio. Después dijo: «¿Y dónde quieres ir ahora?». «A Bagdad.» «Muy bien, te enviaremos a Bagdad», y con esas palabras el Emir se levantó, y todos con él, y se dispuso a ir a sus palmerales, para mostrarme el "buey salvaje".

En ese momento entró Nasr con una carta en la mano y me pidió que leyera el encabezamiento. Yo dije: «¡Esto no es árabe!». «Claro, por eso queremos que nos la leas.» «¿Dónde conseguisteis esta carta?»

«De un nasraní que vino desde el Hawrán y a quien se la quitamos.» Sobre el sello vi escrito en griego: "Patriarcado de Damasco", y una leyenda en latín: "Id al mundo entero y predicad este evangelio a todas las criaturas"[29]. Se habían parado para calzarse las sandalias y esperaron un momento para oír mi respuesta y cuando recité en voz alta: *«Ujruyu fi kulli el-alam...»*, el venerable jeque le dijo piadosamente al Emir: «¿Oyes eso, Mohammed? ¡Son las palabras del Mesias!».

Todos salimos de los aposentos acompañando al Emir, los sirvientes y sus amigos cortesanos. Aparte del anciano jeque, del capitán de la guardia y de Nasr, no había ninguno que tuviera aspecto noble. La gente de palacio y los hombres del Príncipe visten la túnica de la ciudad pero sin ceñir. Cuando salimos a la luz Mohammed el Emir me pareció un bedawí pobre, endurecido y algo raquítico; aunque caminaba con altivez y la mirada inquieta. Se detuvo junto al pozo de agua de riego que hay junto a las murallas del castillo y me mostró el ruidoso mecanismo de la noria, de pronto preguntó: «¿Habías visto antes esta clase de engranajes?». «¿Qué profundidad tiene?» «Quince brazas.» Sus palabras de príncipe eran sinceras, aunque yo no llegué a creérmelo, pues ¿qué provecho puede obtenerse de sacar agua de tanta profundidad? Seguí a Mohammed y al viejo jeque, hasta llegar a la plantación, que circundaban los muros del castillo; no me pareció demasiado bien cuidada. El Emir se detuvo junto a una planta de aceite de castor (no había ninguna otra en Hayil) para preguntarme: «¿Qué es esto?». Me preguntó con la impaciente autoridad y la ignorante curiosidad de los árabes por todas sus plantas y árboles —palmeras y limoneros y cidros de gruesa corteza—; después me mostró unos brotes del exquisito condimento *bamiya* y de tomillo y rizomas de otras muchas hierbas y verduras. ¡No comen ninguna de esas plantas!, tan distinta es la dieta del *Nechd* de la de los países fronterizos.

En el extremo más alejado del huerto correteaban las gacelas; el Emir se incorporó y señaló con el dedo: «¡Ahí (dijo) tienes al *wozihi*!». Era un macho de un año y medio poco mayor que una cabra; yacía enfer-

29. Marcos 16 15-18.

mo debajo de una higuera. Emir: «Pero mira más allá, ahí hay otro mejor, y ahí está la hembra». «¡Cuídate de sus cuernos y no te acerques mucho!», decían los cortesanos a mi alrededor. Uno se acercó con un racimo de dátiles a la peligrosa bestia y la acarició; sus cuernos eran astas afiladas de casi veintisiete pulgadas de longitud. La vi desde unos cinco metros de distancia y era poco mayor que un asno pequeño; el pelaje era entre ceniciento y amarillo claro; tenía un pequeño bulto junto a la base del cuello pero carecía de joroba, su larga cola terminaba en un mechón de pelo. Sin duda podía decirse que "parecía una vaca pequeña"; aunque aquella criatura del desierto estaba elegantemente conformada. «*Uktubha!*, ¡escríbela (es decir, dibújala)!», exclamó el Emir. De regreso estuvo charlando agradablemente conmigo; por fin dijo: «¿Dónde están tus sandalias?». «No te extrañes de verme sin sandalias y con la ropa sucia, llevo un año con los bedu en el *jala*.» «Aunque vaya descalzo (contestó el amable y anciano jeque) no hay nada de malo en ello, pues así fueron incluso los profetas de Alá.» Aquel hombre venerable era, según oí, el hermano de la madre del Emir y siempre tuvo hacia mí esa actitud afable y benevolente que demuestran los árabes hacia quien despierta su simpatía.

El Emir, con su humor jovial y sus modales familiares y altaneros, recordaba mucho a un gran jeque de los árabes. En él está la marca de un pasado adverso, quizá junto a algunos rasgos de cierta bajeza; Mohammed tenía «cuarenta años sobradamente cumplidos», pero aparentaba menos. Entramos nuevamente al patio del alcázar donde almacenan la leña; justo en el extremo de la galería que discurre por debajo del castillo y por la que habíamos entrado hay dos puertas levadizas que dan al Méshab. El paso está cerrado por otra puerta chapada en hierro: las planchas (debido a la indigencia de su técnica) son las mismas bandejas metálicas en forma de escudo *(tannur)* en las que las mujeres llevan a cocer los roscos de pan. ¡Pero ved ahí la justa retribución de los tiranos: inspiran menos temor que el que ellos mismos sienten! ¿Dónde está —la más dulce de las cosas humanas— su descanso? ¡Saben que hay muchos dispuestos a quitarles por la fuerza lo que ellos le arrebataron previamente a otros! Allí el Emir despidió al nasraní con un gesto amistoso y ordenó a uno que me acompañara a mi *beyt* o alojamiento.

Hamud y Mohammed. Un día corriente. El suelo del desierto

Cuando empezó a ponerse el sol ese día, Mufarrich me llamó a la galería del *Mozif*, donde me sirvieron una cena a base de cordero y *temn*. Después volví al salón del café, y, mientras iban pasando las tazas, los invitados beduinos y la servidumbre del castillo empezaron a preguntarme por mi religión. Me retiré temprano a mi *beyt* y entonces los sirvientes me llamaron para que fuera a ver a uno al que llamaron "El Gran Jeque". Yo pregunté: «¿Quién es ese Gran Jeque?», me contestaron: «¡El-Emir!». Así que me llevaron a un dar que estaba muy cerca y que llaman Qahwat Abeyd. Llamaron a la puerta y un esclavo *Galla* abrió la puerta. Pasamos por una entrada estrecha, que olía maravillosamente a agua de rosas, y mis ojos impregnados de desierto se encontraron con un imponente salón. Las habitaciones orientales son espacios cerrados, sin muebles, y sus únicos adornos son las alfombras, que aquí estaban extendidas por tres lados de la sala con sitios cubiertos de almohadones para "el Emir" y sus parientes más próximos. La sala estaba enteramente construida con barro, el suelo era de tierra batida y los muros de adobe estaban pintados de ocre. Todos los presentes eran personas principales de la ciudad: uno o dos jeques beduinos y hombres del servicio del príncipe; los civilizados ropajes de aquellos árabes afortunados me parecieron deslumbrantes. Me habían dicho «¡El Emir!», y en sitio principal vi a una noble figura reclinada sobre el codo, ¿es que no había visto al Príncipe Ibn Rashid aquella mañana? Los árabes disfrutan provocando el desconcierto de los extranjeros.

Aquel personaje era Hamud, el heredero, aunque no el primogénito, de su padre Abeyd; puesto que Fahd, el mayor, era *jíbel*, tenía el juicio perturbado, aunque por otro lado era de comportamiento noble y bueno: el desdichado caballero siempre fue buen amigo mío. El principesco Hamud había atado su destino mediante juramento al de su primo el Emir en la vida y en la muerte; sus padres habían sido hermanos y, como no queda nadie mayor de edad en la casa del Príncipe, Hamud ibn Rashid es el segundo en autoridad: actúa como representante del Emir, combate a su lado en el campo de batalla y vive él mismo como un Emir. Hamud es el compañero diario y el consejero del Gobernante. El hijo de Abeyd me recibió con semblante amable y me invitó a sentarme a su derecha, y cuando vio que estaba muy cansado me animó a estirar las piernas y a dejarme de ceremonias.

Hamud le habló amistosamente al extranjero nasraní; vi que era de gran estatura, llevaba los ojos pintados, el pelo partido [como vemos en las imágenes de Cristo] con trenzas y una pequeña barba. Su rostro era agradable y varonil, afectaba graciosamente tener el cuello algo torcido y parecía algo encorvado. Durante la conversación me preguntó por las cosas maravillosas de los *nasara*, el telégrafo, «¿y de qué está hecho el cristal?», también habían oído que en los países cristianos hay un palacio de cristal y de Baris (París) que es una ciudad construida enteramente de cristal; también preguntó qué era el petróleo, que ardía en una lámpara sobre un taburete; actualmente se emplea en todas las casas principales de Hayil y dicen que está hecho de orina humana. Cuando le conté que en el Nuevo Mundo lo extraen mediante pozos se quedó maravillado; había oído hablar de aquel *Denya el-yedida* y me preguntó por qué parte estaba y pasados qué mares. Me preguntó por mis medicinas y luego dijo: «Acércate, quiero preguntarte algo». Hamud me susurró bajo el perfumado pañuelo: «¿No tienes alguna medicina que le dé vigor a un hombre...?». Yo contesté inmediatamente: «No, por tu vida». «¡No, por mi vida!», repitió y se volvió sonriente hacia los demás y se puso a reír alegremente: «¡Ja, ja, ja...!». Más de un malintencionado debió de pensar que me había pedido un veneno. Además, ese frecuente juramento del desierto "Por tu vida", está mal visto entre los wahabíes. Con la misma sonrisa, Hamud dijo: «¿Viste a aquellos dos jinetes que salieron a tu encuentro en el camino?». «No sabría decirte pues estaba muy cansado.» «¡Sí!», dijo con la humanidad árabe, «estabas muy fatigado; ¡pregúntale a él!». Hamud me señaló con el dedo a un personaje, uno de los que llevaban la barba azafranada en Hayil, que estaba sentado entre almohadones a su lado, como si fuera el segundo en dignidad. Se trataba de su primo Sleymán, un hombre un tanto obtuso. Yo le pregunté: «¿Fuiste tú?», pero él se limitó a sonreír y no contestó nada. Hamud: «¡Fíjate bien! ¿Se parecían a nosotros? ¿No seríamos nosotros aquellos jinetes? Era una carrera, Jalil para comprobar cuál de nuestras yeguas era la más rápida. ¿Qué opinas tú? ¿Son mejores los caballos de los *Engleys* o los del *Nechd*?». Hamud se levantó para retirarse a descansar (su casa está en otra parte) y todos nos levantamos con él. En dicha casa —que está junto a una alberca pública, alimentada por el agua de riego del palmeral de su *qahwa*— viven sus hijos, una esposa y su madre y sus hermanos pequeños; pero, por tratarse de un príncipe de sangre noble, dispone de su propio alojamiento (donde duerme) en el interior del castillo. Los Príncipes de Hayil visten como los nómadas, pero limpios y frescos y con las mejores telas; llevan la larga y amplia túnica, blanca como una sobrepelliz, y cubren sus hombros con el manto árabe de la lana más fina de Bagdad o con la negra tela de Europa. Visten el *haggu* como en toda la Arabia nómada.

Yo estaba muy mal instalado en mi estrecha, oscura y sucia celda; ¡según me dijeron, un yahudí se había alojado allí antes de mí durante su primera visita! Se trataba de un judío de Bagdad que, convertido en un floreciente musulmán, se había casado y vivía en Hayil, y prosperaba continuamente con la bendición del yerno de Laban; el hombre tenía una buena casa en la ciudad y una tienda en el *zoco* donde vendía, ropa, dátiles y café a los nómadas; su mujer de Hayil le había dado dos hijos. La gente me gritaba boquiabierta: «Conviértete tú también, Jalil, "hay un solo Dios y Mahoma es su Profeta", y tendrás su misma suerte, el propio Emir proveerá». Desde el amanecer una multitud de enfermos y ociosos se arremolinaba ante la puerta del nasraní, donde se sentaban a parlotear durante horas y no me dejaban un instante de reposo. Me pedían medicinas y prometían que si los remedios les parecían buenos me pagarían, pero no antes. Cuando les contestaba que podían pagarme un anticipo a cambio de las medicinas se desanimaban; es imposible satisfacer sus malas intenciones. Al final terminaba por decirles: «No vengáis a regatear más conmigo pues no pienso escucharos» y cerraba la puerta y me marchaba. Una tarde estaba sentado tomando el fresco en el umbral y Hamud pasó por allí con sus amigos; se paró a saludarme, me invitó a cenar y me mostró su espada que llevaba con el cinto en la mano, como los nómadas, y me dijo: «¿Qué te parece?». —creen que todos los hijos de los *nasara* deben estar versados en orfebrería. Cuando saqué la larga y pesada hoja de la funda —el acero no era damasceno— Hamud añadió: «Es *Engleys*» (obra de los mejores países cristianos); le había comprado el sable a Ibn Saúd y «había pagado por él mil reales». «Me parece magnífico», le dije, y él repitió mis palabras con su típica sonrisa: «Es magnífico». Los árabes consideran la espada el arma más fiable; todos ambicionan poseer espadas bien templadas.

Al atardecer, llegó un esclavo del salón de café de Abeyd para llevarme a cenar. Hamud cena allí cuando no come con el Emir; su hijo mayor, Mayid, y el tutor del chico, comen con él; y cuando terminan le sirven el mismo plato a los sirvientes. Su sencilla dieta es muy nutritiva: cordero hervido sobre unas gachas de *temn* con mantequilla y aderezado con cebollas y una especie de curry. El esclavo nos vertió agua en las manos de un jarro metálico sobre una jofaina y nos sentamos con las piernas cruzadas sobre la alfombra del suelo ante un gran plato de latón. *Mudd yédak*, "alarga la mano", es la invitación de los árabes y con un *Bismil-lá*, "en el nombre de Dios", empiezan a comer con los dedos. Se sientan a la mesa no más de ocho o diez minutos, y quedan satisfechos; entonces el esclavo acerca un cuenco y beben un poco de agua; se levantan y dicen: «*el-hamdu li-l-lá*, el Señor sea alabado», y se apartan para aclararse la boca y lavarse las manos: el esclavo nos trajo jabón rayado. Así vuelven reconfortados a sus sitios y se sirven las alegres tazas; aunque el escanciador —a causa del temor de los príncipes— probó el café antes que Hamud. Nunca celebran banquetes. Los árabes no podrían creer que (en algunas tierras más felices) las criaturas de los tres elementos no bastan para saciar el apetito de algunos; y que los hombres beban hasta perder el entendimiento les parecería una forma de vida horrible y profana. Aquí, en palacio, no se hace ningún gasto descabellado, ni se cometen larguezas homicidas para satisfacer a unos favorecidos a costa de los sacrificios del pueblo. Poco después de la salida del sol, los príncipes Shammar desayunan roscos de pan con mantequilla y un trago de leche; a mediodía se les sirve un plato de dátiles; al atardecer cenan como ya hemos visto: la dieta del príncipe es tan sobria como la de su pueblo. El diablo no se oculta en su plato; toda la violencia y la lascivia de su naturaleza humana reside en el lujo musulmán del harén. Recuerdo haber oído a uno que lo conoció, cuál era la dieta de Abd el-Aziz, el finado sultán del Islam, a quien por otro lado se le reprobaba su sed insaciable por el lujo. Le servían un único plato —que su madre había probado y sellado— del cotidiano *pilaw* de los turcos (llegado, según dicen, con Tamberlán) a base de cordero y arroz; se abstenía (por causas que son fáciles de adivinar) del café y el tabaco. Oí decir a Hamud que había sacrificado el cordero en mi honor; pero por lo común el cordero de la cena lo compran en el *zoco.*

...El príncipe Mohammed no acude a orar a la gran mezquita más que una vez al día a *el-asr*; reza en un oratorio que hay dentro del castillo o en sus propios aposentos. Lo contrario, salir varias veces al día para cumplir con la devoción pública, sería muy incómodo para él y sus sirvientes, e incluso para los demás ciudadanos, pues desde que blandió la espada del tirano todos lo temen al verlo. ¡Y Mohammed también teme! Una vez entrada la espada en esa casa principesca ya no los abandonará —según dice la leyenda árabe— hasta que sean destruidos. Mandó cortarle la cabeza a todos sus familiares y sólo dejó con vida a Hamud; pero los pequeños van creciendo y Mohammed debe de tener visiones terribles pues, pese a la seguridad de la que se rodea, vive pensando en el momento en el que le alcance la venganza. ¿Debería atreverse a atravesar el Méshab a diario a ciertas horas? Muchos han encontrado así la perdición. Tanto Hamud como el Emir Mohammed afectan campechanía: Hamud con una sencilla franqueza y un semblante sonriente que no parece muy distante del habla de la gente corriente; Mohammed tratando de limar, siempre que ello es posible, su severidad principesca y mediando amablemente entre unos y otros: se trata de un hombre lleno de sutilezas y de un entendimiento mordaz. Al salir, Mohammed mira inquieto a su alrededor como un halcón; camina como si fuera un actor, por delante de sus cortesanos y guerreros. Cuando Hamud le acompaña, los Príncipes caminan por delante de la chusma. La gente de la ciudad (por mucho que esto sea imposible) dicen que "le aman y le temen": alaban al príncipe bajo cuya égida parece irles bien, viven seguros y ven prosperar a todo el mundo; pero al mismo tiempo temen el filo ensangrentado de la espada de su Gobernante.

La noche siguiente, Mohammed me mandó llamar a su apartamento, cuyos muros de adobe estaban tintados de ocre. Cuando le dije al Emir que yo era inglés, cosa que no había entendido bien antes, se mostró afable y relajado. Sentado a su lado había un hombretón atezado, Salih (oí decir que era nómada), que me miraba con ojos crueles y fanáticos y que dijo por fin: «¿Crees que volverás a ver tu país?». Yo contesté: «Todo, depende de Alá». «¡No, no, Salih!», exclamó el Emir, «Jalil ha dicho muy bien que todo está en manos de Alá». Entonces Mohammed me preguntó casi las mismas cosas que Hamud: «¿Qué es el telégrafo? Lo hemos visto (en Bagdad, cuando trabajó como guía de los peregrinos "persas"), pero ¿no podrías explicarnos su maravilloso funcionamiento?». «Es una trepidación..., con la que hacemos ciertas señales..., provocada por la corrosión de los metales, mediante medicinas muy fuertes como el vinagre.» Emir: «Y tratándose de una medicina, ¿no puedes explicárnosla?». «Imaginemos a un hombre que estuviera tumbado entre Hayil y Estambul y de tal estatura que tocara ambos sitios; si alguien le quemara un pie en Hayil ¿no lo notaría al instante en su cabeza, que está en Estambul?» «¿Y qué es el cristal?» También me preguntó por el petroleo; y por el Nuevo Continente, dónde estaba y si estaba dentro del "Océano". Escuchó fríamente mi relato del descubrimiento del Nuevo Mundo allende de los mares y preguntó: «¿No vivía nadie allí cuando lo descubrieron?». Por fin me preguntó qué me parecía Hayil y si me gustaba la calle del mercado,

«¡aunque, ah, (se contestó a sí mismo) es un *zoco* árabe!, no se puede comparar con las principales ciudades del mundo». Me preguntó si había oído hablar del Y. Shammar en mi país. Al gobernante le encantó saber que los *nasara* no ambicionaban sus provincias desérticas; pero desagradó a la vanidad de aquel hombre que casi no nos hubieran llegado rumores de los agitados sucesos ocurridos durante su gobierno. Hamud me hizo en otra ocasión una pregunta parecida y añadió: «¡Qué!, ¿no habéis oído hablar de Ibn Saúd el wahabí?». Pasadas dos horas, hacia las diez en punto, el Emir le dijo al capitán de la guardia, que es como el ayuda de cámara en sus aposentos: «Es hora de cerrar las puertas», y yo me fui.

Los primeros días de mi estancia en Hayil, si caminaba por el *zoco*, los niños y los ignorantes y los bedu más pobres se arremolinaban a mi alrededor y pasaba como un cuco rodeado de una nube de perplejos pajarillos, hasta que algún ciudadano de más autoridad me libraba de ellos diciéndoles: «¡Wel-lá, al Emir no le gustará que molestéis así al extranjero!». Muchas personas respetables me invitaban a diario a desayunar y a tomar café; la mayoría buscaban el consejo del alfaquín para sus enfermedades, y a muy pocos los movía la mera hospitalidad pues su conciencia les obliga a no mostrarse benévolos con un adversario de la religión redentora; pero un musulmán que llegue a Hayil, o incluso un extranjero franco que esté dispuesto a plegarse y asentir a sus deseos podría encontrar hospitalarios a los ciudadanos Shammar, y de hecho tienen fama de serlo.

La primera vez me invitaron un tal Ganim, el joyero del Príncipe, y su hermano Guneym. Eran hombres ricos, de la casta de los herreros, procedentes de Yawf, de donde son algunos de los saníes reputados más de toda la Arabia nómada por su trabajo del metal, la madera y la piedra. Cuando Abeyd conquistó aquella plaza descubrió que aquellos hombres eran los mejores de su oficio y los obligó a venir a Hayil. Se pasan la vida trabajando para los príncipes, fabricando y adornando los puños de sus espadas con plata y oro y adornando sus armas de fuego con escamas de esos mismos materiales. Las mejores espadas y escopetas robadas (a los bedu) durante las incursiones de

Ibn Rashid se las envían para que las arreglen y luego se guardan en la armería del castillo. Magníficas hojas persas y de la India terminan siendo utilizadas por los soldados del Emir. En su juventud Ganim había vagado por el Hawrán mientras ejercía su oficio y ahora me preguntó si los jeques de los drusos a quienes había conocido entonces seguían con vida. Era un fanático y todo su conocimiento residía en sus manos por lo que sus meditaciones no siempre eran las de un hombre sabio; me lo encontraba a diario y entre otras cosas me decía: «¡Jalil, soy tu enemigo!», y luego me daba amables consejos. Se había construido aquella casa de adobe y la había adornado con su arte de herrero. Sobre los muros de adobe pintados de ocre, había diseños de pájaros y flores y versículos coránicos pintados con aljez —que se encuentra por doquier en la arena del desierto—; la mayoría de las casas de Hayil, aunque toscas, están muy bien construidas. Había mandado hacer un muro doble con una ventana de batiente a cada lado para dejar pasar la luz pero no las inclemencias del tiempo. Dentro no vi ninguna fragua de herrero llena de hollín, sino que Ganim pasaba el día muy bien vestido y trabajando tranquilamente en su mejor habitación; el suelo estaba cubierto de magníficas esteras y en los sitios para sentarse había alfombras de Bagdad. Su hermano Guneym mandó llevar al alfaquín a su propia casa para invitarlo a desayunar: la enfermedad le impedía hacer su trabajo y el Emir a menudo le amenazaba con despedirlo. Su hijo me mostró un rifle del ejército [de la India] en el que distinguí la marca Tower; las miras se las habían quitado pues no entendían su uso.

El judío-musulmán —que había recibido el nombre de *Abdulá*, "el siervo de Dios", y el apellido de neófito de *el-Moslemaniyy*—, vino a invitarme a tomar café. Su compañero me preguntó si mi nación apreciaba a los *yahud*. «A nosotros no nos importa la religión de la gente, siempre que sean buenos súbditos.» Llegamos a la puerta del judío y entramos en su casa; las paredes del interior estaban agradablemente pintadas de ocre y cubiertas de florecillas y versículos religiosos pintados con yeso. Leí: "NO HAY MÁS PODER QUE EL DE DIOS"; en la puerta del apóstata, en lugar de las palabras de Moisés, estaba pintado con grandes letras el testimonio musulmán: "No hay más dios que Dios y Mahoma es el Profeta de Dios". Abdulá era un hombre hecho y derecho nacido en Bagdad y con el semblante agradable y jubiloso de los musulmanes, salvo por la marca que (dicho sea sin ánimo de ofender) Dios ha puesto en los rasgos hebreos. Aprovechando que su compañero se ausentó un momento, me preguntó en voz muy baja si tenía conmigo algo de... (no conseguí oír qué). «¿Qué dices?» «*Brandi*, ¿no conoces (es una palabra inglesa del Golfo Pérsico) el... *brandi*?» Su amigo regresó, debía tratarse del hermano de su esposa, y Abdulá declaró en voz alta que si me convertía en musulmán su casa y él mismo serían míos. Previamente me había susurrado al oído estas palabras: «Tengo una cosa que decirte, pero no ahora». Hacía siete años que aquel judío de Bagdad había llegado a Hayil. Pasado el plazo de la hospitalidad fue a Abeyd y le dijo que profesaría la religión del Islam "de su mano"; y Abeyd aceptó las palabras del judío con la mano ensangrentada y llena de violencia. Tras su conversión, la familia del príncipe dotó a Moslemaní con "mil reales" y el Emir lo autorizó a vivir en Hayil, donde a base de comprar y vender —Abdulá conocía bien su oficio—, se había convertido en un próspero comerciante. Yo había oído hablar de él en Teyma y me habían dicho que «leía en libros como los que yo tenía»; pero fingía ser un hombre sin instrucción..., sin duda sabía leer hebreo, aunque ahora lo negara.

Un mercader de la ciudad, Yar Alá, me trajo un gran libro extranjero en folio. ¡Era un tomo impreso en Ámsterdam en hebreo el siglo pasado!, así que le dije: «Llévaselo a Abdulá, ése es el idioma de los judíos». «Abdulá dice que no lo entiende.» El libro había llegado allí años atrás entre los despojos de una caravana de Bagdad que había muerto de sed camino de Siria. Su *dalil* los extravió en el desierto «porque Alá había perturbado su entendimiento»; los de la caravana no pudieron encontrar los pozos y sólo los más fuertes lograron salvarse, cabalgando a la aventura hasta que se toparon felizmente con unos beduinos. Los nómadas cogieron lo que pudieron de la carga "durante un mes y más". Encontraron algunos libros y sólo unas pocas de tan inútiles mercancías habían llegado a Hayil.

No paraban de decirme con grandes protestas que el judío Abdulá era muy feliz allí: «Sus padres le han enviado numerosas cartas con muchos ofrecimientos para que vuelva, pero siempre se ha negado a recibirlas». Había abandonado la Ley y las Promesas; ¡pero nadie que se deje conmover por los afectos de la naturaleza humana puede olvidarse tan fácilmente de todo lo que valoró un día y de cómo lo educaron en este mundo!

Yar Alá, que era uno de los mayores comerciantes de grano, me invitó a su espaciosa casa de la calle alta, cerca de la puerta de Gofar. Por el camino nos encontramos a un tal Nasr, un fanático bedawí *Harb* de los *rayayil*, y en ése mismo momento pasaba por allí Aneybar, de modo que nuestro amable anfitrión, quien por otro lado era un poco fanático, nos invitó a pasar a todos y nos preparó un excelente desayuno. Aneybar era un *Habashiyy*, un *Galla* nacido en la casa de Abdulá ibn Rashid, considerado por ello el hermano esclavo de Telál, Metaab y Mohammed; y con el mismo apellido que el señor de la casa, Ibn Rashid. Aquel libertino era un personaje de importancia en Hayil, consejero de los emires en asuntos de estado desde los tiempos de Telál. Era un hombre de modales cortesanos y una inteligencia aguda y preclara, pero en su pecho anidaba la tímida alma de un esclavo. Criado en aquellas tierras, tenía la rapidez en el habla y la suspicacia de los árabes. A mi regreso a Hayil, Aneybar tuvo mi vida en sus manos; ¡fue una suerte que aquel día compartiera el pan con él!

Hamud volvió a invitarme a cenar y, mientras me lavaba: «¡Qué blanca (dijo uno) es su piel!». Hamud respondió con un susurro: «Es la lepra». «Alabado sea Dios», exclamé yo, «de que no haya leprosos en mi país». «¡Eh!», dijo Hamud (algo desconcertado, porque había oído sus palabras), «¿ah, sí?, ¡vaya, vaya!», no se le ocurrió otra cosa que decir, y añadió: «¡Alabado sea Dios!». Otro dijo: «Wel-lá, en Bagdad vi a una doncella igual de blanca y con el pelo amarillo, que parecía la hija de Jalil». «Pero dime (dijo el hijo de Abeyd), ¿es que en tu país los más nobles no compran mujeres circasianas? ¿Qué consideración tienen los hijos de una mujer comprada o incluso de una esclava? ¿Están mal vistos entre vosotros?» Cuando vi que, debido al color blanco de mi piel, aquél bárbaro me había tomado por el hijo de una esclava circasiana le respondí con cierto acaloramiento: «En mi país ni siquiera existe la posibilidad de comerciar con la carne humana; y en cuanto a los que comercian con esclavos, el Señor nos ha encargado su destrucción. Perseguimos a sus barcos malditos por los siete mares, igual que vosotros a las hienas». Hamud se quedó un poco incómodo porque le había demostrado su falta de educación, una lacra de su religión de la que nosotros carecíamos y había hecho alarde de nuestra hostilidad naval (que provoca pérdidas económicas en todo el mundo musulmán). «Y Jalil, ¿comen los *nasara* carne de cerdo?» «Sí, *bil-lá*, no es tan distinta de la carne de *wabar* que coméis vosotros, o del puercoespín. ¿Acaso no comen los bedu lobos y hienas y zorros y el zob, y el *jerbo*? ¿Búhos y halcones y alimoches? Yo nunca comería nada de eso.» Hamud contestó con sencilla humanidad: «No pretendía decir, Jalil, que nos abstengamos de comer la carne del cerdo por su suciedad o enfermedad, sino porque el Nebi nos lo ha prohibido»; se volvió a Sleymán y dijo: «Recuerdo que aquel *Abdulá* que vino a Hayil en época de Telál y curó a Bunder, le dijo a mi padre que la carne de cerdo es muy buena». «¿Y cómo (preguntó aquel cabezota que ahora encontraba las palabras que buscaba su alma mezquina) es el matrimonio de los *nasara*?, se dice [en todo el *Nechd*] que los *nasara* son engendrados como el caballo cubre a la yegua, wel-lá, como los perros.»

Y pese a que no comen carne prohibida, algunos en Hayil beben la sangre de la uva, *ma'el-enab*, el zumo fermentado del fruto de las escasas viñas de sus huertos, que aquí madura a principios del verano. Mayid me contó que lo preparaban en la casa de su padre; el chico me preguntó, probablemente inducido por su padre, si nosotros no teníamos nada parecido. Los musulmanes, en sus excesos religiosos, aprecian extremadamente la bebida prohibida, creyendo que les revigoriza para el trato con sus mujeres.

Siempre que servían el café en casa de Hamud, me sorprendía comprobar que yo era el único a quien no le llenaban la taza; una noche, cuando el sirviente pasó a mi lado con el pote le hice una seña e inmediatamente me sirvió. Otro día Mayid, que estaba sentado a mi lado, preguntó: «¿No bebes *qahwa*, Jalil?», cuando contesté: «Claro que sí», me sirvieron una taza. Hamud nos miró como si quisiera decir algo. Supongo que debió ser un encargo suyo para que me sintiera más cómodo. En los países musulmanes la muerte a menudo aguarda oculta en el *fenyén qahwa*. Cuando el Emir entra en una casa no le sirven café, ni tampoco se le sirve café a nadie en sus aposentos; el Príncipe pide una taza cuando le apetece; ¡he ahí las horribles aprensiones de su vida diaria!...

...Hablemos ahora del día público en Hayil: cerca de dos horas después de amanecer, el Emir acude directamente al Méshab para celebrar el *mechlis* matutino, que es como el *mechlis* de los nómadas. El gran jeque se sienta abiertamente con los jeques ante el pueblo; el *mechlis* del Príncipe es también el tribunal público y él actúa como presidente y juez ante todos. A lo largo del muro del alcázar que da al Méshab, frente a la mezquita y junto la puerta de la torre hay un banco de adobe; en medio está él alto sitial del Emir (sobre el que, debido a su austera simplicidad, no se extiende ninguna alfombra), un escalón más abajo se sienta su ayudante o secretario, Nasr, a los pies del Príncipe. El asiento de Hamud (otro sitial de adobe, aunque un poco más bajo) es el más próximo a la puerta del castillo. Enfrente, bajo la pared de la mezquita hay otro banco similar y un alto escaño donde se sientan los jeques a la sombra, para celebrar el segundo *mechlis*, en *el-asr*. Al lado, enfrente del Emir, se sienta siempre el cadí, el hombre de la ley religiosa, de los que hay más de uno en Hayil, y que en los procesos más complicados puede recordarle al Emir las palabras y exponerle el sentido de las escrituras coránicas. A ambos lados del Príncipe se sientan los jeques y los cortesanos; los esclavos del Príncipe permanecen en pie junto a él; a los lados de los jeques, a lo largo del largo banco de adobe, se sientan los jefes de los servicios públicos y su compaña; y entremezclados con ellos, empezando por el sitio siguiente en dignidad al del Príncipe, se sientan, de acuerdo con su rango, los beduinos de visita en la ciudad. Hay unos hombres sentados en semicírculo ante el *mechlis*, en el polvo del N'shab: los *rayayil* se apoyan sobre sus vainas y espadas, normalmente en número de ciento cincuenta; son los guerreros y los temibles ejecutores del Emir y sus jinetes en las razias; se sientan allí (ante el tirano) en el lugar que ocupa el pueblo en los *mechlis* nómadas. El *mechlis* en Hayil es pues una reunión diaria de este abigarrado grupo de guerreros, muchos de los cuales se pasan el resto del día civilmente ocupados en los asuntos de la ciudad. Ante ese semicírculo de hombres armados pasan todos los querellantes, los acusados y los suplicantes y, en una palabra, todos los que tengan alguna cuestión (que no sea de Estado) o los que tengan que responder en audiencia pública ante el Emir. Y él atiende a sus quejas e imparte justicia: cualquier juicio salido de los labios de Príncipe se ejecuta instantáneamente. En el mes que pasé en Hayil se reunían a diario en el *mechlis* con el Emir cerca de cuatrocientas personas.

El Emir así entra en contacto con el pueblo y se informa de sus asuntos. Mohammed, que ha probado él mismo la adversidad, suele obrar con justicia y prudencia. Es un juez de una equidad indulgente, como un jeque beduino, y justo, aunque con una cruda severidad: nunca he oído hablar a nadie contra la sincera administración de justicia del Emir. Cuando pregunté si se producían sobornos en Hayil entre los que rodeaban al Príncipe, me contestaron: «No». La corrupción bizantina no puede formar parte de la eterna y noble simplicidad de la vida de este pueblo en el paupérrimo país nómada: aunque (como hemos visto) no se trate de un arte desconocido para los sutiles príncipes Shammar, que lo utilizan con los vecinos gobiernos turcos. Algunos árabes de Ibn Rashid, de los *diras* de Medina, han visto la nefasta costumbre; me contaron la historia de uno que trató de favorecer su causa en Hayil deslizando discretamente diez reales en la mano del cadí cuando iba a examinarse su querella. El cadí se puso en pie y golpeó con su bastón al culpable hasta cansarse y después se lo entregó al Príncipe que desde su trono le dio muchos más golpes y ordenó a sus esclavos que siguieran golpeándolo. El *mechlis* raras veces se reúne durante más de veinte minutos y normalmente hay pocas causas que atender, por lo que, en ocasiones en que los Príncipes se encontraban indispuestos (sus dolencias más comunes suelen ser biliares y dolores de cabeza), he visto suspender la sesión; ¡y después despachan en una mañana las causas pendientes de siete días! Cuando el *mechlis* se levanta y se dispersa, el Emir se pone en pie y todos dicen *¡Zar el-Emir!* y debido al aleteo de cientos de pañuelos de alegre colorido nos parece ver una nube de mariposas en el Méshab. Los árabes de la ciudad van limpios y honorablemente vestidos, a diferencia de los beduinos que van harapientos e incluso desnudos en sus pueblos errantes.

Normalmente, el Emir camina desde el *mechlis*, acompañado de sus cortesanos, hasta una casa que tiene en la parte superior del Méshab, donde beben café y se sientan un rato; desde allí acude con un pequeño grupo de *rayayil* a visitar a sus caballos: en la ciudad hay treinta yeguas del príncipe atadas en un terreno adyacente al castillo de adobe, prácticamente enfrente del Qahwat Abeyd. Después, el Emir despacha a sus hombres diciéndoles: «Podéis marchar, *eyyal*» y regresa al castillo; o, en ocasiones, va a tomar un poco el aire con Hamud y sus amigos, tal vez a su residencia de verano junto al *ma' es-Samá*, o hasta la plantación de Abeyd o se da una vuelta por el *zoco* para visitar a alguien, como Ganim el herrero, y ver cómo se cumplen sus órdenes; luego vuelve al castillo donde, si tiene algún asunto que tratar con los beduinos o la gente de las aldeas o hay algún mensajero esperándolo, los admite a su presencia. Ser gobernante de Hayil supone una vida ocupada y pensativa y su astuta cabeza está siempre llena de las perplejidades de los asuntos mundanos. La suya es una política asiática muy sutil y no está basada en la clemente falacia del Occidente (cristiano) de cimentarlo todo en la bondad natural que (según suponemos amablemente) anida en el pecho de cada hombre; pues lo cierto es que consideran al hombre del modo más innoble y no tienen ningún reparo en juzgar a cada espíritu humano como un estercolero solitario. Su prudencia felina es instantánea y de cortas miras y en ella siempre se percibe el aroma de la impotente prontitud de la impaciencia árabe. Gobierna como un águila entre halcones, con garras y dientes en una tierra de rapiña, aunque por lo general sin crueldad pues eso lo debilitaría. El árabe no pierde el tiempo en largas discusiones y los nudos difíciles corren el peligro de ser resueltos por la espada. A veces el Príncipe Ibn Rashid cabalga para tomar el aire sobre una yegua blanca de pequeño tamaño, como todos los caballos del *Nechd*, y no demasiado bien proporcionada. Una tarde, después del crepúsculo, yo estaba sentado en el banco de adobe que hay junto a la puerta del castillo cuando el Príncipe en persona llegó cabalgando solitario: me puse en pie para saludar al Emir y su caballo se asustó al ver mi blanco manto en la oscuridad. Mohammed cabalgaba con estribos y trató de controlar a la yegua, pero, al ver que le desobedecía, el astuto árabe cedió ante su terca montura; el Emir desmontó con agilidad y se la entregó al primero de los sirvientes que salió a recibirlo.

Todos los días llegaban grupos de beduinos para tratar sus asuntos con el Príncipe y a cada uno de ellos se le asignaba un *majzan*, se les consideraba huéspedes públicos (por lo general hasta el tercer día) de la ciudad. Además de sus tributarios, también vi a muchos otros beduinos, por ejemplo de los *Zuffir* y los *Meteyr*, que eran árabes amigos pero estaban fuera de su dominio y confederación, pese a que Ibn Rashid acostumbraba a recibir algunos regalos suyos cada año. Además llegaron algunos de las tribus libres de los *Annezy* y los Shammar del norte, y algunos Kahtán emigrados que ahora vagaban por el-Qásem.

Una hora antes del *mechlis* matutino, comienza el comercio diario en el oasis. Sus habitantes son agricultores, comerciantes (en su mayoría extranjeros) del *zoco*, los *rayayil es-sheyj* y unos pocos esclavos. A la salida del sol los agricultores salen a trabajar. En una hora se abre el *zoco*: los *del-lals* vendedores callejeros de cualquier cosa, nueva o usada, desde armas a ropa, gritan calle arriba y abajo y muestran sus mercancías a cualquiera con el que se encuentren, y entran en las tiendas dando voces para vender al mejor postor; así un día vendí mi naga la Jueyra. Medí el *zoco*, que se extiende entre el Méshab y la puerta interior hacia Gofar, y conté doscientos pasos; a ambos lados están las tiendas y los almacenes en los que la luz entra por la puerta principal —en total hay cerca de ciento treinta, todos propiedad del Emir y alquilados por éste—. El mercado de los carniceros estaba en un patio al otro lado de la puerta principal del *zoco*: allí, después del amanecer, se vendía un excelente cordero durante una hora a menos de dos peniques la libra: una pierna pequeña costaba seis peniques; en aquel momento en Hayil se pagaban nueve chelines por los corderos vivos y menos de seis chelines por una cabra, por lo que muchos beduinos optaban por llevarse el ganado de vuelta antes que venderlo a precios tan bajos: ¡preferían recorrer casi otras trescientas millas para ir a venderlos a Medina!, pues habían oído decir que allí se pagaba el doble por los corderos que en el Yebel. El oficio de carnicero, pese a que todos los nómadas son matarifes, no está bien considerado en las ciudades del *Nechd*.

Al caer la tarde, Mufarrich regresa al Méshab: sale por la puerta del castillo o envía a un sirviente de las cocinas a invitar a otros rubbas beduinos a la cena pública, que consiste en un magro plato de *temn* hervido con cebada y muy poco *samn*. Mujarrij los invita amablemente con la discreción debida, atendiendo a su condición de jeques o gente corriente, a que su presencia sea más o menos bienvenida por el Emir, y a las alianzas y enemistades de las tribus. También el nasraní era invitado a cenar a diario en la galería y yo aceptaba por varios motivos: estaba enfermo, de modo que me habría supuesto mucho esfuerzo cocinarme mi propia cena, no tenía leña y además en mi *majzan* no había chimenea y me habría ahogado con el humo, además se me ocurrió que mientras compartiera el pan y la sal en el *Mozif* correría menos peligro de sufrir cualquier acto tiránico por parte del Emir. Pero el desayuno en el *Mozif* me lo saltaba porque en el mercado podía comprar muy buenos dátiles por muy poco dinero. Si hubiera tenido dinero de sobra me habría podido alojar más cómodamente en Hayil; hacía ya un año desde mi llegada a Arabia y en mi bolsa no quedaba más que lo justo para cubrir las necesidades más importantes.

En los pueblos del Yebel al huésped se le recibe con un *¡summ!*, o algo parecido que también se dice al ponerle la comida en el plato. Se trata probablemente del "'sm" del "ism" en "bismi Alá" o *bismil-lá*, "en el nombre de Dios". Pero la primera vez que oí aquel *¡summ!* un chico del *Mozif* me puso el plato delante y pensé que había dicho (con malicia) *simm*, que significa "veneno"; el pobre muchacho se quedó espantado al oírme pedir a Alá con el genio pronto de los árabes que maldijera a toda su parentela; pese a la incertidumbre provocada por sus palabras me tomé la cena, pues pensé que si de verdad querían acabar conmigo no tenía escapatoria. Después de cenar, los beduinos acuden en sus rubbas al *qahwa* público; después de a los invitados se le sirve la misma cena a los *rayayil* en el patio del *Mozif*; allí dan cuenta también a mediodía de su parva colación de dátiles del mismo modo que los huéspedes públicos. Los lastimosos dátiles y el cereal del la cocina se sirven a cuenta de los impuestos que cobra el Emir en sus muchos pueblos y aldeas; los mejores se reservan para las familias nobles. Cuando termina la cena pública se ve a muchas mujeres pobres y a algunos niños que esperan a la puerta del alcázar para entrar con sus escudillas. Son gente desdichada a quien el Emir ha concedido una ración de las sobras. A diario se servían en el *Mozif*, entre invitados y *rayayil*, 180 raciones de pan de cebada y *temn* de mala calidad, tres pintas y cuarto por cabeza; también se les daba cierta cantidad de *samn*. El *samn* de la hospitalidad pública lo compran a los beduinos del emir, un poco en cada *beyt*, a un precio, que en primavera a veces llega a ser de dos chelines por tres pintas, y eso que ahora en Hayil costaban un real. Una vez cada ocho o diez días se sacrifica un camello o un animal más pequeño y se les sirve un poco de carne a los invitados de mayor categoría. Cuando el Príncipe está ausente no vienen beduinos a Hayil, y (por lo que he visto) no hay invitados. En total he calculado que los gastos anuales de la casa de invitados del Príncipe pueden ascender a unas 1500 £.

Por la tarde se prepara y se sirve el café en el *qahwa* público. Siempre que me senté con ellos, los rubbas de beduinos observaron conmigo el comportamiento tolerante que acostumbran a tener en las tiendas; ¿acaso no éramos todos huéspedes del Emir? El salón de café del Príncipe se abre poco después de las oraciones del amanecer para que puedan degustar su taza matutina; luego vuelven a cerrarse las puertas cuando todos salen a la hora del primer *mechlis*. Después de las vísperas, se abren y de nuevo se sirve café. A cada invitado se le llena dos veces la taza y se le ofrece una tercera, momento en el que, si no quiere más, un bedawí de las tribus del *Nechd* dirá escuetamente con la cortesía del desierto: *Káramak Alá*, "el Señor te lo pague". La puerta del *qahwa* se cierra por la noche cuando los bedu acuden a rezar las últimas oraciones a la mezquita. Después, la tosca poterna de dos hojas de los cuarteles del Príncipe y la calle del mercado se cierran y no se abren "ni con dinero ni con plegarias" hasta la mañana siguiente. Los beduinos que llegan más tarde deben alojarse fuera. No obstante el resto de Hayil permanece abierto, es decir, todo lo que hay construido hacia Gofar y la montaña *Achya*.

El Emir Mohammed salió un día a caballo a media tarde con sus criados y amigos para visitar *ed-dubbush*, su ganado en el desierto. El príncipe del *Nechd* es un ganadero muy rico, y si hemos de creerles posee "cuarenta mil camellos". Su cabaña es de pura sangre del *Nechd* y, según me contó *Ali el-Ayid* (un hombre honesto, vecino mío, que antes se encargaba de su cuidado y había llevado caballos de los anteriores Emires a los Pachás de Egipto), posee también trescientas yeguas y cien caballos con muchos potros y potrillas. Por lo que me contaron otros, Ibn Rashid dispone de cuatrocientos soldados; doscientas yeguas de pura sangre y cien caballos que pastan en el desierto; y "cien esclavos" que viven con sus familias en tiendas de pelo como los nómadas y se ocupan de ellos. Otro me contó que la cabaña del Emir está dividida en manadas de cincuenta o sesenta yeguas o caballos; los potros y las potrillas también pastan juntos. Las manadas se dispersan por el desierto, ora aquí ora allá, más cerca o más lejos según la ocasión, dependiendo de dónde brote el herbaje de primavera. Los caballos del Emir pastan al estilo nómada: les atan juntas las patas delanteras y los sueltan por la mañana. Nunca comen cebada o ningún otro cereal, por la noche los recogen y los atan junto a las tiendas donde beben la leche de sus amas de cría las camellas. Así, parece que el Príncipe del *Nechd* occidental posee caballos y camellos por valor de un cuarto de millón de libras esterlinas; conseguidos durante el expolio de dos generaciones de beduinos. Además posee numerosas riquezas en metálico: los impuestos públicos se llevan al tesoro del gobierno, *beyt el-mal*, y se guardan en cámaras y sacos. Posee numerosas tierras y no sólo en Hayil, sino que también tiene grandes plantaciones en Yawf y en otros oasis conquistados. Vi montar a Mohammed a la puerta del castillo sobre un alto dromedario gallardamente enjaezado. Los pocos días que duran sus pacíficos paseos por el *jala*, el Principe se aloja en tiendas con su compaña como los beduinos. Dejó a Hamud en Hayil para presidir el ahora poco frecuentado *mechlis* diario; el hijo de Abeyd no ocupa el sitial del Príncipe sino su propio asiento junto a la torre.

Hamud me mandó llamar por la tarde: «Mohammed se ha ido, y nosotros nos haremos amigos». Me mostró sus relojes baratos comprados en el Golfo; llevaba dos sobre el pecho, igual que su hijo Mayid quien tiene mucha curiosidad por estas novedades; ¡se decía que incluso sabía repararlos! Hamud me aseguró que poseía más de cien y el Emir aun más. Hamud me preguntó si eran *Engleys*, queriendo decir "obra de los mejores *nasara*". Estaba deseoso de saber si traía conmigo muchas cosas de "los artesanos *nasara*", y con bárbaro énfasis prometió darme por ellas ¡FULUS!, "kilos de plata" o dinero, que los miserables árabes aprecian tanto como su propia sangre. Me encontré a Hamud entre los nómadas, ocioso y bostezante, en la plantación del *qahwa* de Abeyd que, como dijimos se extiende tras los *majzans* hasta la casa de su familia en la ciudad (no es de las mejores). En dicho palmeral tiene muchas gacelas que se alimentan de habas forrajeras que les echan a diario y son muy tímidas con el hombre; allí vi también un macho de bédan. La robusta cabra montesa no teme acercarse a los hombres e incluso seguirlos y entra sin temor en el *qahwa*. Se trata de un animal de mayor fuerza y tamaño que cualquier macho cabrío, de pelo corto y espeso, cuyo color púrpura o bermejo recuerda al rubor que se produce en las negras montañas antes de la puesta del sol...

...Mayid, el mayor de los hijos de Hamud, era un chico de quince años, poco desarrollado para su edad, de una belleza femenina, e hijo (los Emires también se emparejan con los nómadas) de una mujer beduina. Siempre lo acompañaba un joven disoluto, un tal Ali, que tenía cuatro esposas y formaba parte del servicio de Hamud. La encantadora pareja venía a visitarme constantemente a mi *beyt* y, con la curiosidad infantil de los árabes, trataban de echar mano a las muchas cosas extranjeras de los *nasara* que esperaban encontrar entre mi equipaje y si encontraban algo lo cogían por la fuerza. Por miedo a que pudieran encontrar mi pistola y mis instrumentos les quité las cosas de sus inicuos dedos y les recordé el honrado ejemplo de los nómadas a quienes tanto desprecian. Mayid me respondió con impertinencia infantil: «¡Pero tú, Jalil, estás en nuestro poder y el Emir puede mandar que te corten la cabeza cuando quiera!». Un día los oí llegar y eché una colcha sobre mis cosas y me senté encima, pero nada podía ocultarse a su impudicia y con un *¡bezrak!*, *¡bezrak!*, "aparta", vieron que estaba sentado sobre el Corán y dijeron con fanática amargura: «¡Ja!, ¡Está sentado sobre el Corán!» y fueron con la historia al castillo; el demonio de Mayid volvió luego para contarme que el Emir se había disgustado mucho.

Mayid resultó ser de temperamento afectuoso y tener la disposición sencilla y afortunada de su padre; a menudo rebosaba de alegría infantil, pero también era egoísta y tiránico por naturaleza. Golpeaba con su bastón a los niños más pobres al pasar por la calle y les gritaba: «¡Alá maldiga a tu padre!», sin que ellos se atrevieran a devolverle el insulto o a resistirse al mejor de los *eyyal es-sheyj*, que es como llaman a los niños de la casa del Príncipe. Para su edad era codicioso y de corazón corrupto, ¡pero es que todos ellos han sido criados por esclavos! Si alguna vez llega a ser Príncipe, ése será un día negro para Hayil, a no ser que tenga la sensatez de corregirse y al madurar se vuelva más humano. Mayid, con ese desparpajo y facilidad de los árabes y entre sonrisas persuasivas, afectó tratarme siempre de acuerdo con la benevolencia demostrada por su padre y me llamaba "su amigo querido", aunque se daba cuenta de que yo comprendía sus ambiciosas intenciones. Había en él tanto de negociante semita, que se portó como un mercachifle y me compró la naga a un precio muy bajo con la esperanza de venderla por el doble de precio cuando diera a luz a su cría a la primavera siguiente; yo accedí enseguida y el joven príncipe exigió que le diera también los arreos (que costaban un tercio más). ¡Muchas veces me he preguntado en qué tienen ellos el honor! Creen que todo lo que les convenga en este mundo está bien; los hechos humanos que en nuestros sueños imitan los modos divinos no son más que bellas palabras de los poetas, por lo demás desconocidas por estos orientales.

Mientras paseaba por la limpia y bien construida ciudad de adobe, pensaba que sería agradable vivir allí, salvo por el temor al gobernante y el peligro que corren sus vidas durante las incursiones anuales del Emir. No obstante, ¡que desazón produce la miseria del desierto que los rodea! Hayil, por insólito que parezca, es más una ciudad que un oasis o, por decirlo de otro modo, es como si fuera un oasis hecho *ghosh*, por la fuerza. Se tarda una hora en circundarlo, pues las plantaciones no son demasiado grandes; la ciudad está a esa misma distancia de los acantilados de *Achya* (allí llamados *el-Mnif*). Hayil está protegido del sano aire del norte por las montañas *Sumrá Hayil*, por lo que es bastante sofocante en los largos meses de verano. El *Sumrá*, de basalto volcánico, se derrama (puede verse desde la puerta del Méshed) sobre el semienterrado granito grisáceo y rojizo del *Achya*, en forma de una media luna atravesada por el lecho del *seyl* de Hayil, que según dicen proviene de Gofar. La parte occidental es más baja y la parte oriental se alza hasta una altura de quinientos pies, en la cima hay unos túmulos y el antiguo puesto de vigilancia de cuando Hayil no era tan poderosa.

El *samrá* más alto, *Umm Arkab*, es muy empinado y una mañana alquilé un burro, *yahash*, por ocho peniques para ir hasta allí. Las gruesas piedras esparcidas por la montaña son del mismo basalto negruzco y herrumbroso que llaman *hurriyy* o *hurra*, duro y pesado como el hierro y con un sonido metálico como el de una campana. En el habla nómada del *Nechd*, *samrá* es cualquier montaña de color oscuro y rojizo de esa dura piedra del desierto, y en el gran país plutónico que se extiende desde aquí hasta La Mecca todos los *samrás* son basálticos. Si en ellos crecen algunos arbustos los llaman *hazm*: En los Harras un *hazm* es una montaña volcánica. Desde los túmulos, vi que Hayil está en mitad de una larga llanura, llamada *Sahilat el-*

Yammashiyya, que se extiende entre el Mnif del *Achya* (en su punto más alto se alza sobre el llano a unos 1.500 pies) y una cadena discontinua de colinas que bordea el Sahilat dos leguas hacia el este hacia *Selma*, el *Y. Fittich*. A mis pies, al norte de Hayil, se distinguía *el-Jreyma*, una gran plantación de palmeras jóvenes perteneciente al Emir que, según dicen, riegan varios manantiales...

...Al regresar a casa, visité el suburbio en ruinas de Wasit, "medio" (edificio) cerca de la puerta norte. Hace unos años había en la calle, hoy en ruinas, "cuarenta *qahwa*", es decir cuarenta familias que recibían a diario a sus amigos a tomar café.

Wasit hoy está en ruinas y sin habitantes; la gente (como los del barrio en ruinas de Gofar y los de la ruinosa Mogug) murió siete años antes con la plaga *waba*. Vi las paredes de barro sin tejado y a punto de caerse puesto que se habían llevado las vigas: los campos y los pozos yacían abandonados. Los dueños y herederos de la tierra habían abandonado su labor tantos años atrás que las palmeras estaban muertas y marchitas: unas pocas exhibían aún en sus copas rojizas algún verdor languideciente. Antes de abandonar Hayil, vi cortar aquellos troncos sin vida y arar caballones en la tierra. En Wasit murieron trescientas personas; en Hayil «murieron una o dos personas por familia (es decir entre setecientos y ochocientos), pero ahora, el Señor sea alabado, los hijos habían crecido y volvían a llenar las casas». ¡No murió ni uno solo de las bien alimentadas familias nobles o de la casa del Príncipe! Los beduinos que visitaron Hayil en la época de la pestilencia murieron antes que los de la ciudad; sin embargo el contagio fue más leve en el desierto y en los aduars no llegó a ser una enfermedad grave. La enfermedad afectaba a la cabeza y los intestinos; algunos morían el mismo día, otros duraban un poco más. Los síntomas de los contagiados eran una mancha negra que aparecía en la nariz y la decoloración de las uñas; los padecimientos eran similares a los del cólera. Pasada la peste, una fiebre maligna afligió al país durante dos años en que los debilitados supervivientes se dedicaron a cargar los cadáveres a lomos de asno (pues carecían de fuerzas para trasladarlos de un modo más pío) y a enterrarlos fatigosamente...

...Pasado Wasit, en un desierto que se extiende entre los muros de la ciudad y los bajos acantilados del *Sumrá*, está el gran cementerio de Hayil. Pobres y ricos cuyo mundo ha terminado yacen enterrados por igual en el suelo del desierto que en otra época los cobijó y, salvo por el lugar en que descansan, no vemos la menor diferencia en los enterramientos. Telál y Abeyd yacían también entre ellos. La primera tumba no es más que un pequeño montón y un tosco bloque de basalto a modo de lápida y así es también la última y todas las demás; es difícil encontrar un epitafio inscrito con un nombre que fue un nombre. En los países semíticos fronterizos existe una larga superstición de la tumba; aquí no hay más que el sencillo enterramiento beduino, sin adornos ni cuidados duraderos. A un lado de la *maqbara* está el túmulo de Abeyd, el hombre que en su día gozó de tanta gloria y poder: ahora ambas cosas no son más que un recuerdo lejano; yace en su mortaja a un metro por debajo de la escuálida grava y sobre su lápida están rudamente inscritas con un clavo estas escuetas palabras: *Abeyd bin-Rashid.* Cuando le pregunté a Mayid cómo era que aquel gran Señor, el anciano Abeyd, descansaba en una tumba tan sencilla, mis palabras sonaron frías y extrañas en sus oídos; pues en esta tierra de miseria, donde nadie gasta un céntimo en nada que no sea cubrir la necesidad de sus vidas, casi todos son de la misma opinión que la Mujer de Bath: «Habría sido un gasto inútil enterrarlo ostentosamente»[30], aunque a la vez compartan su amor por el lujo. Cuando alguien muere dicen *¡jalas!* "ha acabado", y contemplan sabiamente ese penoso y postrer paso de todos los hombres sin lamentaciones extremadas.

Entre la *maqbara* y las puertas de la ciudad se ve un pequeño aduar nómada. Son feudatarios de palacio y pese a su aspecto miserable algunos están emparentados con la casa del Príncipe. Sus tiendas beduinas están resguardadas por la parte de atrás con muros de adobe y algunas tienen una habitación con un techo de lona o una torre baja de barro. Son Shammar cuyo escaso ganado está con el resto de la

30. Doughty cita aquí a su admirado Chaucer. En concreto, el prólogo de *El cuento de la mujer de Bath*, uno de los más conocidos episodios de los *Cuentos de Canterbury*.

tribu en el desierto; durante los meses de primavera también ellos acuden allí en la corta estación de la leche. Una vez que pasaba por allí, una mujer me llamó desde una tienda harapienta, la mayor de todas y me preguntó si tenía una medicina para sus ojos irritados. Me contó que su hermana había estado casada con Metaab y ella misma era "tía" de Mohammed, el actual Emir. Sus hijos huyeron en la época de mayor tribulación y vivían aún en los *diras* del norte. Cuando mencionó al Emir lo hizo entre susurros sin dejar de mirar al alcázar, como si temiera que las alas del viento pudieran llevar sus palabras a oídos del Príncipe. Su hija mayor estaba con ella moliendo *temn* en un enorme mortero de madera y me sorprendió que no llevara velo; tal vez no estuviera casada y los musulmanes no se sintieran celosos del nasraní. Las hermosas mejillas de la doncella estaban sonrojadas por el trabajo; nunca antes había visto aquel ligero rubor en una mujer nómada, tan flacas y pálidas son todas, pero ésta se había criado en los fecundos *diras* septentrionales y era lozana. Conté treinta tiendas; cerca de la puerta de Gofar había otras quince tiendas de beduinos Shammar, montadas sin edificaciones de adobe.

La tercera audiencia. La casa de Ibn Rashid. Sus dominios

Pasó una semana y el Emir Mohammed regresó del desierto: la tarde siguiente me convocó después del *mechlis*. Su mayordomo me encontró dormitando en mi *majzan*. Cansado y fatigado tras un largo año de hambre y trabajos, había caído en una especie de torpor. El enviado del Príncipe me hizo levantarme apresurada y violentamente de forma servil: «Ponte en pie y acompáñame; el Emir te llama»; y como me demoré para coger mi pañuelo y mi manto, el esclavo no dejó de reprochármelo cuando se me concedió la audiencia y dijo que «¡Jalil no había querido acompañarlo!».

Mohammed había ido directo desde el *mechlis* hasta el *qahwa* de Abeyd. El Emir estaba sentado en el sitio de Hamud, y Hamud ocupaba el sitio de Sleymán. La cimitarra ligera que Mohammed lleva siempre en la mano estaba apoyada en la pared a su lado; se dice que la hoja está extremadamente bien templada. Estaba sentado al estilo árabe con la amplia túnica de algodón, el manto y el pañuelo, y los pies y las pantorrillas desnudas, las sandalias las había dejado ante sí junto a la alfombra. Saludé al Emir: *«Salam aleyk»*. No hubo respuesta. Después saludé a Hamud y a Sleymán, que se mostraron muy amistosos y me devolvieron el saludo, *aleykom es-salam*, entre sonrisas. Uno me indicó un lugar donde podía sentarme ante el Emir, que dijo brevemente: «¿De dónde vienes?». «De mi *majzan*.» «¿Y qué haces ahí todo el día?, ¿eh? ¿Te ha gustado lo que has visto en Hayil?» Yo debería haber contestado a su manera: *Awnak* o *Labbeyk* o *Tawîl el-Umr*, «¡Oh, anciano! ¿Cuál es tu dulce voluntad?», pero me sentía europeo entre aquellos asiáticos de lengua liviana y estaba mortalmente fatigado, así que permanecí en silencio. De modo que el Emir, que no había contestado a mi saludo, se volvió bruscamente para preguntarles a Hamud y Sleymán: *¿Ma yarudd?* «¡Cómo! ¿No contesta a quien le habla?» Hamud respondió amablemente por mí: «No sé por qué será, puede que Jalil esté cansado». Después de una pausa contesté: «Hace poco que he llegado a este lugar, pero *agrutiyy*, supongo que está muy bien». El Emir abrió sus grandes y femeninos ojos árabes como si le sorprendiera la franqueza nada aduladora de mi respuesta; y dijo de pronto con mucho énfasis ante los demás: «Eso me parece a mí, ¡que está muy bien! ¿Y qué opinas, Jalil, te gusta el aire de aquí?». «¡Eso creo, pero hay demasiadas moscas!» «¡Hmm, hay muchas moscas! ¿Has ido en peregrinación a la Ciudad Santa (Jerusalén)?» «Dos o tres veces y al Y. Tor, donde está la montaña de nuestro Señor Musa.» Algunos le dijeron al Emir: «Hemos oído que allí viven monjes de los *nasara*, su residencia es como un castillo en medio del káhla, y la entrada es una ventana en el muro y a todo el que quiere entrar deben izarlo con cuerdas y poleas». El Emir preguntó: «¿Y tienen riquezas?». «Tienen ingresos en almas.» El Emir se incorporó y cogió sus sandalias y todos se levantaron, él les indicó que siguieran sentados y salió a la plantación. Durante su ausencia todos permanecieron en silencio; a su regreso volvió a sentarse sin más ceremonias. El Príncipe, que trataba de discernir lo que yo ocultaba detrás de mis palabras, me preguntó: «¿Los dátiles te han parecido buenos o malos?» y yo le contesté: «*Battal*, *battal*, muy malos». «¿El pan es mejor? ¿Cómo se dice "pan" en tu idioma?», repitió para sí la palabra en turco, también la sabía en persa: Mohammed, antiguo guía de la caravana de peregrinos, sabe hablar ese idioma.

El emir me hablaba con los gestos rápidos e impacientes de los árabes cuando no están muy satisfechos y están acostumbrados a desempeñar cargos de importancia: un súbito arqueamiento de las cejas y un leve movimiento de cabeza, típicos de los habitantes del *Nechd* nómada, indican que, pese a lo inepto de sus palabras, están esperando una respuesta por tu parte. El Emir sentía cierta inclinación por mí, pero el grupo de jóvenes fanáticos y maliciosos que lo rodeaban le hablaba continuamente mal del nasraní. Mohammed, el actual Príncipe, era mucho mejor que ellos y tenía un entendimiento más preclaro. Cuando contesté a alguna nueva pregunta del Emir al estilo beduino: «¡Por tu vida!, *hayatak*», le dijo a Hamud: «¿Has visto? Jalil ha aprendido a hablar (árabe) entre los *Annezy* y dice *agrutiyy*». «¿Y qué debiera haber dicho, oh, *el-Muhafuz*? Yo hablo como los bedu.» El Príncipe no quiso que le preguntara de gramática, pero al oírme llamarle por su título, Guardián (que tanto se parece al de Protector en nuestra historia), dijo dulcemente: «¡Pues jura por vida de Alá!» (El otro juramento tiene, gracias a la clarividencia de los wahabíes, cierto sabor a idolatría). Yo le contesté contrariándolo un poco: «...también los nómadas lo emplean para ocasiones de importancia, pero dicen "por tu vida" cuando se trata de cuestiones triviales». Como el Príncipe no lograba hacerme pronunciar las aduladoras palabras a que lo tienen acostumbrado los cortesanos, Hamud y Sleymán se apresuraron a excusarme y a quitarle hierro al asunto: «Es evidente que Jalil no se encuentra muy bien hoy, ¡pobre hombre! ¡Qué mal aspecto tiene!». Yo pasaba la mayor parte de las horas del día tumbado lánguidamente sobre el suelo sin barrer de mi *majzan* porque las lenguas de doble filo le habían dicho al Emir que estaba escribiendo su *beled*; a menudo venían espías del Castillo que abrían la puerta de repente para ver a qué se dedicaba el nasraní. Emir: «¿Qué medicinas traes? ¿Tienes *tiryak*?». [Así llamaban nuestros padres al ______, un antídoto para venenos]. Mi extremada fatiga me hizo caer en una especie de sopor y mi atención vacilaba, sólo pude responder: «¿Qué es *tiryak*? Me suena, pero no tengo, por Dios, no existe tal cosa». Sleymán: «Jalil tiene muchas sales *Engleys* (magnesia), ¿no es cierto, Jalil?». Al oír aquello, y sabiendo como sabía que el Emir estaba tan preocupado por los venenos, no pude contener una sonrisa: una ofensa ante un gobernante. Sleymán me instó a hablarles del Nuevo Continente, quería saber si no había dátiles allí, pero el de "Larga Vida" se incorporó brusco y altanero y con él se levantaron todos los demás y se fueron.

Hablemos un poco de la familia del Príncipe y del estado de Y. Shammar y, antes de nada, de la tragedia de la casa de Ibn Rashid. A su regreso de er-Riyad (donde solía ir cada año con un presente en caballos por tratarse de un feudo wahabí) Telál cayó enfermo, *musky*, envenenado, según se dijo, en el *Nechd* Oriental. Su salud declinó y el Príncipe se sumió en una especie de frenética melancolía. Telál envió a buscar a cierto alfaquín persa a Bagdad. El alfaquín viajó hasta Hayil y, tras visitar al Príncipe, le comunicó imprudentemente su diagnóstico: «Esta dolencia no es mortal, se trata de una larga enfermedad que perturbará tu entendimiento». Telál contestó: «¡Ajá! ¿Es que voy a volverme loco?, ¡wel-lá *mechnún*! wa ana el-HAKIM, ¿y yo soy un Gobernante?». Y, como su altivo corazón no soportaba la idea de vivir compadecido por todos, se encerró un día en sus aposentos, apuntó las pistolas contra su pecho, disparó y puso fin a sus días. Así Metaab, su hermano, se convirtió en el Emir de Hayil, por ser el mayor de la casa del Príncipe, y heredó la dignidad de Abdulá, su padre. A los hijos de Telál no se les tuvo en cuenta (legalmente), el mayor, Bunder, que gracias a sus sanguinarios hechos llegó a ser Emir, era por entonces un joven de diecisiete años. A menudo he oído alabar a Metaab como un hombre de rara inteligencia y conducta amable; era principesco y popular al mismo tiempo, como la mayoría de los de su casa, político, como los grandes shuwuj el-arab, y un gobernante afortunado. Metaab no ocupó el poder más que dos años, siempre malquisto por su ambicioso sobrino Bunder, hombre rudo y obcecado. Bunder conspiró con su hermano Bedr contra su tío y los dos intrigantes decidieron matarlo.

Sabían que su tío llevaba en el brazo «un amuleto que protegía su vida contra el plomo», así que los jóvenes parricidas se las arreglaron para fundir una bala de plata. En la hora fatal, Metaab estaba sentado con sus amigos y sus soldados en el *mechlis* vespertino, que tiene lugar como dijimos en un extremo del Méshab, a veinticinco pasos del alcázar. Bunder y Bedr subieron sigilosamente a la muralla, donde hay una terraza y un parapeto. Bunder apuntó su fusil de chispa a través de una aspillera y disparó el primero; es probable que su mano vacilara, pues todo dependía de ese disparo, y la bala se desvió un poco y rozó la gruesa cinta del pelo de un gran jeque beduino, Ibn Shalán, jefe de la poderosa tribu amiga *Annezy*, de los er-Ruwal-lá del norte, que había llegado aquel día de su dira para visitar al Príncipe Ibn Rashid. Ibn Shalán, al oír el disparo silbar en sus oídos, se puso en pie y (gritó) echándose las manos en la cabeza: «¡Aj!, *Mohafuz*, pretendes matarme!». El Príncipe, que permaneció sentado y no trató de salvarse con una fuga improbable, le respondió sin alterar la dulzura de su expresión: «¡No temas; ya verás como el tiro estaba destinado a mí!». Un segundo disparo de Bedr le dio al Emir en el pecho.

Una vez Príncipe, Bunder duró en el poder menos de un año y no pudo prosperar pues en su época aconteció la plaga que devastó el país. Mohammed, el actual Emir, huyó a er-Riyad tras la caída de su hermano Metaab y vivió allí durante un tiempo. El príncipe wahabí, Abdulá Ibn Saúd, hizo de mediador entre ellos y Bunder invitó por carta a su tío a volver a casa. Mohammed volvió y recuperó su antiguo cargo de gobernador de la caravana del Hach de Bagdad. Mohammed partió con el convoy que regresaba de La Meca a Mesopotamia para adquirir la provisión anual de *temn* para el *Mozif* (si hemos de creerles se trataba de mil cargas de camello: ¡150 toneladas!). Mohammed encontró a unos árabes *Zuffir* en el-Méshed y les alquiló camellos con la promesa de un salvoconducto de ida y vuelta al territorio de Ibn Rashid ya que se trataba de unos bedu enemigos del Yebel. El viaje dura dos semanas de marcha con los camellos cargados. Al aproximarse a Hayil, Mohammed envió a alguien por delante a saludar al Emir y decirle: «Mohammed te saluda, y te trae la provisión de *temn* para el *Mozif*». Bunder contestó: «¡Ja! ¿Ha llegado Mohammed?, pues no entrará en Hayil». Entonces Bunder, Bedr y Hamud cabalgaron juntos para salirle al encuentro a Mohammed; por orden de Bunder las puertas de la ciudad se cerraron tras ellos.

Cuando lo encontraron, Mohammed iba montado en su *zelul* tal como había cabalgado desde el norte y Bunder le dijo: «Mohammed, ¿qué bedu has traído a Hayil? ¡Los *Zuffir*! ¡Y eso que sabes muy bien que son *gom* con nosotros!». Mohammed: «Wel-lá, ya el-Mohafuz, los he traído *biwéchhy*, bajo mi protección! (y se pasó la mano por el rostro hasta la barba al estilo árabe), pues no encontré a nadie más para transportar tu *temn*». Mientras Bunder desmontaba, Hamud, que estaba concertado con su primo Mohammed, le hizo un gesto para indicarle que su vida corría peligro, pasándose (según se dice) el índice por debajo del cuello. Mohammed se dirigió a uno de la ciudad que iba a caballo: «¡Eh, tú!, préstame tu yegua un momento», como si quisiera acercarse a ver la entrada de la caravana. En cuanto hubo montado, Mohammed se acercó al joven Príncipe y cogió a Bunder por los "cuernos" y con la otra mano sacó la curva y ancha daga que llevan en el cinturón cuando viajan. «¡*La ameymy*, *la ameymy*!, ¡no lo hagas, no lo hagas, mi tío!», exclamó Bunder lleno de horror y angustia ante la muerte. Mohammed le contestó con voz severa y funesta: «¿Por qué mataste a tu tío?, *wahú fi batnak*, ahora está en tu panza (lo devoraste, su vida, su dignidad, todo)», ¡y con un golpe asesino le clavó la hoja a su sobrino en la barriga! A Mohammed no le quedó otra posibilidad, tras haber recibido la señal, que matar al hijo de su hermano o sucumbir él mismo. Si hubiese intentado huir, ¿cómo habría podido escapar de los jóvenes e impíos parricidas?: su *zelul* estaba cansado, él también lo estaba, y se habría visto obligado a abandonar a los *Zuffir* con quienes había empeñado su palabra de príncipe. La ambición por gobernar es devoradora para todos los árabes que han nacido jeques. Mohammed había sido un siervo leal de Metaab; muerto su hermano, ¿qué otra cosa podía hacer sino vengarlo y asumir el poder?

Tras la muerte de Bunder, tuvo que deshacerse de todos sus parientes, de lo contrario habrían sido una amenaza. La iniquidad de la fortuna, más que su propia ambición, fue la ejecutora de esos crímenes. ¡He ahí la tragedia de la casa de Ibn Rashid!: comenzó con Telál, que se mató a sí mismo; la falta de uno se extiende a los demás —tal es la naturaleza maldita del mal— igual que las ondas de una piedra arrojada en el agua conmueven todo el estanque. Hay quien dice que Hamud se aseguró de la muerte de Bunder de un pistoletazo, y puede que lo hiciera pues le iba mucho en la vida de Mohammed, pero personas de confianza en Hayil me aseguraron que Hamud no participó violentamente en ello. Hamud dio vuelta a su caballo, galopó a la ciudad y ordenó «mantener las puertas cerradas y no dejar entrar ni salir a nadie por ningún motivo»; cabalgó hasta el Méshab y gritó: «¡Oíd todos!, un Rashidy ha matado a un Rashidy, ¡nadie tiene nada que ver en esto!, que nadie levante la voz o arme revuelo o le cortaré la cabeza, wel-lá, con mi espada».

En Hayil reinó un largo silencio: los súbditos se refugiaron en sus casas; los beduinos que estaban en la ciudad —habitantes del *jala* al que nadie "puede poner barras ni puertas"— se horrorizaron al ver cómo las puertas de Hayil se cerraban a su alrededor.

En el alcázar comenzó una horrible matanza, Mohammed ordenó asesinar a todos los descendientes de Telál, y a los cuatro hijos de su propia hermana, viuda de un *el-Jabbár* de la casa Ibn Ali (que, hasta que Abdulá les venció, le habían disputado siempre el gobierno de Hayil a la familia Rashidy; uno de ellos era la propia madre de Mohammed). La sangrienta orden de su tío se cumplió y poco después enterraron los cuerpos tibios y sanguinolentos, despojados de sus jóvenes vidas; con ellos murieron también los esclavos, todos de su misma edad y criados en la casa de sus padres, hermanos serviles que, de lo contrario, habrían podido ser útiles instrumentos para la venganza.

Todo Hayil tembló aquel día hasta el atardecer y durante la larga noche hasta la mañana, cuando Mohammed se presentó en el Méshab con la espada desenvainada y llamó a los que estaban tímidamente sentados en los bancos de adobe —la mayoría beduinos—: «¡Musulmanes! ¡No habría obrado así si no hubiera temido por esto! (se palmeó el cuello con la mano izquierda), y como estaban a punto de matarme, *ana sabáktuhum*, me he adelantado a impedírselo». Después añadió: «¿Creéis que los que mataron a mi hermano Metaab me habrían perdonado?». «Y al oír su voz, nos sentamos (me contó un testigo presencial, un *Meteyr*) perplejos, todos contemplando la negra muerte ante nosotros.» A continuación, Mohammed se sentó en el lugar del Emir como Muhafuz. Poco a poco, algunas de las personas principales de Hayil fueron llegando al Méshab y se inclinaron ante el nuevo señor de sus vidas y le felicitaron por haber conquistado el poder. Así, «pagando justos por pecadores» y desaparecido Bunder, Mohammed comenzó su mandato y según dicen el gobierno nunca estuvo en mejores manos.

Bedr había huido en su yegua hacia la vida agridulce del árido desierto: huyó al asr. Por la mañana, desfallecido de hambre y sed, cansado y desolado, sacrificó al caballo agotado y trepó a una montaña. ¡Desde allí pudo contemplar el horror del mundo, que se había convertido para él en un enorme cementerio! Mohammed había enviado jinetes a recorrer el *jala* y capturarlo y, cuando encontraron a Bedr entre las rocas, no prestaron oídos a sus penosas peticiones: lo mataron allí mismo sin remedio, cargaron con su cuerpo y volvieron a Hayil ese mismo día. Excitado, el capitán le dijo alegremente a Mohammed a su llegada: «¡Wel-lá, oh Muhafuz, te traigo buenas nuevas! Acompáñame si te place y te mostraré el lugar donde yace muerto Bedr. Murió de mi mano, ¡que así perezcan todos los enemigos del Emir!». Pero Mohammed miró sombrío a aquel hombre y le gritó: «¿Quién te mandó matarlo? ¿Te lo mandé yo, hijo de un perro? ¿Cuándo, maldito seas? ¡Alá maldiga a tu padre! ¿Has matado a Bedr?». Sacó la espada y de un tajo en el cuello le cortó (según cuentan) limpiamente la cabeza a aquel desdichado. Mohammed recurrió a la vieja y amarga política de los tiranos consistente hacerse pasar por honrados y atraerse el favor del populacho gracias a la perplejidad que producen sus acciones. «¿Cómo es posible —pregunté yo— que Bedr, que debía conocer bien el desierto, pues los hijos de los príncipes los acompañan en las razias, no lograse escapar de uno u otro modo? ¿Acaso su yegua no podía resistir una cabalgada de cien millas? Un hombre firme y valeroso en una situación tan extrema podía haber aguantado hasta abandonar los dominios de Ibn Rashid y llegar a la primera ciudad libre de el-Qásem.» Me contestaron: «El joven estaba confundido ante la enormidad de su desgracia y *yáhil*, desconcertado, y no había nadie que lo ayudara».

Hamud y Mohammed se aliaron, pues ambos estaban amenazados por los hijos de Telál y si no se hubieran anticipado a Bunder y a Bedr lo habrían pagado con sus vidas. Las masacres, sin duda, atentaron contra la naturaleza clemente del vigoroso Hamud. Hamud, pese a su amable ecuanimidad que le ha merecido el sobrenombre de *Aziz* —"amado"— entre el pueblo, puede ser tan mordaz y jabbár como lo fue su padre cuando ve traicionada su confianza y no me cabe duda de que en un momento de peligro podría comportarse como un despótico Nemrod. Además, así es como los árabes tratan a los árabes: no hay enemigo peor ni menos generoso. Hamud, cuando no está obligado por la hospitalidad, es de humor áspero como todos los árabes y en Hayil he oído decir: «¡Hamud *jara*!», es decir, inmundicia o algo peor. Son palabras del Heyaz llegadas desde los tugurios que toleran los inmorales gobernadores de las Ciudades Santas y no de esas escuelas del buen hablar y del comportamiento correcto que son el *qahwa* de los oasis árabes y el *mechlis* del *jala*. A Mohammed se le planteó una obligación terrible pues, de no haber mandado asesinar a gente de su misma sangre, no habría conocido un día de tranquilidad. Mohammed no tiene descendencia, es achr, un hombre estéril; el leal Hamud el-Abeyd tiene muchos hijos.

Disipado el peligro inmediato, Mohammed se dedicó a la tarea de gobernar a fin de conquistar el fervor popular por sus propios méritos. Para ello, afecta maneras populares y es de trato más fácil que lo fue Telál. Jamás un Príncipe ejerció su autoridad —salvo si es desafiado— con mayor moderación, aunque puede ser implacable con los aliados corruptos. Se dice que tras la reconquista de Yawf y el motín de los escasos magrebíes que quedaban en la guarnición, ordenó cortar la mano derecha a todos los que se habían pasado al gobierno del

Dowla. Y eso que Yawf no llevaba ni una generación bajo el Yebel, el mismo Mohammed —que entonces no era más que un muchacho— participó con su tío Abeyd en su conquista y resultó herido en el pie por una bala que se alojó en el hueso; tiempo después, un alfaquín persa, venido ex profeso de Mesopotamia, se la extrajo en Hayil.

En cuanto a las riquezas de los Príncipes árabes, muchas se dilapidan en la usura ya que suelen estar más que dispuestos a perder hoy una libra si creen que ha de producirles diez mañana. Los árabes dicen: «Ibn Rashid acostumbra a tratar con cada uno *ala aqlo*, según su entendimiento». La Fortuna le fue contraria a Mohammed durante su juventud, un hecho sangriento lo ha convertido en Gobernante. Su gobierno tolera aquello que no puede corregir de inmediato. Es imposible sujetar la resbaladiza voluntad de los nómadas sólo por la fuerza, así que, aunque su corazón se inflame secretamente, pone a mal tiempo buena cara y los recibe con discursos amistosos. Con pocas palabras y un hábil interrogatorio es capaz de discernir sus intenciones. A Motlog, el jeque de los Feyir que tanto le disgusta, lo envía de vuelta a casa entre sonrisas; así el año próximo el Príncipe recaudará el *miriyy* de los Fukara sin la oposición de los miembros de la tribu. Las personas principales de Teyma regresan a aquella lejana ciudad, cuyo pozo se ha hundido, con subvenciones. Mohammed sabe ganarse la voluntad de la gente corriente: si cualquier rudo muchacho beduino le llama por la calle o en el *mechlis* (todos son unos vagabundos): «¡Ajá!, *el-Muhafuz*, ¡que Dios te dé larga vida!, tan cierto como que vine aquí con este *rubba* y, wel-lá, estoy desnudo», lo despachará graciosamente con un «*bismil-lá*, ¡en nombre de Dios!, ve con aquél de allí y él te dará ropa nueva», es decir una túnica que en Hayil vale dos reales, un tosco manto de estambre de nueve chelines y un pañuelo de seis peniques. Como todo lo compran en Bagdad al por mayor y lo llevan hasta allí en los propios camellos del Emir, el total no ascenderá a más de diez chelines.

¿Cómo es el estado y la autoridad por la que contendieron amargamente estos árabes? Tengo entendido que Ibn Rashid es dueño de unos treinta oasis, que incluyen cinco grandes ciudades en el desierto: Shkaky, Yawf, Hayil, Gofar y Teyma, con una población total de 12.000 a 13.000 almas; también hay pueblos de importancia como el-Qasr, Mogug, Ali, Mustayedda, Feyd, er-Rawza, Semira, el-Hayat, y algunos más, donde apenas viven 5.000 personas. Además de los oasis hay muchas aldeas en el desierto del Yebel Shammar habitadas por dos o tres familias, colonos de los pueblos más cercanos; las más grandes pueden tener una decena de casas, las pequeñas no llegan a diez habitantes: ejemplo de ello son Yefeyfa, el-Aguel-la, el-Gussa, Biddiyya, Haleyfa, Zurgod, Majaul, Ozeym. Algunas son simples granjas que quedan abandonadas tras la cosecha de abril hasta la siembra otoñal y los meses de riego, no obstante las aldeas con palmerales tienen habitantes fijos, como ocurre en Biddiyya o en Zurgod. Así la población estable del Yebel Shammar asciende apenas a 20.000 almas a las que hay que añadir los vasallos nómadas Beni Wáhab —los Feyir, que son unos 800, y la mitad de la tribu de los Welad Ali en el sur que son 1600—, pongamos 2.500 en total; luego están los Bishr en el sur, digamos 3.000 o algo menos; los *Harb* que prestan obediencia a Ibn Rashid en el norte son unos 2.000; los Shammar meridionales no llegan a 2.000; los Heteym de las tierras medias son unos 1. 500; los Sheratat son unos 2.500 y aparte de eso poca cosa más. En total, unas 14.000 personas o algo menos: la suma de los habitantes nómadas y sedentarios puede que no pase de los treinta mil.

El Príncipe Mohammed es despiadado en la batalla y dispara con un rifle europeo; Hamud, de una fuerza tremenda, combate al lado del Emir y, en caso de necesidad, puesto que están comprometidos hasta la muerte, lo protegería con su propio cuerpo. Los príncipes desmontan de sus *zeluls*, montan a caballo y encabezan el ataque con sus "cotas de malla", las alas de guerreros disparan contra el enemigo y se cierran por ambos lados. El Emir supera siempre en fuerza y número a los pobres bedu; pues los *rayayil* y sus jinetes de los pueblos, acostumbrados a la vida en las ciudades, obedecen las órdenes y son capaces de mantenerse unidos. En cambio los insensatos bedu, cuya vida dedicada al pastoreo no incluye los ejercicios militares, apenas son capaces de unirse el día de la batalla bajo el mando de sus jeques, sino que van de aquí para allá y luchan desperdigados como halcones chillones, ocupados cada uno en lo suyo, es decir, en conseguir un mísero botín: los desdichados nómadas reconocen que les traiciona el *toma*, la codicia del botín. Por eso su resistencia es débil y ¡ay de los que ceden y emprenden la huida! No hay cuartel para los enemigos del Emir hasta su completa destrucción y las crueldades de los *rayayil* y los endurecidos esclavos de Ibn Rashid son terribles. He sabido de algunos desdichados que fueron hechos cautivos y arrojados por los soldados del Emir a sus propios pozos: los árabes no hacen prisioneros. Las batallas contra los nómadas suelen librarse en el verano, junto a los pozos principales donde se pasan largo tiempo en campamentos fijos.

Por eso los bedu dicen que «¡Es Ibn Rashid quien debilita a los bedu!». Una vez quebrada su resistencia, los admite en su confederación de feudatarios y los defiende ante sus enemigos. Parte de lo expoliado se reparte entre los *rayayil* y cada hombre se queda con aquello a lo que puede echar mano. Ibrahim el argelino, uno que a veces venía a hablar conmigo de su país, me contó que a cada hombre de los *rayayil* del Emir se le entregan tres o cuatro reales en el momento de la partida para que pueda comprar trigo, dátiles y munición; y que llevan consigo hasta cuatro cargas de camello de pólvora y plomo de Hayil para los bedu que se les unirán por el camino.

Veamos ahora los límites del principado o dominio en los desiertos de Ibn Rashid: al norte están los circuitos de los Ruwalla, los Shammar septentrionales y los *Zuffir*, tribus nómadas que viven en paz con el Yebel pero no son feudatarias suyas. Al este los límites llegan hasta el confín de Boreyda, que, como veremos, es un principado con muchos pueblos de importancia en el *Nefud* de Qásem, como *el-Uyún*, Jubbera, er-Russ, pero sin súbditos bedu. La casa principesca de Hayil está unida por matrimonio con el patán usurpador Weled Mahanna, tirano de Boreyda, y ambos se han aliado contra el hoy decadente poder de los wahabíes del este, es decir de Aneyza, más allá de las montañas. Al sur, tras la pérdida de Jaybar, sus límites llegan hasta unas cien millas de el-Medina; los desiertos de sus dominios limitan al oeste con el gran camino del hach de Siria; si exceptuamos a los B. Atía, todo el territorio de los Sheratat, que asciende hasta el Y. Sherra y bordea el W. Sirhán hasta las grandes ciudades norteñas de Yawf y Shkaky y sus alrededores está sometido a él. En una palabra, el desierto de Ibn Rashid se extiende entre Yawf, el-Qásem y el Derb el-Hach unas noventa leguas de sur a norte y unas ciento setenta de este a oeste. Todo lo mantiene sometido con una fuerza (ellos mismos lo dicen) de unos quinientos *zeluls*, los *rayayil* y la gente de los pueblos; y es que ¿quién podría reunir un número de hombres semejante en el desierto vacío? ¿y cómo iban a resistírseles incluso el doble de salvajes beduinos si la mitad están desarmados?

La violencia del escanciador de café

Por la mañana y por la noche se encendía fuego en el gran *qahwa* y yo acudía allí a calentarme con los beduinos. Una noche, antes de que hubiera llegado casi nadie, me acerqué a la chimenea. «¡Aparta! (me gritó el encargado de servir el café, que era un hombre de humor fanático e irritable) y deja el fuego para los huéspedes que están a punto de llegar.» Llegaron unos beduinos y se sentaron a mi lado. «¡He dicho que te apartes!», gritó el escanciador. «Deja que me caliente un poco, hombre; ¿acaso no somos todos huéspedes del Emir?» Algunos bedu me susurraron al oído que sería mejor que me fuese para no darle ninguna excusa. El *qahwayiyy* exhibía a diario su rencor interrumpiendo mi charla con los bedu, por ejemplo si alguien me preguntaba: «¿A dónde irás ahora, Jalil?», él gritaba: «¡*Al yehennem*, si Alá quiere». Oí contar que era de condición servil y procedía de Aneyza en Qásem; pero los saludos diarios de los jeques beduinos le habían llevado a concebir una elevada opinión de sí mismo. Yo pensé que ceder a la tiranía de un sirviente podría alentar la audacia de otros fanáticos en Hayil. El escanciador le gritó frenético a un bedawí que había a su lado: «Alcánzame esa fusta de camello» (los nómadas la tienen siempre a mano), se la arrebató y me golpeó con toda su fuerza decrépita. Los beduinos, cariacontecidos, se pusieron en pie; probablemente pensaron que ni ellos mismos estaban a salvo: no eran jeques y nada tenían que decir, de modo que se limitaron a ofrecerme asiento un poco más lejos. Habría sido peligroso tratar de defenderme entre aquellos cobardes, pues de haberse sabido en la ciudad que el nasraní le había puesto la mano encima a un musulmán se habría inflamado el corazón de muchos y habrían querido vengarse. El Emir debía enterarse de lo sucedido y hacer justicia, de lo contrario durante el resto de mi estancia en Hayil cualquier canalla se creería con derecho a insultarme. Atravesé la galería hasta los aposentos del Emir y llamé a la puerta de hierro, oí como el joven esclavo que la guardaba avisaba a la guardia de que estaba allí Jalil, el nasraní. El Emir envió a Nasr para averiguar qué quería. Luego fui a sentarme en el Méshab. Más tarde llegó alguien del alcázar que había estado con el Emir y me contó que había mandado llamar al escanciador de inmediato y le había dicho: «¿Por qué, Alá maldiga a tu padre, has golpeado al nasraní?». «Wel-lá, oh, *el-Muhafuz* (contestó temblando el pobre desgraciado) ¡no lo he tocado!» El Emir ordenó a uno de la guardia: «¡Apaléalo!»; pero Hamud se levantó, se acercó a Mohammed, besó la mano de su primo y le pidió que le hiciera la merced de perdonar al escanciador que no era más que un "mezquino" *(meskín)*. «Ve, qahwayí —dijo el Emir—, si vuelvo a tener alguna queja nadie te salvará y perderás tu empleo.» Yo dejé de acudir al salón del café y el otro escanciador vino muchas veces a mi *majzan* a rogarme que volviera con ellos, pero le contesté: «¿Donde se ultraja a los huéspedes del Emir?».

De Hayil a Jaybar

PARTIDA DE HAYIL. EL VIAJE A JAYBAR

Partida de Hayil. El viaje a Jaybar

Llevaba ya demasiado tiempo en Hayil, así que abandoné la idea de ir a Bagdad y empecé a pensar en viajar a Jaybar. Una noche, fui al *qahwa* de Abeyd para hablar con Hamud; acababa de comenzar a recitar su devoción privada, así que me senté en silencio esperando a que terminara. Después de la primera tanda de oraciones el hijo de Abeyd levantó la cabeza y me preguntó amablemente: «Jalil, ¿hay algo que requiera mi atención inmediata?». «No hay nada, alabado sea el Señor.» «En tal caso espera, no tardaré mucho.» Cuando Hamud volvió a ocupar su sitio, le dije que Feysal había recobrado ya la salud y yo deseaba partir y le pregunté si podía enviarme a Jaybar. Hamud contestó: «Sí, si ése es tu deseo. Pero, ¿por qué a Jaybar, Jalil? ¿Qué se te ha perdido en Jaybar? No vayas a Jaybar, podrías morir de fiebres; y no son amigos nuestros. Jalil, temo por ti si emprendes ese viaje». Yo contesté: «Necesito ir porque quiero ver las ruinas de los *yahud*, igual que visité el-Hechr». «Esta bien, encontraré el medio de enviarte allí, pero la fiebre es mortífera, no vayas, Jalil, si no quieres morir.» Puesto que ya había recorrido el vasto Aweyrid, anhelaba explorar también el *Harrat Jaybar*, la otra región volcánica donde, según había oído contar, nacía el *W. er-Rummah*, el curso de agua seco del norte de Arabia que se extiende al oeste de las montañas Tueyk. Dicho valle, que desciende desde las cumbres que hay detrás de el-Hayat y Howeyat hasta el valle del Eufrates en ez-Zbeyer, un suburbio de Bosra, tiene un curso serpenteante que mide "cincuenta jornadas de camello".

Hamud extendió entonces su brazo fuerte y viril y me pidió que le tomara el pulso; los latidos de su corazón eran los más impetuosos que vi jamás entre los árabes: era fuerte como un toro. Creen que sólo con extender su antebrazo ante el alfaquín éste ya es capaz de evaluar su salud. Cuando les expliqué que aquello no era más que una impostura, me contestaron a gritos que el día anterior habían hecho venir a un matasanos persa del Hach para tomarle el pulso al Emir. El persa le dijo: «¿No sientes dolor, Señor, en la rodilla izquierda?», el Príncipe respondió: «¡Sí, por Dios, que me duele! ¡Y no lo sabía nadie!»...

...Más tarde, me encontré con Imbarak. «¿Quieres (me dijo) ir a Jaybar? hay aquí unos *Annezy* que pueden llevarte.» Cuando supe que sus aduars estaban en el Jarram, que estaban a punto de ponerse en camino y que sólo podían llevarme hasta Misshel, le contesté que no podía prepararme tan deprisa para un largo viaje y que antes debía cobrar algunas deudas de la venta de mis medicinas. «Nosotros las cobraremos por ti, pero no puedes quedarte más tiempo en nuestras tierras: si deseas ir a Jaybar te enviaremos a Jaybar o a el-Qásem; te mandaremos a el-Qásem.» «Prefiero ir a Jaybar, pero avisadme con uno o dos días de antelación para que me dé tiempo a prepararme.»

Dos días después, estaba bebiendo *qahwa* con la gente de er-Riyad cuando entró corriendo un joven casi sin aliento y dijo que venía a buscarme en nombre de Imbarak. Fui a verle y me dijo: «Hemos encontrado unos Heteym que te llevarán a Jaybar». «¿Y cuándo piensan partir?» «Mañana o pasado mañana.» Sin embargo, una hora después envió a otro a decirme que había llegado a un trato con ellos y debía partir de inmediato. «¿Por qué me engañaste diciéndome que mañana?» «Coge tus cosas y monta.» «Pero, ¿me envías con los Heteym?» «Sí, sí, dame la llave del *majzan* y apresúrate, debes montar inmediatamente.» «¿Y no puedo hablar con el Emir?» «*¡Ujlus!*, date prisa y no te retrases o ¡wel-lá!, el Emir mandará que te corten la cabeza.» «¿Acaso me lleváis al desierto para darme muerte a escondidas?» «No, no te ocurrirá nada.» «Deja que primero vea a Hamud.» Entonces llegó un esclavo de Hamud con cuatro reales en la mano y dijo que me los enviaba su "tío". En ésas vino Zeyd, el portero magrebí del alcázar. Yo siempre había sido amable con él y le había dado medicinas, pero ahora el fornido villano me espetó: «No tienes corazón (entendimiento) si pretendes resistirte a Imbarak, pues es el capitán y tras él cabalgan quinientos hombres».

Tardé en devolverles la llave de madera de mi puerta, por temor a que al sacar las cosas pudieran romper el aneroide o que, al registrarlas, encontraran la pistola y me la quitaran; además tenía mis dudas de que el capitán de la guardia (que en todo momento mantuvo la mano en la empuñadura de la espada) no tuviera instrucciones secretas de asesinar al nasraní allí dentro. Sus esclavos me rodearon, unos me tiraban de la ropa, otros me empujaban para llevarme al *majzan* por la fuerza. «¿Es el *majzan* tuyo o nuestro, Jalil?» «Pero, Imbarak, ya no confío en ti, trasládale estas palabras al Emir: "Vine del *Dowla*, enviadme de vuelta al *Dowla*".» Con un *¡fugh!* el espadón árabe me escupió en la cara. «Que el cielo te confunda ya que no te avergüenza escupirle a un hombre en la cara.» «Jalil, lo he hecho porque dijiste: "ya no confío en ti".» El portero magrebí fue a mi *majzan* y lo abrió rompiendo el adobe en el hueco donde se insertaba la falleba de madera. Los esclavos siguieron tirándome salvajemente de la ropa, así que dejé que se llevaran mi manto y me quedé en camisa ante aquellos desgraciados. «¡Avergonzaos! —les decía— y tú, Imbarak, *dajilak*, defiéndeme de su insolencia.» Cuando Imbarak me oyó decir *dajilak*, le arrancó la fusta de camello de las manos a uno que pasaba por allí y los apartó a golpes de mí.

Me dejaron solo en el *majzan* y aproveché para poner mis cosas en orden y coger secretamente mis armas. Vi pasar por allí a Fahd que se dirigía al *qahwa* de Abeyd y le dije: «Fahd, déjame ir contigo que aquí no me siento seguro, ¿dónde está Hamud?». El pobre hombre contestó amistosamente: «Hamud no ha salido aún, Jalil, pero no tardará en llegar». Imbarak: «¡Wel-lá, te digo que el Emir va a enviar a que te corten la cabeza de inmediato!». Mayid (que en ese momento iba de camino hacia el *qahwa* de Abeyd): «¡Eh!, Imbarak, ¿es eso cierto?», y el muchacho sonrió con la malévola curiosidad de un niño ante un espectáculo atroz. Mientras acompañaba a Fahd, Imbarak desapareció por la puerta del alcázar; tal vez fuera a ver al Emir. Fahd suspiró cuando llegamos a la puerta y me dijo, el pobre: «Jalil, si Alá quiere todo saldrá bien, Hamud no tardará en llegar». No llevaba sentado más que un rato cuando vinieron a decirme que «el Emir quería verme». Yo respondí: «No me engañas, es Imbarak quien me llama». Fahd: «No, Jalil, ve, es el Emir».

Al salir volví a encontrarme a Imbarak, que me instó a montar de inmediato con sus viejas amenazas. Le contesté: «Antes debo ver a Hamud», y me dejó. Habían cerrado la puerta tras de mí, así que volví al *majzan* y comprobé que mi equipaje estaba seguro; Fahd vino a buscarme y me dijo: «Hamud ya está en la casa», yo le pedí que enviara a un sirviente para acompañarme. Pasado un rato, Hamud entró, me saludó y me tomó de la mano. Le pregunté si todo aquello eran órdenes del Emir. Hamud: «Por Dios, Jalil, no puedo hacer nada contra el Emir; *hu yáhkam aleyna*, él nos gobierna a todos». «Trajisteis aquí algunos de mis libros y otras cosas.» «¡Sí!, los *eyyal* los cogieron de tu *majzan*, se te devolverán.» Cuando le conté que el canalla de Ali —que se había ido de peregrinación— me había robado, Hamud exclamó: «¡Que el Señor le prive de aliento!». No habría sido un árabe si le hubiera reprochado su latrocinio. «¿Por qué me enviaste ese dinero?» «Por generosidad, Jalil, ¿por qué lo rechazaste?» «¿Fue en pago por mis cuidados diarios durante un mes y por las medicinas que le di a tu hijo, que ahora ha recobrado la salud?» «Por todo eso. Tenemos mucha quinina; ¿quieres comprar un poco por dos reales?» Estaba haciendo sus abluciones para ir a rezar las oraciones de mediodía y mientras hablaba conmigo se iba haciendo tarde. «Hay algo que quiero pedirte, Hamud.» «¿De qué se trata, Jalil?» y me miró alegremente. «Sácame de este aprieto, ya que hemos compartido el pan y la sal.» «¿Y qué quieres que haga? Mohammed nos gobierna a todos.» «Pídele a Imbarak que no haga nada hasta la hora del *mechlis* de la tarde, para que pueda hablar con el Emir.» «Se lo diré», y Hamud se fue a la mezquita.

Después de las oraciones, me encontré al propio Príncipe en el Méshab. Como ya dije, camina envuelto en una insolente nube de jóvenes fanáticos y le siguen de cerca una decena de soldados. Siempre que me lo encontraba por la calle me daba la impresión de que devolvía mi saludo con una mirada orgullosa. Ahora al cruzarme con él le dije sin saludarle: «*Aruh*, me voy». «*Ruh*, vete pues», contestó Mohammed. «¿Puedo entrar a hablarte?» «¡*Meshgul!*, estamos demasiado ocupados.»

Cuando por fin se celebró el *mechlis* de la tarde, pasé entre la gente y me acerqué al Emir, que estaba sentado tratando de adoptar un aire gallardo ante el pueblo mientras hablaba con un gran jeque de los bedu que estaba a su lado. Mohammed Ibn Rashid me miró con disgusto y rostro sombrío, cosas ambas de mal augurio entre los árabes. «¿Qué (dijo) te trae ante mí?» «Estoy a punto de partir, pero quiero hacerlo con garantías. Hoy me han maltratado en este lugar de un modo que me ha dado miedo. Tus esclavos me empujaron aquí y allá y me arrancaron la ropa por orden de Imbarak que está ahí, y además me amenazó e incluso me escupió en la cara.» El Emir le preguntó en voz baja a Imbarak: «¿Qué has hecho?» y él contestó excusándose. Yo añadí: «Ahora quiere obligarme a ir con los Heteym y yo presiento mi desgracia». «No (dijo el Emir golpeándose el pecho), no temas, nos ocuparemos de tu seguridad y te proporcionaremos un pasaporte», y le ordenó a Nasr, su secretario, que estaba sentado a sus pies: «Escríbele una cédula con un salvoconducto».

Le dije: «Te he traído un magnífico telescopio de mi país». Me había costado tres o cuatro libras y pensé que si Ibn Rashid aceptaba mi regalo podría pedirle un camello, pero cuando me respondió: «Tenemos muchos y no nos hace falta», le repliqué al Emir con una franca expresión del desierto, *weysh aad*, que es como decir "¡qué raro!" y Mohammed se hundió en su asiento como si hubiera ofendido su dignidad en público; no obstante, se recobró y me dijo con aire más cordial y mirada amistosa: «Siéntate». Mohammed no carece de generosidad y puede que reconociera en el extranjero sus propias épocas de infortunio. Nasr terminó de escribir en un billetito cuadrado y se lo dio al Emir quien lo leyó, mojó en tinta su sello de cobre y estampó en él su nombre. Yo le pedí a Nasr: «Léeme lo que hay escrito en él», y él leyó: «A todo aquél en cuyas manos caiga esta cédula y que deba obediencia a Ibn Rashid: sabed que es la voluntad del Emir que nadie *yarud aleyh*, cometa ofensa alguna contra este nasraní». En ese momento, Ibn Rashid se incorporó y el *mechlis* se puso en pie y se dispersó. Antes de que el Emir se fuera le pregunté: «¿Cuándo debo partir?». «Cuando te plazca.» «¿Mañana?» «No, hoy.» Entonces me dio la espalda y cruzó el Méshab.

«¡Monta!», gritó Imbarak; pero cuando supo que aún no había comido me llevó a través del alcázar hasta el *Mozif* y a una habitación que había detrás y que era la cocina pública para preguntarle a los cocineros qué habían preparado. Todos me recibieron amablemente y Mufarrich me ofreció dátiles, harina y *samn* para el camino, la acostumbrada provisión del Emir, pero yo no quise aceptarla. La cocina es una sala humilde, el suelo es de tierra batida y hay un aljibe y una tubería. El *temn* y la cebada se hierven en cuatro o cinco calderos de cobre y reservan otros tres para los días de carne (que no son muchos), tan grandes que en uno de ellos podría cocerse la carne de un camello entero. ¡Así de simple es la cocina de este palacio de la Arabia nómada, un país donde no pasar hambre es como darse un banquete! Los sirvientes de la cocina eran un pobre hombre, quizás de condición servil, que había sido paciente mío y cinco o seis mujeres que trabajaban a sus órdenes; además estaban los muchachos encargados de llevar las bandejas metálicas con las viandas de los invitados a cenar. Cuando regresé al Méshab, un nómada vino con un camello para cargar mi equipaje, aunque antes le pidió a Imbarak que le permitiera marcharse tras devolverle el dinero que le había dado a cambio. El Emir había ordenado que me entregaran cuatro reales para el viaje, tanto si quería como si no, y yo los acepté como compensación por lo que me habían robado en el *majzan*; también acepté los cuatro reales de Hamud como pago por las medicinas.

«Imbarak, jura —le dije mientras me acompañaba hasta el *zoco* de donde iban a partir los nómadas— que no me envías a la muerte.»

«No, por Alá, que confío en que no te ocurra nada, Jalil.» «Y tras dos jornadas en el desierto, ¿seguirán observando los árabes las órdenes de Ibn Rashid?» «¡Son nuestros súbditos!», y le dijo a los nómadas: «Llevadlo ante *Qásem ibn Barak* (un gran jeque de los Heteym de las tierras medias cuyos *byut* estaban plantados setenta millas más al sur) y él lo enviará a Jaybar». Un boticario de Medina, un buen hombre del Heyaz como lo son muchos en esa ciudad parcialmente árabe, salió de su tienda al verme pasar para despedirme: «Puedes estar seguro —me dijo— de que no te traicionarán, pero no olvides que esa gente (de Hayil y el *Nechd*) son bedu». «Oh, tú (me dijo el nómada), apresúrate en salir con nosotros de Hayil, no te demores ni vuelvas sobre tus pasos o te matarán.»

Como no quise obligarle a arrodillar al camello me agarré al cuello de la sobrecargada bestia para subir y el pobre nómada me gritó: «¡Vengan esos cinco!», es decir los cinco dedos. El joven Ibrahim, uno de los hombres del Emir —a quien yo había tratado y cuya tienda estaba a un extremo de la ciudad—, salió a despedirme al vernos pasar y nos acompañó durante un rato. Les habló a los nómadas con severidad, les pidió que me cuidaran y les amenazó con que «si algo me sucedía, el Emir exigiría sus cabezas». Al llegar a *Ma' es-Samá*, le alcancé mi odre a uno de los hombres y le pedí que me lo llenara. «¡Llenarle el guirbí a un *káfir*! No, desmonta, nasrawí, y llénatelo tú mismo.» Ibrahim me lo llenó y lo colgó del pomo de mi silla. Seguimos adelante y empezó a ponerse el sol. Mis compañeros eran tres —el dueño de mi camello, hombre tímido y sonriente, su fanático vecino que siempre me llamaba nasrawí (y no nasraní), y otro Heteymy, un hombre algo cabezota y de ideas propias que hablaba sincera y orgullosamente—. El crepúsculo es tan breve que la noche se cerró de pronto sobre nosotros dándonos la bienvenida con su silencio y soledad después del bullicio de la ciudad. Cuando vieron que respondía con la cortesía del desierto a todas sus preguntas, gritaron: «¿Oh, por qué lo acosarían así los de Hayil? ¡Wellá, esos de Hayil sí que son *nasara*!». Seguimos nuestro camino en la oscuridad durante tres o cuatro horas hasta llegar a las puertas de Gofar; allí desmontamos y nos tumbamos a dormir en el desierto.

Cuando despuntó la mañana, fuimos a un lejano alcázar —una o dos estancias de ladrillos de adobe— en el que vivía una familia pobre conocida suya. Estábamos a finales de noviembre (a día 21, según mis cálculos) y las noches eran frías a una altitud de 4.000 pies. Aquella pobre gente nos ofreció unos dátiles y preparó café, no eran campesinos ni nómadas, sino bedu. Quebrados y debilitados por la vida nómada habían abandonado las calamidades del desierto y se habían convertido en "habitantes del adobe" en uno de los pueblos del Yebel y *Seyadín* o comerciantes con los árabes. Compraban dátiles y trigo durante la época de la cosecha y los vendían después en los *hubts* o mercados errantes de las tribus nómadas. A la llegada de la primavera, abandonaban las paredes de adobe, cargaban sus mercaderías en burros y se ponían en camino para ir a comerciar con los árabes. Vagaban así durante meses hasta haberlo vendido todo y, al comenzar el caluroso verano, regresaban al oasis con sus humildes ganancias de dinero y *samn*. Mis compañeros les compraban parte de sus provisiones de dátiles para el invierno a un precio algo menor que en el mercado de Hayil. Aquellos desheredados del mundo me hablaron con bondadosa humanidad; en sus palabras no había ni rastro de fanatismo musulmán. Las mujeres tomaron el manto de mis hombros sin que nadie se lo pidiera y remendaron los desgarros del día anterior en Hayil y el padre de familia me regaló su propia fusta, hecha con una rama de almendro. Mientras yo me sentaba con ellos, mis compañeros fueron a ocuparse de otros asuntos. Al cabo de un rato, llegó un carnicero de Hayil (a quien una mañana yo le había comprado tres libras de cordero por cuatro peniques) que alabó ruidosamente al nasraní ante tan humilde compaña.

Los hombres no estuvieron preparados para partir hasta una hora después de mediodía; entonces cargaron los dátiles y nos pusimos en camino. Pasado Gofar, viajamos por una llanura de grava granítica, la alargada montaña de *Achya* flanqueaba el camino a mano derecha. A las cinco desmontamos y herví para ellos un poco de *temn* que llevaba conmigo, pero el sol se puso de pronto y se levantaron riendo para ir a recitar sus oraciones, se pusieron a rezar sujetándose las costillas y reprimiendo la risa como podían. Unos recolectores de leña de Hayil pasaron junto a nosotros. La doble cabecera del *Sumrá Hayil* estaba todavía a la vista a unas veinticinco millas. Volvimos a montar y atravesamos en la oscuridad los muros y los palmerales de el-Qasr, que está a treinta millas de Gofar, bajo los acantilados de *Achya*; una hora después, desmontamos para dormir en el desierto. Por la mañana, los flancos graníticos de *Achya* aparecieron extrañamente difuminados por la sombra de una especie de nubes que, en realidad, eran lenguas de erupciones basálticas; además sobre las crestas se distinguían negras cúpulas que parecían volcanes. Dos horas más tarde, atravesamos un terreno granítico y montañoso *el-Mujtelif*. *Achya* queda lejos, a mano derecha, y no se extiende mucho más allá. Nos encontramos con un joven de el-Qasr que iba en su *zelul* en busca de un camello extraviado. Las perdices pululaban por doquier y cantaban y volaban sobre el suelo granítico embalsamado al sol con la (resinosa) dulzura del boj.

Cerca de las cuatro de la tarde, pasamos junto al solitario poblado de Biddiyya, que está en mitad de un llano rodeado de montañas de poca altura. La pequeña aldea está a treinta y cinco millas al suroeste de el-Qasr y fue planificada hace pocos años por arquitectos de Mogug; en ella hay sólo dos pozos y cuatro familias. Cuando pregunté a mis compañeros por aquel lugar, se pusieron a toser y a reír y me indicaron por señas que allí sólo podía coger reumatismo y un buen catarro. Poco después, nos adelantó una partida de Shammar a lomos de dromedarios. Todos habían oído hablar de Jalil y fueron muy amables conmigo, nos dijeron que un poco más adelante había un aduar de sus árabes (donde podríamos cenar y dormir). Nos dieron la buena noticia de que el ganado menor había parido y los árabes tenían mucho *leban*: «¡Lo escancian (para beberlo) hasta mediodía!». Uno de ellos me gritó: «¿Pero qué haces en compañía de estos perros Heteymíes?».

En medio del camino dormitaba una gran serpiente blanca, *hánash*. El suspicaz dueño del camello atribuyó a la malicia del nasraní que no la hubiera visto antes; aguijoneó al camello y partió en pedazos a la venenosa alimaña con su lanza. Al declinar el día, mis compañeros subieron a todos los altozanos en busca de las negras tiendas de los árabes. El sol se puso y proseguimos nuestro viaje con la esperanza de vislumbrar los fuegos de las tiendas beduinas. Tres horas más tarde nos detuvimos y nos tumbamos, hambrientos y fatigados, para dormir en el *jala*. La noche era fría y no logramos conciliar el sueño, la altitud era de 4.000 pies.

Antes del amanecer, cargamos y volvimos a ponernos en camino. Poco antes de despuntar el día nos encontramos con los árabes Shammar que estaban levantando el campamento. Sus rebaños de ovejas en este dira son enormes y además una multitud de camellos pasta por la llanura. Dos pastores vinieron a vernos para averiguar si traíamos noticias. «¿Hay novedades —gritaron— en los pueblos? ¿Cuántos *sahs* por un real?» Luego uno, al darse cuenta de quién era yo, levantó la lanza contra mí y le dijo al otro: «Aparta y lo mataré». «¡No, no lo hagas!, ¡wel-lá! (exclamaron mis *rafiqs*), este (hombre) viaja bajo la protección de Ibn Rashid y nuestra vida depende, *bil-lá*, de que lo llevemos ante *Qásem Ibn Barak*.» Los Heteymíes no habrían osado resistirse a los violentos Shammar y, de no ser porque me servían de ojos en el desierto, más me habría valido viajar solo.

Mientras los sobrecargados camellos marchaban lentamente, yo recorría gran parte del camino a pie. El fanático que gritaba "¡nasrawí, nasrawí!" aseguraba que no podía caminar y que debía montar en el camello que yo había alquilado y, pese a que estaba muy fatigado, no quise contrariarlo no fueran a recordar lo de Hayil y a volverse contra mí. El viento había amontonado la arena del desierto en grandes dunas contra los flancos de las montañas graníticas y los bloques basálticos que había a nuestro alrededor. Llegamos inesperadamente a un aduar de Shammar. Su jeque se apresuró a salir de la tienda a recibirnos: era un patán de aspecto salvaje y no llevaba pañuelo, sólo un cordón de lana, *maasub*, que le ceñía las trenzas. Me pidió *doján* y yo le respondí que no tenía, pues la petaca, el eslabón y el pedernal se me habían caído poco antes del camello. «Danos tabaco (gritó), desmonta y bebe *qahwa* con nosotros, de lo contrario haremos *no'j* (arrodillarse) a tu camello y te lo quitaremos por la fuerza.» «¡Cómo (repliqué yo), no creéis en Dios! Te digo por Dios que no tengo, es *ayb* (una vergüenza) molestar a un extranjero sólo por una pipa de tabaco.» Sólo entonces me dejó pasar, aunque antes me hicieron jurar solemnemente que de verdad no tenía nada.

Por la tarde, llegamos a territorio Heteym y nos encontramos con un jeque que se dirigía a lomos de su *zelul* a comprobar si había brotado pasto en el desierto. Los *rafiqs* lo conocían y el hombre se ofreció a llevarme él mismo a Jaybar a cambio de un tomá (precio). Se trataba de Eyada ibn Ayyueyn, un jeque de los Heteym con quien no tardaría en encontrarme de nuevo. Mis *rafiqs* me aconsejaron que aceptara: «Es un hombre respetable y puedes fiarte de él». Los primeros ofrecimientos de los árabes son los mejores y los menos interesados, con frecuencia lo más prudente es aceptarlos; pero recordé las palabras del Emir de que me reuniera con *Qásem Ibn Barak*, jeque de los Beni Rashid, para que "él me enviara a Jaybar", y su aduar ya no estaba lejos de allí. El tal Qásem o Gasim, o Yasim, pues pronuncian el nombre de formas diversas de acuerdo con el *loga* de sus tribus, era, según mis compañeros, un gran jeque "comparable a Ibn Rashid" en su país.

El sol empezaba a ponerse cuando llegamos a las primeras tiendas Heteym y los *rafiqs* desmontaron. Oímos decir que Qásem había plantado su tienda algo más allá bajo una cornisa en la roca, así que mi *rafiq* y yo volvimos a montar en su camello para ir allá. De camino Salih me dijo: «Cuando lleguemos desmonta con agilidad, así los árabes verán que estás acostumbrado a la vida en el desierto». La tienda de Qásem era una simple hejra pequeña y hecha jirones; vi a su yegua atada junto a ella, el harén estaba dentro. Una fue a llamar al jeque y mientras tanto Salih bajó rápidamente mis bolsas, volvió a montar y se habría ido sin despedirse si yo no hubiera sujetado al camello de la barba y lo hubiera obligado a arrodillarse. «¿Es que mi *rafiq* va a abandonarme así? Salih, debes transmitirle a Qásem las instrucciones del Emir.» Lo vimos venir desde un *beyt* vecino.

Qásem era un hombre joven y ágil a punto de entrar en la edad mediana. Al principio dijo que no podía recibirme. «¿Cómo (preguntó) le enviaba el Emir a un extranjero para que lo mandara a Jaybar sabiendo que estaba en guerra con ellos?» Luego le reprochó a Salih que hubiera querido abandonarme en "tiendas extrañas". Yo pensé en lo desesperado de mi situación si me abandonaban en mitad del desierto de Arabia, donde era más de temer encontrarse con un desconocido que con cualquier alimaña salvaje. «Tú, Qásem, has oído la promesa de Ibn Rashid, y si no puedes cumplirla al menos ten en cuenta que he desmontado ante tu *beyt* y estoy cansado, déjame descansar esta noche, *wa ana dajilak*, y refugiarme bajo tu techo.»

Entonces me hizo pasar a la tienda y me animó a ponerme cómodo; después volcó en Salih toda la vehemencia de su enfado: lo agarró, lo empujó —ésas son las violencias de los Heteym—, y le arrancó el manto. «¡Largo de aquí! —gritó—, me quedaré con tu camello para enviar en él al extranjero a Jaybar. Alá maldiga a tu padre por abandonar a tu *rafiq* entre los árabes.» Salih lo soportó todo con paciencia pues los nómadas no suelen ofrecer resistencia cuando se ven superados. Qásem le puso a Salih la espada en el cuello para obligarle a confesarlo todo sin falsedad, empezando por el nombre de su tribu. Salih reconoció entonces ser un *Beyayda*, es decir de una sub-tribu de los Bishr, era por tanto un *Annezy*, aunque había pasado su vida con los Heteymíes Noamsíes y pasaba por Heteym. Qásem dejó marchar a Salih y pidió que encendieran el fuego, él mismo cogió un poco del forraje de la yegua y lo esparció ante el camello de Salih; luego regresó y se sentó en la tienda con el humor hipocondríaco de un enfermo. «¿Es que nadie va a traer *qahwa* para que podamos prepararle una taza al extranjero? ¿Cuál es tu nombre?» «Jalil.» «Dime, Jalil, qué debo hacer en este caso, porque, wel-lá, yo no lo sé. Entre nosotros y los de Jaybar y el *Dowla* no hay más que pendencias y degollamientos. ¿Cómo quiere el Emir que te envíe yo a Jaybar?» Unos vecinos vinieron a beber café y uno respondió: «Si Jalil me entrega cuatro reales lo llevaré, *bil-lá*, hasta la linde de los palmerales de Jaybar y lo dejaré allí». Qásem: «Pero Jalil dice con razón que entonces seguirá tan lejos de Jaybar como al principio».

Los del café se mostraron amables conmigo. «¡Ay, Jalil! (dijo Qásem), si te hubieras quejado del hombre que te abandonó, ése que venía contigo, wel-lá, le habría cortado la cabeza y la habría echado al fuego:

malditos sean todos los *Anuz* [los de la nación *Annezy*].» «Bueno, si te es tan difícil mandarme a Jaybar, podrías enviarme con Hannas, jeque de los Noamsíes; he oído decir que está acampado cerca de aquí y me recibirá bien.» «Lo decidiremos por la mañana.» Pusieron ante mí un escaso plato de *temn* hervido sin *samn* y un poco de *leban* corrompido —la peor comida que me ofrecieron nunca bajo las tiendas de estambre—; no tenían leche fresca porque los rebaños de camellos estaban *azab*, o lejos del aduar, y pastaban al oeste, cerca de Bayza Nezil.

La noche se cerró oscura a nuestro alrededor con lluvia y nubes espesas y relampagueó sin truenos. Los nómadas dijeron: «¡Son los ángeles!», y sus palabras me recordaron a la visión de los nómadas en los campos de Belén. «La tormenta —murmuraron— está sobre el *Wadi er-Rummah*», que según me dijeron quedaba a sólo media jornada de *zelul* de allí. Les sorprendió mucho que conociera el nombre del gran *wadi* del centro del *Nechd*; me dijeron que la cabecera está en su dira, cerca de el-Hayat, a un día de distancia en *zelul* —entre cuarenta y cinco y setenta millas por terreno llano—. La fría lluvia goteaba sobre nosotros a través de la raída tela de la tienda y cuando se hizo tarde Qásem dijo: «Tú puedes dormir, yo tendré que pasar despierto toda la noche para vigilar el camello, no vaya a ser que el *Annezy* vuelva para llevárselo».

Me levanté con el alba y encontré a Qásem encendiendo el fuego. Me dijo: «¡Buenos días! Muy bien, te enviaré con Hannas, te llevará el hombre que vino contigo». «Si me traicionó ayer, ¿por qué no va a traicionarme hoy?, podría incluso abandonarme en el *jala*.» «Se lo haré jurar para que se asuste.» Las mujeres oyeron decir que yo era un *mudowwiyy* y vinieron a verme para comprar medicinas a cambio de *bagl* o coágulos de leche seca asegurando que me servirían de provisiones durante el viaje. La hermana de Qásem vino con las demás y se sentó a mi lado. Me dijo que Qásem padecía de rihh, una inflamación del bazo provocada por las fiebres, y me preguntó si tenía medicinas para eso. El velo de las mujeres es una tela azul de calicó que sólo cubre la parte inferior de la cara. Sus ojos eran maravillosamente grandes y, aunque era pálida y delgada, me dio la impresión de que debía ser muy bella y hermosa; se inclinó delicadamente para examinar mis drogas con la desenvoltura de una mujer entendida en remedios. Al ver que no conocía ninguna de mis medicinas, dijo con voz dulce y suave: «Entonces dame, Jalil, la que te parezca más eficaz». Pese a ser tan hermosa y la hermana de un gran jeque, ningún beduino se habría casado con ella porque los Heteym "no son del linaje de los árabes".

Después llegó Salih y cuando le devolvieron su camello se alegró tanto que prometió todo lo que quiso Qásem e hizo sonoras protestas de que me llevaría directamente con Hannas. Montamos y nos pusimos en camino; pero yo tiré de la brida y obligué a Salih a pronunciar el solemne juramento del desierto, *ala el-aud wa Rabb el-mabub*, de que cumpliría su promesa, de lo contrario no iría con él. Salih miró tembloroso hacia atrás y gritó: «Lo juro, *bil-lá*, lo juro, pero démonos prisa en volver con nuestros *rafiqs*, nos están esperando en aquellas tiendas».

Volvimos a emprender la marcha y Salih dijo: «¡En toda mi vida había pasado tanto miedo como cuando Chasim me puso la espada en el cuello!». Viajamos durante una hora y media y nos aproximamos a otro aduar Heteym donde había muchas tiendas; al pasar Salih se acercó para preguntar si tenían noticias. No lejos de allí llegamos a un alcor donde había dos tiendas solitarias. Mis compañeros dijeron que los (sobrecargados) camellos estaban desfondados y que desmontarían allí para dejarlos pastar una hora. Al llegar al lugar se detuvieron.

En la primera tienda había una vieja comadre que, al cabo de un rato, nos llevó un cuenco de coágulos de leche y *samn* y después el mayor consuelo en el sediento desierto: un gran tazón de suero de leche. Salih dijo: «¿Te gusta? Los Heteym tienen mucho, son buenos y hospitalarios». Después de comer, los hombres se levantaron y cargaron el equipaje en los camellos —¡pero no mis bolsas!— y se pusieron en camino. Yo apelé al Heteymy de mayor edad, que era un hombre respetable, pero él se encogió de hombros, elevó las manos al cielo y contestó muy serio: «¿Qué puedo hacer yo? Es cosa de Salih, wel-lá, no puedo interponerme; pero no temas, éstos son buena gente y no sufrirás daño alguno». Salih añadió: «Además, Eyada ibn Ayyueyn está cerca de aquí». «¿Pero qué hay de tu juramento, hombre?» El más fanático de los tres respondió por él: «¡Un juramento no es vinculante si se le hace a un nasrawí!». «¿Y el Emir?, y Qásem no está lejos.» Salih: «Malditos sean el padre y la madre de Qásem; pero no te preocupes, los Heteym son buena gente y todo acabará bien». No valía la pena seguir discutiendo, pues me arriesgaba a que hicieran público que yo era un nasraní, lo mejor era dejar marchar a aquellos *rafiqs* y quedarme con las mujeres. Los tres partieron sin mí.

«Es cierto —dijo la vieja— que Eyada está cerca, ayer oí ladrar a sus perros.» En la otra tienda estaba una cuñada enferma; los hombres se habían ido con el ganado. La mujer parecía mohína de que el hubt me hubiera abandonado; más tarde fue a donde estaba yo sentado y me dijo: «¡No te lamentes! *Ana jalatak*, pues soy la hermana de tu madre». Poco después salió para dar cuenta a los hombres de lo sucedido. Cerca de aquel lugar encontré el borde de una lengua volcánica de color marrón, una especie de basalto traquítico; cuando el sol empezó a ponerse me oculté, no fuesen a ver que no rezaba y me descubrieran antes de tiempo.

No mucho después, llegó a casa el marido, un sordo que respondía por el nombre de feliz augurio de Zayfulá; me recibió con amabilidad y tras él llegaron sus tres hijos adultos con los camellos y un gran rebaño de ovejas y cabras con muchos corderos y cabritillos. Me di cuenta de que (pese al aspecto empobrecido de los Heteym) debía tratarse de gente próspera. Una vez sentados en torno al fuego vespertino, Zayfulá me trajo un cuenco de leche caliente. Me dijo: «Aquí no tenemos nada de comer, ni dátiles, ni arroz, ni pan, pero bébete esto que Dios nos ha dado, aunque sea una cena tan escasa». Le bendije y le respondí que me parecía el mejor alimento. Él contestó: «¡Sí, así hervida entra en los huesos!». Cuando supo que ese mismo día mis *rafiqs* me habían abandonado exclamó: «*Bil-lá*, si hubiera estado aquí les habría cortado la cabeza». El pobre hombre era muy honorable y, pese al gran placer que le proporcionaba, apenas llenó su *galyán* una vez con el poco *tittún* que yo había encontrado en el fondo de mis alforjas; y no permitió que sus jóvenes hijos aceptaran nada del (desamparado) huésped que el Señor les había enviado aquel día. Eran árabes sencillos y piadosos que no rezaban (formalmente) y no se llenaban la boca con menudencias religiosas, sino que estaban imbuidos de la compasiva humanidad del desierto. Por la mañana me llevaría (dijo mi amable anfitrión) con Eyada ibn Ayyueyn, quien a su vez me enviaría a Jaybar.

Era una noche oscura y las nubes se abrieron sobre nosotros dejando caer rayos y lluvia. Yo le dije a Zayfulá: «Dios vuelve a enviar su bendición sobre la tierra». «Ciertamente», respondió con devoción y se besó la mano piadosa en dirección a la centelleante tormenta mientras murmuraba alabanzas a Alá. ¡Qué bueno y pacífico me pareció aquel terruño nómada bajo las empapadas lonas de estambre en comparación con la ciudad de Hayil!

Cuando se alzó la mañana, las mujeres ordeñaron al ganado y nos quedamos allí sentados mientras la anciana mecía el odre de leche sobre sus rodillas hasta extraer la mantequilla que forma una especie de cuajo junto a la boca del semilí. No tardaron en ponerla al fuego para convertirla en *samn* y me invitaron a comer la dulce nata con los dedos. Luego le añadieron un poco de cereal para suavizar el sabor de la leche y vertieron el *samn* o mantequilla clarificada. El poso de cereales empapados en lechosa mantequilla se le sirve al invitado y es el dulce más delicioso de la menesterosa vida nómada. Después, la buena mujer me dio un pequeño odre (debía ser algo menos de media pinta) lleno de *samn* (todo el que habían producido aquel día los rebaños) como regalo, ¿no les daría yo algunas medicinas para la fiebre? Le di unas cuantas dosis de quinina. Trajo además un gran tazón de suero de leche y, después de beber un buen trago, Zayfulá cargó mis alforjas en uno de sus camellos. Montamos y nos internamos en el *jala* en dirección sur.

Viajamos durante una hora y llegamos cerca del aduar de Eyada, las tiendas de estambre estaban plantadas en una depresión que se abría hacia el horizonte en dirección sur, a lo lejos distinguí una vasta negrura (el *Harrat Jaybar*) y unas montañas rosáceas de granito. Entre las montañas cristalinas se extendía una lengua de areniscas cubiertas de lava que llega hasta Jaybar. «Cuando lleguemos a las tiendas deberás hablarles —me dijo Zayfulá—, di que eres un mudowwí llegado de Hayil y que quieres llegar a Jaybar; seguro que por dos reales encontrarás a alguien que quiera llevarte.»

Desmontamos y Zayfulá me recomendó a Eyada: yo era (según le dijo) un experto mudowwí, luego subió a su camello y se marchó. Aquél era el jeque Heteym a quien habíamos visto dos días antes en el desierto, tal vez comprendió entonces (por algo que le oyera decir a los fanáticos) que yo no era un verdadero musulmán porque cuando lo saludé y le dije que quería ir con él a Jaybar me recibió con aspereza. Era un hombre rudo y fuerte, con ese aspecto malévolo que los Heteym comparten con los Fehyat. Eyada: «Aunque ayer me ofreciera a hacerlo no puedo acompañarte a Jaybar». Ante su tienda estaban sentados algunos hombres «¡Eh! ¿Quién de vosotros quiere llevar a este hombre a Jaybar a cambio de cuánto..., tres reales?». Uno de ellos contestó: «Yo lo llevaré si me da ese dinero». Así se lo prometí y él fue a prepararse para el viaje, pero luego volvió y dijo: «Dame cuatro reales, tengo una deuda y así podría cancelarla». Eyada: «Dale cuatro y ve con él». Yo consentí, y el jeque me garantizó que aquel hombre no abandonaría a su *rafiq* como había ocurrido el otro día. «No, confía en mí, éste es Goceyb, un jeque y un hombre valeroso.» «¡Jura, oh Goceyb, por la vida de esta brizna de hierba, que no abandonarás a tu *rafiq* hasta que me hayas llevado a Jaybar!» «Que me muera si no te llevo hasta allí.» Eyada: «Además su *zelul* es capaz de volar como un pájaro». Goceyb: «¡Mira lo alto que está ya el sol!, pasemos el día aquí y mañana emprenderemos el camino». «No, debéis partir hoy», contestó el jeque con tanta sequedad que a mí me pasmó lo insociable de su respuesta y a Goceyb lo dejó muy extrañado. El jeque no me invitó a entrar en su tienda, aunque nos sacó un gran tazón de suero de leche. Entonces llegó el harén con sus pequeños cuencos de leche seca para pedirme medicinas. No encontré otros beduinos tan dispuestos a comprarle al mudowwí como los Heteym. Después de mi partida, cuando hubieron probado mis medicinas, todos dijeron que Jalil era un hombre de fiar y sus testimonios me fueron muy útiles meses más tarde, cuando volví a atravesar su país.

Goceyb me dijo que desde allí hasta Bayza Nezil había media jornada (de zelul), tres a Hayil, cuatro a Teyma y cuatro y media a *el-Aly* y que deberíamos pasar tres noches fuera antes de llegar a Jaybar. No habíamos recorrido ni una milla cuando una cría del *zelul*, que estaba pastando en el desierto, salió a su encuentro corriendo de costado (moviendo las dos patas de un lado al mismo tiempo) y nos siguió dando mugidos mientras la madre le respondía con sollozos de su enorme garganta, pero Goceyb desmontó y la espantó. Cabalgamos sobre una llanura de arena. Cerca de nosotros apareció la gran negrura peñascosa del Harra y algunas montañas y crestas requemadas, *el-Helly*, ¡que a mí me parecieron cráteres de volcanes! Una montaña de poca altura *Bozra*, que sin duda era granítica, discurría junto al camino a nuestra izquierda. Goceyb aguijoneó a su *zelul* con un agradable *¡gluk!* de la lengua contra el paladar; nunca lo había oído antes, las diferentes tribus del *jala* en Arabia emplean llamadas muy diversas para el ganado.

Nos internamos en el negro Harra. El campo de lava adopta la forma de grandes olas y desfiladeros y se convierte en un laberinto de peñascales de lava y breves llanuras arenosas. Se trata de otra parte del país volcánico de la Arabia occidental que, salvo por pocas brechas de importancia, se extiende desde Tebuk a lo largo de siete grados de latitud hasta los confines de La Meca.

Encontramos agua salitrosa (de las últimas lluvias) en una cueva y Goceyb desmontó para llenar nuestro guirbí. A media tarde vimos un rebaño de cabras ramoneando entre las ásperas lavas. El pastor era un Heteymy que conocía a Goceyb y nos indicó dónde estaban plantados los *beyut* en una oquedad del terreno que había a poca distancia. Allí Goceyb reconoció a sus parientes y desmontamos ante la tienda de su hermano. La escabrosa falda del Harra está a 4.300 pies sobre el nivel del mar. El harén iba velado como en el campamento de Qásem y llevaba una trenza sobre la frente. Por la tarde nos obsequiaron con un caldero de *temn* y el anfitrión nos escanció un odre entero de espeso suero de leche...

...Por la mañana temprano Goceyb ordeñó a nuestro *zelul* y me trajo la tibia bebida; después, debido a la fatiga del viaje, que pasaría casi sin probar la hierba, sus ubres se secarían y el bedawí buscaría un *hurr* que la cubriera [con la esperanza de que pudiera parir una hembra]. Nos invitaron a desayunar en otra tienda donde nos ofrecieron dátiles fritos en *samn* y cuencos de suero de leche. Ante nosotros se extendía un hórrido campo de lava en el que pasaríamos "dos noches sin árabes" a la tercera llegaríamos a Jaybar.

Fueron días sombríos de nubes grises y lluviosas en el dorado cielo de Arabia. Viajábamos deprisa por senderos de camellos (*yidar*, pl. *yidrán*) labrados durante siglos en las cenizas y la aspereza de las lavas horrendas. Allí acuden los nómadas Bishr y Heteym a principios de año con el ganado en busca de la *rabía* que a veces crece entre las grietas de la lava y en los huecos y cavidades de la arena volcánica. Antes de mediodía pasamos entre las negras colinas *(hil-liyan)* que habíamos visto ante nosotros el día anterior, se trata de conos y cráteres de volcanes extintos. El camino discurría bajo la *hil-ly* más alta, que debía medir unos cuatrocientos o quinientos pies de altura. Algunas tienen dos cimas, como si se hubiera desplomado un lado del cráter. Otras parecen estriadas, es decir acanaladas de la base a la cúspide. Aquí todo es como vimos en el Harrat el-Aweyrid. Pasamos junto a una llanura de ceniza y, al pie de otra *hil-ly*, vi pumitas bajo los fragosos peñascales de lava. Desde allí se divisaba el Jarram a un día de distancia en dirección este. Por encima del Harra, en la amarillenta frontera del *Nefud*, la arena blanca se extendía en largas dunas contra los elevados flancos de las montañas.

Ahora había mucha agua encharcada en las tierras altas volcánicas ¡y en cierto lugar oí el fuerte retumbar de un salto de agua! Llegamos a una charca que parecía un lago de montaña bajo el sol poniente; de aquella extraña laguna del desierto nacía un riachuelo con el presuroso rumor de un molino de agua. Después de todo un día viajando, tiramos de la brida en un lugar a cubierto donde podíamos aventurarnos a encender fuego. Mi *rafiq* nunca se había internado tanto en el mar de lava, pero conocía los grandes puntos de referencia. Fue a arrancar una brazada del magro pasto que crecía entre las grietas para su *zelul*; yo recogí ramas secas para colocar debajo de nuestro pote, vertí el agua y la puse a hervir con un poco de *temn*. Al regreso de Goceyb le pedí que vigilara la olla, pero me dijo: «¿Y qué quieres que haga? Yo, *bil-lá*, no entiendo de eso». «Pues no conozco a ningún nómada que no sepa apañárselas durante un viaje.» «Yo como lo que me prepara el harén y jamás me preocupo de otra cosa.» ¡No llevaba consigo más que dos o tres puñados de leche seca. Goceyb tenía el bazo inflamado por las fiebres y apenas podía comer nada. En aquel lugar medí la mayor altura que había visto en Arabia, casi 6.000 pies, y según creo es donde se produce la división de las aguas entre los grandes *wadis* del norte de Arabia: en concreto el *Wadi er-Rummah*, que desciende del Harra hacia el noreste, y el *Wadi el-Humz*. La noche fue tibia y, protegidos tras las escabrosas lavas, como si fueran muros, nos mantuvimos calientes hasta la mañana.

Montamos con el crepúsculo, pero poco después de romper el día los cielos parecieron cerrarse sobre nosotros como una tumba de aciagas nubes. Avanzábamos entre horribles lechos de lava y a menudo debíamos pasar por cornisas estrechas o nos topábamos con profundos precipicios. El campo volcánico es un pétreo aluvión endurecido; cumbres onduladas como crines de caballo, oleadas de escoria volcánica que se superponen unas a otras y que al elevarse quedaron petrificadas, agrietadas en muchos casos y hundidas formando montones ruinosos de enormes bloques. Con frecuencia la lava semeja una guirnalda hecha de cordones; en las crestas también se ven afiladas lavas cristalinas, *laba* (en plural *lub*); ellos llaman *laba* a todo lo que recuerde al metal fundido. Los nómadas no conservan ninguna tradición de montañas ardientes ni de que este suelo estuviera inundado de mineral candente. A medida que avanzábamos, vi algunos despeñaderos de color cobrizo que sobresalían por encima del negro horror de las lavas; eran agujas de arenisca rozadas por la luz del sol de la mañana. En los lechos de lava donde crecían acacias a menudo sorprendíamos al *gatta* ("faisán de la arena"), un pájaro de carne dura que según los nómadas no tiene muy buen sabor. A menudo, en los campos de lava se distingue un centelleo bajo el sol como de agua distante que no es más que arcilla seca cubierta de sal.

Goceyb extendía devotamente las manos; no conocía las oraciones formales, pero su lado irracional se fatigaba con las tribulaciones del espíritu en tan peligroso viaje. «¡Cuida, Señor, de que no nos suceda ningún mal!, que éste no sea el día de nuestra muerte ni de la pérdida de mi *zelul*.» Mi *rafiq* no sabía que yo iba armado. Goceyb iba por delante, con el largo fusil de chispa en la mano, andando y corriendo en busca de un camino para el *zelul* y siempre temeroso de toparse con algún enemigo. En una ocasión se volvió de pronto y me sorprendió escribiendo con mi lápiz [una lectura del aneroide]. «¿Va todo bien, Jalil? —preguntó mi *rafiq*— ¿qué dice (la magia de tus letras)? ¿Es bueno o malo lo que nos espera? ¿No podrías escribir algo (un hechizo) para sacarnos de este aprieto?» Después, al verme cabalgar sin cuidado y dormitar un rato, se tranquilizó. Mi pistola de seis tiros me proporcionaba seguridad en Arabia, pues en caso de que tuviéramos que defendernos, confiaba en que fuera suficiente para protegernos a mí y a mi acompañante, y Goceyb era un camarada valiente. El largo fusil de Goceyb debía de resultar muy pesado sobre sus cansados hombros y le pregunté si quería colgarlo de la silla de su *rafiq*; él consintió siempre que no lo atase al pomo y lo dejara colgando para que pudiera cogerlo al instante en caso de peligro.

Dos horas después de amanecer, atravesamos el límite del Harra y salimos del campo de lava a un terreno de areniscas. El país volcánico que habíamos atravesado en diecisiete horas se llama Harrat *el-Eznán*, por el gran cráter conocido como *Y. Eznán*; el dira pertenece a los Heteym Noamsa. Al cabo de una hora, llegamos por una pendiente de arenisca roja a un profundo desfiladero, *esh-Shotb*, y nos aventuramos en él entre cornisas y salientes llevando al dromedario a paso corto. En el fondo crecían acacias y un árbol que yo no conocía con hojas parecidas a las del fresno de montaña. «Se llama *zirru* y, que sepamos, no tiene uso alguno», dijo Goceyb. Más allá del bosquecillo, unas delgadas efusiones de lava, procedentes del terreno volcánico de arriba, habían cubierto las areniscas del suelo. A mediodía, dejamos atrás las areniscas y volvimos a internarnos en un Harra que es una prolongación hacia el este del anterior, allí pasamos junto a unos cuantos cráteres de poca altura. El conjunto —el *Harrat Jaybar*— se extiende de noreste a sureste durante cuatro días de camino; lo que, teniendo en cuenta que Medina queda a una jornada de *zelul*, debe de suponer al menos cien millas. En comparación, su anchura es mucho menor y por el centro es posible atravesarlo en un día.

Entonces Goceyb dijo: «¿Realmente necesitas ir a Jaybar? *¿tuahy*, me oyes? ¿No preferirías que te llevara a el-Hayat?». Mi *rafiq* estaba atemorizado porque allí gobierna el *Dowla*: aquellos criminales del gobierno (tal como supe después) podrían haberlo considerado un enemigo, haberle arrebatado el *zelul* al desdichado nómada y haberlo metido en la cárcel; en cambio el-Hayat todavía era un pueblo libre bajo la jurisdicción de Ibn Rashid. Más adelante, me enteré de que Goceyb era un homicida sobre el que pendía una ominosa deuda de sangre; por eso había emprendido un viaje tan penoso por cuatro reales. Desde el aduar de Eyada habríamos podido dejar el Harra a nuestra izquierda y viajar por unas llanuras arenosas [que recorrí en primavera] a la sombra de las montañas graníticas; pero Goceyb no quiso hacerlo porque en descampado habría corrido mucho más peligro que en el escabroso camino del Harra.

A una hora del Shotb medí una altitud de 5.000 pies. Antes de media tarde, a nuestra derecha y más allá de las faldas del Harra y de los arenales, apareció una agreste cadena de montañas, *Yebal Hechyur*, distante unas veinticinco millas en el dirat de los Welad Ali. Viajamos todo el día como fugitivos por aquel país volcánico. En invierno atardece muy pronto y nos detuvimos en un lecho arcilloso con altas acacias y varios charcos amarillentos de agua de lluvia. Goceyb le ató las patas traseras con un cordel y soltó al *zelul* para que ramoneara las verdes ramas tras dos días sin probar bocado. Cocinamos un poco de *temn* y nos tumbamos a dormir en el suelo cenagoso bajo una lluvia fina nocturna.

Cuando empezó a despuntar el día nos pusimos en camino y atravesamos un riachuelo que manaba del agua encharcada del campo de lava. El tiempo había aclarado y los cielos se fueron despejando. De ahí en adelante, el país volcánico es llano y está surcado de yidrán. Por delante y algo más abajo vislumbramos la escarpada montaña de tres cimas, *Atwa*, que hay detrás de Jaybar. Goceyb saludó aquel punto de referencia con alegría: «Desde *Atwa* sólo hay una noche en *zelul* hasta Medina». A nuestra izquierda una lejana región del Harra, *Harrat el-Abiyad*, aparecía blanca bajo el sol y cubierta de hil-lian. Goceyb dijo: «Esas montañas son blancuzcas y están rodeadas de campos de lava; la piedra blanca parece requemada y es tan pesada como el metal». Otros decían: «Sólo las cimas de las *hil-liyan* son de piedra blanca, el resto es lava negra». Aquellas colinas blancas podrían ser de mármol que, como sabemos, abunda sobre las areniscas del Hisma.

Ya se veían las moscas del oasis; Jaybar seguía oculto de la vista por la gran pendiente del Harra; a cada paso el aire se volvía más cálido y más asfixiante para nosotros. Toda la comarca hasta el *Yebal Hechyur* desagua por los *wadis* de *el-Jafuza* y *Gummra* hasta el *Wadi el-Humz*. Goceyb me mostró las pisadas de un lobo en la arena volcánica. A media tarde estábamos cerca de Jaybar, que queda un poco más abajo y seguía oculto a la vista. Justo entonces descubrimos el rastro reciente de una razia: habían pasado en dirección a Jaybar. ¡Íbamos tras ellos por el mismo *yidar*!, las huellas eran de dos yeguas y dos camellos. Goceyb hizo un gesto para que me detuviera; se acercó y cogió el fusil en silencio, encendió la mecha y salió a explorar el terreno. Se detuvo detrás de un montículo de lava y volvió para decirme que había visto a dos jinetes a caballo y dos *radufa (radifs)* montados en *zeluls* a un tiro de fusil, ellos no nos habían descubierto. Avivó la mecha y me preguntó muy serio: «¿Serás capaz de enfrentarte con ellos?». En contra del deseo de Goceyb, aquel día me había entretenido diez minutos más de lo normal para descansar un poco: gracias a eso no nos los habíamos encontrado, de haberlo hecho lo más probable es que hubiera corrido la sangre. Nos detuvimos un rato para darles ventaja y, cuando desaparecieron tras las irregularidades del campo de lava, nos pusimos en marcha muy lentamente. El sol se estaba poniendo por el oeste y debíamos llegar a Jaybar antes de que cerrasen las puertas del pueblo.

En el camino aterrizaron algunas langostas y vi pasar una bandada inmensa arrastrada por el viento vespertino. Goceyb volvió a preguntarme si no temía al *Dowla*. «¿No soy yo mismo un *Dowlany*? Son mis amigos.» «Wel-lá, *ya smy*, por mi nombre, ¿podrías librarme de ellos y recuperar mi *zelul* si me lo quitan?» «Sin duda; los de *Dowla* están de mi parte.»

Luego descendimos a un amplio terreno despejado en medio del campo de lava, *el-Hurda*, cubierto de trigo verde: ¡Aún vería madurar aquel trigo antes de mi partida de Jaybar! Goceyb temía que pudiéramos encontrarnos allí con la razia —los ladrones podían querer apacentar a sus yeguas con el verde grano del poblado—. Al pasar junto a unas aceñas, unas palomas echaron a volar ruidosamente desde los pozos. Pensé que aquéllos debían de ser los campos de Jaybar y le pedí a Goceyb que me llevara al Yeriat Welad Ali. Hay tres pueblos que reciben su nombre de las tribus *Annezy* que habitaban en esas tierras: Yeriat Bishr (que es Jaybar propiamente dicho), Yeriat W. Ali, que queda a media milla de distancia, y la aldea Yeriat el-Feyir que está a dos millas de allí. En el *loga* de esos nómadas se dice Yeriat y no kériat.

Goceyb se inquietaba siempre que me demoraba, pues temía por su *zelul* y a cada paso esperaba encontrarse con los enemigos que iban por delante. Tiré de la brida y le pedí a mi *rafiq* —quien siempre iba algo adelantado y a pie— que prometiera llevarme al pueblo de los Welad Ali. Lo más probable era que mi visita a Jaybar, que ellos consideran parte del "País del Profeta", no estuviera exenta de peligros y, si las cosas se torcían, la turba podía asesinarme aquella misma noche; en cambio en el poblado de los W. Ali me convertiría en huésped de los clientes de Motlog y Méhsan, los grandes jeques de la tribu. Goceyb reaccionó como un poseso: se acercó para tirar de la brida del *zelul* y volvió desesperadamente el fusil contra mí y me gritó: «¡Ah, ¿es que vas a obligarme a cometer una desgracia?». «¡No puedes matar a tu *rafiq*!, prométemelo y seguiremos adelante.» Lo prometió, pero con falsedad. Meses después, oí decir que a su regreso le había contado a sus amigos que el extranjero le había parecido un buen *rafiq*, excepto al final del viaje, cuando estábamos a punto de entrar en Jaybar y ¡quise robarle su zelul!

Atravesamos los campos de trigo del Hurda sin más sobresaltos y llegamos a la región basáltica del Harra que bordea los pueblos del oasis y que recibe el nombre de *el-figguera* (en pl. *el-fuggar*) Jaybar. Goceyb montó conmigo y puso el *zelul* al galope pues la luz empezaba a declinar. En el figguera vi las ruinas de unos edificios antiguos de piedra seca y varios muros circulares, algunos son corralejos de bloques sueltos de basalto que los bedu emplean para secar los dátiles al sol antes de almacenar los frutos en sacos. Una milla más adelante, llegamos a una loma y vimos un palmeral en el verde valle de Jaybar, aunque el pueblo seguía sin aparecer. El sol se fue poniendo a medida que descendíamos por el empinado sendero. Dejamos a nuestra izquierda una torre de vigilancia abandonada, una de las siete construidas en los últimos tiempos por el gobierno de Medina para vigilar a los *Annezy* hostiles [Bishr y Feyir]. Aquel punto de referencia construido por el hombre me pareció más inhumano que el Harra que habíamos dejado atrás, pues me recordó a Meda'in Salih y el peligro que corren los mal pagados, y en ocasiones temibles, soldados turcos. ¡Qué agradable me pareció entonces la soleada aridez del desierto, qué bendición la seguridad de las tiendas de estambre de los poblados errantes! Esos fuertes sólo están guarnecidos durante las temporadas de otoño y verano.

Cruzamos los palmerales del fondo del valle, *W. Yel-las*, que recibe su nombre de una vieja tribu de los *Annezy* que abandonó Jaybar hace mucho tiempo y ahora vive en el norte con los Ruwal-lá. El terreno, cubierto de espadañas y de agua estancada, es fangoso e impregnó nuestro espíritu de un pútrido olor a ciénaga. Cruzamos un riachuelo que corría entre un lecho de berros. Era un lugar abandonado y repugnante en el que sólo había algunas pocas palmeras raquíticas. El exiguo suelo es de color blancuzco por las costras de sal *summaya* [escrito *subbaya*] y está manchado de óxido: de ahí procede la fábula de que "la tierra se purga de la mucha sangre de los *yahud* vertida durante la conquista de Jaybar". El *zelul*, que no encontraba apoyo firme para sus pezuñas, con frecuencia se detenía acobardado. Llegamos a una tosca muralla construida con bloques basálticos, troncos podridos de palmera y terrones de arcilla negra. ¡Qué extraños resultan los húmedos valles de Jaybar en la reseca Arabia! Un funesto presentimiento embargaba mi corazón mientras cabalgábamos en esa atmósfera insalubre.

Ascendimos por un terreno más firme hacia la entrada de Jaybar, es decir el Yeriat Bishr, bajo el acantilado basáltico donde está la antigua ciudadela de *el-Husn*. A mano izquierda hay un edificio cuadrado de piedra que, según dicen, era la antigua mezquita en época de Mahoma; en su recinto yacen enterrados los *Ashab en-Nebi* —los musulmanes primitivos, partidarios y conocidos del "Profeta", que cayeron en la conquista de Jaybar—.

A las puertas del pueblo una negra salió a recibirnos en el crepúsculo y le pregunté si Bu (Abu) Ras estaba en la ciudad. Había oído decir a los magrebíes de Hayil que era un hombre de fiar. Se trataba de un comerciante magrebí negro afincado en la comarca y yo aspiraba a convertirme en su huésped, pero a la llegada del (tiránico) *Dowla* se había ido de aquel lugar y vivía ahora, como ellos dicen, *shebaan*, de sus ganancias, bajo el gobierno libre del *Nechd* en el-Hayat. Ella contestó con timidez, deseándole buenas noches a los extranjeros y asegurando que "nada podía decirnos pues nada sabía".

Jaybar

JAYBAR, ABDULÁ Y EL NEYUMÍ

JAYBAR, ABDULÁ Y EL NEYUMÍ

Cruzamos las puertas de toscos tablones de palmera y recorrimos en la oscuridad las calles del pueblo negro del Heyaz hasta llegar a casa de un conocido de Goceyb. El anfitrión, al oírnos trajinar junto a su puerta, se asomó por la ventana y preguntó quiénes éramos con su áspera voz de negro. Goceyb lo llamó y él bajó con su hermano para recibir a sus huéspedes. Se echaron mis alforjas al hombro y nos hicieron subir por unas escaleras de adobe a la vivienda, que, igual que en *el-Aly*, está en el piso superior que aquí llaman *suffa*. En los húmedos oasis el piso de abajo se utiliza para guardar los aperos de labranza y como establo para las pocas cabras que se recogen allí por la noche. El propietario de la casa se llamaba Abd el-Hadi, "Servidor de Él, que guía por la senda de la Verdad", y era un hombre joven de finos rasgos negroides que no había alcanzado aún la edad mediana. Con frecuencia, los árabes de sangre negra son bien parecidos.

La habitación de nuestro anfitrión daba a la calle y tenía una larga ventana, *taga*, que llegaba hasta el suelo; el techo eran unos cuantos troncos de palmera y por encima estaba la terraza de tierra batida a la que se subía por una escalera hecha con dos o tres ramas de palmera. La de Abd el-Hadi era una de las mejores casas del pueblo pues se trataba de un hombre próspero. Jaybar es como un pueblo africano en mitad del Heyaz. Abd el-Hadi extendió su alfombra, nos dio la bienvenida y nos ofreció dátiles de Jaybar, que son pequeños, amarillos y están unos pegados a otros; se recogen antes de que maduren del todo [¡debido a su desconfianza mutua y a la impaciencia de los beduinos!] y saben a lodo o a medicina, aunque son más "refrescantes" que la mayoría de los dátiles de la región y muy saludables. Después de tantas penurias en el Harra no pudimos probar bocado y pedimos un poco de agua para apagar nuestra sed ardiente. Cuelgan los rezumantes guirbies de la escalera y hacen un agujero en el suelo para que se cuelen por él las gotas. El agua, procedente, según dijeron, de un manantial que hay por debajo de la capa basáltica, sabía a acequia y probablemente fuera sulfurosa. Habíamos dejado nuestro *zelul* en la calle con las patas atadas.

Mucha gente acudió a visitarnos cuando oyeron decir que habían llegado unos extranjeros; todos los del pueblo eran negros. Goceyb les habló de la razia y los negros respondieron: «¡Wel-lá, más valdrá que salgamos en su busca por la mañana!». Temían por los cultivos de las afueras y que les pudieran robar algún animal. Entre ellos había un hombre blanco alto y atezado de aspecto marcial que llevaba una linterna y una pipa de tabaco de casi un metro de largo: intuí que era un habitante de las ciudades. Se quedó sentado en silencio fumando tabaco con la mirada perdida y observándonos de cuando en cuando; de pronto me pasó el chibuquí y preguntó qué noticias traíamos. No se llevaba bien con Abd el-Hadi y rechazó la segunda taza de café de nuestro anfitrión. Siguió fumando muy tranquilo con la linterna encendida; una hora después se fue [a denunciarnos al canalla del teniente de Jaybar]. Mi *rafiq* me dijo en un susurro: «Ése era Ahmed: en otro tiempo fue soldado y ahora es un comerciante de Jaybar». Era el hermano de Mohammed en-Neyumí, quien, desde la mañana siguiente, se convertiría en mi generoso protector ante las adversidades en Jaybar: ambos eran ciudadanos de Medina. Era cerca de la medianoche cuando partieron los últimos invitados; entonces le susurré a Goceyb: «¿Van a servir la cena o es hora de dormir?». «Por mi nombre, creo que han matado para ti; hace un buen rato que les vi subir un cordero a la terraza.»

«¿Quién es el jeque del pueblo?» «Abd el-Hadi es su jeque, ya verás como es un buen hombre.» Mi *rafiq* mintió como un (astuto) nómada para disculparse de no haberme llevado al pueblo de los W. Ali.

Nuestro anfitrión y su hermano bajaron por fin de la terraza con una enorme bandeja metálica llena de carne hervida sobre unas gachas de zura (podría ser una especie de mijo); las langostas habían destruido la cosecha primaveral de trigo y era la única harina que quedaba en Jaybar.

Cuando empezaba a rayar el alba, Goceyb salió a la calle a toda prisa. «Adios —me dijo— y si ha habido entre nosotros alguna diferencia perdónala, Jalil»; me cogió la mano derecha y (temeroso tal vez de la maldición del extranjero) se inclinó y me la besó. Hadi, el hermano de nuestro anfitrión, montó también a la grupa de su *zelul.* El joven y fornido negro cabalgaba con el largo fusil de chispa al hombro y una túnica desnuda ceñida sólo con el *házam* o cinturón de fusilero. En la bandolera hay pequeños tubos metálicos con las cargas de pólvora, y en el cinto de cuero una escarcela con las balas, el eslabón y el pedernal, y un gancho del que los hombres —que suelen ir descalzos— cuelgan las sandalias. Los házams están adornados con remaches y cubiertos de cadenitas; hay jóvenes que van continuamente *muhazamín*, ceñidos y pagados de sí mismos con esos pequeños y repiqueteantes ornamentos de guerra. De las tribus bien pertrechadas de armas de fuego se dice comúnmente que "tienen muchos *muhazamín*". Hadi iba en busca de las huellas de la razia del día anterior.

Algunos vinieron a pedirme medicinas con muchos ruegos y palabrería pero sin verdadera intención de comprar nada. Los dejé allí sentados y salí a pasear por el lugar. Por fin había llegado a Jaybar.

Nuestro anfitrión envió a su hijo para acompañarme: el muchacho me llevó por un callejón y me animó a cruzar una puerta para ver una fuente. Entré, ¡vi que era una mezquita! y salí a toda prisa. El padre (que había aleccionado previamente al chico) cuando supo a nuestro regreso que había abandonado el lugar sin rezar, bajó y cerró la puerta de la calle. Luego volvió, cogió su pistola de la pared y me dijo:

«Vayamos a dar un paseo y te mostraré la ciudad». Una vez en la calle tomamos una callejuela que atravesaba un huerto.

El sendero discurría por el palmeral entre dos muros hasta llegar a un lugar cubierto de espadañas y de negra arena volcánica, *es-Sefsaga*: allí me mostró el nacimiento de un manantial que brotaba de debajo del figguera. El agua es tibia y sulfurosa, como en *el-Aly*, y vi en ella unos pececillos de espalda verdosa y vientre plateado. Los árabes llaman *hut* a todos los peces. Entonces dijo: «Éste es el aduar (estival) del *Dowla*, en este lugar plantan las tiendas los askars». Nos sentamos y me preguntó mirándome a la cara: «¿Temes al *Dowla*?». «¿Es el *Dowla* mejor o peor que el gobierno de Ibn Rashid?» «El *Dowla* nos libró de los bedu, pero su carga es más difícil de soportar.»

Atravesamos un cementerio cubierto de limo negro volcánico y de costras de sal. Las míseras tumbas estaban indicadas con lápidas de tosco basalto. La tierra fúnebre era fantasmal y se hinchaba y agrietaba sobre los cuerpos enterrados como el suelo de un jardín en primavera bajo la presión de las plantas nuevas. ¡Todo es horror en Jaybar! Nada hay que no llene de aprensión al extranjero.

«¡Mira —me dijo— ahí está el manantial de nuestro Señor Ali!» Vi una charca tibia y un caño del que manaba el agua. «Aquí nuestro Señor Ali [el marido de Fátima] mató a Márhab cortándole la cabeza; y su espada sajó esa roca que ves partida en dos.» Seguimos adelante. «Y aquí está la mezquita de Ali [ya mencionada antes].» El edificio, construido con hiladas de toscos bloques basálticos resulta vulgar y es sin duda muy antiguo. Aquí aprenden los niños del pueblo a diario sus primeras letras bajo la supervisión del jeque de la religión.

Terminado el paseo, dijo: «Vayamos a ver al Emir». Así llamaba al agá o teniente de una veintena de *Agueyl* de Medina. Antes, aquellos jinetes de *zelul* eran árabes del *Nechd*; pero ahora, desde que la soldada del *Dowla* tarda tanto en llegar, los inteligentes árabes han abandonado ese servicio tan penoso. Los *Agueyl* son un grupo heterogéneo de gente del *Nechd* (sobre todo habitantes de el-Qásem y nómadas empobrecidos), Gallas, turcos, albanos, egipcios, kurdos y negros. Los *Agueyl* de Jaybar cabalgaban ahora sobre sus propios pies: a muchos se les habían muerto los *zeluls* y los que quedaban estaban pastando (lejos) con los nómadas. No obstante, todos seguían cobrando las raciones de trigo por los *zeluls*; ¿cómo iban a sobrevivir si no esos desdichados que no habían cobrado un céntimo (salvo un mes o dos) en los últimos dos años? Unos cuantos soldados del gobierno en Jaybar eran zabtía, miembros del servicio de policía. «El Agá es un kurdo», me dijo Abd el-Hadi.

Tomamos un callejón lateral para ir a un *suffa* que servía de sala del café de los soldados. Espadas y mosquetes pendían de clavos de las paredes de adobe. Poco después, entraron unos hombres, todos eran Gallas de tez oscura vestidos (al estilo de la ciudad) con túnicas blancas. Venían de probar su puntería con el fusil. Nos saludaron (al estilo de Medina) y se sentaron a preparar café. Me sorprendió que, en todo el rato que estuvimos bebiendo juntos, no me hicieran ninguna pregunta. No tardé en levantarme y partir. Mientras bajábamos por las escaleras oí una voz áspera que decía: «Está claro que es *adu* (un enemigo)» y otra que contestaba: «Dejémoslo tranquilo por el momento».

Pensé que ya iba siendo hora de darme a conocer así que pregunté dónde estaba el Agá kurdo y mi anfitrión exclamó: «¿No lo has visto? Estaba sentado en mitad del grupo». Se trataba de Abdulá es-Sirwán, jefe de la soldadesca de Medina. Su padre era "kurdo", pero él era un joven negro con aspecto de *Galla*, hijo de una (esclava) *Galla*. El mundo del Heyaz era nuevo para mí, que no estaba familiarizado con las costumbres ciudadanas del *Harameyn*. En la calle, me crucé con dos lívidos semblantes que salían de un portal: eran soldados enfermos que caminaban apoyados en largos bastones de palmera y su palidez me pareció escalofriante en la negrura de Jaybar. Se acercaron a darle la mano al hombre blanco y siguieron su camino sin pronunciar palabra. Uno era un albano de barba entrecana, Muharraq; el otro era egipcio. Cuando volvimos a casa Abd el-Hadi cerró la puerta de la calle y una vez arriba me preguntó: «Dime, ¿eres musulmán? Si no lo eres cargaré tus cosas en un buey y te enviaré a donde puedas estar seguro». «Amable anfitrión, soy de los *Engleys*, habrás oído decir que mi nación es aliada del *Dowla*, soy uno de ésos que llamáis los *nasara*.»

Abd el-Hadi salió por la tarde ¡y dejó abierta la puerta de la calle! Poco después llegó Sálem, un beduino *Agueylí*, a pedirme medicinas y un *Galla* armado, Sirur —el mismo que me había llamado *adu*—. «¡Medio real por las dosis contra la fiebre!» (sales y quinina), dijo Sálem. El *Galla* murmuró: «No tardaremos en conseguirlas gratis»; y añadió: «Este hombre tiene poco mundo pues no sabe discernir entre las personas. ¡Eh!, ¿de qué país procedes?». «Vivo en Damasco.» «¡Ja! Yo soy de allí, pero tú no hablas bien el árabe; me parece que tenemos aquí a un nasraní. ¿Qué te trae por estos pagos?» «Quería visitar el país de los antiguos judíos.» «¡El país de los judíos!, ¡pero si esto es *dirat er-Rasul*, el país del Profeta!» Luego se marcharon. A su regreso, Abd el-Hadi me dijo: «¿Qué vamos a hacer?, wel-lá, todo el pueblo está convencido de que no eres musulmán». «¡Me toman por un enemigo! ¿Y el agá...?» «¡Ah!, es *yabbar*, un tirano odioso.» Mi anfitrión se fue y Sirur volvió enviado por el agá. «¿Quién eres tú?», preguntó. «Un *Engleysy*, de los aliados del *Dowla*.» «Entonces eres nasraní, *sal-li ala en-Nebi*, ¡vamos!», y en compañía de otro *Agueyl* el brutal negro *Galla* empezó a empujarme escaleras abajo. Algunos me informaron de que eran policías y consentí en ir con ellos. «Está bien, lleváoslo (dijeron los viandantes), pero sin violencia.» «Antes decidme si pensáis matarme cuando estemos en la calle.» Yo había escondido discretamente mi pistola bajo la túnica al primer síntoma de alarma.

Al fondo de una calle cercana, en un banco de adobe, estaba sentado, listo para juzgarme, el atezado kurdo abisinio de quien había oído decir que era el agá de los soldados, Una turba de gente venía detrás de nosotros, aunque nadie gritaba. ¡Qué clase de lugar era aquél! —pensé—, y ¿quiénes eran ésos que me tomaban (¡a causa del dulce nombre de Cristo!) por un enemigo de la humanidad? Sirur le gritó con voz tonante al del banco de adobe: «¡Lo he descubierto: es un nasraní!». Yo respondí: «¿Pero, a qué viene esto? Soy un *Engleysy*, ¿por qué he de recibir este trato si pertenezco a una nación amiga?». «Por Alá —contestó él—, me habías asustado, ¿de verdad eres un *Engleysy*? ¿No eres un Muskoví?» «¡Ya os lo he dicho!» «Pero no te creo, ¿cómo sé que dices la verdad?» «Si me he arriesgado a decir, aquí en Jaybar: "soy un nasraní", ¿no será cierto también todo lo demás?» «Tiene razón. Vé, Abd el-Hadi, y trae su equipaje, y asegúrate de no olvidar nada.» La calle estaba llena de fango después de las lluvias, así que hablé con Abdulá y él se levantó y me llevó a un lugar despejado en el pueblo de adobe que llaman *es-Saheym*, "la pequeña sartén". «Por Dios (añadió Abdulá es-Sirwán, que era analfabeto) que si llevas contigo algún libro o, ¿cómo se llaman?, mapas de la región, no volverás a verlos: se los enviaremos al Pachá de Medina. ¿No tendrás un instrumento?, ah, ahora no recuerdo cómo se llama, ¡eso es!, el medidor de aire. ¿Y de dónde vienes?» «De Hayil; tengo un salvoconducto de Ibn Rashid.» Abdulá se lo dio a un muchacho que había ido a la escuela, pues en el pueblo muy pocos sabían leer. Abdulá: «Id a llamar al jeque Salih, para que lea y escriba por nosotros». Sacaron una estera de hojas de palmera de una de las casas y la extendieron sobre el banco de adobe. Yo me senté junto a Abdulá. Una multitud de negros se quedó allí mirándonos.

Por fin, llegó Salih, el jeque del pueblo —un hombre cojo y entrado en años— con un tintero de latón y una gran hoja de papel en la mano. Sirwán: «Salih, haz una lista de todas estas cosas. [trajeron mis enormes alforjas y las dejaron ante él]. Saquémoslas de una en una y tú, jeque Salih, vete escribiendo lo que yo te diga. Empieza: una brida de camello, un guirbí, unas bolsas de dátiles, leche seca y *temn*. ¿Y esto qué es?». «Un cofre de medicinas.» «¡Ábrelo!» Cuando abrí el cierre todos los negros se echaron atrás y se taparon las narices. Sirur cogió lo primero que encontró: una brújula cuadrada, envuelta en un trozo de tela. «¡Desátalo!», dijo Abdulá. El hombre lo sopesó entre las manos y dijo: ¡Bah!, es sólo *sabún* (un trozo de jabón sirio), así que Abdulá, con gran alivio por mi parte, lo pasó por alto. Abd el-Hadi creyó ver algo y alargó de pronto la mano y cogió un peine: «¡Ajá! (gritó mi anfitrión, que hasta entonces se había mostrado amable pero había cambiado su bondad por un humor fanático, y era conocido en el pueblo como *Abu Summaj*, "Papá chismoso"), ¿Qué es este peligroso instrumento?, ¿eh, nasraní? Abdulá, haz que te lo explique y juzga por ti mismo si no es un engaño diseñado por ellos contra los musulmanes».

Luego vino una gran lata que abrí ante sus ojos: estaba llena de té, mi único consuelo. «Puedes volver a cerrarla», dijo Abdulá. Después había un paquete con libros. «¡Ajá! —exclamó el gran hombre— las demás cosas, ¿has tomado nota, jeque Salih?, no tenían importancia, ¡pero los libros! No volverás a verlos nunca.» A continuación encontraron una cinta métrica. «¡Ja! —gritó—, dime ahora, y di la verdad *(alemni b'es-sahih)*, ¿no es esto para medir el cielo?» Yo le dije: «Aquí tengo un papel que es un pasaporte del Valí de Siria». «Entonces léelo, jeque Salih.» Salih inspeccionó el documento durante un rato y contestó: «Lo he leído, pero sólo entiendo los nombres porque está escrito en turco [estaba escrito en árabe, aunque embellecido con las florituras de los persas] y al pie está el sello del Pachá» y leyó su nombre. «¡Ajá! (gritó Sirur) ese Pachá murió hace mucho, lo sé muy bien.» Dejé escapar un suspiro de cansancio. «¿A qué viene eso?», exclamó el piadoso canalla de Abdulá, «confía en *el-Mowla* (el Señor tu Dios)».

¡Para mi completa desmoralización sacaron del fondo del saco la funda vacía de mi pistola!, el arma en la que fundaba todas mis esperanzas. «¡Ajá!, ¡una funda de pistola!», exclamaron muchas voces y, echándome amargas miradas, todos gritaron: «¡Ay de ti!, ¿dónde está la pistola?». Yo no dije nada; en aquel momento de suspense alguien dijo: «Está claro que se la ha quitado Ibn Rashid». Todos los negros que había a mi alrededor gritaron: «Se la ha dado a Ibn Rashid. Ibn Rashid se la quitó, puedes creerlo, Abdulá». Para ellos una pistola es una posesión muy preciada que se lleva vistosamente ceñida al cinto y no se les pasó por la cabeza que pudiera llevar una pistola sin funda debajo de la camisa. Entonces pensé: «¿Me registrarán a mí también?», pero eso para ellos es un ultraje y había demasiados testigos. Pareció conformarse con sus palabras, aunque noté que en su turbia imaginación seguía dándole vueltas a la pregunta: «¿Qué ha sido de la pistola del nasraní?». La pesada arma, que llevaba siempre colgada del cuello, me ocasionaba no pocas molestias y me impedía quitarme el manto árabe (que la cubría) los días más bochornosos. Entonces dijo: «¿Llevas dinero contigo? Sabemos que sí, de modo que será mejor que nos digas sin más dónde lo guardas y no trates de esconderlo, ¡así seremos amigos! Debemos apuntarlo todo en el papel, ¿tienes alguna otra cosa? ¡Sed todos testigos de que no permitiré que se extravíe ni una aguja de este hombre!». «Alcanzadme la lata de té: en ella encontraréis mi monedero y dentro hay seis liras.» El ladrón las contó con gran regocijo en la palma de su negra mano, luego cerró el monedero y lo guardó en su regazo diciendo: «Salih, apunta estas seis liras francesas. Quedan requisadas para guardarlas en sitio seguro, en cuanto a las alforjas las dejaremos bajo llave en mi propia casa».

En ésas se me acercó Ahmed a quien había visto la noche anterior; entonces había permanecido entre los demás con flemática tranquilidad y ahora me saludó amistosamente dando cabezadas. «*Maa aleyk, maa aleyk*, no te preocupes —dijo— no te sucederá nada malo.» Abdulá: «Abd el-Hadi, deja que vuelva a tu casa; también puede curar a los enfermos». El negro contestó: «¡Recibir otra vez en mi casa al *káfir*! Que renuncie a su fe y lo acogeré encantado». «Entonces tendrá que alojarse con los soldados; tú, Amán —un *Agueylí Galla*—, llévalo a tu habitación. Jalil puede llevarse consigo sus provisiones y su cofre de medicinas.»

Distinguí la enorme y viril presencia de un árabe muy moreno que estaba en pie detrás de la multitud —pues acababa de llegar—; iba noblemente vestido y vi que ceñía una espada por lo que supuse que debía ser un jefe de la soldadesca irregular. Se acercó y, dejándose caer (súbitamente) sobre las rodillas, se sentó ante mí con el humor confiado y sonriente de los fuertes y me habló con amabilidad. Me sorprendió que fuera tan atezado —pese a que es cosa frecuente entre los árabes del Heyaz— aunque a él no le maravilló menos ver a un hombre tan blanco y tan rubicundo. Era Mohammed en-Neyumí, el hermano de Ahmed, que desde la mañana siguiente en Jaybar se convertiría en un padre para mí. Abdulá dijo: «Ahora ve con el soldado». «Maa aleyk, maa aleyk», añadieron los testigos mejor dispuestos. Abdulá: «Te quedarás aquí unos días, mientras envío un correo al Pachá (de Medina) con los libros y los papeles». Sirur aulló: «¡Oíd, se lo enviaremos todo al Pachá; y si el Pachá nos pide tu cabeza, te cortaremos la cabeza, nasraní». «No hagas caso de las palabras de ese hombre —dijeron algunos de los presentes—, es una bestia.» Aquel matón *Galla*, que había demostrado ser valiente sólo con el harén y *joaf*, un cobarde, en el campo de batalla, era odiado por todos en la ciudad.

De modo que me fui con Amán al pequeño *suffa* donde vivía con un camarada en la casa de al lado. Ambos eran *Habush*, de más allá de Abisinia, es decir, del país de los Gallas. Gente esbelta y de rasgos finos dotados de cierta gracia casi femenina; su país es tan grande que su piel es cetrina, cobriza, morena o casi negra, según la región de donde procedan. Son de voz dulce y no hablan una única lengua *Galla*, por lo que las tribus más distantes apenas se entienden entre sí. Aman entendía a su compañero con dificultad (motivo por el cual hablaban siempre en árabe), pero se entendía perfectamente con Sirur. Amán me enseñó muchas palabras *Galla*, aunque hoy no recuerdo más que *bisán*, "agua". Pese a haber sido criados como esclavos en el Heyaz desde niños, no habían olvidado su lengua materna; actualmente hay tantos Gallas en La Meca y Medina que en muchas casas se habla *Habashiyy*. Algunas de las hermosas esclavas *Galla* se casan con gente de la ciudad, incluso de buena familia, otras son niñeras o sirvientas y los niños árabes se crían con ellas. Aquellos pobres hombres me animaron a ponerme cómodo y me aseguraron que, con un poco de paciencia, todo acabaría bien. Uno me trajo pan y salió a pedir prestados dátiles a los vecinos para su invitado. Me dijeron: «Esos negros no son hombres sino bueyes, simios poseídos por el demonio, roñosos». Aquellos africanos de aspecto semítico desdeñan con vehemencia a la raza esclava de negros Sudán. «¡Gran Dios!», les oí decir en Jaybar, «¿será posible que esas cabezas lanudas sean hijos de Adán?».

Oímos a Mohammed en-Neyumí subir por las escaleras de adobe. Dijo: «Es la primera vez que vengo aquí, y lo hago por tu causa». Al caer la noche fuimos juntos, iluminando el camino con ramas de palmera encendidas, hasta el *qahwa* de los soldados. Abdulá, a quien mi monedero había enriquecido aquel día, me invitó a sentarme a su lado. La conversación tomó un giro favorable y Mohammed en-Neyumí pronunció la famosa fórmula: *kul wáhed ala dinu*, ¡a cada hombre su religión!, e hizo su propia interpretación: «Es decir, el yahudí según su ley, el nasraní según su ley y el musulmán según su ley; el *káfir* puede ser un hombre bueno y leal a pesar de sus creencias». El Neyumí parecía una figura heroica, sentado con la espada entre las rodillas y asintiendo a cada una de las palabras del negro villano Abdulá: en eso consiste la cortesía de las ciudades turcas. A veces (pese a que me habían oído decir que no entendía el turco) hablaban entre sí en ese idioma. Después de cada frase compasiva del negro lugarteniente, Mohammed contestaba con la piadosa oración [que sonaba cargada de ironía], *Alá yubeyyid wechhak*, «¡que el Señor blanquee tu rostro (el día del juicio)!». Había cierto deje femenino en la voz de aquel hombre tan robusto, un resto materno que resulta siempre agradable en un hombre de valía. Era jovial y le encantaba bromear y en eso no se parecía en nada al resto de los árabes, pues aunque sepan hacer gala de un humor retorcido jamás vi entre los árabes un hombre alegre.

Mohammed y Ahmed eran hijos de un comerciante kurdo de Medina y su madre era una mujer *Harb* del Ferrá, un palmeral de dicha nación beduina en el Heyaz, entre las ciudades del *Harameyn*. Nos bebimos la ronda de café de los soldados, pero allí se echaba en falta la alegre seguridad de las tiendas de pelo y se hacían sentir en cambio las constricciones de la ciudad, la tiranía de los turcos y la plaga de los vermes egipcios. Poco a poco, fueron poniéndose de acuerdo en que los *nasara* podían viajar libremente, siempre que no visitaran el *Harameyn*. Unos dijeron: «¿No hay muchos de la religión de Jalil en Yedda?», desde allí se llega en una noche a La Meca [en el Heyaz muchos pronuncian *Mekky*]. Abdulá dijo por fin: «Wel-lá, Jalil es un hombre honesto que habla con franqueza y le tengo aprecio». Pronto me venció el cansancio y él envió a su esclavo para que me guiara hasta mi alojamiento. Me volví al oír un ruido extraño y vi al negro que bailaba descalzo en mitad de la calle con la espada desenvainada.

Mientras tomábamos el café matutino Abdulá me dijo que podía pasear libremente por el pueblo y el negro hipócrita me preguntó si había dormido bien. Cuando anocheció, me dijo: «Levanta e iremos a tomar café a casa de un buen hombre». Salimos y algunos soldados nos alumbraron con hojas de palmeras encendidas hasta llegar a la cabaña de un tal Ibrahim el-qadi. Cuando acabábamos de sentarnos en su *suffa*, llegaron muchos de los principales habitantes de la ciudad. Ibrahim dispuso sus mejores dátiles ante nosotros, encendió el fuego y empezó a preparar el *qahwa* y le ofreció al gobernador del pueblo su pañuelo lleno de verde tabaco...

Amm Mohammed se vanagloriaba honradamente de ser un buen ciudadano y un hombre leal y de dejarse ver en compañía de los oficiales del *Dowla*: el antiguo soldado mantenía un caballo en Jaybar sólo para poder montar con ellos como un jeque durante los meses de la ocupación militar. Ahora ansiaba la llegada del glorioso momento en que invitaría a los oficiales de Medina a su jardín de hierbas aromáticas donde, sentados con las piernas cruzadas junto al muro de la terraza, compartirían las frutas del verano. Mohammed estaba forjado de un metal que he visto en todos los países: hombres grandes y fuertes, aunque algo enfermizos, de voz dulce y clara, casi femenina. De carácter apacible y alegre, confiado, tolerante, amable, temeroso de Dios en su interior y fácil de conmover, y con un corazón rebosante de buen humor. Su amor por la humanidad lo convertía en un mediador desinteresado, sincero y sosegado con los amigos; tenía un ingenio rápido y providencial, cándido y astuto al mismo tiempo, que le permitía eludir las enemistades; su naturaleza sencilla le permitía esquivar cualquier cuestión difícil o complicada, satisfecho con el discurrir natural del mundo, duro y viril pero inconstante en cualquier empresa.

Regreso de Jaybar

LOS POZOS DE JAYBAR. MI LIBERACIÓN DE JAYBAR •
LOS RAFIQS TRAICIONEROS

Los pozos de Jaybar. Mi liberación de Jaybar

Las escasas semanas del invierno habían pasado y el pródigo calor de la primavera, con el que todas las cosas se renuevan, había venido; pronto estaríamos en el mes de *hamín*, en el que mi vida languideciente —que el Neyumí comparaba con el vacilante pábilo de una vela—, tenía muchas probabilidades (según decía) de extinguirse en Jaybar. Hacía ya dos meses que soportaba el negro cautiverio de Abdulá; la tercera luna se elevaba ya sobre sus cuernos y yo esperaba que pudiera contemplar mi liberación desde el cielo. El cereal del otoño había crecido y la espiga empezaba a amarillear; veinte días más —si el Señor les libraba de la langosta— y cosecharían el trigo.

Yo deseaba dejarles una mayor provisión de agua en Jaybar. A veinte pasos del caudaloso manantial del Sefsaga crecía un grupo de altas espadañas: allí contaba con encontrar una nueva fuente de agua. Los propietarios de las tierras cercanas saludaron alegremente la noticia, pues el agua es la madre del trigo y los dátiles en los oasis; y el hermano del jeque respondió que al día siguiente enviaría *eyyal* a excavar la tierra. A la primera palada, encontramos tierra húmeda y varias grietas rezumantes en la roca basáltica; después, abandonaron el trabajo diciendo que no había que apresurarse en domingo. Además, recordaban mis palabras de que, en caso de que encontráramos un manantial de agua, tendrían que darme una vaca lechera. A la mañana siguiente, se reunió un grupo mayor de trabajadores. Puede que estuvieran pensando en la vaca y prefirieran dejar el trabajo hasta después de la partida del nasraní, pues dieron dos o tres paladas donde yo les dije y después se fueron con sus picos a ver si podían agrandar la boca del pozo antiguo. El hierro mordía las grietas de la roca y todos empujaban y se esforzaban en romper el intratable basalto. Algunos mirones echaban una mano mientras los trabajadores recobraban el aliento; el Neyumí les demostró su hombría arrancando un pesado bloque de basalto. A mediodía, abandonaron el trabajo. Estuvieron tres mañanas trabajando con la fe de unos novicios; el segundo día sacrificaron una cabra y asperjaron su sangre sobre la piedra. Nunca había visto a unos árabes trabajar con tanta camaradería. Entre los árabes se da una inteligencia corroída y llena de palabrería; los cuerpos más vigorosos de los negros albergan un espíritu más robusto. También quemaron la roca y al tercer día los trabajadores habían arrancado grandes bloques de piedra: ahora el pozo se había convertido en una gran bañera de agua tibia y empezaron a llamarlo *el-hammám*. Habíamos encontrado un venero lateral que incrementó el antiguo caudal de agua en casi la mitad: un beneficio duradero para los campesinos del valle.

Las tibias fuentes de Jaybar dejan un sabor sulfúreo y una lechosa suavidad en la lengua, a excepción del *Ayn er-Reyih*, que es insípido. En ellas viven unas ranas amarillas, aparte de los pececillos verdiplateados. Una película verdosa de algas recubría los canales de los tibios manantiales, en los que hay pequeños caracolillos negruzcos turriculados, como los del W. Zirba y *el-Aly* [y Palmira]. Cogí los tubos de las frigáneas y se los mostré a Amm Mohammed: él contempló la construcción de aquellos canalillos de concha fabricados sin manos y dijo: «¡Oh, la perfección de las maravillosas obras de Dios no tiene límites!, ¡con razón dices que "los Jeyabara no están tan bien alojados como estos pequeños gusanos"!».

Tras sobrevivir a los golpes de la fortuna en Jaybar, ahora podía pasar sin temor las horas soleadas sentado junto a la fuente de *Ayn er-*

Reyih, un ameno lugar que había a poca distancia del palmeral y que era el único sitio donde podía uno solazarse la vista en medio de la negrura de Jaybar. ¡Oh, qué bendición para el alma sedienta es aquel agua dulce y clara, que mana suave y tibia como la leche [30° c] de la roca!, y escuchar la sutil armonía de la Naturaleza, inaudible para el profano, en aquella feliz quietud y soledad. Pequeñas libélulas, azules, pardas y carmesíes, revoloteaban sobre el agua de la cisterna agitada por la brisa matutina del figguera y zumbaban sobre las solemnes rocas de lava. Los peces plateados las miraban desde abajo y en el fondo de aquel mundo subacuático yacían conchas blanquecinas. Allí vi crías del zob tan relucientes como si estuvieran hechas de cristal moteado y escamoso: el más hermoso de los saurios se asoleaba al borde del agua sobre una piedra y de vez en cuando disparaba la lengua para atrapar a las moscas sin fallar una sola vez. ¡Qué alegría cuando Yummar llenaba nuestro guirbí con este agua!

Una tarde, cuando fui a presentarme ante el tirano del pueblo, ¡vi seis carroñas, que antes habían sido *zeluls*, tumbadas ante la puerta de Abdulá!, los animales apoyaban desmayadamente los largos cuellos en el suelo, y sus huesudos lomos casi no tenían joroba. No podían ser otra cosa que las consumidas monturas de varios soldados de Medina, así que regresé a toda prisa con el Neyumí. ¡El Pachá había enviado a unos cuantos *Agueylíes* y los hombres habían recorrido las setenta millas que había hasta allí en cinco días! ¡En eso han quedado los *Agueyl*, cuyas correrías antes —según se jactaron algunos ante mí— "estremecían al mundo"!, ahora es frecuente que los derroten las tribus del desierto. Oímos decir que, en la última expedición que habían hecho desde Medina, «cuarenta habían muerto, les habían robado el equipaje y los demás apenas pudieron ponerse a salvo». Volví para averiguar qué noticias traían y me encontré con Abdulá por la calle que me dijo: «¡Buenas noticias, Jalil!, han traído tus libros y el Pachá escribe: "Enviadlo con Ibn Rashid"».

Por la mañana, Abdulá me convocó; había ido a tomar café a casa de nuestro vecino Hamdán. «Esta carta es para ti —dijo (dándome un papel)—, escrita de puño y letra por el Pachá.» ¡Abrí el papel que estaba doblado al estilo occidental y encontré una carta del Pachá de Medina!, escrita [imperfectamente], como sigue, en francés; con la fecha del año cristiano y firmada con su nombre: Sábry.

[Ad literam] *11 de enero de 1878*
[Medina]

Advertidos por las autoridades locales, hemos sabido de vuestra llegada a Jaiber, con ocasión de ello me he visto obligado a hacerme enviar las cartas de recomendación y los demás papeles a su cargo.

Tras estudiar cuidadosamente los libros, los salvoconductos y las cartas, entre los que han llegado aquí, colijo que vuestra intención es mejorar los mapas, conocer las condiciones del Estado y descubrir los monumentos antiguos de la Arabia Central con el objeto de darlos a conocer al mundo.

me satisface mucho su estudio que será por ello útil para el universo y también a usted le reportará beneficios; pero ya habréis comprobado hasta hoy que, en los alrededores de la población en que os encontráis, hay muchos beduinos temerarios; puesto que gozáis de la recomendación de varios personajes, considero peligroso vuestro viaje entre los beduinos arriba indicados; y por ello me veo obligado a informaros de vuestro regreso lo antes posible con el Jeque de Ibni-Réchite al abrigo de cualquier peligro, encontraréis aquí las cartas que teníamos, y la recomendación de mi parte ante dicho Jeque, y desde allí emprended el camino hacia vuestro destino.

Sabri

«Y ahora —le dije a Abdulá—, ¿dónde está el dinero que me pertenece?, ¡seis liras!» El negro gobernador del pueblo se sobresaltó; mudó su semblante de turco y respondió con aire feroz: «Más tarde nos ocuparemos de eso». Los seis *Agueylíes* habían cabalgado desde Medina, por orden del Pachá, sólo para traerme mis libros, y me trataron con mucha consideración. Traían noticias de que el Pachá pensaba enviar a otros veinticinco *Agueylíes* a Hayil por mi causa. El jefe de los seis, un wahabí del *Nechd* oriental, era un hombre viajado, nada fanático; se ofreció a acompañarme donde quisiera y aseguró conocer todos los caminos en aquella región y en el lejano sur de Arabia.

Al día siguiente, no me habían devuelto nada todavía. Encontré a Abdulá bebiendo café en casa del jefe Salih. «¿Por qué —le dije— no me has devuelto mis cosas?» «Te las devolveré a tu partida.» «¿Qué derecho tienes a retenerlas?» «No digas más (exclamó el villano, que se había gastado mi dinero), ¡hablarme así un nasraní!, o te abofetearé.» «Si me golpeas será por tu cuenta y riesgo. Amigos, ¿cómo puede un teniente, con doce soldados a sus órdenes, gobernar un pueblo si no es capaz de gobernarse a sí mismo?, uno que ni respeta la palabra del Pachá de Medina, ni teme al Sultán ni se espanta siquiera del propio Alá. Salih, jeque de Jaybar, oye cómo este cobarde amenaza con golpear a un invitado en tu casa; ¿es que vais a tolerarlo, amigos míos?» Abdulá se incorporó y me golpeó brutalmente en la cara. «Salih —les dije yo— y vosotros que estáis ahí sentados, ¿sois hombres libres? Soy un hombre solo, enfermo y extranjero, que, ¡todos lo habéis visto!, ha sufrido injustamente tanto tiempo de manos de este esclavo que habrían podido salirme canas en la barba: si más adelante recuerdo elevar una queja, lo más probable es que pierda su puesto.» Auwad, el cadí, que era amigo y estaba sentado a mi lado, habló con palabras conciliadoras: «Abdulá tiene parte de culpa y Jalil también. Estas diferencias son peligrosas, que no se hable más del asunto». Abdulá: «¿Es que quieres que te envíe a prisión?». «Te repito que no estoy bajo tu jurisdicción», y me levanté para irme de allí. «Siéntate —gritó tirándome brutalmente del manto—, y este askar —miró por el ventanuco y llamó a uno de sus hombres que pasaba por allí— te conducirá a prisión.» Salí con él y al pasar junto a la puerta de Amm Mohammed el tipo me permitió entrar un momento.

La puerta estaba cerrada, pero al oír mi voz la esposa beduina se apresuró a abrirme: cuando le expliqué el asunto, la buena mujer me dejó allí sentado, cogió la llave y corrió a llamar a su marido, que estaba en el palmeral. Mohammed volvió en el acto, y nos fuimos juntos al huerto; nos encontramos al jefe de los jinetes de Medina y le dije que, puesto que no podía estar seguro, cabalgaría con ellos hasta las puertas de la ciudad. No era nada nuevo que un inglés acudiera hasta allí; ¿acaso no había un aljibe junto a la puerta norte que se llamaba *Birket el-Engleysy*?

Mohammed me preguntó qué había escrito el Pachá y quiso que le leyera la carta en la lengua nasraní; se incorporó para escuchar con mucha admiración. «*¡Pitta-pitta-pitta!* ¿Así hablan?», se rió; así de alegre se mostró las siguientes veces que nos reunimos a tomar café. Pero, ahora que mis males tocaban a su fin, el buen hombre me pareció débil: había llegado a no sé qué acuerdo secreto con Abdulá y, pese a sus palabras previas, no parecía partidario de que me devolvieran mis cosas hasta el momento de mi partida. Los *Agueylíes* se quedaron unos días más y Abdulá estaba harto de mantenerlos. Le di al wahabí una carta para el Pachá, que le entregó tan pronto como llegaron a la ciudad…

…Aguijoneamos al parsimonioso *zelul* por el terreno pantanoso y a través de los últimos charcos y arroyos. Así pasé de la pestilencia de los *wadyán* de Jaybar, y del insoportable cautiverio del *Dowla*, al bendito aire libre de las cumbres del Harra. La hora siguiente pasamos junto a muchas bóvedas de toscas piedras de basalto, que yo había supuesto que eran túmulos. Tras diez millas de marcha, vimos a lo lejos a una mujer nómada en pie junto a dos tiendas de los Heteym. Mis *rafiqs* beduinos me mostraron las cumbres de una montaña que hay al sur, *el-Bayza*, que según me dijeron está a poca distancia de Medina.

Por la tarde desmontamos, soltamos al *zelul* para dejarlo pastar y nos sentamos a esperar la caída de la noche. Cuando empezó a ponerse el sol nos dirigimos hacia las tiendas: pero el cabeza hueca de Eyad me dejó con Hamed y el *zelul* y se fue con Meryán al otro *beyt*. El propietario de la tienda donde yo estaba volvió a casa con los rebaños y los camellos; era un joven barbilampiño. Nos ofrecieron suero de leche y oímos la voz de una negra que llamaba desde el apartamento de las mujeres: «*¡Hamed!, ¡ya Hamo!*». Era del pueblo y estaba alojada con aquellos amigos nómadas en el desierto para fortalecerse con su *leban*. Se había hecho ya de noche, pero el joven volvió a salir con el asno para traernos agua. Regresó al cabo de dos horas y para entonces, sin mi conocimiento, habían sacrificado una cabra: por eso había ido a buscar el agua. El joven Heteymy me llamó —con la adulación de una raza rastrera— *Towíl el-amr*.

Después de la hospitalidad llegó Eyad. «Jalil —dijo—, ¿no me has guardado ningún trozo a mí, que soy tu *rafiq*?» «¿Me habría abandonado un verdadero *rafiq*?» Su consejo fue que nos dirigiéramos al oeste, donde, de acuerdo con lo que le habían dicho en la otra tienda, tropezaríamos a diario con los aduars de los árabes, y encontraríamos leche y cobijo; mientras que, si íbamos a el-Hayat, en todo el camino desde allí hasta el norte de Hayil no había beduinos. De ese modo no pasaríamos por el-Hayat y yo no tenía provisiones; ¡pero acepté, en mala hora!, más me hubiera valido no ceder en nada ante aquellos *rafiqs* traicioneros.

Partimos al amanecer, dejando a mano derecha, en el "Harra Blanco" (el-Abiad), una montaña lejana, que ellos llamaron *el-Bayza* [distinta de la que hay en el Heyaz, cerca de Medina]. En aquel *yebel* —según dijeron mis *rafiqs*— están los más altos *shaebán* (orillas de un *seyl*) del *W. er-Rummah*; aunque por ese lado todos los *seyls* fluyen hacia el gran *Wadi el-Humz*. Pasamos junto a unas afiladas lavas cristalinas; *lowh*, dijeron mis compañeros.

Un par de grandes aves parecidas a avefrías, *habara*, salieron volando ante nosotros: raras veces las vi en el desierto [y sólo en esa estación]; sus plumas son blancuzcas con manchas oscuras y sus huevos (de color marrón sonrosado y moteado de negro) los encontré siempre en mayo por parejas sobre la grava desnuda [cerca de Maan]; eran tan grandes como huevos de pavo y tenían buen sabor. Puede que se trate de alguna especie de avutarda. «Su carne es tan suave como el algodón para el paladar», declaró Eyad, el sibarita Bishr. Merján y Eyad trataron de atraerlas silbando; cogieron sus fusiles y salieron furtivamente a cazarlas; pero como los beduinos no desperdician el plomo, volvieron al poco rato tal como se fueron. Nunca vi que los disparos de los árabes les proporcionaran caza alguna; sólo el Neyumí solía disparar y era capaz de abatir perdices al vuelo.

Desde allí, el campo volcánico a nuestro alrededor era un desierto de piedras de lava afiladas con muy pocos senderos para el ganado; y los nómadas sólo se internan a pie entre los bloques de piedra a regañadientes. Una pesada piedra aplastó al caer el córneo y grueso dedo gordo de Hamed. Yo desmonté para dejarlo cabalgar a él, pero el negro me pidió prestado un cuchillo, cortó la carne dañada con salvaje resolución y siguió caminando. Cuando nos detuvimos por la noche, cauterizó la herida sanguinolenta y aseguró que estaría bien para las próximas marchas. Mientras viajábamos, el viento de marzo soplaba contra nosotros desde el norte y arrastraba la hierba seca y los tallos marchitos de los arbustos del desierto. Nuestro camino era incierto y no teníamos ni agua ni refugio; la altitud de aquella llanura de lava es de 3.400 pies. Por la tarde, Merján —al muchacho lo atormentaban las tercianas *(táhal)*, después de la fiebre de Jaybar—, gritó que había visto un rebaño; y después perdió la paciencia y nos cubrió de maldiciones porque no lo seguíamos: el rebaño no era más que un grupo de gacelas. «*¿Fen el-arab*, dónde están los nómadas? *¡neffera!*, palabras engañosas; ¡pero así son los Heteymán!, nos mintieron la noche pasada, Alá los confunda.» El negro se había bebido casi todo mi odre de agua: por la noche desató el cuello y lo habría vaciado de un trago, pero le dije: «No, todos hemos caminado y padecido la sed durante el día y nadie beberá más que los demás». Los beduinos le gritaron: «¿Te piensas que estamos ya en el Saheyn? Esto es el *jala* y no el territorio de los Jeyabara». Finalmente, al ponerse el sol, encontramos una oquedad en el terreno y unos árboles de *sidr* para protegernos del viento nocturno, que soplaba tan fuerte que atravesaba nuestras finas ropas: cortaron las ramas marchitas de una acacia muerta para encender el fuego. Después amasaron harina con un poco de agua que nos quedaba y preparamos un poco de pan sobre las brasas. La noche marceña fue fría.

Partimos al despuntar el alba y caminamos junto a la montaña de arenisca *Gurs* y, ¡qué alegría!: cuando ascendió el sol, los aborrecidos alrededores de Jaybar habían desaparecido de la vista. Vimos más celdas abovedadas, unos viejos muros de piedra seca en el Harra baldío y un antiguo cementerio. «¡Mira —dijo Eyad—, cómo han cubierto las piedras las tumbas de los antiguos!» Caminamos por el campo volcánico, "una tierra cuyas piedras son de hierro", sin probar bocado hasta pasado mediodía, cuando encontramos las huellas de unos camellos en unos bancos de arena negra. Al principio mis *rafiqs* dijeron que el rastro era de un *rahla* de hacía cinco o diez días, pero cogieron el *yel-la* y pensaron que tendría unos cinco días. Las boñigas nos llevaron por el Harra en dirección noroeste, hacia las montañas plutónicas de Y. Hechyur. En el desierto, el viento borra poco a poco las pisadas cubriéndolas de arena, de lo contrario, podrían perdurar hasta las lluvias siguientes. En un monumento recientemente descubierto en Egipto se encontraron las huellas frescas de los obreros en el fino polvo del suelo ¡y tenían miles de años! Los beduinos se dirigieron hacia una oquedad en el terreno en busca de agua encharcada y allí llenaron el guirbí. El agua estaba llena de pequeños y serpenteantes gusanos blancos y bebimos a través de una vuelta del pañuelo. [Los labios del camello están protegidos por un reborde de cerdas curvadas hacia el interior con las que el animal filtra las sucias aguas del desierto]. Los *rafiqs* beduinos trepaban a cada roca que veían en busca de los nómadas: seguimos caminando hasta que se puso el sol y después desmontamos en un terreno bajo cubierto de acacias y arbustos; allí encontramos un dar de los nómadas recientemente abandonado. Estábamos cerca de las lindes del Harra...

Nos detuvimos una hora después de que las estrellas brillaran en el cielo, en un lugar resguardado, junto a un gran arbusto solitario; y tumbamos el *zelul* ante nosotros, para protegernos del helado viento nocturno, que se había convertido en un huracán que atravesaba las ligeras ropas del Heyaz. Los *rafiqs* beduinos olvidaron sus temores diurnos con tal de confortarse junto al fuego: buscaron a tientas unas ramas en la oscuridad. Excavando con las manos, encontré *yel-la* enterrado en la arena: se trataba del antiguo mubrak, o cama de un camello; no había duda de que algún viajero había hecho uso de la posada de aquel gran arbusto del desierto para dormir: el estiércol del animal llevaba enterrado por el viento uno o dos años. Meryán recogió un manto lleno: el precioso combustible no tardó en resplandecer con su rojo calor en nuestro arenoso hogar y yo preparé té, que no habían probado hasta ahora.

El viento helado duró toda la noche, las ráfagas eran insoportables. Al amanecer, tenían los dedos tan rígidos que apenas pudieron encender otro fuego: los *rafiqs* permanecieron sentados, no había calor suficiente en sus cuerpos semidesnudos para seguir caminando contra el viento. Una racha formó un remolino junto al arbusto y esparció las brasas. «¡Ah! —gritó el tarugo de Eyad—, *Alá yulán abu ha-l-hubub*, maldito sea el padre de este viento huracanado.» Y luego añadió: «*Alá yusal-let ala ha-l-hatab*, Dios castigue a esta leña». Por fin, nos pusimos en pie; y los *rafiqs* beduinos bañaron sus cuerpos en el calor un momento más, extendiendo las amplias túnicas sobre las brasas languidecientes. El vendaval marceño golpeaba nuestros dientes y nos metía arenilla en los ojos. Mis compañeros trastabillaban al avanzar a pie, caminamos hacia el noreste: pasadas dos horas se detuvieron a encender otra hoguera. El cielo estaba perpetuamente cubierto de nubes delgadas. Antes de mediodía la tormenta cesó; y por la tarde el viento soplaba suavemente, ¡del lado contrario! Nos aproximamos entonces al negro límite del Harra, a los pies del alto cráter del Eznán. El Eznán se alza solitario en un campo de lavas afiladas, cenicientas y resquebrajadas; los nómadas dicen que esa gran *hil-la* es inaccesible. A veces, tras las lluvias invernales, se ve un vapor claro humeando de la cima del volcán, y lo mismo ocurre las mañanas de invierno en ciertas profundas grietas del Harra. «Su olor es parecido al vaho del agua caliente.» Esto último me lo confirmó Amm Mohammed.

En aquella región hay un valle (que sirve de punto de referencia) que discurre por el Harra hacia el-Hayat, el *W. Mujeyat*. El pequeño odre apenas bastaba para satisfacer la sed de tres hombres durante una marcha en pleno verano y ya llevábamos dos jornadas de viaje, de modo que bebimos sólo un poco por la tarde y no probamos bocado.

Mi imaginación estaba hastiada de ver tantas montañas de ceniza y tantos cráteres desnudos, quebrados y resquebrajados entre las hórridas y negras lavas que se extendían ante nosotros. El sentido de la palabra *hil-la*, hil-laya es, según Amm Mohammed, "evidente", y me contó que en Medina hay unos dátiles que reciben ese mismo nombre. Eyad me dijo: «*Hal-la* es una montaña del Harra de polvo negro y escoria; *hel-layey* es una montaña del Harra de poca altura, *hil-li* o *hel-lowat* (otros dicen *hil-liyan*) son todas las montañas del Harra». Caminábamos hacia las mismas hil-líes que yo había atravesado con los Goceyb. Cuando el sol estaba a punto de ponerse los *rafiqs* descubrieron y saludaron (devotamente) a la luna nueva...

Los rafiqs traicioneros

Al despuntar el día, partimos de Gofar; según mis cálculos era la primera semana de abril. Eyad soltó las riendas del escuálido *zelul* para dejarlo pastar y se internó lentamente en la llanura desértica hasta que el sol se ocultó detrás de *Achya* y nos detuvimos junto a unas peñas de granito gris. Esas rocas se erosionan para formar cuevas y riscos con más facilidad que las de el Sinaí: la parte superior de los acantilados suele ser basáltica. Eyad encendió una fogata, calentó su baqueta y marcó al esquelético *zelul*. Yo llevaba todo el día caminando y los *Agueylíes* amenazaban constantemente con abandonar mis alforjas, pese a que ahora eran tan ligeras como las que contenían el *temn* de Meryán. Seguimos adelante otras cuatro millas más y nos pareció ver un fuego de campamento; al llegar al lugar encontramos un rebaño de camellos acurrucados para pasar la noche en el *jala*. El joven pastor y su hermano estaban sentados en un hueco en la orilla de un *seyl* y ante ellos ardía una hoguera hecha con unas pocas ramas. Los perros de los árabes no acompañan a los rebaños y los muchachos no podían ver nada más allá de la hoguera, así que nuestro *salam* los sobresaltó. Entonces nos detuvimos, nos sentamos a su lado y nos dimos a conocer. Los muchachos obligaron a levantarse a algunas de sus *nagas* y las ordeñaron hasta llenar unos cuencos espumosos para nosotros. Oímos chillar a un ave nocturna donde habíamos dejado las alforjas con el *zelul* y mis *rafiqs* se pusieron en pie y salieron corriendo con sus fustas en la mano, por miedo a que el pájaro (que ellos llamaron *sirruq*, ladrón) pudiera —dijeron— robarnos algo. Después de cenar, nos tumbamos a dormir sobre la agradable arena del *seyl*.

Cuando empezó a aclarar el día nos pusimos en camino. Poco más adelante, vimos una bandada de grandes aves acuáticas picoteando en el desierto sobre sus largas patas. Se me ocurrió que, gracias a sus grandes alas, sólo un largo vuelo las separaba del mar; ¡el sol del día siguiente podría sorprenderlas lejos del polvoriento suelo de Arabia! Al principio los cabezas huecas de mis *rafiqs* las confundieron con un rebaño de ovejas, aunque en esa parte del *Nechd* sólo las hay de lana negra; así que encendieron las mechas de sus fusiles y se acercaron arrastrándose, pero al poco rato vi a las grandes aves moviendo las alas sobre el vasto desierto y los cazadores regresaron. Les pregunté: «¿De dónde vienen esos pájaros?». «Wel-lá, de La Meca», [es decir de la costa del Mar Rojo].

El suelo era un pedregal yermo y recocido por la eterna sequía, que ardía bajo las plantas desnudas de nuestros pies; el aire era como una llama bajo el sol. Con el clima de Arabia lo mejor que puede hacer un viajero enfermo es cabalgar siempre que pueda, pero debido a la crueldad de mis compañeros me veía obligado a ir todo el rato a pie mientras ellos montaban. Como viajaban deprisa, tenía que apresurarme para no perderlos de vista o habrían abandonado al nasraní. Mi situación era tan terrible que, tras varios días de soportar semejantes esfuerzos, pensé que pronto descansaría para siempre. Sobre todo al llegar el ardiente mediodía, cuando mi corazón latía como si fuera a estallar. Por fin se me saltó la sangre de la nariz. Les grité a los *rafiqs* que cabalgaban por delante que se detuvieran para que pudiera tumbarme un rato, pero hicieron oídos sordos. Utilicé unas piedras para contener la sangre goteante y no presentarme ante los árabes con la camisa ensangrentada, ¡y por si alteraba el envenenado espíritu de mis *rafiqs*! Con las prisas me salpiqué las manos de sangre. Cuando por fin les alcancé vieron mis manos sanguinolentas y tiraron de la brida sorprendidos. Meryán: «¡Es o no es un *káfir*!». «¿No son más *káfirs*, quienes abandonan a su *rafiq* por el camino?» Continuaron la marcha algo más despacio, yo caminaba junto al *zelul* y añadí: «Si abandonáis al *rafiq*, ¿qué hombre honorable os recibirá después en su tienda?». Meryán contestó: «La fe debe mantenerse entre los musulmanes, pero no con un enemigo de Alá!».

Poco después se detuvieron y Eyad desmontó. Meryán, que seguía montado en el *zelul*, encendió fuego con un pedernal. Pensé que sería para sus galyáns, pues habían comprado un poco de dulce hameydí en Hayil con mi dinero; pero Eyad encendió la mecha de su fusil. Yo le dije: «¿A qué viene esto?». Ellos respondieron: «¡Una liebre!». «¿Dónde está vuestra liebre? ¡Mostradme dónde está!» Eyad aún no le había echado la pólvora al fusil; los dos empezaron a balbucir muy confundidos. Yo les dije: «¿Acaso me habéis tomado por una liebre?, por vida de Él que nos creó que, como oséis apuntarme con un arma, extenderé vuestros pellejos de liebre sobre el suelo. ¡Apaga esa mecha!». Él la apagó. Empezaba a refrescar, seguimos caminando en silencio, y sin duda iban dándole vueltas en sus huecas cabezotas al significado de las vehementes palabras del nasraní. «¡Mirad —les dije—, *¡rizel-leyn!*, cobardes repugnantes, os lo digo con claridad: como me obliguéis a hacer una barbaridad acabaréis muertos como perros; y me quedaré con esa ruina de zelul!»

En tal caso mi situación habría sido casi desesperada, pues hasta llegar a la frontera siria no estaría a salvo. Y Siria estaba terriblemente lejos y era muy difícil llegar allí, aunque con agua y un buen *zelul* —la necesidad hace más resistentes a los hombres y a menudo les ayuda a escapar del peligro— no habría desesperado de llegar, siempre que hubiese encontrado alguna charca por el camino que hubiese salvado al *zelul* y su jinete. ¿O debería cabalgar hacia Teyma, a doscientas millas de allí? Pero, después de ver los grandes puntos de referencia desde este lado, ¿cómo volver a reconocerlos?, y hacia el oeste los árabes eran Bishr de su misma tribu. ¿Sería mejor aventurarme hacia el este por *diras* desconocidos?, ¿o internarme entre las temibles dunas del *Nefud* en busca de los Sheratat? Dondequiera que fuese lo más probable es que desfalleciera antes de toparme con nadie; y, al verme llegar, ¿no optarían los árabes por matar al extranjero antes que recibirlo? Mi vista estaba borrosa a causa de la oftalmia y, sin saber dónde buscarlos, ¿cómo encontrar a los árabes en la vastedad del desierto? Si, gracias a Dios, lograba llegar a algún pozo, podría inventar algún sistema para beber yo, pero no para abrevar al *zelul*.

Me froté con unas piedras las manos ensangrentadas, con la esperanza de poder lavármelas cuando nos encontráramos con los árabes; aunque estábamos en la época del pasto de primavera, cuando el ganado está *yezzín*, y a menudo los nómadas no llevan agua consigo, porque hay *leban* para beber. ¡Eyad temió que las tornas se volvieran en su contra!, pues, cuando llegáramos a un aduar yo podría quejarme de ellos y todos le despreciarían. «Espera a que veas orinar a un camello y entonces corre y lávate las manos; pues, wel-lá, ningún árabe querrá comer contigo si ve sangre en tus manos.» A veces la sed ha empujado a algunos caravaneros de las ciudades a beberse la orina de los camellos. Yo sabía de unos medanitas que traficaban con los Sheratat, y que, a principios del verano, llegaron del W. Sirhán y encontraron seca la charca donde pensaban abrevar (al norte de Maan), y llenaron así sus cuencos y le añadieron un poco de sangre del oído del camello. Les conté la historia a unos beduinos que me respondieron: «Beber eso no ayudaría a nadie, wel-lá, cualquiera se moriría de lo mucho que se le revolverían las tripas».

Empezaba a caer la tarde cuando volvimos a pasar por el-Aguel-la. Al ponerse el sol, vimos otro rebaño de camellos no muy lejos de allí. Los pastores se afanaban en recoger a los animales en un lugar protegido entre dos colinas, pues era una noche lluviosa y sin estrellas. Cuando llegamos a donde estaban, los muchachos habían recogido ya a los camellos y les silbaban para que se arrodillasen: «¡Ij-j-j!». Las grandes bestias se dejaban caer rígidamente con un bufido sobre una o dos rodillas, doblaban las patas de atrás y se sentaban con pesadez sobre los cuartos traseros. Después adelantaban una o las dos rodillas delanteras y restregaban su enorme corpachón contra la áspera grava para acomodarse y con eso acababan sus trabajos: descansan el peso del cuello sobre el *zora* y permanecen así, rumiando inmóviles, hasta la mañana siguiente. El camello deja una extraña (y reptiliana) huella (de las rodillas, el *zora* y los cuartos traseros), que puede verse en el duro suelo incluso pasados uno o dos años. Su olor almizcleño, producido por las costras de orina que recubren su parte trasera, recuerda un poco al del perro, pero aun así nos parece un animal más hermoso que las mismas gacelas, pues en el *jala* constituye todo nuestro bien.

Los amables pastores ordeñaron para nosotros con generosidad y bebimos abundantemente durante toda la noche. Una cena como ésa renueva la sangre por la mañana, proporciona nuevos músculos y refuerza los tendones. La lluvia nos golpeaba las espaldas mientras estábamos sentados alrededor del fuego sobre la límpida arena del desierto; tronaba y relampagueaba. Cuando empezamos a tener sueño nos retiramos a donde habíamos dejado las alforjas y nos tumbamos sobre nuestros mantos bajo el viento nocturno y la lluvia. Pasé tanto rato pensando en la mañana siguiente que mis compañeros debieron de creer que estaba dormido. Ellos se habían refugiado bajo un peñasco y les oí decir —mi buen oído me fue de tanta ayuda durante aquellos peligros como la aguda vista de los nómadas— que, una vez entrada la noche, subirían mis cosas al *zelul* y se marcharían. Les dejé dormir y me levanté para volver junto a la hoguera.

Los pastores dormían bajo la lluvia y pensé que sería buena idea contarles mis problemas a aquellos muchachos. Su hermana estaba con ellos, pero, debido a la presencia de los extraños, había permanecido apartada toda la noche bajo la lluvia, lejos del amor de la lumbre. Ahora se había acercado a calentarse un poco junto a las brasas casi apagadas y dejó escapar un grito al verme llegar, pues en el desierto todo son temores. «¡Paz! —le dije yo—, quisiera hablar con tus hermanos.» Cogió al mayor por el hombro y le dio la vuelta: él se despertó de inmediato, pues con aquel mal tiempo no se había dormido muy profundamente. Todos se sentaron y, mientras se frotaban los ojos, me preguntaron qué quería, por qué no los dejaba descansar y por qué no me había ido a dormir con mis *rafiqs*. Eran muchachos viriles y rudos y no habían reparado en quién era aquel extranjero. Les expliqué que los que viajaban conmigo eran *Agueylíes Annezy*, que habían cobrado por acompañarme, pero tenían intención de abandonarme, y que probablemente lo harían esa misma noche. «Mira (dijeron ellos cubriéndose la boca con la mano para bostezar), somos gente humilde y no entendemos de esas cosas; pero si tratan de hacerte algún daño, nos pondremos de tu parte. Vuélvete a dormir, no vayan a notar tu ausencia, y nada temas, pues estaremos cerca.»

Dos horas antes de amanecer, Eyad y Meryán se levantaron susurrando y cargaron las cosas en el *zelul*; después lo obligaron a levantarse de un puntapié. «Llévatelo (le oí murmurar a Eyad) y luego volveremos a por los fusiles.» Yo permanecí inmóvil, les dejé alejarse unos pasos y me levanté con intención de frustrar sus planes. Cogí los dos fusiles de chispa, fui a donde estaban los pastores y desperté a los muchachos. Los traicioneros *rafiqs* regresaron en la oscuridad y no encontraron sus fusiles así que volvieron con los pastores. «Ah —dijeron—, Jalil sospecha de nosotros injustamente; sólo nos hemos cambiado de sitio en busca de refugio, pues donde estábamos nos molestaban el viento y la lluvia.» Sus lenguas de doble filo convencieron a los pobres pastores, cuyas luces no daban para más, y admitieron que Jalil había malinterpretado la intención de los otros. «Muy bien —dijeron—, coged vuestros fusiles y volved todos a dormir; y alégrate, Jalil. Y vosotros no volváis a darle motivos de sospecha —añadieron aquellos jueces del desierto—; ¡wellá, no hemos pegado ojo en toda la noche!»

Seguí adelante con los *Agueylíes* en cuanto apareció la luz de la mañana. Eyad cabalgaba. No habíamos recorrido una milla cuando amenazó con abandonarme allí mismo en el *jala*; ahora amenazaba abiertamente con dispararme e hizo ademán de golpearme con la fusta, pero sujeté al *zelul* por la brida y le advertí que si decía una palabra más daría con sus huesos en el suelo. Meryán no participó en aquel nuevo abuso; caminaba alejado, pues debido a su humor variable había vuelto a pelearse con Eyad… «Está bien, Jalil, dejémoslo estar —dijo Eyad—, te juro que, si los pastores no nos han mentido, hay un aduar de los árabes cerca de aquí.»

Boreyda

PARTIDA HACIA BOREYDA. LA LLEGADA. ROBAN AL NASRANÍ.
EL EMIR COJO PARTE HACIA ANEYZA

PARTIDA HACIA BOREYDA. LA LLEGADA. ROBAN AL NASRANÍ. EL EMIR COJO PARTE HACIA ANEYZA

Esa misma mañana llegaron, ¡desde el-Iraq!, dos beduinos con los camellos cargados de *temn* para Tol-log y Motlog. Eran Shammar y porteadores de la caravana del Hach de Ibn Rashid. Me maravilló que hubieran encontrado nuestras tiendas tras un viaje tan largo y ellos me explicaron que, desde que pasaron por Hayil, se habían dedicado a preguntar por nosotros de este modo: «¿Dónde está Ibn Náhal?» Respuesta: «Hemos oído decir que estaba al sureste». «Algunos dicen que se ha ido al territorio de los Ateyba.» «La última vez que supimos de él estaba en tal sitio.» «Hace poco que se fue hacia el territorio de los Seleyma.» «Encontraréis a sus árabes entre tal y cual punto de referencia.» «Sus camellos pastan cerca de Yenna.» Mientras descargaban, llegó en su camello, tras una larga ausencia, un beduino extranjero bien conocido en ese *ferich*: había recorrido 130 millas hacia el este para visitar a los Bishr, con quienes se había criado de niño aunque ahora viviera con los *Harb*. El hombre era un Shammar y tenía una esposa en nuestro aduar, ahora había venido a ver a su hijo pequeño. Motlog me aconsejó que negociara con él el viaje hasta el-Qásem. Le llamamos y nos contestó que temía, wel-lá, atravesar una región tan despejada donde corría el riesgo de perder el camello durante una incursión de los Ateybán; pero Motlog lo convenció diciéndole que con el dinero podría comprar una carga de dátiles (tan baratos en el-Qásem) para su familia. Se ofreció a llevarme hasta el-Bukkeríyye, pero por fin convinimos que me llevaría a Boreyda por cinco reales. «¡Monta!», dijo el hombre, que se llamaba Hamed; cargó mis cosas, subió a la grupa y partimos. «¡Que Alá te guíe hasta el final de tu viaje —dijo Tol-log—; quiera Alá que no te ocurra ningún mal!»

Hacía tres horas que había salido el sol, atravesamos una sierra basáltica y descendimos hacia otro *ferich*, donde estaba el *beyt* de Hamed. Allí recogió su odre de agua y unos puñados de meresí —todas sus provisiones para cabalgar otras 450 millas— y no le dijo a su esposa más que: «Mujer, me voy con el extranjero a Boreyda». Ella obedeció en silencio, pues no es raro que un bedawí ni siquiera se despida de su esposa al marcharse. «¿Has oído? (repitió Hamed), ¡sigue con estos árabes hasta mi regreso!» Después cogió al pequeño en brazos y le besó.

...Entonces vi las enormes dunas del *Nefud* que los beduinos llaman *taws* y *nefd* (en pl. *anfad*), aunque en Qásem suelen llamarse *adanat* y *kezib* (en pl. *kezbán*). «No muy lejos, tras las dunas que ves a la derecha (en dirección a Aneyza), está el *W. er-Rummah*», dijo Hamed. Viajamos otra hora y media y llegamos a la cima de un altozano en el *Nefud* cuando empezaba a ponerse el sol. Allí apareció ante nuestros ojos un espectáculo de ensueño: ¡una gran ciudad de adobe construida sobre la arena con murallas y torres y calles y casas! ¡Aquello era Boreyda!, el minarete cuadrado en mitad de la ciudad era el de su gran mezquita. Fue como contemplar Jerusalén en mitad del desierto [tal como se ve desde el Monte de los Olivos]. Los últimos rayos del sol atravesaban los tamariscos e iluminaban de forma grandiosa la oscura ciudad de adobe. Yo le pregunté a mi *rafiq*: «¿Dónde están sus palmerales?». Me contestó: «Lejos de aquí, tras aquella gran duna que hay en dirección al *Wadi (er-Rummah)*».

Hámed: «Perdóname si te he incomodado alguna vez durante el viaje y dime: ¿te he parecido un buen *rafiq*? ¡Jalil, eso que ves es Boreyda!, y hoy habré de dejarte aquí. Cuando estés en sus pueblos no vayas diciendo: "soy nasraní", o te odiarán a muerte. Reza como ellos, mientras te quedes en la región, y no dejes ver que no eres musulmán. De ese modo te serán favorables y te acompañarán a donde quieras. No esperes encontrar en la ciudad gente de tan buen corazón como entre los bedu. Acomódate a ellos o no te permitirán quedarte mucho tiempo. Te aconsejo con la mejor intención. ¡No puedo obligarte! Di que eres un *mudowwiyy*, y háblales de tus medicinas y explícales para qué enfermedades son. Puede ser una forma de ganarte la vida. Hasta ahora le has dicho a todo el mundo que eres nasraní y ¿de qué te ha servido?, di ahora (si puedes): "soy musulmán"».

Nos encontramos con unos de la ciudad que tomaban el fresco fuera de las murallas y que, al vernos pasar, sondearon a mi *rafiq* bedawí. Entre ellos reparé en un siniestro guerrero *Galla* del Emir. Hamed les respondió: «Vamos al albergue del Emir», a lo que ellos replicaron: «Aún está lejos y el sol ya se ha puesto; ¿no sería mejor que os quedarais en aquella casa? Está dentro de la muralla y podríais pasar allí la noche e ir a ver al Emir por la mañana». Los dejamos atrás y atravesamos las puertas de la ciudad; el muro de adobe [vulg. *achyidad*] es nuevo y tiene menos de dos pies de grosor. No había ni un alma por las calles lóbregas; la gente se había ido a casa a cenar y las tiendas del *zoco* estaban cerradas durante la noche. Las casas están hechas de adobe (arenoso), son de poca altura y algo decrépitas. El camello avanzaba con paso cansino por las callejuelas silenciosas y olvidadas; pasamos junto a una plaza pública sin pavimentar, *mechlis*, y hollada por los pies de los habitantes de la ciudad y allí vimos la gran mezquita de adobe y el alto minarete. Hamed tiró de la brida ante la puerta del albergue del Emir, Munoj es-Sheyj.

El portero abrió las toscas puertas, entramos y desmontamos. El viaje desde er-Rawz había sido de más de veinticinco millas. Al poco rato, un muchacho de la cocina nos saludó: «Poneos en pie y pronunciad el nombre de Dios». Nos condujo a través de varios patios oscuros y luego subimos a cenar por unas escaleras de adobe. Los escalones estaban rebajados en el centro para formar un desagüe y trastabillamos peligrosamente en la penumbra. Recorrimos una galería y varias terrazas que me recordaron a nuestros conventos; el chico nos guió sin encender una luz hasta el final de una columnata donde sentimos el suelo ruinoso bajo nuestros pies. Y allí nos sirvió la cena: unas ásperas gachas de trigo, hervidas en agua (una especie de *burgol* árabe) sin *samn*; no en vano éramos huéspedes del Emir campesino de Boreyda. Ésa es la cena en Qásem, aunque debería prepararse con algo de leche y mantequilla; en las mejores casas el *burgol* se hierve en caldo, se mezcla con *temn* y se sirve acompañado de cordero hervido. Después de comer y de lavarnos, tuvimos que encontrar el camino de regreso en la oscuridad a riesgo de rompernos el cuello que no valía ni mucho menos lo que aquella cena. Entonces Hamed me ofreció su breve *adieux* beduino: montó en su camello y vi cómo mi *rafiq* atravesaba tranquilamente las puertas (del tirano). Se estaba alzando la luna, así que saldría de la ciudad y se alojaría en uno de los pueblos.

Entonces pedí que me dejaran ver "al Emir", el hermano de Hasan, que había quedado como su representante en Boreyda. Me respondieron: «Ya es tarde y el Emir está en la otra punta de la ciudad: *¡el-bákir!*, por la mañana». El portero, el escanciador de café, un soldado y otros sirvientes se congregaron a mi alrededor: habían cerrado las puertas del patio y no querían que me fuese de allí. Me senté en un banco de adobe a la luz de la luna, y entonces me sacó de mi fatiga la odiosa voz de su bárbara religión: el muecín llamando a la última oración desde el minarete. «¡Ah! —pensé—, ¡otra vez mi olvidadiza memoria! ¡Qué mala suerte! ¿Cómo se me ocurriría quedarme hasta tan tarde sin que el Emir ni nadie puedan librarme hasta mañana?» Les pregunté a toda prisa dónde podía dormir. Aquellas hienas respondieron con una especie de desprecio disimulado: «¿No vas a rezar con nosotros antes de dormir?», después me llevaron a una habitación del lóbrego edificio, que alguna vez había sido utilizada como un pequeño *qahwa*.

En el interior todo estaba silencioso y resonaba como una iglesia. Anduve a tientas, hasta palpar las columnas de adobe y pisar las cenizas del hogar, y me tumbé sobre el duro suelo de tierra. Mi pistola estaba en el fondo de mis alforjas, que el portero había guardado en alguna otra parte; encontré mi cortaplumas y me dije que si intentaban hacerme algún daño no saldrían bien librados, aunque deseé que la noche transcurriera sin problemas. Llevaba sólo una hora durmiendo cuando oí los pasos de alguien al pasar por la puerta. «En pie —dijo una voz—, y sígueme, los jeques te reclaman en la sala del café.» Salió delante de mí y le seguí guiándome por el ruido. Encontré a varias personas sentadas junto al café que parecían ser de la guardia del Emir. Me pidieron que tomara asiento y uno me alcanzó una taza; después empezaron a preguntarme: «¿No eres tu el nasraní que estuvo hace poco en Hayil? Estuviste con unos *Annezy* y Aneybar os echó de allí con su *jurraba* (*zelul* sarnoso). ¿No tenían que llevarte a Jaybar?». «Ése soy yo.» «¿Y entonces por qué no fuiste a Jaybar?» «Tú mismo lo has dicho: porque el *zelul* era *jurraba*. Aquellos beduinos no podían llevarme tan lejos y Aneybar lo sabía muy bien, pero el muy rastrero no quiso escucharme. Dime, ¿cómo sabes todo esto?» «Estaba en Hayil y te vi. ¿No te prohibió Aneybar venir a Qásem?» «Oí sus falsas palabras, pero como sois sus enemigos, no presté oídos a su prohibición; ¿cómo iba a prohibirme ese esclavo viajar más allá de las fronteras de Ibn Rashid?» Al oír aquello todos rieron y sacudieron las enjutas cabezas y pude verles los dientes, ¡buena señal! Mis interrogadores añadieron con impaciencia tiránica: «¿Qué papeles has traído contigo?, ¿eh?, ve a buscarlos y se los llevaremos de inmediato al Emir, [a un muchacho]: tú, ve con el nasraní».

El portero abrió la puerta de la alacena donde guardaban mis alforjas. Saqué la caja de las medicinas, pero mis cansadas manos les parecieron demasiado lentas a los cabezas de chorlito que me habían acompañado. El peor de ellos, un kahtaní, me dio un puñetazo e insultó y amenazó al nasraní. «¡Vengan —gritaron— esos papeles!», y me los quitaron de las manos. «Se los llevaremos —dijeron después— al Emir.» Salieron, cerraron la puerta tras de sí y me dejaron solo en el patio. El único que se quedó fue el canalla que me había golpeado; se me acercó con la mano en la espada y murmuró: «Tú, ¡*káfir*!, di *La ilá il-l-Alá*», y en ésas llegó otro y otro. Yo me senté en el banco de adobe a la luz de la luna y les respondí: «Mañana os atenderé, ahora no puedo, pues estoy muy cansado».

Entonces me cogieron de la pechera (en busca de dinero). Me incorporé y todos se abalanzaron sobre mí. El portero me había dicho al oído: «Si tienes algo de plata confíamela a mí o éstos te la robarán», pero entonces vi que él mismo se encontraba entre ellos. Cuando todos aquellos réprobos se me echaron encima, se me ocurrió gritar: «¡*Haramiyya*, ladrones!, ¡eh, vecinos!», por si servía de algo; pero era ya tarde y aquél era un lugar muy solitario. Nadie respondió a mis gritos y si alguien me oyó es probable que se amilanara, pues los árabes [habitantes de un país donde abundan las alarmas y los gobernantes son débiles] suelen ser cobardes. Cuando grité: «¡Ladrones!», vi que mis verdugos se quedaban un poco desconcertados. «¡No grites (dijeron con aspereza) o por Alá...!» Lo que me hizo comprender que atacaban movidos por su malicia y por propia iniciativa, así que seguí gritando. Eran tan cobardes que, pese a lo débil que estaba, en cuanto comencé a mover los brazos me di cuenta de que con poco esfuerzo podría librarme de ellos, pero eso habría sido peor, porque habrían regresado con sus armas y yo estaba encerrado tras aquellos muros y no tenía forma de escapar de la ciudad. Había seis hombres forcejeando conmigo, así que pensé que lo mejor sería seguir gritando *¡haramiyya!*, y ofrecer un poco de resistencia para ganar tiempo. Esperaba que en cualquier momento regresara el oficial de ver al Emir. Para entonces, tenían ya en sus manos mi menguada bolsa y, cosa que me preocupaba mucho más, el barómetro aneroide que, a la luz de las estrellas, habían tomado por un reloj. El Kahtaní arrancó la cuerda por la que el delicado instrumento pendía de mi cuello y salió corriendo con él como un perro con un hueso en la boca. Me arrancaron el manto y el pañuelo y por fin aquellos villanos me dejaron en camisa. Entonces, corrieron hacia la puerta tras la que estaban mis alforjas. Pero me consoló pensar que no encontrarían fácilmente la pistola en la oscuridad, como así ocurrió.

Entonces el hombre del Emir llamó a la puerta y pidió a grandes voces que le dejaran pasar, el portero corrió a abrirle, como alguien que ha sido cogido en falta. «¿Qué ha ocurrido?», preguntó el oficial al entrar. «Han desvalijado al nasraní.» «¿Quién ha sido?» «El Kahtaní empezó.» «Y ese hombre —repliqué yo— ha sido de los peores.» Los demás se habían refugiado en el albergue a la llegada del hombre del Emir. «¡Qué vergüenza (exclamó el oficial) que roben a un hombre en el alcázar del Emir!; y a un hombre que trae credenciales del Sultán, ¿qué es lo que habéis hecho? Que el Señor os maldiga a todos.» «Haced que me devuelvan mis ropas —dije yo—, aunque me las han desgarrado.» «El Emir te proporcionará otras.» Los malhechores salieron de sus oscuros escondrijos a su llamada, y luego les ordenó: «Devolvedle al extranjero sus ropas; y todo lo que te hayan robado se te devolverá también, so pena de perder la mano; wel-lá pondremos en tus alforjas una mano por cada cosa que te hayan quitado. Venía a llevarte al alojamiento que te han preparado, pero ahora debo regresar con el Emir. Y (fue nombrándolos) tú, y tú, y tú, no volváis a hacer nada que pueda atraeros la cólera del Emir». Ellos contestaron: «Nosotros no hicimos nada, fue él quien rehusó decir *La ilah il-l' Alá*». «¡Eso es una falsedad!, pues para contentarles lo dije cuatro cinco veces; y ved cómo vuelvo a decirlo *La ilah il-l' Alá*.» Oficial: «Ahora me voy, pero volveré enseguida». «No vuelvas a dejarme entre ladrones.» «No temas, ninguno osará volver a hacerte nada»; y le pidió al portero que atrancara la puerta tras él.

Volvió al cabo de poco y ordenó a aquellos canallas que, "so pena de perder la mano" devolvieran al nasraní todo lo que le habían robado; también le pidió al portero que encendiera una hoguera a la entrada para tener algo más de luz. El soldado Kahtaní, que había sido el jefe de todos ellos, pertenecía a la tropa del Emir y me pidió solemnemente que dijera cuánto dinero había verdaderamente en la bolsa, pues «mis palabras pueden hacer peligrar mi mano, y si dices la verdad el Señor será misericordioso contigo». «¿Qué te hace pensar que un cristiano iba a ser tan miserable como tú?» «Aquí está la bolsa —dijo el oficial—; ¿cuánto dinero debe contener? Cógelo y cuenta sus *derahim* [______].» Comprobé que habían metido sus bárbaras manos en ella, pues no quedaban más que unos peniques. «Falta tanto y cuanto.» Oficial: «¡Oh!, quienes le hayáis robado dinero a este hombre, id a por él y traedlo, y que el Señor os maldiga». El soldado se fue y regresó con el dinero: dos monedas francesas de oro de veinte francos, todo lo que me quedaba en este mundo amargo. Oficial: «Dime ahora, ¿es éste todo tu *fulus*?». «Es todo.» «¿Falta algo?» «¡No!» El Kahtaní me demostró su agradecimiento con una mirada brutal y perpleja. Oficial: «¿Y qué más te falta?». «Tales y tales cosas.» Los ladrones se fueron y volvieron con todas las cosillas que les había dado tiempo a llevarse de mis alforjas (por suerte fue sólo un instante), después de robarme la ropa. Oficial: «Míralo bien, ¿está todo ahí, o falta algo?». «Sí, mi reloj» (el aneroide que, después de la pistola, era mi posesión más preciada en Arabia); pero ellos exclamaron: «¡Qué reloj!, no, ya se lo hemos devuelto todo». Oficial: «¡Oh, hatajo de ladrones embusteros, malditos seáis, traedle a este hombre su reloj o le llevaré vuestra mano (culpable) al Emir!». Lo trajeron al cabo de mucho rato y sólo entre regañadientes: el borde dorado debió de parecerles de oro fino. Para mi consuelo, por la mañana comprobé que el instrumento no estaba dañado: seguía teniendo una precisión de una braza.

Después dijo: «Es tarde, deberías pasar aquí la noche». «Préstame una espada, si he de dormir en este lugar maldito; ¿deberé perdonarles la vida si me atacan?» «Ya no hay peligro. En cuanto a éstos, los encerraré en el salón del café hasta mañana», y se llevó consigo a los malhechores. El oficial me había devuelto mis papeles, ¡sólo faltaba el salvoconducto de Aneybar!

Al rayar el día, volvió el oficial —que se llamaba Yeyber— y yo insistí en que me dejara ver al Emir. Yeyber respondió que antes debería ir a hablar con él. A su regreso, cargó mis alforjas sobre sus escuálidos hombros y dijo que me llevaría a mis alojamientos. Me llevó por una calle algo apartada y entró en un patio amplio y ruinoso que había frente a un gran edificio —ahora viejo y decrépito— que en otro tiempo había sido el palacio del Emir [los muros de barro no suelen durar en pie más de cien años]. Subimos por una escalera de adobe al gran salón que había arriba, donde dos mujeres, sus esposas, estaban sentadas esperándonos. Yeyber, el único ocupante de aquel vetusto palacio, pertenecía a la tribu de los Kahtán. Al fondo, había una habitación que me ofreció como alojamiento. «Estoy cansado, y tú lo estás aún más —dijo—, una taza de *qahwa* nos vendrá bien a ambos.» Yeyber se sentó junto al fuego para preparar el café matutino.

En ésas llegaron algunas personas principales de la ciudad, vestidas a la (aparatosa) manera de Mesopotamia. Muchos de los hombres más prósperos de Boreyda son *yemmalín*, marchantes de camellos que comercian con las caravanas. Suelen transportar trigo en Mesopotamia y acarrear ropas y *temn* hasta el *Nechd*; cargan dátiles y cereales en Qásem (donde los precios son más ventajosos) para llevarlos a el-Medina. En otoño transportan a La Meca el *samn* que les compran a los nómadas de la montaña; y de allí traen café. Aquellos árabes corpulentos parecen campesinos: eran hombres viajados, pero en ellos encontré un fanatismo implacable.

Cuando se fueron, Yeyber me dijo: «¿Vamos ahora a visitar al Emir?». Salimos y me llevó por las calles hasta cierto lugar, frente la residencia del Príncipe. Un tipo de aspecto sucio estaba sentado, como Job, en la calle polvorienta en compañía de otros dos o tres, debía de tener unos treinta y cinco años. Yo pregunté: «¿Dónde está el Emir Abdulá?». Ellos replicaron: «¡Él es el Emir!». «Yeyber (susurré), ¿es ése el Emir?» «Lo es.» Entonces le pregunté al hombre: «¿Eres Weled Mahanna?». Él contestó: «Sí». «¿Es costumbre (le dije) que roben a los extranjeros en tu ciudad? He comido tu pan y tu sal y tus sirvientes me atacaron en el patio.» «Quienes te robaron eran bedu.» «Pero yo he vivido con los bedu, y nunca me robaron en un aduar; jamás perdí nada en la tienda de mi anfitrión. ¡Dices que eran beduinos, pero sabes muy bien que eran hombres del Emir!» Abdulá: «Lo que digo es que eran todos Kahtán». Pidió que le dejara ver mi "reloj". «No lo traigo conmigo; pero aquí tienes un telescopio.» Se lo acercó al ojo y me lo devolvió. Yo dije: «Te lo regalo, pero dame otras ropas a cambio de las que han desgarrado los hombres del Emir». No quiso aceptarlo, el campesino no quería hacer tratos con el nasraní y yo no tenía dinero para comprar ropa nueva. «Hoy —dijo él— partirás.» «¿A dónde?»

«A Aneyza, allí te reunirás con ciertos camelleros, que nos dejaron ayer y van en dirección a Siddús; ellos te llevarán.» Pero aquello era una astucia de Abdulá que trataba de engañarme con la historia de los camelleros de Siddús, y cuando gritó: «*Min yeshil*, ¿quién llevará al nasraní en su camello a *el-wadi*?» —más tarde supe que se refería a los palmerales del *Wadi er-Rummah*—, yo le contesté: «Hoy descansaré aquí, estoy demasiado cansado para montar». Abdulá aceptó (aunque a regañadientes), pues los árabes [habitantes de una tierra fatigosa] se compadecen de las fatigas humanas. «Está bien, como quieras, y espero que te baste con eso»...

...Llegó el calor del mediodía y Yeyber se retiró a dormir en la parte más alejada del edificio en ruinas. Yo me las arreglé para descansar un poco en mi habitación, hasta que me sobresaltó un crujido de la vieja puerta pintada de ocre y vi entrar a una joven de aspecto indecente. Le pregunté por qué interrumpía mi descanso. Me dio una respuesta con tintes casi bíblicos: «*Tejál-liny anam fi hoznak*, "permíteme dormir en tu regazo"». ¿Quién podría haber enviado a aquella pálida mujerzuela? Los árabes son enemigos rastreros, ¿buscaban así una ocasión para acusar al nasraní? Pero la hermosa damisela no se acobardó, pues, cuando le recriminé su comportamiento, permaneció en pie y desafió al extranjero con la repulsiva voz de la miseria: «¡Ajá! ¡Nasraní maldito! ¡Pronto acabarán contigo hombres leales enviados por el Emir! ¡No podrás escapar!». Me incorporé, la hice salir de la habitación y atranqué la puerta. Pero sus palabras me impresionaron mucho y me hicieron meditar en que a causa de la religión (¡oh, quimera del egoísmo, la malicia y el temor humanos!) sufría diariamente penalidades en Arabia. Entonces Yeyber regresó de la siesta y su harén le relató la aventura. Yeyber nos dejó alegando que debía ir a ver al Emir.

Poco después, oímos a la gente de la ciudad congregarse alrededor de la casa y clamar bajo las ventanas que daban a la calle, y lanzar piedras, ¡algunos exaltados incluso se abrieron paso hasta el gran patio principal! Las escaleras no tardaron en llenarse de gente que se agolpaba frente a la puerta que habían atrancado las mujeres. «¡Ay! —decía el harén retorciéndose las manos— ¿Qué vamos a hacer ahora? Esta gente te matará; y Yeyber no está.» Una de ellas era de la ciudad y la otra era una beduwía, ambas eran amables con su huésped. Yo me senté y les dije: «Hermanas mías, vuestras lenguas deberán defender la casa». La idea les pareció bien, así que la de la ciudad miró hacia atrás y les reprochó a los que armaban aquel alboroto en la calle: «¡Ay!, gente desmedida. ¿Quiénes son los que arrojan piedras al apartamento del harén? ¡Ay! ¿Qué queréis? ¿Qué buscáis? ¡Que Dios os envíe la desgracia! ¡Oh!, ¿Buscáis a Jalil, el nasraní? Pero si no está aquí, locos, idos de aquí. ¿Idos! ¡Caiga sobre vosotros la vergüenza y que Alá os maldiga!». Y la que cuidaba la puerta les gritó a los que estaban fuera: «¡Ay! ¿Qué es lo que pretendéis? ¡Ay! ¿Quiénes son los que golpean nuestra puerta de ese modo? ¡Jóvenes endemoniados e insolentes! Jalil no está aquí, se fue, id a buscar al nasraní, ¡id! Ya os hemos dicho que Jalil se ha ido y no sabemos dónde. ¡Ay! [Golpearon la puerta con piedras] ¡Oh, gente desvergonzada! ¿Es que vais a romper la puerta del harén ajeno? Alá os envíe una pestilencia a todos, el Emir os castigará por esto». Mientras hablaba, al otro lado de la puerta se oían golpes y pies que se arrastraban; los golpes de las piedras y bastones repicaban ominosamente en la madera. ¡Pero la lengua fiel de las mujeres seguía deteniéndolos y yo puse todas mis esperanzas en que Yeyber regresara pronto! Si los sitiadores irrumpían dispuestos a despedazarme, ¿debería perdonarles la vida a los primeros? El harén siguió gritando: «¿Por qué golpeáis así, gente maldita? ¡Ay! ¿Es que queréis echar la puerta abajo?».

Por fin regresó Yeyber y los echó a todos en nombre del Emir y atrancó la puerta del patio. Cuando entró, se encogió de hombros y me dijo: «¡Están clamando al Emir por tu muerte! Dicen que ningún nasraní había entrado jamás en Boreyda. Está en boca de todos y Abdulá quiere contentar al pueblo». Le he implorado por ti. Si Alá quiere que pasemos la noche seguros, mañana, cuando tengamos el *zelul* que he mandado traer, te sacaré de la ciudad por callejas apartadas y te llevaré a Aneyza». Mientras hablábamos, volvimos a oír a la gente que se arremolinaba en el patio, los más fogosos subían ya por las escaleras y las puertas estaban abiertas. Pero Yeyber los amenazó con terribles castigos por parte del Emir, les hizo bajar y volvió a echarles del patio. A su regreso, le preguntó a sus esposas, con cierto aire de desconfianza, quién había abierto (desde dentro) la puerta que él había dejado atrancada. Dijo que tenía que salir otra vez para hablar con Abdulá, pero que no estaría fuera mucho tiempo. No le dejé salir hasta que me prometió cerrar las puertas y llevarse la llave (de madera) consigo. Entre mí, un extranjero solitario, y el fanático salvajismo de la gente de aquella ciudad no quedaban más que aquel pobre hombre y la madera de una puerta vieja. A su regresó nos contó que la ciudad estaba tranquila. Por intercesión suya, Abdulá había prohibido más alborotos y los exaltados habían vuelto a sus casas. Esta vez dejó la puerta abierta...

¡Yeyber regresó pensativo y lleno de dudas! «La gente —dijo— está clamando otra vez ante Abdulá, y éste les ha contestado que hagan contigo lo que quieran, que maten al nasraní en el desierto, pero que no lo hagan en la ciudad.» Yeyber me preguntó: «¿Estarías dispuesto a dejar aquí tus alforjas y huir secretamente de Boreyda a pie?». Yo le contesté: «¡No! Sé sincero, Yeyber, ¿no estarás pensando en traicionarme?». Me prometió que era un hombre leal y que no se le ocurriría hacerlo. «Muy bien, ¿crees que corro algún peligro inminente?» «Espero que no, al menos en mi casa y por esta noche.» «¿Cómo vamos a recorrer las calles por la mañana?» «Nos las arreglaremos El peligro no radica tanto en la ciudad como en que puedan perseguirte.» «¿Cuántos jinetes de a caballo hay en Boreyda? ¿Una veintena?» «Sí, y más.» «Corre a decirle a Abdulá que Jalil es un *ráyul Dowla*, protegido (tal como demuestran mis papeles) por el gobierno del Sultán, y que si sufro algún daño entre vosotros (al fin y al cabo soy vuestro huésped), no hará sino buscarse problemas. ¿O es que cree que consentirá que un viajero, cuyo único delito ha sido atravesar la ciudad bajo la protección imperial, sea asesinado en nombre de una religión tolerada por el Sultán? Dile que no confíe en su seguridad por estar en mitad del desierto, pues ¡el brazo del *Dowla* es largo!

¡Dile que recuerde Yedda y Damasco y cómo se castigó a los culpables por orden del Sultán! Yeyber me contestó que iría a transmitirle mis palabras a Abdulá.»

Yeyber regresó más animado diciendo que Abdulá había escuchado mis palabras, había ordenado que nadie más molestara al nasraní y le había prometido que ningún mal me acontecería esa noche. Yeyber: «Ahora podemos estar tranquilos, ¡bendito sea el Señor!, ve a descansar, Jalil, y prepárate para salir temprano».

Estuve listo antes de rayar el día y me pareció que pasaban cien años hasta que dejé Boreyda. Al amanecer Yeyber se sentó a preparar café, ¡sin darse ninguna prisa!, el *zelul* prometido no había llegado. «¿Y cuándo tendrás aquí tu zelul?» «Antes de mediodía.» «Y así ¿cómo vamos a llegar a Aneyza esta noche?» «Ya te he dicho que Aneyza no está lejos.» Mi anfitrión me pidió además que le diera algunas medicinas para sus viejos achaques. «¡En Aneyza!» «No, ahora, quiero dejarlas aquí.» En cuanto le di sus medicinas, Yeyber comenzó a darme largas acerca del *zelul*. Yo pensé que mi anfitrión no se desdeciría, pero toda la vida de los árabes transcurre entre fraudes y engaños. En ésas llegó el Kahtaní que había capitaneado a los de la trifulca de la otra noche y se sentó junto al fuego a tomar el café matutino. Yeyber quiso hacerme creer que el tipo había cambiado de actitud ante Abdulá, pero yo no vi ningún indicio que lo demostrara. ¡Así que el tipo que un día antes me había injuriado ahora defendía mi causa! Le pregunté a la *yara* beduina de Yeyber, que estaba sentada a nuestro lado: «Dime, ¿no estará poseído por un yinn?». El joven contestó: «Sí, Jalil, a veces soy un poco lunático». Había acudido a pedirle medicinas al nasraní, cosa en la que, sin duda, no se habría fiado de los de su propia religión.

Oímos unos pasos renqueantes en las escaleras del palacio: ¡era el Emir cojo Abdulá que entraba apoyado en su bastón! La túnica (de campesino) del príncipe y su pañuelo estaban mugrientos. Se sentó junto al fuego y Yeyber preparó café. Abdulá señaló a un pobre hombre que esperaba junto a la puerta y me dijo: «Éste es el que te llevará en su camello hasta Aneyza; ¡en pie y recoge tus cosas!». «Yeyber ha prometido llevarme en su *zelul.*» Pero entonces mi anfitrión (que no había hecho más que enredarme) se excusó diciendo: «Yo os seguiré en cuanto me traigan el zelul». Abdulá le dio al camellero su sueldo, un cuarto de meyidí, once peniques. El hombre se cargó al hombro mis alforjas y me llevó por una calleja desierta hasta el camello que estaba tumbado ante su casa de adobe. Montamos y recorrimos varios callejones para salir de la ciudad.

De Boreyda a Aneyza

EL NASRANÍ, ABANDONADO, ENCUENTRA UN AMIGO DEL PAN Y LA SAL Y ENTRA EN ANEYZA

El nasraní, abandonado, encuentra un amigo del pan y la sal y entra en Aneyza

Vimos a un niño nómada que cuidaba del ganado y le pregunté a mi *rafiq*: «¿Cuándo llegaremos a Aneyza?». «A la caída del sol.» Medí una altitud que no llegaba a los 2.500 pies. Después de cabalgar lentamente tres horas, fuimos a parar de nuevo al camino, junto a un grupo de grandes tamariscos. «*Neguil* —dijo Hasan—, desmontaremos aquí y descansaremos durante las horas más calurosas.» Junto a los árboles vi unas zanjas excavadas por los cazadores de langostas. Yo pregunté: «¿Estamos muy lejos?». «Aneyza no está lejos.» «Dime la verdad, *rafiq*, ¿de verdad me llevas a Aneyza?» «¿No me crees? ¡Mira esto! (sacó un fajo de cartas que parecían viejas y ajadas) Todas son —me aseguró— cartas de mercaderes que debo entregar hoy mismo en Aneyza, para traer mercancías de allí.» ¿Acaso no le había visto aceptar la carta de un joven terrateniente? Algo debió de notar Hasan en mi voz, pues no nos detuvimos. Debíamos de estar a diez millas de Boreyda. El terreno descendía ante nosotros y debajo de otro grupo de tamariscos vi rezumar un poco de agua. Estábamos a un tiro de piedra del fondo de un *wadi* y, al cruzarlo, ¡chapoteamos en el agua! Yo pregunté: «¿Qué lecho es éste?». Respuesta: «EL-WADI», es decir, que estábamos en (mitad) del *Wadi er-Rummah*. Encontramos agua salobre junto a un palmeral en el que había unos pozos con aspecto de tumba excavados al lado de las palmeras más jóvenes. Las plantas se riegan a mano un año o dos hasta que las raíces alcanzan la salina humedad del subsuelo.

Hay que recorrer casi una milla para atravesar el palmeral, en el que muy pocos tallos (los más viejos) crecen por encima de los otros, pues estas posesiones exteriores son las primeras en ser destruidas en caso de guerra. A través de los árboles distinguí una alta muralla, tras la que podían refugiarse los campesinos en caso de alarma, y Hasan me mostró el claro donde plantó Ibn Rashid sus tiendas dos años atrás, cuando marchó con Weled Mahanna contra Aneyza. Tan sólo nos encontramos con dos trabajadores negros. Más allá de las palmeras, el camino vuelve a internarse en el *Nefud.* Un poco más adelante, a nuestra derecha, vimos unos cercados y nos detuvimos junto a una cisterna de piedra, un sebil, colocado por el propietario junto al muro de adobe y un canal de sus aceñas. La cisterna estaba seca, pues nadie pasaba por aquel camino desde o hacia Boreyda. Oímos el crujido de las ruedas del pozo y las voces de los campesinos en el campo. «Aquí —dijo Hasan bajando mis alforjas— Está el lugar de reposo. Descansa a la sombra del muro mientras voy a abrevar al camello. ¿Dónde está tu guirbí? Déjamelo para que te traiga de beber; es posible que tengas sed antes de la noche, cuando lleguemos a la ciudad, eso dijo Abdulá; y abre bien los ojos por si vienen los bedu.» Dejé que el hombre se fuera, pero le obligué a dejar su lanza conmigo.

Cuando regresó con el odre, Hasan dijo que había soltado al camello para dejarlo pastar. «Wel-lá, Jalil, tengo que irlo a buscar, pues ¡mira!, el animal se ha extraviado. Acércame mi *romh* e iré a buscarlo antes de que se pierda en el *Nefud.*» «Ve, pero la lanza se queda conmigo.» «¡Alá! No desconfíes así de tu *rafiq*, ¿es que quieres que vaya desarmado?, dame la lanza y estaré de vuelta en un momento.» Pensé que si el hombre era desleal y le obligaba a llevarme a Aneyza podría gritarle a los fanáticos de la ciudad que yo era un nasraní. «El camello se extraviará, no me entretengas más.» «¿Es que vas a abandonarme aquí?» «¡No, wel-lá, por esta barba!» Le arrojé la lanza a la arena y él la recogió y dijo: «Si tienes necesidad de algo mientras esté fuera, ve a la vuelta de la esquina de aquel muro de allí y verás un palmeral y unos hombres trabajando la tierra. Ahora descansa a la sombra y prepárate un poco de meresí, debes de estar hambriento; ¡y oculta esas alforjas! No dejes que nadie las vea. Aneyza está poco más allá de aquella *adan*. Desde allí se divisa la ciudad. Me voy, pero volveré». Lo dejé marchar y Hasan desapareció entre las olas de arena dando silbidos. Pronto deseé saber lo que se traía entre manos, así que dejé el manto a un lado y salí corriendo descalzo por el *Nefud*. ¡Desde una duna contemplé cómo me abandonaba y se alejaba en su camello! Iba rodeando el palmeral en dirección a casa. Entonces comprendí que me había traicionado siguiendo órdenes secretas de Abdulá y recordé sus palabras: «¿Quién llevara al nasraní hasta *el-wadi*?».

¡Aquél era el más cruel infortunio que había sufrido hasta entonces en Arabia!, ser abandonado allí, lejos de cualquier ciudad de importancia, en mitad del fanático *Nechd*. No me quedaban más que ocho reales, que apenas me habrían llevado hasta la frontera más próxima. Volví y me armé, rompí mis mapas en pedazos, por si algún ciudadano letrado me pedía explicaciones sobre ellos.

Entonces llegaron del palmeral un negro y su esposa que llevaban leña en dirección a Aneyza. Nos habían visto pasar y me preguntaron con sencillez: «¿Qué ha sido de tu compañero y del camello?». Después me dirigí hacia el muro de adobe de donde provenía el sonido de las aceñas, y vi un palmeral y una casa. La puerta estaba atrancada. Había otra un poco más lejos y, a través de una grieta, vi al dueño arreando a los camellos —un hombre de rostro franco y sencillo—. Empujé la puerta, me arriesgué a entrar con un "la paz sea contigo" y le pedí un sorbo de agua. El buen hombre se quedó un rato observando al extraño y después le pidió a su joven hija que le trajera el cuenco y detuvo a los camellos para hablar conmigo. «Bebe si quieres —me dijo—, pero el agua no es muy buena.» El sabor era amargo y repugnante, pero incluso aquel tazón de agua sería un vínculo entre nosotros.

Le pedí que me prestara un camello o un asno para llevar mis cosas a la ciudad y le ofrecí pagarle a cambio. Le conté cómo había llegado allí con un camellero de Boreyda que me había abandonado junto a su puerta mientras descansaba. Le dije que era un alfaquín y que si había algún enfermo en el lugar tenía medicinas para aliviarle. «Está bien, espera a que regrese mi hijo con el camello. Me voy (le dijo a su hija) con este hombre. ¡Toma! Coge mi vara y arrea tú a los animales y no dejes que se detengan. ¿Quién eres, extranjero?, y ¿dónde dejaste tus cosas? ¡Vamos! No deberías haberlas dejado a la vista y sin vigilancia. ¿Y si alguien se las lleva?» Las encontramos donde las había dejado. Me eché las alforjas al hombro y volví tropezando por el *Nefud* hasta la casa de aquel buen hombre, contento en mi interior de poder llevar encima todo lo que poseía en este mundo. Me invitó a sentarme (fuera) mientras iba a buscar el asno. «¿Estás dispuesto a pagar una piastra y media (tres peniques)?» Entonces llegaron de las plantaciones tres o cuatro solemnes ancianos que iban a beber el *qahwa* vespertino a la casa de al lado. Mi anfitrión les llamó y les dijo: «Este hombre es un extranjero, no puede quedarse aquí y nosotros no podemos recibirlo en nuestra casa; me ha pedido que lo lleve a la ciudad». Ellos le contestaron que haría bien en ir a por el asno y en enviarme a Aneyza. «¿Qué eres tú? (me dijeron), vamos a tomar café, ¿alguien ha oído el *azán*?» Otro: «Han llamado a la oración en la ciudad, pero desde aquí no siempre se oye, ¿no ha descendido el sol al asr?, recemos juntos». Todos ocuparon su lugar devotamente y mi anfitrión se unió a ellos, y también me llamaron a mí: «¡Ven a rezar, ven!». «Ya he rezado.» Se maravillaron al oír mis palabras y comenzaron sus prosternaciones y recitaciones formales. Cuando se levantaron, mi anfitrión vino y me dijo con aire preocupado: «No rezas, ¿eh?». Por el rostro de aquellos hombres tan graves supe que estaban convencidos de que no podía ser un buen musulmán. «Está bien, que se vaya», dijo el jefe y todos entraron en la casa.

Cargaron mis alforjas en el asno y partimos. Tal como me había dicho Hasan, poco después de la primera *adan* estaban los campos de cultivo y había palmeras y árboles frutales y las casas de los huertos más alejados. Mi compañero dijo [¡estaba asustado!]: «La ciudad está lejos y yo no puedo ir esta noche; pero te dejaré con uno que vive un poco más allá y que es *ibn yuad*, un hombre honesto: él te llevará a Aneyza por la mañana». Seguimos por un camino ancho, hasta que detuvo al asno a las puertas de un huerto en el que había una casa, golpeó con fuerza y llamó: «¡Ibrahim!». Un anciano vino a la puerta, la entreabrió y se quedó mirando mis ropas desgarradas (por los ladrones de Boreyda). Como no sabía quién podía ser yo, dedujo que era un desertor del *Harameyn* o el-Yemen, pues últimamente habían acudido varios a Aneyza. El del asno habló por mí y entonces el anciano me recibió. Metieron mis alforjas en la casa de adobe y las guardó bajo llave en una alacena. Después, con un ademán, me animó a acompañarlo al huerto, hasta el *diwán* (un lugar limpio donde sentarse al aire libre sobre la arena) y me dejó.

¡Qué agradable era la vista de los campos cultivados, con las gavillas de cereal y los verdes huertos de arvejas, *yet* —el alimento de los camellos del pozo—, y los bordes sembrados con plantas cuyos capullos amarillos utilizan las mujeres para teñirse la raíz del pelo! Cuando el sol estaba a punto de ponerse, recordé la desdichada hora de la oración y me dirigí a toda prisa a un extremo del palmeral, pero los árboles estaban tan dispersos que no bastaban para ocultarme y cuando regresé, en pleno crepúsculo, me preguntaron por qué no rezaba y por qué no había ido con ellos a rezar. Entonces pronunciaron los nombres de las cuatro sectas ortodoxas del Islam y me preguntaron: «¿A cuál perteneces tú? ¿O es que eres (de creencias heterodoxas) un *rafuziyy*?», palabra que pronunciaron con hostilidad. No respondí y ellos se quedaron perplejos. Me llevaron un cuenco de trigo hervido para cenar y otro de agua del pozo, la hospitalidad no daba para más en aquella casa tan humilde. Yo temía el aire húmedo (del oasis) y pregunté dónde estaba la sala del café. Respuesta: «Aquí no hay *qahwa* y no lo bebemos nunca». Se sentaron en silencio y observaron preocupados a aquel extranjero que no había rezado.

El que me llevó el cuenco (no era ninguno de ellos) era un joven de comportamiento inusual que demostró con sus palabras tener una inteligencia fuera de lo común. Lo invité a cenar conmigo. «Ya he cenado.» «Come aunque sea un poco, para que el pan y la sal medien entre nosotros.» Lo hizo. Después, cuando se fueron los demás, le conté quién era yo y le pedí información sobre la ciudad. «Bueno, ahora estás aquí y no queda mucho hasta Aneyza, adonde te llevarán por la mañana; no creo que haya peligro. Zamil es un buen hombre. Además tú sólo vas de paso. Mañana, en presencia de todos, dile al Emir: "Soy un soldado de Beled el-Asir" (una provincia de el-Yemen que los turcos habían ocupado hacia poco).» Mientras hablábamos, se oyó desde la ciudad el último *azán*. Yo me levanté a toda prisa, pero en ese momento regresaron los tres o cuatro hijos jóvenes de Ibrahim y se dispusieron a rezar, nos llamaron e insistieron en que el extranjero ocupara un lugar entre ellos. Yo contesté: «Estoy exhausto, me voy a dormir». *El Amigo-del-pan-y-la-sal:* «Sí, sí, el extranjero tiene razón, acaba de hacer un largo viaje, mostradle sin más dilación dónde puede acostarse». «Preferiría dormir en la casa y no aquí fuera.» «Pero que rece primero. Eh, tú. ¡Ven y reza!» *El Amigo:* «Dejadlo en paz y conducid a este hombre fatigado a donde pueda descansar». «Sólo hay sitio en la leñera.» «Llevadlo entonces a la leñera y dejadlo dormir.» Uno de ellos me acompañó y me llevó hasta el umbral: había un escalón de uno o dos pies hasta el suelo y me caí en un lugar oscuro lleno de dulces ramas de tamarisco. Después de los rezos vinieron todos los hermanos se sentaron ante la puerta bajo el débil claro de luna y empezaron a murmurar: «¡No ha rezado! ¿Será posible que sea musulmán?». Yo me hice el dormido y al cabo de media hora se marcharon. ¡Qué extraña nos parece esa religiosidad en unos campesinos jóvenes y rudos! Pero la religión semítica, una planta tan rara y tan fría en el (idólatra) suelo de Europa es como una pasión sanguínea en el pueblo de Moisés y Mahoma.

Una hora antes del amanecer, oí que uno de los hermanos se acercaba a espiar si el extranjero rezaba las oraciones matutinas. Cuando se alzó el sol todos los hermanos acudieron a mi puerta y gritaron: «*Ma sal-layt*, ¡no has pronunciado las oraciones!». «Amigos, he rezado.» «¿Y dónde hiciste las abluciones?» En eso no había pensado, pues no se me dan bien los engaños. Otro hermano vino a buscarme y me llevó por las escaleras de la casa hasta una habitación pequeña y limpia donde extendió una estera sobre el suelo de adobe y me ofreció un plato de excelentes dátiles con un cuenco de suero de leche. Me animó a desayunar con una expresión popular: «*Fuq er-rig*, afloja el espiche del hambre (los beduinos dicen *rich*, en lugar de *rik*)». «¡Bebe!», dijo y acercó a mi mano el cuenco de su hospitalidad. Después, fue a por el asno y cargó en él mis alforjas para llevarlas a la ciudad. Seguimos por la misma calle y entramos en Aneyza por una puerta en ruinas. Desde allí se distinguía la mayor parte de la muralla de la ciudad, que no es más que una fina concha con grandes grietas. El muro de adobe podría repararse en unos pocos días, y Aneyza nunca sería rendida por el hambre, porque los muros de la ciudad abarcan también a los palmerales, en esa época la gente andaba buscando la guerra con Boreyda...

Aneyza

TRAS CONOCER A ZAMIL EL EMIR, EL NASRANÍ HACE UN AMIGO: ABDULÁ EL-KENNEYNÍ • EL NASRANÍ ES EXPULSADO DE ANEYZA • ZAMIL, TRAS ENVIAR AL NASRANÍ A JOBRA, LO MANDA LLAMAR A ANEYZA Y LO INSTALA EN UNA PLANTACIÓN • LAS GUERRAS DE LOS KAHTÁN • LA CÁFILA HACIA LA MECA

Tras conocer a Zamil el Emir, el nasraní hace un amigo: Abdulá El-Kenneyní

Varias personas principales pasaron junto a la tienda, de regreso de casa de sus amigos. Uno de ellos se me acercó y me dijo: «¿Tienes conocimientos de medicina?». La figura trémula de quien me hablaba y algunos de sus rasgos me recordaron a Mohammed Ali, el argelino de Meda'in Salih. Pero el que tenía ante mí era un noble hijo de los Temím, cuya buena estrella me protegió desde ese día hasta el final de mis viajes por Arabia. Tomó mi mano en la suya, un gesto de amabilidad entre los árabes, y me dijo: «¿Podrías visitar a mi madre enferma?».

Me condujo hasta las puertas de su casa, que estaba cerca de allí, entró por una puerta lateral y dio la vuelta para ir a abrirme. Me encontré en una gran sala de café, alfombrada con esteras de esparto muy bien entretejidas, que mandan traer de *el-Hása*. Las paredes estaban cubiertas de adornos de aljez, como los que había visto en Boreyda. Una alfombra persa tendida ante el fuego señalaba el lugar para los invitados. Él se sentó junto al hogar para preparar café. Aquél era Abdulá el-Kenneyní, el hijo afortunado de una casa noble pero pobre. Se había ido de Aneyza cuando era muy joven y, tras los primeros azares de la fortuna, se convirtió en uno de los mercaderes más ricos. Traficaba en cereal en Bosra, y vivía muy a gusto allí, pues en Aneyza le oprimían el corazón el fanatismo y el rigor de los wahabíes, que él despreciaba. En aquellos días había dejado sus mercancías en Bosra al cuidado de su hermano (Salih, quien, por lo que me contaron, no se le parecía en nada), y estaba pasando un año de descanso en casa, donde confiaba en que el aire del *Nefud* le permitiera recobrar su delicada salud.

Cuando miré el rostro de aquel hombre, me sonrió con amabilidad. «¿Así —dijo— que eres un *Engleysy*? Pero, ¿por qué ir pregonándolo por ahí en un país fanático y salvaje? He pasado muchos años en tierras extranjeras, he vivido en Bombay, que está gobernado por los *Engleys*. A mí puedes decírmelo, pero no a los estúpidos e ignorantes. ¡Menuda simpleza! Me parece increíble, y más viniendo de un hombre de *Europa*. ¿Es qué hay aquí algún gobierno? No, estamos en el país de los árabes, donde el nombre de los *nasara* es execrado. Piensan que un nasraní es un hijo del Diablo que (por tanto) merece la muerte. Y la mitad de los ciudadanos son wahabíes.» «¿Acaso no debe decirse la verdad tanto aquí como en mi país?» Abdulá: «Tenemos lengua para sincerarnos con nuestros amigos y para confundir a nuestros enemigos; y la mayoría de las veces más vale mentir que decir la verdad. ¿O es que temes perder el favor de Alá si finges darles la razón? ¿Acaso no tiene todo un lado bueno y otro malo? [incluso la mentira y el disimulo]». «Éste es mi segundo año en un país lleno de peligros y no he sufrido ningún daño. Habrás oído el proverbio "la verdad te guiará inerme por el mundo".» «¡Pero los *Engleys* no son así! No. Los he visto y están llenos de astucias. En la última guerra entre Abdulá y Saúd ibn Saúd, su representante en el Golfo le envió secretamente cientos de sacos de arroz a Saúd [la parte contraria, motivo por el que Abdulá el wahabí abomina del nombre de los ingleses]. ¡Veo que no podré convencerte! Espero que conserves la vida, pero no tolerarán que vivas entre ellos. Te expulsarán de un sitio a otro.» «Me ha parecido una ciudad buena y pacífica, ¿tan intolerante es la gente?» «La mayoría de los que han viajado son tolerantes, pero los demás no. ¿Vamos a ver a mi madre?»

Abdulá me condujo a una habitación interior, desde donde accedimos al piso de arriba. Había comprado aquella casa (de adobe) el año anterior por mil reales, o casi 200 libras esterlinas. La albañilería de adobe en Aneyza es de buena calidad y las paredes pueden resistir en pie más de cien años...

...En el piso de arriba de la casa de Abdulá había muchas buenas habitaciones, aunque muy desnudas, pues tienen muchos menos muebles que los bedu: todos los enseres de aquella casa habrían podido transportarse en el lomo de tres camellos. En los países árabes se desconoce el uso de la cama: todos se tumban en el suelo y únicamente los nobles y los ricos emplean un fino colchón de algodón y un edredón. Sólo vi unos pocos baúles en los que guardan la ropa. Sus casas, en este país tan soleado y caluroso, están iluminadas por tragaluces abiertos en lo alto de los muros. Pero Abdulá no tenía un alojamiento tan sencillo en Bosra; allí —en el centro del mundo—, los salones de los mercaderes árabes están decorados con sillas: y los *tuyyar* Aneyza (como los demás) se sentaban en la contaduría sobre un *tajt* o banco alfombrado.

Me llevó a la habitación en la que estaba su anciana madre sentada en el suelo y vestida —como todas las mujeres de Arabia— tan sólo con una túnica de calicó teñida de índigo. Cuando entramos se cubrió el rostro con un velo. Abdulá sonrió, y esperó a ver sonreír "al hombre de Europa". «Madre —dijo—, es el alfaquín, dile qué te duele y permite que te vea los ojos», y le retiró el velo dulcemente. «¡Oh! —dijo ella—, la cabeza y el costado me duelen tanto que no puedo dormir, hijo mío.» Abdulá debía de tener unos cuarenta años, aun así a su madre le humillaba que un extraño tuviera que mirarle los ojos viejos y borrosos. Regresamos a la habitación del café como dos buenos amigos. «Mi madre —dijo él— es anciana y sufre, y yo sufro al verla; si pudieras ayudarnos, sería un gran alivio para mí.»

Abdulá añadió: «¡Sigo sin salir de mi asombro de que en un país como éste le digas abiertamente a todo el mundo que eres inglés; pero ¡cómo vas a estar seguro un solo día! Hasta ahora has vivido con los bedu; sí, pero en las ciudades es diferente. Supongo que, ante peligros semejantes, nada hay más prudente que una locura astuta. En tal caso, no prestarás atención a mis consejos. Pero puedes confiar en mí. Estaré atento y te avisaré de cualquier cambio que se produzca en la ciudad». Yo le pregunté: «¿Y qué puedes decirme del Emir?». «También puedes confiar en Zamil; pero ni siquiera Zamil puede controlar siempre a la multitud.»

El nasraní es expulsado de Aneyza

Un día, al regresar a mi alojamiento, ¡descubrí que me habían robado el reloj! Lo había dejado junto a mis medicinas. Fue una gran pérdida, pues mi fortuna era muy escasa y siempre habría podido venderlo por unos cuantos reales. Las sospechas recayeron sobre un vecino infame. ¡La ciudad es muy poco cívica comparada con el desierto! El único día que estuve en el *dokkán* me robaron las lancetas de vacunar; eran de marfil y me habían costado diez dólares: más de lo que había ganado (en más de veinte meses) mediante la práctica de la medicina en Arabia. Reparé en que, aunque en cierta ocasión Kenneyní se había ofrecido a prestarme dinero, no había vuelto a repetir su oferta. En Arabia ocurren muchos acontecimientos desdichados, e incluso la piastra gastada en comprar el pan a diario me separaba de la costa, ¿qué sería de mi vida si un funesto accidente me separaba de mis valiosos amigos?

Entre los artesanos de esta ciudad del centro del *Nechd* (pertenecientes a la casta de los saníes) hay armeros, caldereros, quincalleros, joyeros; los que trabajan la madera fabrican cuencos, cerrojos de madera, bastidores de silla para los camellos y ruedas de los engranajes del pozo, también hay (toscos) carpinteros [que prácticamente carecen de herramientas]; entre los que trabajan la piedra están los canteros, los que tallan contrapesos y piedras para el pozo, los que trabajan el mármol, los que fabrican los morteros para el café, los albañiles y los yeseros. Hay que citar, además, a los que trabajan con la aguja: zurcidores y zurcidoras, bordadores, fabricantes de sandalias. Todos los que se dedicaban a remendar eran, por lo que pude comprobar, libertos. Los que trabajaban el oro y la plata en Aneyza eran consumados artistas de la filigrana y el adorno, de algunos que se instalaron en La Meca se dice que destacan por encima de todos. El-Kenneyní prometió mostrarme algo de aquella refinada industria árabe, pero las olas de su fanático mundo no tardaron en apartarme de él.

Entre los comerciantes están los alfayates del *zoco*, los vendedores al por menor [que venden drogas y medicinas para los camellos, panes de azúcar, especias, jabón sirio de Medina, café de las caravanas de La Meca], y los que venden alimentos. En los barrios de las afueras hay otras tiendecitas, algunas regentadas por mujeres, donde se pueden comprar cebollas, huevos, clavos de hierro, sal, fósforos (alemanes), roscas de pan [algunas de estas mujeres también venden leche, cuando la tienen]. Los viernes se ven mujeres veladas que se sientan en el *mechlis* a vender pollos, y odres de leche y guirbies que han curtido y preparado ellas mismas. Las ocupaciones más sencillas son el trabajo de la tierra y la venta de caballos y camellos. Todas las familias prósperas eran terratenientes. Los mercaderes extranjeros más pudientes eran, en total, unas quince personas.

El juego, los banquetes y otras muchas lacras de nuestras grandes ciudades les son desconocidas. Los árabes —no menos frugales que los espartanos— son felices gracias a la epicúrea moderación de su religión. Aneyza es la ciudad más próspera de toda la Arabia nómada, sus ciudadanos B. Temím poseen el espíritu de la industria y un claro entendimiento, aunque a veces algo nublado por el estigma de la religión wahabí.

Cuando noté que ya nadie reñía a los niños que me seguían gritando por la calle, lo tomé por un mal indicio, pero el Kenneyní no me había advertido de nada y Zamil seguía siendo mi amigo, los días se acercaban al final de mayo. Una de aquellas mañanas, cuando regresé a casa, me encontré con que habían echado porquería ante el umbral y algunos niños me arrojaron piedras al cruzar la calle solitaria. Mientras estaba sentado dentro, aquellos pequeños demonios se dedicaron a golpear la puerta; se produjo una babel de gritos: los más atrevidos treparon a la azotea por las paredes y arrojaron piedras y ladrillos de adobe desde la escalera. En medio de aquel desorden, oí la voz chillona de unas fanáticas: «¡Tú, nasraní! ¡Prepárate a morir! ¡Ya están de camino los encargados de hacerlo!». Estuve una hora sentado mientras continuaba el tumulto: la puerta resistió y, pese a todos sus gritos, aquellos canallas no osaron entrar donde no tendrían más remedio que verse las caras con el *káfir*. A esa hora, los ciudadanos respetables estaban descansando en casa, o bebiendo café con los amigos, y el barrio donde yo vivía estaba muy apartado. Por fin levantaron el sitio, pues ciertas personas que volvían de tomar café pasaron por allí y, al ver semejante escándalo ante la puerta de Jalil, echaron de allí a aquellos desvergonzados con esas maldiciones extremadas que siempre están a punto en los labios de los árabes...

...Creía haber dormido una hora cuando me despertó la negra voz de Ali que llamaba a mi puerta: «¡Jalil!, ¡Jalil!, el Emir te pide que abras». Fui a desatrancar la puerta y miré afuera. Era una noche oscura, pero por el ruido de pasos y el murmullo de las voces deduje que había mucha más gente. Ali: «El Emir te llama; está sentado allí (en la calle)». Salí y me senté junto a él. «¿Será posible —pensé— que Zamil haya venido a estas horas?», entonces al oír su voz, que se parecía a la de Zamil, supe que se trataba de otro. «¿A dónde —dijo la voz— querrías ir..., a Zilfi?» «No tardaré en ir a Yedda en compañía del hijo de Abdulá el-Bessám.» «¡No, no! Yedda (dijo con una brutal risotada) está muy lejos; ¿a dónde querrías ir esta noche?» «Ali, ¿quién es este jeque?» «Es el Emir Ali.» Entonces acercaron una luz y pude ver su rostro que, pese a su brutalidad wahabí, se parecía al de Zamil; con él estaban varios de los rufianes de sus amigos. «¡Emir Ali, que Alá lleve a tus parientes al paraíso! Sabes que estoy enfermo; todavía se me adeudan bastantes medicinas en la ciudad y hoy no he probado bocado. Si os he hecho algún bien a alguno, permíteme descansar aquí hasta mañana, y después déjame marchar en paz.» «No, tu camello está preparado en aquella esquina y éste es tu guía. ¡En pie!, coge tus cosas y apresúrate. ¡Eh, vosotros! Acompañad a Jalil para que se dé prisa.» «¿Y dónde vas a enviarme tan de repente? ¡No tengo dinero!» «¡Ja, ja! ¿Qué se me da a mí eso?, he dicho que te vayas.» Cuando le estaba mirando fijamente a los ojos, el muy villano me golpeó con el puño en la cara. «Si me dejo llevar por la ira (pensé), el resto acometerán al nasraní con sus armas», Ali había sacado media espada de la funda. «Puedes volver a envainarla —le dije—, ¿qué necesidad hay de recurrir a la violencia?»

Rasheyd, el alguacil de Zamil cuya casa estaba detrás de la mía, aunque había que rodearla para entrar, oyó ruido y vino a verme. Me alegró mucho verlo entrar, con la espada que ceñía en nombre de Zamil. Le pregunté si las órdenes de Ali iban en serio, pues no podía concebir que mis amigos entre los ciudadanos principales pudieran consentir algo así, ni que el filosófico Zamil me expulsara de la ciudad en plena noche. Cuando le dije a Rasheyd que Ali, el wahabí, me había golpeado, me dijo en un aparte: «No le provoques y date prisa, no hay duda de que son órdenes de Zamil, Ali no se atrevería a obligarte por su cuenta». El Emir Ali gritó desde fuera: «Dile a Jalil que se de prisa, ¿todavía no está listo?». Luego entró él mismo y Rasheyd me ayudó a meter mis cosas en las alforjas, pues yo estaba muy débil. «¿A dónde —le dijo al Emir Ali— vas a enviar a Jalil?» «A Jubbera.» «Sería mejor a El-Helaliyya, o a er-Russ, que están en la ruta de las caravanas.» «Va a Jubbera.» «Puesto que eres tú quien me echa, págale al camellero, pues yo casi no tengo dinero.» Emir Ali: «Dale al hombre su paga y date prisa; entrégale tres reales, Jalil». Rasheyd: «Hasta Jubbera la paga es medio real; rebájasela, Emir Ali». «Que sean dos entonces, yo pagaré el otro.» «Pero dime, ¿es que no le son útiles mis medicinas a la ciudad?» «No queremos medicinas.» «No he obrado bien y honradamente en Aneyza, contéstame en conciencia.» Emir Ali: «Pues, sí». «¿Entonces a qué viene esto?» Pero él chilló: «¿Estás listo? ¡Monta entonces!». Entretanto, los rufianes de sus ayudantes me habían robado las sandalias (que yo había dejado a la puerta de la casa) y el honrado negro Ali salió en mi defensa y les acusó del robo: «¡Eh, vosotros, devolvedle a Jalil sus sandalias!». Hablé con el brutal Emir, que me respondió: «Aquí no hay ningunas sandalias», y al asistir a la nueva desgracia del nasraní [tener que caminar descalzo por el ardiente desierto bajo el sol no es un contratiempo baladí], se echó a reír de nuevo. «¿Estás listo ya? —gritó— ¡Monta entonces, monta!, pero primero dale a este hombre su paga.» Después de eso, me quedaban menos de cinco reales; me habían robado el reloj; y estaba en mitad de Arabia.

Rasheyd se marchó: sacaron mis cosas, las cargaron sobre el camello y luego monté yo. El Emir Ali me siguió con el grupo hasta más allá del *Mechlis*. «Dime (le dije): ¿ante quién me presento en Jubbera?» «Ante el Emir, y recuerda que se llama Abdulá el-Ali.» «Muy bien, dame una carta para él.» «No te daré nada.» Oí a Ali que hablaba en voz baja con el camellero a mis espaldas; palabras (de un enemigo) que, sin duda, no prometían nada bueno o las habría pronunciado en voz alta. Cuando volví a llamarle ya se había ido. El negro Ali, mi antiguo anfitrión, seguía conmigo; quiso acompañarme hasta las afueras de la ciudad. «¿Pero dónde —pensaba yo— se habrán metido mis amigos?» El negro me dijo que Zamil había ordenado que partiera a estas horas para evitar más tumultos en la ciudad; además era más seguro viajar de noche por el desierto. Tal vez le habían exagerado la importancia de los disturbios del día anterior.

Ali me contó que hacía poco que había llegado una carta de los *Muttowwa* de Boreyda para Zamil y los jeques de Aneyza en la que *¡les exhortaban, en nombre de la fe común, a expulsar al nasraní!* «¿Es de fiar este guía? Los de Jubbera, ¿son buena gente?» Ali respondió a todo con síes y añadió: «Escríbeme; no está muy lejos: estarás allí al amanecer, y créeme, Jalil, siento mucho lo que te ocurre». Prometió ir a ver a Kenneyní por la mañana con mi petición de que me enviara «esos pocos reales en pago por las medicinas», pero no lo hizo (como supe más tarde): el negro se había criado entre árabes, cuyas promesas son como palabras en el viento, falsificadas para servirles en cada momento. «Haz que el camellero jure serme leal.» Ali: «Sí, ¡ven aquí Hasan!, y jura esto y lo otro». Hasan juró todo lo que le pidió y Ali nos dejó al llegar a los muros de la ciudad. Entonces nos adentramos en el negro *Nefud*, donde nos recibió el fresco aire nocturno exhalado por el desierto de arena, que me revivió un poco para cabalgar: en la parte meridional del Rummah empezaba la bochornosa estación del calor veraniego.

Zamil, tras enviar al nasraní a Jobra, lo manda llamar a Aneyza y lo instala en una plantación

Tras pasar más de tres semanas en aquella desolación, escribí en una hoja de papel: «*Qatálny et-taab wa-l-yúa*, muero de cansancio e inanición»; y le envié aquellas palabras al Kenneyní. Esperaba que Zamil me permitiera mudarme a las tierras de algún amigo, ya fuese al *yeneyna* de Bessám en la parte noreste de la ciudad [donde está la *piedra negra*, mencionada por algunos de sus antiguos poetas y de donde dicen que la propia Aneyza toma su nombre], o a los palmerales del venerable anciano Yahya, tan considerado con mi causa inocente. Mi mensaje fue entregado; y al amanecer de la mañana siguiente el sirviente de Abdulá llegó con unas roscas de pan y mantequilla, un odre de suero de leche y las consoladoras palabras de su amo, pues (mis amigos) no tardarían en disponerlo todo para mi partida.

Las guerras de los Kahtán

Los jeques de los *Meteyr* estaban ahora en Aneyza para tratar con Zamil y sus jeques acerca de la guerra. Los Kahtán se consideraban seguros en el *jala*, donde nadie de la ciudad osaría atacarles en plena canícula, y tenían en poco a los *Meteyr* como adversarios. Zamil dio orden a todos los que tenían *zeluls* en la ciudad de que se preparasen para montar con él por la mañana. Había "escrito" para la expedición a "seiscientos" *zeluls*. El grupo de los bedu aliados eran "trescientos *zeluls* y doscientos caballos".

A media tarde del día siguiente los *Meteyr* se pusieron en camino. Pero Zamil no cabalgó en el mismo grupo que sus amigos nómadas: los beduinos, dicen los de la ciudad, son de por sí traicioneros —como se vio en la derrota de Saúd el wahabí—, y oí hablar de no sé qué felonía cometida por los árabes y sufrida dos años antes por los de Aneyza. Tan sólo Ibn Rashid, cuando cabalga con sus *rayayil* y los de los pueblos, puede confiar en sus aliados bedu durante sus incursiones.

Zamil partió al día siguiente con "más de mil" ciudadanos. Y dicen que «cuando Zamil monta, Aneyza está segura». Dejó a Ali encargado del gobierno y mandó cerrar las tiendas del *zoco*: no habría más ventas ni compras hasta el regreso de la expedición. Ni se celebra mercado por las mañanas ni los carniceros sacrifican ningún animal en esos días. Pese a que tanta gente hubiera marchado con Zamil, las calles —decía Salih— parecían atestadas de gente y no se les echaba en falta. Yo le pregunté: «¿Y si uno abre su dokan...?». Respuesta: «El emir Ali enviaría hombres a cerrarlo, y si persistiera en su actitud lo llamaría ante su presencia y lo mandaría azotar». Sólo las tiendas pequeñas regentadas por ancianos o viudas pueden seguir abiertas...

...Los de la ciudad cabalgaron en tres grupos, con las enseñas de los tres grandes barrios de Anezya; aunque, en caso de guerra doméstica, los estandartes de la ciudad son cinco o seis.

Esa tarde oí la siguiente discusión en el huerto, entre Fahd y un *Meteyr* pobre, que no había podido seguir a los de su tribu porque no tenía *zelul*. Fahd: «¡Ya están en camino!, quiera Alá que vuelvan con sus cabezas». «¡Quiéralo Alá! ¡El Señor es generoso!, así mueran todos los niños de más de dos años y el harén lo lamente.» Yo les dije: «¡Contened vuestra lengua, *káfirs*!, y aún peor que *káfirs*». El bedawí: «Pero los Kahtán mataron a nuestros hijos, ¡mataron hasta a las mujeres!». Los *Meteyr* habían acampado cerca de los muros de la ciudad; y había dos pequeños aduars que eran ahora nuestros vecinos. Aquellos árabes meridionales eran como los demás bedu. Oí de sus labios la misma lengua nómada, aunque podía discernir que procedían de *diras* diferentes. Vi sus guirbies colgados de unas trébedes de caña. Algunos vinieron a pedirme medicinas; no me parecieron muy hospitalarios, pero vieron que Zamil me toleraba y no eran fanáticos...

...Las noticias de la incursión llegaron hasta Boreyda y se despacharon mensajeros para prevenir a los Kahtán. Zamil no le ocultó a nadie su intención de ir a la guerra, lo que no era ligereza por parte de aquel hombre tan político, sino una prueba más de su resignada prudencia.

«Así daba tiempo a sus enemigos —decía Salih— a negociar la paz», ¡qué diferencia con los halcones de er-Riyad y el Yebel Shammar!

A los Kahtán se les había visto últimamente en *el-Uyún*; y el grupo partió en esa dirección. Pero, de camino, Zamil oyó decir que sus aduars estaban junto a *ed-Del-lamíyya*, un abrevadero entre la montaña Sak y er-Russ. Los de la ciudad cabalgaron todo el día y gran parte de la noche. A la tarde siguiente llegaron cerca de er-Russ; desmontaron para descansar y plantaron sus tiendas (de lona) y sus toldos (de alfombra). Entonces oyeron que el enemigo estaba junto a los pozos *Dojaní*, a una jornada en dirección sur. Por la mañana se encontraron de camino con los *Meteyr* y a mediodía desmontaron todos juntos. Los rastreadores *Meteyr* les llevaron noticias de que habían visto las tiendas de los árabes ¡junto a *Dojaní*!; había tantas que no podía tratarse más que de los Kahtán y ¡podrían tomarles por sorpresa! Los jóvenes eruditos de Aneyza alardearon junto a los fuegos: «Así que les combatiremos mañana en el viejo campo del *Yebel Kezaz*, junto a *Dojaní*; donde el Tubb'a (el señor, el rey, signeur) de el-Yemen luchó contra los *Wayliyyín* (los hijos de Wayl, es decir, los *Annezy*), Koleyb, jeque Rabía, y con ellos los B. Temím y Keys». [Los Kahtán contra Ismael: poco antes de la Hégira]. La montaña Kezaz está a una hora del lecho del *Wadi er-Rummah*.

Zamil y los de la ciudad se pusieron en camino por la mañana, mientras todavía brillaban las estrellas: los *Meteyr* habían partido un poco antes que ellos, y *Dojaní* estaba a poca distancia. En esta lucha serían los beduinos quienes caerían sobre sus principales enemigos; y Zamil sólo se aprestaría a socorrerles. Los de la ciudad llevaban una brújula para rodear a los Kahtán desde el sur.

Los *Meteyr* se encontraron con sus enemigos al despuntar el día: los Kahtán corrieron desde sus *beyut* con las armas en la mano, los jeques montaron en sus yeguas y la gente se daba ánimo a voces. Al ver que eran los *Meteyr* quienes les atacaban, les despreciaron y gritaron: «*Yabhum Alá*, ¡un regalo del cielo!», pero aquel día ambas partes estaban destinadas a sufrir muchas bajas. Los *Meteyr* llevaban doscientas yeguas consigo, aunque de la poco apreciada raza del norte. Los *Kahatín*, al principio eran sesenta jinetes de a caballo. Después, se les unieron más jinetes llegados de otro gran aduar que había a poca distancia de allí. Los Kahtán eran más que los *Meteyr*, que acabaron por retirarse.

Entonces los Kahtán miraron a su alrededor y vieron por primera vez a los de la ciudad, que se abalanzaban sobre ellos. Los *Kahatín*, muchos de los cuales habían caído, se gritaron unos a otros con el corazón encogido: «¡Ay! ¿Es ése Ibn Rashid?, ¡pero no!, pues Ibn Rashid cabalga con un solo barak; éstos parecen de la ciudad. ¡Alá!, ¡son *hazr*!». Cuando los de la ciudad se acercaron, algunos los reconocieron y gritaron: «¡Son los Kusmán!, son los *Zuamil* (los Zamiles, o la gente de Zamil)». Al darse cuenta de lo que sucedía, se apresuraron a poner los camellos de leche a salvo.

Zamil, que todavía estaba lejos, vio a unos jinetes beduinos que se llevaban los camellos y exclamó: «¿No son ésos *musulmanes* [de los nuestros]?». «¡No —le contestó un jeque de los *Meteyr* (que venía con los de la ciudad para barrer el camino por el *jala*)— son, *bil-lá*, el-Kahtán!» Los caballeros de la ciudad eran demasiado pocos para acometerlos, por lo que los Kahtán, preocupados por salvar el ganado mayor, abandonaron el aduar y dejaron las tiendas, los aperos, y a sus hijos y mujeres en poder del enemigo.

Los jinetes *Meteyr* persiguieron a los Kahtán huídos, que se dieron la vuelta y lograron rechazarlos; entonces los caballeros de Aneyza salieron en auxilio de sus amigos. El resto de los *Meteyr* desmontó y corrió a saquear las tiendas de los enemigos. Y aquéllos a cuyas esposas habían atravesado las lanzas de los Kahtán o cuyos hijos habían muerto en manos de sus adversarios, hicieron lo mismo con ellos: alancearon a otras tantas mujeres y les cortaron el cuello a los niños delante de sus madres mientras les gritaban: «¿Y qué hicieron vuestros maridos con nuestros pequeños el otro día?». Algunas mujeres atacaron frenéticas a los saqueadores con las estacas de las tiendas; y los *Meteyríes*, armas en mano y acalorados por la refriega, no dejaron a ninguna con vida. Así murieron cinco o seis mujeres y otros tantos niños de los Kahtán.

En el momento de más tribulación una mujer escondió el dinero de su marido, 600 reales [mucho para tratarse de un bedawí] en un guirbí; se rasgó la túnica azul, que todas llevan, aparte del *haggu*, sobre sus famélicos cuerpos; y cargó el odre en un hombro y a su hijo en el otro. Luego salió corriendo de la tienda entre penosos gritos: «*¡Weyley, weyley!*, ¡ay de mí!», y huyó desnuda entre el tumulto de sus enemigos. Los *Meteyr* que la vieron imaginaron que alguien había despojado a la mujer y les pareció indigno perseguirla; aun así algunos la llamaron para que dejara caer lo que llevaba al hombro, pero ella se hizo la loca y gritó que estaba acabada, ¿acaso no era suficiente desnudar a la hija de un jeque?, ¿es que querían quitarle también el agua que llevaba para salvar su vida y la de su hijo? Otros gritaron que la dejaran pasar, y ella huyó, se alejó de allí y salvó de ese modo la fortuna de un marido a cambio de la dignidad de una esposa.

Cayeron treinta hombres de los Kahtán, la mayor parte asesinados mientras huían, y diez de los *Meteyr*. Éstos regresaron a enterrar a sus muertos, pero allí se desconoce la caridad humana que obliga a cubrir con un poco de tierra los cadáveres de los enemigos.

Una mujer llegó enviada por los Kahtán huidos en busca de Zamil. Los de la ciudad estaban acampados junto a los pozos (donde habían extendido los toldos y estaban tomando café); la mujer quería un salvoconducto para que algunos jeques pudieran acudir a parlamentar con él, cosa que Zamil concedió. Entonces los hombres volvieron y le besaron como suplicantes y le rogaron que puesto que «sus rebaños, las tiendas y los aperos estaban en manos de los *Meteyr*, les permitiera acercarse a los pozos para que pudieran beber y salvar la vida». Habían sudado mucho, aquel día de verano el calor era terrible y, sin guirbies, debieron sufrir una enormidad durante su huída por el desierto. Pero, ¡cómo fiarse de las palabras de un enemigo beduino!, de modo que se comprometieron mediante un solemne juramento: «*Aleyk ahad Al-lah wa amán Alá, in ma ajunak! el-jayin yajunhu Al-lah*, ¡Que la alianza del Señor y su paz sean contigo! ¡Te aseguro que no te traicionaré!, ¡a aquél que traicione, el Señor le traicionará!».

Tal fue la derrota de los intrusos Kahtán, la más formidable de los últimos tiempos, incluso para Ibn Rashid. [Ibn Saúd le había atacado el pasado verano allí mismo, en *Dojaní*, pero los Kahtán rechazaron al decadente wahabí]. La victoria se atribuyó a la buena estrella de Zamil: los de la ciudad ni siquiera habían hecho uso de sus armas. Los *Meteyr* enviaron mensajeros a Ibn Rashid desde el campo de batalla, y le obsequiaron con dos yeguas del botín de los Kahtán. Incluso Boreyda se alegraría de que los malvados extranjeros hubieran sido expulsados de la región. Muchos Kahtán murieron durante la huída por el *jala*: hasta las heridas más leves son mortales en esos extremos. Huyeron hacia el sur tres días seguidos, por miedo a que sus enemigos oyeran de su derrota y cayeran sobre ellos. Supimos que unos Ateyba se habían encontrado con ellos y les habían arrebatado doscientos de los camellos que habían logrado salvar. Algunos que vinieron a el-Ezel-lá nos dijeron que los habían aniquilado y que habían perdido «cien hombres»: ¡así de caro pagaron el tiempo [dos años enteros] que habían pasado como lobos en el *Nechd*!

Cuando pregunté qué sería de los Kahtán, me contestaron: «Los bedu son perros que no mueren; y éstos son sheyatín. Vagarán de aquí para allá y, transcurridos uno o dos años, volverán a irles bien las cosas». «¿Qué pueden hacer ahora?» «Ordeñarán a las *nagas* para comer y venderán algunos camellos en los pueblos, para comprar dátiles y utensilios. Y no estarán mucho sin tener dónde protegerse del sol, pues el harén esquilará el poco ganado que les quede e hilará día y noche: en unas semanas plantarán tiendas nuevas; además, los otros Kahtán del sur les ayudarán.» Más tarde oímos contar que los Kahtán derrotados habían hecho las paces con los Ateybán y se habían reconciliado con Ibn Saúd. Pero, ¿qué les habrían ofrecido?, ¿habrían prometido aliarse con ellos contra Ibn Rashid?

¡Hayzan había caído, su joven Absalom, «un joven falso y ladrón», decían de él sus enemigos beduinos. Era el mismo que me había amenazado, un año antes, en el salón de los invitados en Hayil. A Hayzan lo mataron por venganza a causa de un jeque *Meteyrí* que había caído en el norte de su mano. Un pariente noble del muerto lo buscó en la batalla: ambos se acometieron y a Hayzan le atravesó el cuerpo una herida mortal. El joven era muy robusto para ser un bedawí y su fuerte mano no vaciló, pero su lanza la detuvo una cota de malla que su adversario llevaba oculta bajo la túnica de algodón. Aquel *Meteyrí* era un hombre viril y montaba un buen caballo, y, además de con la de Hayzan, acabó con la vida de otros cinco jeques. Cuando la llegada de los "Zamiles" decidió la batalla, él, su hermano y su hijo, todavía un muchacho [los hijos de los jeques principales aprenden pronto a montar a caballo y acompañan a sus mayores a la batalla], consiguieron un botín de ochenta camellos de leche. En ese día lo alancearon y dispararon en el pecho once veces, pero los golpes no lograron atravesar los antiguos eslabones de su camisa "davídica"[31]. Dicen que las balas tan sólo dejan un siniestro moratón sobre el cuerpo protegido por semejante coraza.

Un hermano de Hayzan, Terky, cayó también; y su noble hermana. ¡La despojaron y atravesaron con una lanza!, porque los Kahtán habían despojado y asesinado a la hija de un jeque *Meteyrí*. El viejo jeque Kahtán, padre de aquellos desdichados hermanos, escapó a duras penas en un *zelul*. Hayzan, herido de muerte, se sostuvo en la silla durante la huída hasta la noche; y cuando llegaron al siguiente *golban* (al sur de *Dojaní*), el joven jeque exhaló su espíritu y sus compañeros arrojaron su cuerpo caliente en uno de los pozos...

La cáfila hacia La Meca

Ahora en Aneyza los camelleros empezaron a hacer sus preparativos, pues la cáfila del *samn* no tardaría en partir hacia La Meca. Los nómadas mandaron a recoger a las *zemmel*, las camellas preñadas, y las vimos pastando a diario a nuestro alrededor en el *Nefud*. Una caravana cargada de dátiles y trigo partió esos días hacia Medina.

Zamil y Kenneyní cabalgaron juntos un día hasta el *Wadi*, donde Zamil tenía unas tierras; y se les ocurrió pasar por la plantación de Rasheyd para visitar a Jalil. Pero a mediodía se tumbaron a dormitar bajo unas palmeras y Abdulá se despertó temblando de malaria y cabalgaron de regreso a casa por el camino más corto.

31. Los nómadas atribuían a David la invención de la cota de malla.

Una noche, llegó un grupo de jóvenes patricios de Aneyza para ver unas ovejas que les pertenecían y que los pastores beduinos habían traído con cierta enfermedad de la piel. Los petimetres se despojaron de sus alegres mantos y pañuelos y se pusieron a lavar ellos mismos a los animales junto al pozo. Cuando se hizo de noche, se tumbaron a dormir en la arena del *Nefud* ante las tiendas de los pastores. Algunos eran de los Bessám fanáticos y con ellos vino un hijo pequeño del buen Abdulá. El muchacho me envió afectuosos saludos de parte de su padre, quien le había encargado decirme que la cáfila partiría pronto hacia La Meca y que su hijo Abd er-Rahmán (el mayor) cabalgaría conmigo; por entonces llevaba ya seis semanas languideciendo en la plantación de Rasheyd.

Había pasado en Arabia muchos días de esos pocos años que tenemos de vida; y ahora estaba en mitad de la Península. ¡Un mes! Y volvería a embarcarme para Europa. Desde allí hasta la costa había 450 millas por el desierto, un viaje de al menos veinte largas jornadas en la incómoda silla del camello, bajo las llamas veraniegas del sol, que son una tortura incluso para los árabes. Además, mi debilidad era tal que ni siquiera resistía mucho tiempo sentado; y, por si fuera poco, preveía un peligro final puesto que debería abandonar la cáfila de La Meca una estación antes de la ciudad (prohibida). También me afligía otra gran inquietud, pues doce meses antes, al entrar en una tienda (en el *Wadi Zirba*) en pleno calor, cuando los nómadas dormitan, me había mordido en la rodilla uno de sus perros. Lavé la herida, que sanó en unos pocos días, pero me quedó una mancha roja que entonces, justo un año después, se abrió y ulceró; luego me aparecieron otras úlceras en las extremidades inferiores (y una en la muñeca izquierda). ¡Ah, qué horror, morir como un perro rabioso en una tierra hostil!

Los amigos Kenneyní y Bessám compraron un *zelul* en el mercado de los viernes para que me llevara hasta Yedda, donde pensaban obtener por el animal al menos lo mismo que les había costado; de lo contrario, uno de sus parientes, que debía volver de Yedda con la cáfila de vuelta, lo traería de regreso. Por entonces me llegó una carta del bueno de Bessám: Todo (escribía) estaba preparado, pero, debido a la malicia [wahabí] del pueblo, ¡no podría enviarme en compañía de su hijo! Debo excusarle. De todos modos, lo habían arreglado para que viajara acompañado de Sleymán el-Kenneyní con quien podría contar para todo lo necesario [agua, comida y refugio a mediodía] por el camino. Terminaba pidiéndome que le enviara un poco de quinina y encima de su sello escribía: «Sea la bendición de Dios con todos los musulmanes fieles».

Le escribí a Zamil preguntándole si me permitirían acudir un día a la ciudad, a comprar algo para el viaje, y a despedirme de mis amigos, pero mi pequeña petición fue rechazada, tanta es la miseria wahabí de la buena gente de Aneyza.

De Aneyza a at-Ta'if

LA PARTIDA HACIA LA MECA DE LA CARAVANA DE LA MANTEQUILLA. EL VIAJE HASTA EL AYN EZ-ZEMYA. SÁLEM EL JERIFE NÓMADA • VIAJE A AT-TA'IF. EL NASRANÍ ES ASALTADO. LLEGADA A AT-TA'IF. LA AUDIENCIA ANTE EL JERIFE, EMIR DE LA MECA

La partida hacia La Meca de la caravana de la mantequilla. El viaje hasta el Ayn Ez-Zemya. Sálem el jerife nómada

Al día siguiente, al ponerse el sol, vino a verme un mensajero enviado por Abdulá el-Kenneyní con el *zelul* en el que debía cabalgar hasta Yedda. Montamos y los labradores de Rasheyd y la pobre esclava abandonaron su trabajo diario para venir a estrecharme la mano y darme la bendición antes de mi partida. Nos dirigimos hacia la plantación del Kenneyní, donde oí que iba a pasar la noche. No eran ni dos millas de camino, pero llegamos, tras el corto crepúsculo, de oscurecida. Una vez allí, mi *rafiq* me dejó y me tumbé a dormir junto al pozo, en el suelo de aquel palmeral solitario.

Al salir el sol vi a Abdulá el-Kenneyní que llegaba montado en un asno aprovechando las horas de menos calor. Poco después, llegó a pie Abdulá el-Bessám. «¡Ah!, Jalil —dijo tomándome de la mano—, estamos apesadumbrados por todo lo que has sufrido, ¡y precisamente aquí!, pero ya sabes que estamos rodeados de gente estúpida.» Kenneyní me pidió más de aquel remedio que tan bueno era para los ojos de su madre, y yo repartí mis medicinas entre ellos. Después llegó Hamed es-Safy; y mis amigos se sentaron conmigo hasta pasadas las doce, cuando se levantaron para ir a comer, no sin antes asegurarme que después volverían a verme. Por la tarde volvió es-Safy, que quería perfeccionar su escritura de las palabras inglesas. Ninguno de mis otros amigos y conocidos se acercó a visitar al excomulgado nasraní.

Cuando refrescó la tarde, el buen Kenneyní volvió montado en su asno acompañado de su hijo Mohammed. Ese día estaba débil, como alguien consumido de cuerpo y espíritu, y vi que casi temblaba mientras hablaba conmigo. El niño jugaba y balbucía a nuestro alrededor y Abdulá le ordenó que se estuviera quieto pues no lo soportaba. Le animé a olvidar cualquier inquietud que le hubiera producido mi visita a Aneyza: no respondió.

Se hizo de noche y llegó Sleymán en un *zelul* con su hijo pequeño. Iba de paso hacia el aduar de la caravana y quería decirle unas últimas palabras a su pariente, que le había prestado el dinero para el viaje. Abdulá le pidió que hiciera desmontar al crío y subiera a Jalil y sus alforjas. Monté con Sleymán, y cabalgamos a través de una grieta en el muro de la ciudad, que circundaba los campos del Kenneyní. Abdulá nos acompañó a pie hasta que tiramos de la brida para despedirnos: le di las gracias más cordiales, con las bendiciones semíticas; y me despedí de aquel amable y benéfico hijo de Temím durante un largo rato. Permaneció en pie, triste y silencioso: el espíritu herido y mortal de aquel hombre estaba separado (¡cruel destino!) del futuro por el que tanto había trabajado y que nosotros sí veremos…

Seguimos cabalgando una o dos horas por el camino excavado en el *Nefud* que ya había recorrido una vez de noche, camino de Jubbera. Había oscurecido cuando llegamos al aduar de la caravana; donde Sleymán saludó a los guías, que habían llegado antes que nosotros con el cargamento. Nos indicaron nuestro sitio; que, para cada compaña, está allí donde hayan descargado y acostado a los camellos. Habían encendido un fuego para el café y vi los odres de *samn* de Sleymán (veinticuatro, casi una tonelada) colocados uno junto a otro; en cada camello se cargan cuatro, de quince sah (de el-Qásem), por valor de treinta reales, que esperaban convertir en sesenta en La Meca. Muchas personas de Aneyza acudieron a pasar esa última noche en el campamento con sus amigos y hermanos. Aquel lugar de reunión de la cáfila de La Meca está junto al palmeral *Awhel-lán*, donde se dice que hay "¡unas cuevas antiguas excavadas en la arenisca!". Hasta entonces no había oído hablar de ellas y no tuve tiempo de averiguar qué había de cierto en el asunto.

¡En aquel momento descubrí que nadie más de la caravana iba a Yedda!, todos se dirigían a La Meca. Abdulá el-Kenneyní había encargado a Sleymán —y el buen Bessám a su hijo (Abd er-Rahmán)— que en la estación anterior a La Meca [fuese en el *Wadi Laymún* o en el Seyl] me buscasen un *'adamiyy* que me llevara (sin atravesar el *hadud* o límite sagrado) hasta Yedda. El buen Kenneyní, que nunca había ido de peregrinación, no conocía el camino; y su perspicacia no pudo adivinar los peligros que me esperaban.

En nuestra cáfila de la mantequilla había 170 camellos —que transportaban casi 30 toneladas de *samn*— y setenta hombres, cuarenta de los cuales viajaban en *zelul*, el resto eran guías. Estábamos divididos en pequeños grupos; cada patrón con sus amigos y sirvientes. Cada compaña lleva una tienda o toldo para protegerse del sol durante los descansos a mediodía y para poner a la sombra el *samn*, que se derrite en los odres de cabra (*yerm*, pl. *yerum*) a las horas de más calor: el interior de los *yerum* debe untarse por dentro con sirope de dátil. Cada pellejo, de casi cien kilos de peso, se sujeta con un lazo (anudado por los dos extremos) al pomo de la silla. A veces revienta un *yerm* durante el viaje de la caravana y el precioso líquido se derrama como agua sobre la arena del desierto; en otras ocasiones, los camellos de carga pasan junto a alguna acacia y los *yerum* se rasgan y perforan con las espinosas ramas. Afortunadamente había un zurcidor en el kafilí, que reparaba los desgarrones producidos a diario en los odres y guirbies. Todo aquel *samn*, valorado en más de 2.000 £ en La Meca, lo habían recogido desde la primavera traficando con los bedu: los mercaderes de Aneyza lo almacenan en aljibes de mármol.

Al mando de una caravana tan grande va un emir nombrado por Zamil; es de sangre principesca y recibe un real por cada camello. El-Kenneyní había obtenido una carta de Zamil recomendándome al emir y pidiéndole que velara por mi seguridad cuando dejara la cáfila en el Ayn. Nos sentamos a charlar alrededor del fuego del café hasta que nos entró el sueño; y luego nos tumbamos a dormir allí mismo, en la arena del *Nefud*.

Nos levantamos al amanecer y todavía tuvimos tiempo de tomar café. El emir y algunos jóvenes comerciantes de Aneyza en La Meca, que iban a regresar con la cáfila, se quedaron toda la noche en la ciudad: nos alcanzarían más tarde a lomos de sus veloces *omanía*. [Los *zeluls* de la provincia del Golfo, Omán o Amán, son de gran fuerza y talla, pero toleran peor el hambre y la sed que otras razas más pequeñas. Un buen *omanía*, valorado entre 50 y 70 reales en Aneyza, apenas puede comprarse en La Meca —donde son muy apreciados— durante la temporada de peregrinación por menos de 150 reales] Cuando se alzó el sol, los de la caravana cargaron sus cosas y se pusieron en camino. Poco después, nos internamos en el *Wadi er-Rummah* y lo seguimos hasta dos horas antes de mediodía, cuando desmontamos en un *shaeb, esh-Shibbebiyya*, para descansar durante las horas de más calor *(yuguilún)*. En aquel lugar hay algunas granjas de adobe en ruinas, pertenecientes a Aneyza, con grandes patios amurallados. Están habitadas por las familias de los encargados de los pozos, desde la siembra en otoño hasta la primera cosecha. Allí llenamos nuestros guirbies de agua salobre. El bochorno era terrible y medí una temperatura bajo los toldos de 40° C. Las personas principales tienen tiendas de lona fabricadas al estilo beduino, otros tienen toldos hechos con alfombras de Bagdad. Tan sólo vi una o dos tiendas redondas —compradas a precio de saldo en la costa—, y unos pocos toldos de pelo [oí decir que procedían del botín Kahtán] entre las compañías más pobres. Las seis cargas de *samn* de Sleymán el-Kenneyní pertenecían en parte a Abdulá: él era un yemmál y tenía sus propios animales.

Debían ser algo menos de las tres cuando levantaron el campamento y el ardiente sol empezaba a descender del meridiano: la señal se da mediante un gran grito del sirviente del Emir: «¡SHIL!». Al momento siguiente se abaten todos los toldos, se recogen y se acuestan los camellos, y los de la caravana acarrean los pesados odres de mantequilla; hay que cargar a las bestias a toda prisa, tarea muy fatigosa casi al límite de sus fuerzas, antes de que la cáfila se ponga en movimiento, pues los jinetes de *zelul* ya han emprendido la marcha y quien se demore será dejado atrás. El sirviente del emir permanece en pie ante la cáfila como un pastor y extiende los brazos para retener a los más rápidos, hasta que todos estén listos, o bien se dedica a dar vueltas y a regañar a gritos a los desobedientes. Entonces se ponen en marcha y —por el temor al desierto— las compañas marchan cerca unas de otras. Nuestro camino hacia el sur discurría por el *Wadi Rummah*, que es una ancha llanura de arena compactada en el *Nefud*. Las montañas Abán se divisan hacia el oeste cubiertas de niebla. [Las Abanat se ven, al levantarse la aurora, desde las dunas que rodean Aneyza]. Al ponerse el sol desmontamos junto a otras granjas —de er-Russ, *el-Hachnowiyy*, fuera del *Wadi*—; estábamos enfrente de Jubbera.

De noche no plantan las tiendas. En cada compañía el toldo se convierte en una alfombra en la que sentarse bajo las estrellas, que después servirá para que se tumbe en ella su dueño. En cada grupo hay un cocinero que sale a recoger leña para el fuego; otro se lleva a los animales a pastar durante la media hora corta que queda hasta que oscurece del todo. Con Sleymán viajaban tres guías: el primero, un pobre ciudadano de Aneyza, hacía las veces de cocinero en nuestro grupo; otro era bedawí. Pasada una hora, nos sirven el plato de la cena (gachas de trigo hervidas). Después de comer, tomamos café; suelen sentarse un rato a charlar y fumar tabaco, y luego, envueltos en nuestros mantos, nos tumbamos sobre la arena a dormir las pocas horas que restan hasta el amanecer.

Una hora antes del alba oímos gritar: «¡EN MARCHA!». La gente se levanta a toda prisa; se avivan los rescoldos de los fuegos y se añaden unas ramas para disponer de algo de luz: se oye un áspero murmullo de hombres atareados y el ir y venir y los bramidos de los camellos. En uno o dos minutos todo está dispuesto: los jinetes han montado y los que viajan a pie escudriñan a su alrededor la tierra oscura para no dejarse nada olvidado. Se ponen en camino y comienza un nuevo día de viaje, que durará hasta la noche. Después de tres horas de marcha por la llanura del desierto, pasamos ante er-Russ, cuyos habitantes, dos generaciones antes, no dudaron en talar sus palmeras para construir parapetos y resistieron virilmente los asaltos del ejército de Ibrahim Pachá. El Emir envió al pueblo a un jinete de *zelul* en busca de noticias, que regresó diciendo que los de la caravana del *samn* de er-Russ habían partido con la cáfila de Boreyda dos días antes. Er-Russ (que según dicen es mayor que Jubbera) son tres oasis en dirección norte-sur, no muy alejados unos de otros. En el primero, *er-Rueyza*, está la ciudad; en el segundo, *er-Rafya*, hay un pueblo y una alta torre de vigía que asoma por encima de las palmeras; el tercero, y el más pequeño, se llama *Shinaniyy*. Er-Russ es el último poblado que hay al sur y la verdadera puerta de entrada a el-Qásem. Estamos aquí en la linde del *Nefud*, y poco a poco la llanura se va convirtiendo en una áspera gravera bajo nuestros pies: volvemos a la región basáltica y granítica, que se extiende desde las montañas de Shammar hasta La Meca. Los campos de trigo de er-Russ están en el *Wadi er-Rummah*, sus palmerales están más arriba.

Vi que las Abanat, ahora a medio día de distancia en dirección oeste, eran una sierra baja de *yebel*, como las *Achya*, que se extienden en dirección sur. Son dos montañas, una se ve detrás de la otra, y entre ambas se extiende el lecho del *Wadi* (que allí no tiene mucha anchura). La del norte se llama *el-Eswad*, o más frecuentemente *el-Esmar*, y es de color marrón oscuro; la del sur, *el-Ahmar*, que es más alta y de color rojizo, tal vez sea granítica o basáltica.

A mediodía llegamos a *Umm Tyeh*, otras granjas deshabitadas de las afueras de er-Russ, donde, al ir a por agua, encontramos una plantación de tabaco. Los hombres de Aneyza regresaron riendo al aduar de la caravana a contar la aventura; hacía mucho calor y la cáfila se había detenido a descansar. Nos levantamos pronto de aquel *mogyil* y seguimos el viaje a través de una llanura desértica cubierta de montañas basálticas y de granito rojo grisáceo [como los que hemos visto en los *diras Harb* y Shammar hacia el oeste]. Por fin, cuando el sol empezó a ocultarse entre luces rojas y amarillentas detrás de las montañas Abán, nos detuvimos para acampar...

...Los de la caravana, pasados tres días, habían agotado todos su corta paciencia semítica y le gritaban a los animales con las voces apasionadas de los hombres desesperados. Los guías azuzan a los animales rezagados y les aguijonean con el talón de las lanzas, execrándolos, lamentándose y aullando palabras de mal agüero: «*¡Ya mal et-teyr hut!*, ¡vamos, carroña para cuervos!». «*Ya mal ez-zubbah*, ¡arre!, ¡carne para el carnicero!» Si algún animal se detiene a mordisquear unas hierbas le gritan: «*Ya mal el-yúa*, ¡pareces el hambre misma!». «*Yelán Alá abu ha-r-ras,* o *ha-l-kalb*, o *ha-l-hulk*, ¡qué el Señor confunda al padre de tu cabeza, o tu corazón o tu largo cuello!» Los guías de los camellos deben estar siempre pendientes de las sobrecargadas bestias, pues si un camello llega a un lecho arenoso es muy probable que se arrodille para revolcarse y aliviar el picor de su piel y tire la carga al suelo. Detectan la comida, no sólo al verla, sino por el olfato; además los camellos se detienen al encontrarse una piedra blanca o *yel-la* blanqueado, como si fuera un hueso pelado, lo cogen con la boca y lo mastican con aire melancólico; por la sal, según dicen los árabes. Los de la caravana están más taciturnos y de peor humor cada día, casi nadie dice nada que no vaya acompañado de maldiciones y los guías, cuyas bocas están resecas por la sed, apenas se contestan unos a otros con otra cosa que con imprecaciones y palabras malhumoradas como: «¡Soy el hijo de mi padre!». «¡Yo el hermano de mi hermanita!» «¿Acaso soy el esclavo de tu padre (que tengo que servirte y obedecerte)?» Y un espíritu enfadado le gritará a su vecino: «*Alá la yubarak fik, la yujíb lak el-jeyr*, que el Señor no te bendiga ni te envíe nada bueno».

El calor aquel mediodía era de 39° C debajo de los toldos, así que nos levantamos temprano y nos apresuramos en partir hacia el abrevadero, donde llegamos dos horas antes de la puesta del sol. Ése era *Afif*, un pozo antiguo de diez brazas de profundidad hasta el agua, forrado de toscos bloques basálticos sin mortero. Sleymán y los otros jefes de la caravana se habían adelantado a la cáfila con sus poleas para llegar antes que los demás a la boca del pozo y disponer de un buen puesto durante el abrevado. Cuando llegamos, ya estaban allí junto a sus aparejos, que consisten en una gruesa estaca clavada en el suelo, y apuntalada con piedras, que se bifurca en el extremo, donde montan la polea, *mahal*, empleada por los nómadas en todos los *golban* profundos, pues de lo contrario no podrían sacar agua. Dos hombres tiran de la soga y un tercero permanece junto al borde del pozo, coge el cubo al salir y corre a vaciarlo en el bebedero de los camellos: un trozo de alfombra o de cuero extendido en un hueco que han excavado con un palo, las manos o una piedra en el duro suelo de grava. Cuando tienen que abrevar muchos camellos en un único *guelib*, se produce una gran confusión de hombres que tiran con todas sus fuerzas y cantan cadenciosamente como los bedu. Me acerqué a los bebederos de los camellos para beber, pero me advirtieron de que podía resbalar en el barro y caer en el pozo que, carente de pretil [como todos los *golban* del desierto], está al mismo nivel que el suelo. De modo que la tarea de extracción del agua no está exenta de peligro y es muy fatigosa. En el último viaje, un hombre tropezó y se cayó al pozo. Lo sacaron a toda prisa, pues los árabes ante tales desgracias demuestran una súbita y generosa humanidad, y muchos están acostumbrados desde su juventud a bajar a toda clase de pozos. Se le había roto la espalda y, cuando partió la caravana, sus amigos lo tumbaron sobre un camello, pero murió por el camino. Los hombres se iban relevando en el pozo, y tres horas después no habían terminado todavía. La antigua boca del pozo está rodeada de la tierra extraída al excavarlo, así a los aguadores les resulta más fácil extraer el agua y el limo no enturbia el pozo.

Junto a aquel pozo vi el primer indicio de vida humana en aquel vasto desierto: las cenizas del fuego de unos cazadores, junto a las que estaban los mayores cuernos de gacela que he visto nunca. Sin duda aquellos hombres eran *Solubba*, pues algunos de la cáfila habían visto las huellas de sus asnos ese mismo día. Incluso los árabes se maravillan de que esos hombres solitarios puedan vivir en el *jala* del producto de la caza. Los Solubíes, aparte de sus largos fusiles de chispa, tan sólo pueden llevar consigo un poco de agua; tienen la costumbre de hartarse de beber agua o meresí dos horas antes del amanecer, luego se ponen en camino y no sienten sed hasta mediodía. Yo aprendí a hacer lo mismo y aquel trago matutino me sustentaba hasta que parábamos a descansar, aunque en ese mismo tiempo mis compañeros necesitaban beber tres veces. Me acercaban el cuenco de mala gana, a regañadientes y entre maldiciones, cuando se servían para beber; y si Sleymán no podía oírles, incluso llegaban a negárselo al nasraní. Sleymán, que no era buena persona, decía: «Todos sufrimos en el camino y yo no puedo remediarlo, éstos son árabes, Abdulá tampoco podría, aunque estuviese aquí con su barba (en persona). ¿Ves a aquel muchacho, Jalil?, es uno de las calles de Aneyza; dicen que aquel otro (un muchacho beduino, de los *Annezy* en el norte) ha matado a su propio padre; y el de allí (el cocinero) es un pobre hombre de la ciudad: wel-lá, si les riñese, me abandonarían en la próxima parada». Pedir agua en otra compaña era tarea inútil; un día pasé junto a uno de la ciudad que había desmontado para beber y, antes de que guardara su cuenco, le pedí que vertiera también un poco para mí. Su mujer había sido paciente mía y puede que pensara que yo recordaría que me debía unas medicinas pues ató el cuello de su guirbí y fingió no reconocerme. Cuando le llamé por su nombre, no pudo rehusar: desató el cuello del odre y me vertió un poco de agua del desierto diciendo: «Así son las fatigas del camino: nadie conoce a nadie, la regla es *¡imshi halak!*, "arréglatelas tú mismo para seguir adelante"». Al celoso de su guirbí sus airados vecinos lo llaman *Bia'a el-má*, "vendedor de agua". Mi *zelul* era de talla pequeña, débil y entumecido, y no era capaz de caminar al paso de los demás así que me costaba mucho trabajo obligarlo a seguir adelante. El animal, decía Sleymán, estaba destinado al matadero: él mismo lo despellejaría cuando llegáramos a La Meca.

Entre nosotros y la región de la lava se extiende la misma costra salitrosa de ayer; un llano sin una hierba o piedra, sin huellas y blanqueada por el *subbaja:* las lenguas de esta tierra salina se extienden hacia el este más allá de nuestro camino. Poco antes de mediodía, vimos por primera vez huellas de ganado nómada llegado del Harra, donde hay un buen abrevadero enfrente de donde estábamos. Al detenernos a mediodía la gente tenía mucha sed, no había nada que beber, salvo el agua amarga y negruzca de Shurrma, y no llegaríamos a los pozos hasta la noche o primera hora del día siguiente. Medí que la temperatura del aire bajo los toldos era de 42° C, y soplaba el simún. En las compañas de la caravana se comen dátiles en el *mogyil* y el poco burghrol o *temn* que les haya sobrado de la cena. Los jefes y los guías se sientan a comer juntos, pero hoy nadie pudo comer nada por culpa de la sed. Fui a los toldos de Ibrahim y Bessám —ambos llevaban consigo diez guirbies— en busca de un *fenyén* de café o agua. Aquellos jóvenes me concedieron tan sólo unos sorbos de agua; así son los árabes en el camino, ¡vi que tenían todavía varios odres llenos!

El descanso de mediodía fue corto por culpa de la sed y el agua seguía estando muy lejos. Mientras cabalgábamos, me volví y vi a mis compañeros bebiendo a escondidas, además habían bebido hasta saciarse en mi ausencia tras quejarse de que no les quedaba agua; y yo llevaba el día entero sin beber. Pensé que si pudiera beber un trago tal vez aguantaría hasta el día siguiente, así que les pedí que me sirvieran un poco: «Somos *rafiqs* y tal es el deseo de Abdulá el-Kenneyní», pero se negaron entre terribles maldiciones y Sleymán fingió no oír nada. Desmonté pues la "necesidad no tiene amigos" y me dispuse a cogerla por las buenas o por las malas. El beduy blandió su maza e hizo ademán de impedirlo, pero Sleymán (temiendo que se produjera una disputa) les ordenó que le sirvieran agua a Jalil. Era agua dulce de *Afif*, que le habían ocultado al nasraní durante dos días, todavía pensaban beber dos veces más de ella durante la tarde. Sleymán no había alcanzado aún la edad madura, era de bajo de talla y de naturaleza enfermiza, tenía inclinaciones fanáticas y destellos de viva malicia. Me habían expulsado de Aneyza y muchos de aquellos ciudadanos eran wahabíes, aunque la mayoría me saludaban con palabras amables durante el viaje: «¿Qué tal el viaje, Jalil, estás muy cansado? ¡Bien! Pronto llegaremos a nuestro destino». Tan sólo una vez oí una palabra injuriosa: fue durante el descanso nocturno en *Afif*, cuando al cruzar el campamento en la oscuridad para ir a ver a Ibrahim y Mújkir, me topé con otra compañía y tropecé con los odres de mantequilla. «¿Dónde vas, *káfir*?», gritaron unas voces hostiles, pero los demás les obligaron a callar y me animaron a seguir mi camino y no hacerles caso…

…Ante nosotros hay un negro *yebel* solitario, *Biss*, que tal vez sea basáltico. Y ahora volvemos a divisar el Harra principal, al que nos acercamos para abrevar en Sh'aara. Mújkir me dice: «El gran Harrat el-Kisshub tiene forma redondeada [hay quien dice que se tarda entre uno y dos días en atravesarlo]; y no está aislado, sino que forma parte de una sucesión de Harras entre La Meca y Medina; el Kisshub y el Ahrar el-Medina no están demasiado distantes entre sí». Allí nos encontramos con un esbelto muchacho beduino que había subido a abrevar el ganado; el rostro de aquel joven aguador era muy hermoso envuelto en su túnica azul de La Meca, aunque en el norte ése sea el color de las mujeres: las negras trenzas le caían sueltas sobre sus hombros casi femeninos. «¡Eh, *weled*! (grita nuestro rudo guía *Annezy*, que, como buen bedawí, odia a todos los bedu que no sean de su tribu). Decid muchachos, ¿es un hombre o una mujer?» El corazón del pobre *weled* se hinchó de vehemente desprecio, sus ojos ingenuos nos miraron llenos de orgullo y casi se le saltan las lágrimas. Sh'aara, adonde llegamos entonces, es un entrante en el Harra que allí recibe el nombre de Ashirí. El borde de la lava, de treinta pies de altura, estaba sobre una roca de granito, que se ha vuelto blancuzco, quebradizo y deleznable debido al calor sufrido: la capa de lava se detuvo al borde de la roca granítica. Shaara es un shaeb o *seyl* que ellos relacionan con el *Wadi Adziz* y el *Wadi el-Aguig*. Aquí hay muchos pozos antiguos de boca estrecha y forrados con bloques de lava, aunque algunos están cegados. Los árabes nos dijeron que la caravana de Boreyda abrevó aquí el pasado mediodía: desde ayer los caminos por el desierto son uno solo. Medí una altitud de 4.900 pies.

¡Dejamos atrás el *Nechd* y he aquí un nuevo aspecto de la naturaleza de Arabia! Cabalgamos una milla por el estrecho *Seyl*, junto a unas matas de espadañas de la altura de un hombre y muchas plantas de menta y pastos muy mordisqueados por los camellos de las caravanas que pasan a diario entre La Meca y at-Ta'if. Entonces la cáfila se detuvo y desmontamos; excavando con las manos, hallaron agua pura de lluvia a menos de un palmo de profundidad. Oí decir que at-Ta'if estaba sólo a una jornada y algunas personas prudentes y honradas de la cáfila trataron de convencerme de ir allí, diciendo que era probable que nos encontrásemos con algún camellero de La Meca que fuese de camino a at-Ta'if y que, si me recomendaban a él, podría llegar esa misma noche; habían oído que el Jerife (de La Meca) estaba en at-Ta'if y a mi llegada podría pedirle que me enviara a Yedda.

¡Qué placer visitar at-Ta'if!, el Edén de La Meca, donde corre el agua y el aire es fresco y dulce, donde abundan los jardines de rosas y las viñas y los huertos. Pero la gente exagera sus excelencias, pues oí a algunos de los Kusmán que decían: «Cuentan maravillas de at-Ta'if..., pues bien, yo estado allí y no es para tanto». Las enfermedades de Arabia habían empeorado por el camino: mis extremidades inferiores estaban ya cubiertas de úlceras, llamadas *hub* o *bizr* o *bezra et-támr*, "el botón del dátil", en la costa del Golfo Pérsico [porque suelen aparecer en la época de la cosecha]. La pústula, que se parece al botón de Alepo, se conoce en muchas partes del mundo arábigo —en Berbería, en Egipto (las "llagas del Nilo") y en la India (las "pústulas de Delhi") y en todas partes se la relaciona con el beber agua corrompida. Las llagas pueden lavarse con ácido carbólico y ungirse con aceite de pescado, pero la enfermedad seguirá su curso, pues no tiene remedio; yo llevaba casi cinco meses padeciéndola. Dichas úlceras son frecuentes entre los bedu [Comp. también con Deut. XXVIII. 35]. Por ello parecía recomendable descender a Yedda cuanto antes; además, no dejaba de darle vueltas a lo que había leído sobre los (antiguos) Jerifes de La Meca, pero, si de verdad me convenía viajar a at-Ta'if, ¿por qué no me lo había aconsejado el-Bessám en Aneyza, que tanto me había elogiado la bondad del último Jerife? Ahora había un nuevo Jerife, que era también el Emir de La Meca, y no podía estar seguro de que fuese a ser justo con el nasraní...

Éste es un campamento utilizado desde hace generaciones por peregrinos y caravaneros, y, en verano, el lugar donde se detienen a mediodía los viajeros entre la Ciudad Santa y at-Ta'if. Sucios rájams revoloteaban de aquí para allá; y me pareció ver trozos de argamasa y restos de ladrillos en aquel lugar desierto. Mis amigos de Aneyza me cuentan que ésta es la vieja estación *Qurn el-menazil*, que llaman así por el sitio que ocupaban las antiguas tiendas, plantadas unas muy cerca de otras en tan poco espacio. Salí a pasear descalzo por aquel agradable prado, bajo el sol de mediodía, que a esa altura parece más suave; qué dulzura, tras pasar años en regiones resecas, pisar otra vez la hierba verde. Tan sólo el nasraní seguía vestido, pero ninguno de los Kusmán me gritó; estaban a punto de llegar a La Meca y yo debía de parecerles un amigo en comparación con los malignos beduinos de la región *[el-Hazeyl]*.

Me encontré al hijo de Bessám ceñido sólo con el *ihram* y sentado debajo de su toldo. «Jalil —me dijo—, ¡que buena suerte!, ahí delante hay unos camelleros llegados de at-Ta'if: he hablado con uno de ellos y el hombre, que es un conocido mío, está dispuesto a llevarte a Yedda.» «¿Y por quién debo preguntar?» «Son *Yawwa*. [Peregrinos de Java, ¡muy despreciados por los árabes, pues los rostros de los malayos les parecen infrahumanos! En Jaybar le oí decir a Amm Mohammed: "Aunque tuviera que pasarme la vida entera en el Beled el-Yawwa, ¡no podría...!, wel-lá, no podría casarme con ninguna de su harén". Aquellos piadosos extranjeros habían ido a at-Ta'if a visitar al Jerife y ahora estaban a punto de emprender su "pequeño peregrinaje" a Medina]. Jalil, la aventura la envía Alá, wel-lá, tengo mis dudas de que en el-Ayn podamos encontrar a alguien que te acompañe a la costa. Y yo debo abandonar la cáfila antes de la siguiente parada, vamos con la cabeza descubierta y (nosotros, los jóvenes compañeros de Ibrahim) cabalgaremos hasta La Meca esta noche, y no mañana bajo el sol. ¿Buscamos a Sleymán y mandamos llamar al camellero?, pero, Jalil, no tardes en llegar a un acuerdo, pues estamos a punto de partir y tendremos que dejarte aquí.»

¡El camellero era un joven de aspecto miserable!, uno más de los muchos conductores de bestias de carga de los países árabes, cuyas vidas sórdidas se consumen entre la miseria diaria de una paga exigua y las noches insomnes pasadas en el camino. Por como hablaba, su cabeza de chorlito no parecía albergar mucho más ingenio que la de un camello. Abd er-Rahmán: «Y desde el Ayn lleva a este viajero a Yedda por el *Wadi Fátima*». «Le llevaré por La Meca, es el camino más próximo.» Abd er-Rahmán y Sleymán: «¡No, no!, por el *Wadi*». Abd er-Rahmán añadió: «Éste no puede ir a La Meca», pronunció dichas palabras con una fanática frialdad que traicionaba mi vida y Sleymán sacudió la cabeza. ¡De modo que el obtuso camellero empezó a sospechar que ahí había gato encerrado! Se quedó mirando al que iba a ser su pasajero y le sorprendió que tuviera la piel tan blanca. Yo quise abreviar la discusión con amigos tan tibios: cabalgaría desde el Ayn a Yedda en una jornada, pese a que aquel lerdo quería hacerlo en varios días. Los camellos de la región son débiles y de talla no mucho mayor que un caballo, y provocan las burlas de los hombres del *Nechd*, que dicen que los camelleros de La Meca marchan *mizil en-niml*, "a paso de hormiga".

Aquel yemmál partió descontento y sin quitarme la vista de encima, pues me notaba diferente del resto de los peregrinos. [Al marcharse fue preguntando en la cáfila quién era yo, y algunos maliciosos y traicioneros le respondieron: «¡Un nasraní!». Al oírlo, el tipo dijo: «*Wallá, Bil-lá*, ¡no lo llevaría conmigo ni por cien reales!».] «¡Jalil, ahí tenías una buena ocasión, pero la has dejado pasar!», dijo Abd er-Rahmán. «¿Y pensabas encomendarle mi vida a un tipo tan lamentable? ¿A uno incapaz de protegerme de los insultos? ¿Es ése el hombre de tu confianza? ¿Uno a quien nadie parece conocer aquí? Para eso más vale que me vaya sólo a Yedda.» Sleymán: «Jalil, por dondequiera que cabalgues en esta región sabrán por la forma de tu silla que procedes del este [del centro del *Nechd*]». Del mismo modo, los arreos de aquellos caravaneros de las tierras bajas de La Meca nos parecían extraños a nosotros.

¡Mientras hablábamos, el sirviente de Ibrahim dio la voz de ponerse en camino! Los ahora semidesnudos y destocados caravaneros cargaron a toda prisa, los jinetes montaron y la cáfila del *Nechd* se puso en camino. ¡Estábamos descendiendo hacia La Meca!, y algunos de los rudos guías *yulubbún* [el devoto grito de los peregrinos en Arafát], es decir, miraban al cielo y gritaban: «*¡Lubbeyk! ¡Lubbeyk!*, ¡hágase Tu voluntad, hágase Tu voluntad (oh, Señor)!». Aquél no era un sonido muy agradable para mis oídos, y las palabras malévolas e imprudentes del hijo de Bessám habían puesto en peligro mi vida. Semejantes noticias vuelan y encienden la llama cruel del fanatismo; sin embargo, yo esperaba que, puesto que habíamos partido antes que él, llegáramos al Ayn antes que aquel desdichado jemmal de La Meca. Le pregunté a nuestro guía *Annezy* por qué gritaba de ese modo, y me contestó: «¡Ay, ¿qué tal, Jalil?, mañana estaremos en Mekky y gritamos porque el viaje ya casi ha terminado. *¡Lubbeyk!, ¡lubbeyk!*».

Desde el Seyl seguimos descendiendo por un pedregoso valle de una media milla de ancho entre negras montañas plutónicas: se trata del amplio lecho de un *seyl* de cascajo y cantos rodados en el que crecen algunas acacias. Aquel paisaje me trajo el *fjelde* escandinavo, que tan bien había conocido[32], a la memoria. La carcasa del planeta es parecida en todas partes, tan sólo sus ropajes exteriores son diferentes: un regalo del sol y la lluvia. No conocen otro nombre para aquel áspero valle que *Wadi es-Seyl*. En todas aquellas hórridas montañas viven los *arab Hazeyl* [pl. *el-Hezeylán*], cuyo nombre es muy antiguo. De ellos se dice en la región que «son un linaje aparte y no están emparentados con las tribus vecinas». Cuando los camelleros de La Meca y at-Ta'if se encuentran con extranjeros que descienden del *Nechd*, suelen advertirles con estas palabras al pasar: «¡Cuidado con los Hazeyl!, son todos unos ladrones». ¡El camino del valle estaba hollado por las pisadas de los camellos! La caravana de Boreyda había pasado antes que nosotros con doscientos camellos, ¡pero allí vi las huellas de un millar! No sabía que aquél era el camino principal de La Meca a at-Ta'if, por donde pasan muchos tropeles al día. Desmontamos a la caída del sol —nuestro último aduar— entre las grandes rocas del torrente del valle. La altitud era sólo de 3.700 pies.

32. En 1864 Doughty había viajado a Noruega para estudiar uno de los mayores glaciares de aquel país, el Jostedalbreen.

El bueno de Bessám había previsto que, en caso de que no pudieran encontrar a nadie en la estación anterior a La Meca, uno de sus hombres (que servía a su hijo Abd er-Rahmán en el camino) cabalgase conmigo hasta Yedda. Abd er-Rahmán llamó entonces a su sirviente, pero el hombre, que había dicho "sí, sí" a diario durante el largo viaje, ahora respondió con *lilla*, "no, no". ¡Los árabes traicionan nuestra confianza constantemente! Y dijo que quería cabalgar con los demás hasta La Meca. Abd-er-Rahmán se disgustó y preocupó mucho; la respuesta de su criado nos dejó muy confundidos. «¿Por qué entonces prometiste cabalgar con Jalil? Ve ahora te digo —le dijo—, y Jalil te pagará enseguida; no puedes negarte.» También el Emir Ibrahim trató de persuadirle, pero carecía de autoridad para obligarle. El tipo contestó secamente: «¡Soy un hombre libre y no voy a Yedda!», y se marchó. Entonces Ibrahim mandó a buscar a otro de la cáfila, un hombre pobre y sensato, y le pidió que cabalgara con Jalil hasta Yedda, pero él empezó a poner excusas. «Qué más te da —le dijeron— llegar a La Meca dos días más tarde; ¡limítate a fijar un precio y no digas que no!» Pidió cinco reales, y con tan tenue compromiso lo dejaron marchar. «Dejad —dije yo— que comprometa al hombre pagándole una fianza.» Ibrahim contestó: «No hay necesidad de hacerlo ahora, ¡mañana por la mañana!». Comprendí entonces que aquel trato era pura filfa, pues había aprendido a no confiar en las promesas que hacen los árabes por la noche. «¡Ya, Mújkir!, deja que uno de tus beduinos me acompañe a Yedda.» «Está bien, Jalil, si eso te sirve de ayuda, pero ninguno conoce el camino.» Ibrahim, Abd er-Rahmán y sus jóvenes camaradas montarían y partirían hacia La Meca después de la cena y me dejarían en aquel siniestro lugar. Más tarde supe que habían retrasado su partida hasta la mañana siguiente, que no tardó mucho en llegar, y luego nos pusimos en camino.

No hizo falta esperar al que se había comprometido la noche anterior, pues estaba claro que no tenía ninguna intención de cumplir con los deseos de Ibrahim y Abd er-Rahmán, y todos lo sabían. Aunque hoy era la decimoséptima de nuestras largas jornadas desde Aneyza, el paisaje había sido tan parecido que hasta ayer, cuando pasamos es-

Sh'aara, me había dado la impresión de que no nos habíamos movido. La caravana estaría en La Meca a mediodía: debía abandonarlos en una hora y no había nada dispuesto.

Nos cruzamos con unos beduinos que iban en dirección contraria: unos tipos de cuerpo enteco, tez oscura y aspecto famélico, que llevaban sus escasas pertenencias a lomos de los pequeños camellos de la región. Vi los desolados márgenes del valle canosos por la hierba —aquellas montañas reciben las lluvias otoñales (monzónicas)— y los empinados roquedales entre los que pastaban los rebaños de los nómadas, todos de lana blanca y distintos de las grandes ovejas del *Nechd*. En mitad del *wadi* atravesamos unos arbustos de un extraño rastrojo *(el-esha)* de hojas verdes e infladas. Las vejigas de las hojas, grandes como granos de uva, penden en racimos de aspecto repugnante que rodean a las semillas. Aquella planta no es útil, según dicen, ni para el ganado ni para los hombres, aunque la gente del campo recoge su savia y se la vende como medicina a los peregrinos persas, y los beduinos obtienen de sus finos tallos el carbón vegetal que necesitan para preparar la pólvora. Allí nos encontramos con un grupo de viajeros que ascendían hacia at-Ta'if y habían partido de La Meca esa misma noche. El harén viajaba debajo de un toldo en literas montadas como un *hudah* sobre el lomo del camello: parecían mucho más cómodas que los palanquines de Siria.

Estaba a punto de atravesar un límite tras el que su pretendida ley divina no ofrece refugio para el extranjero y donde a éste se le niega el más elemental derecho de paso, y donde cualquier felón, comparado con un nasraní, es uno de los elegidos de Alá. Había buscado mi pistola por la noche y llevaba conmigo una buena provisión de cartuchos, puesto que no tenía ninguna intención de abrazar una religión absurda. Si mi aventura me obligaba a abrirme camino frente a una bárbara oposición, todavía tendría que recorrer treinta leguas en aquel descarnado *zelul* antes de llegar a la costa, por caminos desconocidos a través de valles habitados por *ashraf* [jerifes] de la estirpe de Mahoma. Seguiría el curso de los *seyls* que, necesariamente, debían desembocar en el mar. Pero no tenía ni agua ni comida, y ya no me quedaban fuerzas. Ibrahim, que cabalgaba a mi lado, miraba con suspicacia bajo mi manto y se maravillaba (como buen árabe despiadado) al verme montar tan tranquilo. Me preguntó qué tal estaba y dijo: «¿Ves aquel recodo en el *Wadi*?, cuando lleguemos allí, estará a la vista el *Ayn ez-Zeyma*». «Me ayudarás entonces?» «Sí, Jalil», y siguió cabalgando; ¡no vi a Abd er-Rahmán!, iba a la vanguardia con sus compañeros.

El *zelul* de uno que cabalgaba delante de mí tropezó con una piedra y se descoyuntó una pata, ¡un accidente sin remedio! Los demás jinetes empezaron a discutir cómo se repartirían la carne; desmontaron, corrieron a cortarle el cuello al animal y empezaron a descuartizar la carcasa mientras estaba todavía viva. Debido al apresuramiento y la escasez cortaron la carne con la piel; y cada cual corrió a enganchar en el pomo de la silla el trozo sanguinolento y goteante que había conseguido, ¡ésa sería su cena al llegar a La Meca!, volvieron a montar de inmediato y siguieron adelante. ¡Desde la caída del *zelul* hasta que terminó aquella carnicería, los camellos de la caravana no tuvieron tiempo de recorrer ni doscientos pasos! Entonces vi los ribazos arcillosos de *Ayn ez-Zeyma* verdes por el zúra y pensé que mi cuerpo podría proporcionar un espectáculo sangriento parecido. Cabalgamos por un canal utilizado para desviar un manantial de un lado al otro del valle. Aparte de los campos de trigo, no hay aquí más que unos pocos huertos; y una docena de troncos marchitos de palmera; el resto estaban secos por falta de agua. Los habitantes de la aldea son Hazeyl. Oculto bajo mi manto, medí una altitud de 2.780 pies…

…En el lado (sur) del valle hay un gran *qel-la* de adobe, hoy en ruinas, que fue un fortín construido por los antiguos wahabíes para proteger esa entrada del *Nechd*; allí encontré la primera hostería de café, *qahwa* (vulg. *Gahwa*) de la región de La Meca. Aquella posada no era más que un cobertizo de toscas paredes de adobe y postes y una techumbre de ramas de palmera. En ella me encontré a Ibrahim y a los jinetes de *zelul* de la cáfila cuando llegué con los camellos de carga. Sleymán el-Kenneyní salió recibirme y llevó a mi montura por la brida hasta la hostería. Los Kusmán gritaron: «¡Jalil!» y desmonté, pero Abd er-Rahmán me recibió con rostro preocupado. Oí una salvaje voz que gritaba desde el interior: "Será musulmán", y vi que era uno del pueblo que había desenvainado su brillante *janyar*. «¡No! —gritaron los Kusmán—, ¡no!, así no.» Entré y me senté al lado de Ibrahim; y Abd er-Rahmán me susurró: «¡Es un regalo del cielo, que nos hayamos encontrado con uno de nuestra casa en Yedda!, pues este joven, Abd-el-Aziz, es sobrino de mi padre. Iba de camino a at-Ta'if con un cargamento de alfombras; pero le he convencido de que regrese contigo a Yedda: tú limítate a darle tres reales como regalo. Jalil, ¡ha sido difícil!, algunos del *qahwa* querían armar jaleo cuando oyeron hablar de la llegada del nasraní; pero por suerte estaba aquí uno de los principales esclavos del Jerife que ha intercedido por ti. Ven conmigo y dale las gracias; nosotros (los de la cáfila) debemos partir inmediatamente». Vi a un negro venerable sentado en el suelo, que se levantó para estrecharme la mano, se llamaba Ma'abub. Ibrahim, Sleymán y el resto de los Kusmán salieron en busca de sus *zeluls*; cuando volví a mirar, se habían ido. El hijo de Bessám se quedó conmigo y me gritó: «¡Monta!, y tú, Abd-el-Aziz, sube detrás de Jalil». «Deja que llene antes el guirbí.» «Hay agua en la parte baja del valle, monta de una vez.» «¡Monta, hombre!», dije yo, y en cuanto subió espoleé al *zelul*, pero al exhausto animal no le quedaban fuerzas ni para emprender un trote corto y ponerme a salvo.

Oí una voz de mal agüero detrás de nosotros: «¡Desmonta, desmonta! Dejadme solo os digo, y acabaré con el *káfir*». Miré a mi alrededor y vi al del cuchillo, que, sin soltar el arma, le había echado mano a la brida. «¡Eh!, ¡Baja aquí, judío!, ¡eh!, ¡Te he dicho que bajes, nasraní! (gritó aquel enemigo) ¡Desmonta de una vez!» Yo quería marcharme y, si mi dromedario no hubiera estado tan débil, le habría dado un empujón y habría dejado atrás el peligro. Empezó a llegar más gente, «*¡Noj, noj!* —gritó Abd er-Rahmán— ¡arrodíllalo y desmonta, Jalil!», cosa que hice sin demostrar ningún temor. El del cuchillo se acercó con los dientes apretados «para matar —siseó— al yahudí-nasraní», pero el sirviente del jerife llegó apresuradamente y le ordenó detener su mano. Entonces le susurré al hijo de Bessám: «Ve a llamar a los de la cáfila con sus fusiles y diles que no dejan pasar al huésped de Aneyza. ¿Acaso pueden éstos detenerme en un camino público, fuera del *hadud*? (los límites de la ciudad sagrada)». Pero él murmuró: «Sólo di, Jalil, que eres musulmán, sólo hace falta una palabra para apaciguarlos, y mañana estarás en Yedda, ¡ya lo verás!, wel-lá, temo que uno de ellos pueda matarte». «Si es la voluntad de Dios, pasaré tanto si quieren como si no.» «¡Ay, Jalil —dijo entonces con la voz humilde de los árabes cuando ven que las cosas se vuelven en su contra—, ¿qué más puedo hacer? Debo seguir a la cáfila; ¡mira!, me han dejado atrás.» Montó sin más, y dejó entre asesinos al amigo de su padre.

Una muchedumbre de indolentes camelleros de La Meca, que (tras viajar toda la noche) estaban allí descansando durante las horas más calurosas, salió del *qahwa*, junto a algunos ociosos del pueblo, para ver lo que ocurría. Se agolparon ante mí formando una hilera, debían de ser unos treinta, vestidos con túnicas de algodón azul. Vi el enorme cuchillo de empuñadura metálica, típico del país, *yambíyya*, relucir en todos los grasientos cinturones de cuero. Aquellos rostros de La Meca eran tan sombríos como la tez de los condenados el Día del Juicio: todos permanecieron en silencio con sus tostadas manos sobre las armas.

El sirviente del Jerife (que era viejo y débil) volvió a entrar para sentarse y protegerse del sol. Y después de tan breve tregua aquel loco canalla volvió a acercárseme con el cuchillo gritando que iba a matar al yahudí-nasraní, mientras yo permanecía en pie y en silencio. El villano era un jerife, pues había oído a Maabub llamarlo así: a los descendientes de Mahoma "no se les puede contrariar", y la opinión pública los valora por encima del resto de la humanidad. Los camelleros de La Meca no trataron de animarle, pero mucho menos de ponerse de mi parte. [El jerife era nómada, sus secuaces eran uno o dos ladronzuelos Hazeylíes de la aldea y su *rafiq* bedawí. Su intención era asesinar al *káfir* —un hecho meritorio desde el punto de vista religioso— para quedarse con el *zelul* y con mis cosas].

Cuando se me acercó con el cuchillo y vio que yo permanecía inmóvil con la mano en el regazo, se detuvo entre sorprendido y desazonado. Normalmente, entre tres árabes siempre surge un mediador; su cólera se apaga pronto y los espectadores indiferentes se inclinan por la lenidad y los buenos consejos. Así que esperé a que alguno saliera en mi defensa, pero nadie lo hizo. Miré al canalla a los ojos, y remiso, como muchos nómadas pobres, no resistió mi mirada; pero alzó su *janyar*, tomó aliento (era débil, como les ocurre a tantos al llegar a la edad mediana tras una vida tan dura) e hizo como si me apuñalara varias veces, acercando y alejando el cuchillo de mi pecho. Después alzó el arma y calculó el golpe: era un hombre bajo y pensé que —aunque apenas me sostenía en pie—, si le miraba a los ojos, podría parar la puñalada con el brazo izquierdo y golpearle con la otra mano; una vez herido, tendría derecho a defenderme con mi pistola y me abriría paso entre ellos. Maabub, que había vuelto a salir, se acercó a toda prisa y apartó al jerife ladrón y le sujetó de la mano: «¿Qué haces, jerife Sálem? ¡Me prometiste no emplear la violencia! ¡Recuerda el bombardeo de Yedda!, eso fue por la sangre de unos compatriotas de este extranjero; ten cuidado con lo que haces. Son los *Engleys*, por cada uno que muere envían grandes barcos de guerra y arrasan una ciudad. ¿Crees que nuestro señor el Jerife va a perdonarte la vida si le ocasionas tales problemas? No hagas nada contra la vida de esta persona, que no ha cometido ningún crimen, ni ha sido encontrado dentro de los límites de La Meca. ¡No, jerife Sálem, en el nombre de nuestro amo Hasseyn! (el Jerife y Emir de La Meca). ¿Que el extranjero es un nasraní?, nunca lo ha negado, ¿acaso no hay *nasara* en Yedda?».

Maabub le obligó a prometer que me dejaría en paz. Pero el voraz nómada no estaba dispuesto a privarse de su presa por unas palabras, y, en cuanto el viejo negro regresó al cobertizo, volvió a acercárseme con el cuchillo y juró por Alá que esta vez asesinaría al nasraní. Maabub al verlo le gritó que fuera razonable y los espectadores hicieron ademán de sujetarlo. Sálem, cuya cólera empezaba a extinguirse, vio que ya no contaba con su apoyo —Dios les da cuernos pequeños a los toros más atravesados— y se dejó convencer. Pero se acercó al *zelul*, que era lo que ambicionaba desde el primer momento, y gritó: «¡Al menos, esto es *náhab*, botín!». Arrancó mi colcha de la silla y empezó a levantar las grandes alforjas. Entonces uno de sus compañeros me arrancó el pañuelo de la cabeza, aunque otros se lo reprocharon. Un Hazeyly de pies ligeros corrió a su casa con la colcha; otros (por la espalda) me tiraron del manto; los camelleros de La Meca permanecieron impertérritos en medio de aquel barullo. Yo lo sufrí todo con paciencia y, puesto que, aquí en el trópico, carecía de necesidades dejé que se llevaran también mi manto. Maabub se acercó cojeando. Cogió él mismo mis alforjas, los alejó y me hizo sentarme a su lado. Sálem, al ver que el botín se le había escapado de entre los dedos, se arrepintió de no haber matado al extranjero y volvió a desenvainar el cuchillo; se dirigió hacia mí con la resolución pintada en su escuálido rostro y empezó a gritar que iba a matar al yahudí-nasraní, pero esta vez los espectadores se lo impidieron. Maabub: «Te repito, Jerife Sálem, que si tienes alguna causa contra este extranjero, tendrás que presentarla ante nuestro señor el jerife; no puedes recurrir a la violencia». «¡Oh!, pero si lo que éste quería era entrar a hurtadillas en el país de nuestro señor.» «No puedes acusarle; en cualquier caso, tendrá que acudir ante nuestro señor Hasseyn. Te lo encomiendo, Sálem, *teslim*, para que lo lleves sano y salvo ante Hasseyn a at-Ta'if.» Todos los demás estuvieron de acuerdo con las razones de Maabub, y Sálem cedió diciendo: «Espero que el Jerife tenga a bien colgar a este nasraní, o cortarle la cabeza y que me entregue su zelul». Pese a la fatiga y el peligro de volver sobre mis pasos, aquella visita a at-Ta'if podría servir para deshacer el entuerto...

Viaje a at-Ta'if. El nasraní es asaltado. Llegada a at-Ta'if. La audiencia ante el jerife, emir de La Meca

...Más tarde vino a verme acompañado de Maabub y Abd-el-Aziz, que habían ido a descansar a otra parte del *qahwa* —sin duda, si hubiesen tenido algo de decencia (Abd-el-Aziz carecía de ella en absoluto) no me habrían dejado a solas con él—. Maabub me informó de que partiría por la noche con la gente de la caravana y volvió a marcharse. Entonces Sálem, con fingido celo, quiso hacer un inventario de mis cosas, ¡y ver así el botín! Llamó a unos cuantos camelleros analfabetos para que hicieran de testigos. Yo saqué todo lo que llevaba en las alforjas y lo extendí ante ellos, pero Sálem gritó con feroz insistencia: «*¡El-flus, el-flus!*, ¡tu dinero, tu dinero!, ¡muéstramelo para que luego no haya dudas, nasraní!». «Está bien, acércame el cofre de las medicinas; ¡ahí hay, envueltos en una tela, unos pocos reales!»

Los camelleros recogieron unas ramas y encendieron fuegos; prepararon una masa con un poco de agua y harina y cocieron *'abud* bajo las brasas. Por fin vi agotarse el día, los hombres se levantaron y cargaron los sacos en sus animales. Los camellos de las caravanas de la ciudad marchan en fila atados unos a otros, como en Siria. Cargaron también mis alforjas sobre el *zelul* de Bessám y Sálem me hizo montar con su compañero, Fheyd, el beduino, o medio beduino, dueño de aquellos camellos. «¡Monta en el *shidad*! ¡Jalil, nasraní!» [¡Pero de ese modo el radif podría apuñalarme por la espalda por la noche!] Yo dije que prefería montar a la grupa, pues estaba demasiado débil para mantenerme en la silla. Prevalecieron mis palabras, pues todos los árabes se compadecen de la debilidad de la vida humana, incluso la de sus enemigos. Sin embargo, Sálem era un bravucón muy peligroso, pues cada vez que alguien infamaba al nasraní en su presencia, me miraba con los ojos entornados y volvía a acariciar su cuchillo.

Por fin nos pusimos en camino; todos estaban convencidos de que el nasraní sería ahorcado tras el justo veredicto del Jerife en at-Ta'if. ¡Fheyd iba en la silla y el villano, debido a su superstición, temía al nasraní! Aunque malvado y codicioso, todavía quedaba una chispa de bondad en él, pues comprendió que estaba sediento y desmontó para traerme algo de agua de sus camellos. Yo había oído decir que era nómada, y desde luego se comportaba como tal, pero hablaba el árabe bastardo de las grandes ciudades gubernamentales, Damasco, Bagdad y La Meca. Su impaciencia no atendía a razones al verme tan cansado que no lograba azuzar lo suficiente al agotado camello, ¡pensaba que el nasraní trataba de quedarse rezagado para escapar!

Un poco por delante de nosotros, iban en literas de camello unos viajeros de La Meca camino de at-Ta'if. Era la familia de un hombre atezado, como la gente de la India, que no había alcanzado aún la edad madura y era ya un próspero comerciante en La Meca. Viajaba a pie junto a su harén, vestido sólo con una túnica blanca y un turbante, para estirar sus morenas y bien formadas piernas y respirar el aire de la montaña. [El calor en La Meca era tal que un joven cirujano turco del ejército me contó que había medido esos días hasta 46° C]. Nuestra caravana de nueve camellos pasó lentamente a su lado, y cuando el amable comerciante de La Meca supo que el extranjero era un nasraní, gritó: «¡Ah!, ¡un nasraní por aquí!» y añadió con la hórrida vulgaridad de su (celosa) religión: «¡Alá maldiga a su padre!», ¡y me miró con un rostro digno del Corán!

Los hombres de la caravana cabalgaban en sus bestias de carga mientras cenaban el exiguo pan que habían preparado. Sálem, que iba recostado en el camello al estilo nómada, me ofreció un trozo al pasar a mi lado; y al empezar a comerlo, le recordé: «Desde este momento median entre nosotros el pan y la sal, así que no seas falso conmigo, Sálem». «No, wel-lá, no soy *jayin*, no Jalil.» Aquel canalla enfermizo sufría de antiguos dolores viscerales, lo que tal vez explicara su humor irritable. Al cabo de un rato, me reprochó que me quedara dormido y me obligó a sentarme derecho: «¡Despierta, Jalil, y mira! ¡No cierres los ojos en toda la noche! ¡Te digo que no puedes dormir toda la noche; éste es un sitio peligroso y lleno de ladrones!, los Hazeyl roban a los que se quedan dormidos, ¡despierta! No debes quedarte dormido». Los camellos cabalgaban más despacio, pues los guías dormitan sobre sus cargas. Así pasamos aquella fatigosa noche. A medianoche, Fheyd fue a tumbarse sobre uno de sus nueve camellos y le sustituyó uno de los jóvenes guías. De ese modo, los pobres desdichados duermen dos de cada tres noches y se pasan bostezando las horas de luz —demasiado calurosas para las bestias sobrecargadas— en el puesto de Ayn o en el Seyl.

Los camellos marchan a paso de hormiga. «¡Jalil —dijo el muchacho que cabalgaba ahora en mi silla—, cuídate de los ladrones!» Al acercarse la mañana, ambos cabeceamos y dormitamos y el *zelul* se apartó del camino y nos llevo bajo una espinosa acacia, ¡qué afortunado fui de no herirme en un ojo en uno de esos frecuentes incidentes de los viajes nocturnos por Arabia! ¡Se me desgarró la túnica! Me desperté, miré a mi alrededor y vi a uno que iba a pie detrás de nosotros. «¿Qué es eso?», preguntó el extraño y me arrancó el cinturón de estambre que llevaba para montar. Desperté a mi compañero, arreé al *zelul* y le pregunté al muchacho si aquel hombre era uno de los camelleros. «¿No lo habías visto antes?, entonces era un ladrón que quería robarte el dinero.» El *zelul* trotó unos pasos y se detuvo. El hombre volvió a acercarse: su intención podía ser derribarme al suelo, pero era imposible saber si se trataba de un Hazeyly o no. Si le golpeaba, y el tipo resultaba ser un camellero, ¿no dirían que el nasraní había golpeado a un musulmán? El hombre seguía avanzando y el muchacho de la silla estaba profundamente dormido. No se me ocurrió mejor solución que enseñarle mi pistola, aunque me pareció un mal augurio, y entonces prosiguió su camino. Había oído decir que descansaríamos cuando saliera la estrella de la mañana, el planeta llevaba una hora en el cielo y empezaba a amanecer cuando llegamos al Seyl, donde desmonté con Sálem debajo de las ramas de una acacia grande y vieja.

En aquel puesto, donde no hay ningún *qahwa*, abundan los árboles y hay muchas rocas que dan sombra, nos tumbamos a descansar y al poco rato salió el sol. El sol se alza caluroso en aquellas latitudes y el durmiente debe cambiar de lugar a medida que se desplazan las sombras. «Jalil (preguntó mi torturador), ¿a qué viene tanto dormir?, ¿qué es eso que llevas en el pecho?, enséñamelo.» «Te he mostrado todo lo que llevo en las alforjas; registrar a un hombre es una infamia.» «¡Ajá! —dijo una voz áspera detrás de mí—, lleva una pistola y la otra noche quiso dispararme.» Fue una gran desgracia que aquel canalla resultara ser uno de los camelleros. Todos los que me rodeaban eran gente endurecida por las penalidades de la vida en el camino, y no fui capaz de despertar ningún sentimiento honrado en ellos. Sálem: «¡Muéstrame, sin más dilación todo lo que lleves ahí (en tu regazo)!». Nos rodeaban más de una docena de camelleros.

¡El jerife rabioso volvía a empuñar el cuchillo con la misma amargura que antes! «¡Muéstrame todo lo que llevas, sin dejar nada, o te mato aquí mismo!» ¿Dónde estaba Maabub?, no había vuelto a verlo desde la noche anterior, pues tendía al descuido y la ineptitud de los amigos árabes. «¡Recuerda el pan y la sal que hemos comido juntos, Sálem!» «Muéstramelo todo o por Alá que te mato ahora mismo con este cuchillo.» Se acercaron unas cuantas personas más y algunos gritaron: «¡Cortemos en pedazos a ese maldito!, ¿qué nos lo impide?, ¡amigos, cortémoslo en pedazos!» «Apartaos y tened paciencia». Sálem alzó su cuchillo y gritó: «¡O me enseñas todo lo que llevas ahí o te mato!». Yo me levanté, me aparté un poco y dije: «¡Que nadie piense que se va a quedar con mi pistola!», y la saqué del regazo.

¿Qué debía hacer ahora? El mundo se me vino encima, pensé, ¿debería disparar a matar si me atacaban? Tal vez pudiera volver a cargar el arma en medio de la confusión y mi *zelul* estaba allí cerca. Y, suponiendo que lograra abrirme paso entre una veintena de personas, ¿luego qué? ¡Volver a pasar el Ri'a y buscar Sh'aara, donde los 'Ateybán iban a buscar agua a menudo, o aventurarme por mi cuenta en el desierto! Incluso si no encontraba a nadie en dos o tres días, más valía acabar así que dejar que me despedazaran. Estaba de pie entre mi desfallecido *zelul*, que no habría podido poner a salvo a su jinete, y la sórdida tropa de camelleros desarmados que iban avanzando en círculo hacia mí. Fheyd se acercó y yo retrocedí, ¡abrió los brazos para abrazarme!, sólo disponía de un momento: debía matarle o entregarle el arma, mi única defensa, y dejar mi vida en manos de aquellos canallas. Le dije que avanzara sin miedo. No tuve tiempo de desenredarme la pistola, que seguía colgada de mi cuello por un grueso cordón, así que le puse la culata en la mano. Fheyd agarró el arma —ahora tenían garantizadas sus vidas y el botín— y rompió la cuerda de un tirón. Entonces llegó su compañero Sálem y me despojaron de todo lo que tenía: primero fue a parar a sus sucias manos mi aneroide; luego aquel monedero que el siniestro Sirwán había llevado en su regazo de turco en Jaybar. Sálem vio que no había dinero dentro y se lo entregó a su socio Fheyd, quien se quedó también con mi termómetro de bolsillo, aunque cuando vio que no era más que un juguete de madera y cristal, me lo devolvió alegando con abyecta solemnidad que aparte de eso no tenía nada que me perteneciera. Después, los ladrones se sentaron a repartirse el botín. Los espectadores seguían mirándome con rostro cruel, me amenazaban e infamaban y parecían estar esperando a que Sálem empezara a "despedazar al nasraní".

Sálem y su socio Fheyd eran los árabes más peligrosos con los que me había encontrado, pues en ellos la natural humanidad de los árabes se hallaba corrompida por el fuerte contagio de las ciudades gubernamentales. Vi con qué impudicia el jerife ladrón se quedaba con casi todo el producto del robo. Sálem hacía girar la pistola: ya había visto antes armas como ésa en manos de los turcos de La Meca. ¡Pero cuando vio las balas en las cámaras aquel réprobo se asustó y dio gracias a su Dios por haberle librado de aquellas seis muertes! Contemplaba el peligroso instrumento y se me quedaba mirando, como si se preguntara si probar su puntería con el nasraní. «¡Ah!, ¡ah! —gritaron algunas voces hostiles—, ¡mirad cómo llevaba una pistola para matar a los musulmanes! Vamos, ¡hagámoslo picadillo! ¡Qué retorcidos son esos malvados nasraníes! ¡Eh, tú!, ¿cuántos musulmanes has matado con esa pistola?» «Amigos, jamás la he disparado en el país de los árabes. Sálem, ¡recuerda *Ayn ez-Zeyma*!, viniste con un cuchillo para matarme, ¿acaso la utilicé contra ti? ¡De modo que da gracias a Alá!, y recuerda el pan y la sal, Sálem.»

Le pidió a su sirviente Fheyd que disparase la pistola; y yo temí que me utilizara como blanco. Fheyd disparó los primeros tiros al aire, las cámaras llevaban cargadas casi dos años, pero se fueron vaciando una tras otra con un tremendo estruendo en aquel roquedal solitario. Sálem dijo poniéndose en pie: «¡Guarda una bala!». Aquel último disparo lo reservaba para mí, y me pareció lamentable morir allí, indefenso, entre sus bárbaras manos. «Fheyd —repitió—¿todo va bien?, ¿has guardado una bala?»

Sálem me miró enfurecido, tal vez indignado por que no dijera dajilak; la tranquilidad del *káfir* le incomodaba. Cuando se cansó fue a sentarse y me llamó: «Siéntate —dijo— a mi lado». «Ya has oído las palabras de esta gente; recuerda, Sálem que respondes de mí ante el Jerife.» «¡El Jerife mandará que te cuelguen, nasraní! ¡Alá maldiga a los *yahud* y a los *nasara*!» Algunos de los camelleros dijeron: «Estabas a salvo en tu país y podrías haber seguido allí, pero, puesto que has venido al país de los musulmanes, Dios te ha puesto en nuestras manos para morir y arder en el infierno con tu padre Sheytán, ¡así perezcan todos los *nasara*!». «Pensad, amigos —les dije—, que vuestro mayor defecto es la ignorancia, pensáis que me van a colgar mañana, pero ¿qué ocurrirá si el Jerife me demuestra más aprecio que todos los que hoy me infamáis?, si me tratáis con crueldad os pedirán cuentas por ello. ¡Más vale que creáis mis palabras! Hasseyn me recibirá como a un ulema; pero con vosotros, sus súbditos, no tendrá piedad.» «¡Te colgarán, maldito!», gritaron de nuevo, y después volvieron a sus lugares de descanso.

Algo más tarde, nos alcanzaron los ciudadanos de La Meca, que desmontaron a poca distancia junto a unos árboles. De aquel educado personaje, la crema de los mercaderes de la ciudad sagrada, no pude obtener ni una palabra amable, pese a que apelé a sus mejores sentimientos para que hablara con Sálem. Contempló la escena un buen rato, y me dejó para volver con su harén. Le vi partir mientras el jerife ladrón me acusaba de haberle "ocultado" mis cosas y la pistola. Entonces sufrí una conmoción y me noté totalmente aturdido; me senté mareado y sentí que todo mi cuerpo temblaba y desfallecía, pensé que debían de haberme herido con un cuchillo o un disparo, pues no podía oír nada y apenas veía. Pero, cuando volví en mí y recuperé la vista vi que no había nada de sangre en el suelo, noté un entumecimiento y cierta rigidez en la nuca. Después supe que Fheyd me había golpeado cruelmente allí con su fusta dos veces con todas sus fuerzas.

Miré hacia arriba y los encontré sentados a mi alrededor. Dije casi sin fuerzas: «¿Por qué has hecho esto?». Fheyd: «Porque nos ocultaste la pistola». «¿La pistola es tuya o mía? ¡Podría haberte matado, pero recordé la piedad de Alá!» Uno de los camelleros estaba sentado comiendo a nuestro lado, era uno que no dejaba de hostigarme, el mismo que me había atacado por la noche y me había traído tantas desgracias. De pronto le arrebaté el pan que tenía en la mano, me lo metí en la boca y le dije: «¡Ya está bien, hombre!, el pan y la sal median entre nosotros». El tipo lo reconoció y no volvió a decir palabra. Salvo Sálem, nunca encontré a nadie que rompiera la tregua del pan y la sal.

Entonces llegó, a lomos de un asno, uno que resultó ser Abd-el-Aziz. Él y Maabub habían oído los disparos mientras descansaban algo apartados de allí. Ambos viajaban juntos a at-Ta'if y habían llegado aquí de noche, sin que yo me diera cuenta. Maabub enviaba ahora a aquel joven (que no hacía honor al nombre de Bessám), para averiguar qué significaban los disparos, qué se había hecho del nasraní y si todavía seguía vivo. Abd-el-Aziz, al ver la pistola en manos de Sálem y a su prisionero con vida, le preguntó por qué le había quitado al hombre su pistola. Yo le dije: «Ya ves cómo me amenazan estos ignorantes; en nombre de tu tío Abdulá te pido que les hables». Pero él me echó una mirada fanática y dijo: «¿Acaso soy un Frenyí?», volvió a montar y desapareció de la vista.

Tras aquellos sucesos; Sálem, que tenía ya el botín en sus manos y temía perderlo en at-Ta'if, pensó en enviarme a Yedda en el *zelul* de Bessám. «¡Eh!, Jalil, ahora somos hermanos, ¿somos o no buenos amigos?, ya no hay amargura entre nosotros. ¿Qué dices? ¿Quieres que te enviemos a Yedda y que cabalgue contigo en el zelul?» «Voy a ver al Jerife en at-Ta'if y tú me acusarás ante él; en Yedda acabarías en la cárcel.» Algunos espectadores gritaron: «Déjalo ir a at-Ta'if».

Llegó un mensajero enviado por Maabub para pedirles a Sálem, Jalil y Fheyd que fueran a verle. De camino, volví la vista atrás y vi a Fheyd hurgando en mis alforjas antes de seguirnos. El joven Bessám estaba sentado a la sombra de unas rocas con Maabub. «¿Y vosotros os llamáis hombres? ¿Osáis llamaros hombres después de tratar así al extranjero?» Le expliqué cómo me habían robado y el daño que había sufrido; todavía estaba aturdido (y aún lo estuve bastante tiempo) por los golpes en el cuello. Maabub: «Jerife Sálem, vas a llevar a este extranjero a at-Ta'if a presencia de nuestro señor Hasseyn y no le harás ningún daño por el camino. ¿Cómo has podido robar y herir a uno cuya vida te había sido confiada, como si fueras el peor de los ladrones beduinos? Dudo que ningún bedawí llegara a hacer algo semejante». Sálem: «¿Acaso no se trata de un nasraní?, podría habernos matado por el camino; lo único que hicimos fue quitarle la pistola porque nos daba miedo». Maabub: «¿Le habéis quitado el dinero y sus cosas porque os daba miedo? ¡Te conozco Sálem!, tendrás que responder ante nuestro señor el Jerife». De ese modo nos despidió y regresamos al campamento.

Entonces se me ocurrió regresar con Maabub: la arena ardía como las brasas bajo mis pies desnudos, por lo que a los pocos pasos tuve que arrodillarme para descansar un momento. Maabub era el portador del baldaquín del Jerife y un viejo y leal servidor de su hermano, el Jerife fallecido. ¿Por qué —le pregunté— me había abandonado? ¿Cómo se le había ocurrido encomendarme al homicida Sálem, a quien él mismo llamaba "Jerife rabioso"? ¿Contaba todavía con verme llegar vivo a at-Ta'if? «Ahora estoy indefenso y podría apuñalarme en la próxima revuelta del camino, ¡cabalga tú conmigo en el zelul!» «Jalil, debido a una enfermedad [sarcocele] no puedo montar en silla.» Cuando le dije que podía aliviar sus dolores, el venerable negro me contestó: «Eso no es posible ahora, pues debo cumplir con mi deber ante el Jerife; pero si tienes un remedio para mi enfermedad, te ruego que me recuerdes en at-Ta'if». El joven Bessám tenía crisis diarias de fiebre. Le acometían siempre a mediodía y, entonces, el mismo que no había querido decir una sola palabra para proteger la vida del Frenyí, pedía con voz gimoteante (así de cobardes y carentes de hombría son todos) que le socorriera. Yo le contesté: «¡En at-Ta'if!». Si me hubiera ayudado él primero, en nombre de su tío, no me lo habría pensado tanto a la hora de prepararle algún remedio. Le prometí que si cabalgaba conmigo esa noche, le daría una medicina al día siguiente para cortarle la fiebre, pero los árabes no se fían de las promesas a largo plazo.

Así fue pasando el día hasta que, a media tarde, oí que íbamos a ponernos nuevamente en camino; entonces el estúpido y joven Bessám me dijo que me pusiera en pie y le ayudara a cargar las alfombras en su camello. No me negué, pero casi no me quedaban fuerzas, y Maabub le reprochó su falta de consideración al joven y me invitó a sentarme a la sombra. Maabub cabalgaba sentado sobre el cargamento de alfombras, y cuando el camello se puso en pie, el viejo y pesado negro estuvo a punto de caerse. Una vez más le pedí que no me abandonara y que recordara cuántas horas debíamos recorrer todavía en la oscuridad.

Regresé a toda prisa a nuestro aduar. Los de la caravana habían partido ya y el jerife ladrón se había quedado esperando con el *zelul* mientras refunfuñaba por mi tardanza: montó en la silla y yo volví a montar a la grupa. Sálem tenía un nuevo compañero: un tal Ibrahim de Medina, que acababa de desembarcar en Yedda y que pronto volvería a casa para hacer el "pequeño peregrinaje". Ibrahim, al oír de qué país era yo, nos contó que en el barco había conocido a un *Engleys* que era, wel-lá, un perfecto musulmán. El día anterior había entrado en La Meca y llevado a cabo su devoción y ahora estaba en La Meca para visitar los lugares sagrados». Ibrahim era uno de los que más me habían vilipendiado mientras estábamos a la sombra del árbol, adonde había llegado después de nosotros, gritando: «¡Perro! ¡Eres un perro! ¡Perro!». Pero mientras cabalgábamos empezó a sonreírle al nasraní entre hostil y amistoso; por fin me dijo: «¿Estuviste en Hayil y no me recuerdas? Hablé contigo allí; eres Jalil». ¡Qué extraños son estos reencuentros en la vacía inmensidad de Arabia! Aunque mucha gente viaja a Hayil y yo había pasado allí un mes largo. Los ligeros árabes recorren a paso lento sobre sus *zeluls* cientos de leguas sin gran motivo, y lo único que les preocupa es separarse de su familia y sus hijos. «En tal caso me conoces desde hace mucho tiempo; diles a estos extranjeros si hay algo que pueda reprochárseme.» «Pues no, salvo tu religión equivocada.»

Ibrahim cabalgaba en un dromedario y su compañero era un camellero amargado, que puntuaba sus palabras amenazándome con la fusta y de vez en cuando echaba a correr como si fuera a saltar sobre el *káfir*. Era peligroso que Sálem viera a otro molestandome, pues podría pensar que no estaba solo y volver a sacar el cuchillo, así que le dije a Ibrahim (y me pasé la mano por la barba): «¡Por tu barba y por nuestra vieja amistad de Hayil!». Ibrahim agradeció aquel reconocimiento y comenzó a mostrarle un rostro más amable al nasraní. «Ibrahim, ¿has oído decir que los *Engleys* sean mala gente?» «No, *kul-lesh tayyib*, buenos como pocos.» «¿Y son amigos o enemigos del Sultán?» «Sus amigos, los *Engleys* le ayudan en la guerra.» Sálem: «Está bien, Jalil, déjalo ya; pero dime, ¿en qué consiste la religión de los *nasara*? Estaba convencido de que sería algo horrible». «En temer a Dios y amar a tu vecino, tal como nos dejo dicho Aysa bin Maryam que se lo había revelado el espíritu de Alá.» «¿Y quién es Aysa? ¿Tú has oído ese nombre, Ibrahim?» «¡Ah! ¡Alá maldiga a Aysa y al padre de Aysa! —gritó el radif de Ibrahim—, ¿qué nos importa a nosotros tu religión, nasraní?» Ibrahim le contestó con gravedad: «¡Pues con esas palabras tú mismo te conviertes en *káfir*, por blasfemar contra un profeta de los profetas de Alá!». El camellero contestó espantado: «¡Que el Señor me proteja! No sabía que Aysa fuera un profeta del Señor!». «¿Qué opinas tú, Sálem?» «Wel-lá, Jalil, no sabría decirte, pero, ¿cómo es que hablas del "espíritu de Alá"? ¿Así habla un *káfir*?» «Puedes leerlo en el Corán, ¿no es cierto, Ibrahim?» «Sí, sin duda, Jalil.»

Había muchos viajeros en el camino, algunos de los cuales me cubrían de imprecaciones al pasar a nuestro lado, y Sálem les prestaba oídos a todos y su opinión cambiaba a cada minuto. «¡No les escuches, Sálem, son ellos quienes son *nasara*!» Él contestó como un nómada: «Sí, *bil-lá*, son bedu y *káfirs*; ¡pero es que la gente aquí es muy ignorante!». El radif de Ibrahim no podía olvidar del todo su malevolencia y a Sálem volvió a calentársele la cabeza cuando dije: «Pero ya te enterarás mejor de todo esto mañana», y gritó: «Mientes como un nasraní embustero, mañana el Jerife ordenará que te corten la cabeza o que te ahorquen; y espero, Ibrahim, que nuestro señor me recompense con el zelul».

Llegamos al lecho de un *seyl* de cascajo granítico en el que crecían muchas agradables hierbas aromáticas y donde podían excavarse agujeros con las manos para extraer agua. Aquí desmontan los que viajan a at-Ta'if, para beber y lavarse antes de los rezos. [Se dice de aquel sitio que es *Okatz*, el lugar de reunión y parlamento de las tribus de Arabia antes del Islam, la altitud oscila entre 5.000 y 6.000 pies]. Al detenernos, nos dieron alcance Maabub y Abd-el-Aziz, y fui a preguntarle al joven Bessám si cabalgaría conmigo esa noche si le recompensaba. Se excusó a causa de la fiebre, aunque eso no le impedía montar en asno. Sálem era demasiado obtuso para saber de qué habíamos hablado y volvimos a montar.

Entonces ascendimos por un desfiladero entre las rocas y llegamos a un camino pavimentado que recorre varias millas y tiene escalones y pasos abiertos con dinamita; lo construyeron los ingenieros turcos financiados por el Gobierno. Después viajamos por una agradable estepa que se extiende hasta at-Ta'if.

Habíamos adelantado a la lenta caravana y estábamos solos en el desierto. Ibrahim nos acompañaba, pero yo no acababa de fiarme de él. Dijeron que querían adelantarse y golpearon cruelmente a mi anquilosado dromedario para obligarlo a galopar, llenándome de angustia. Sálem les había respondido a unos que le preguntaron el motivo de nuestra prisa que quería "deshacerse del nasraní" y murmuró palabras salvajes, así que empecé a pensar si no se habrían confabulado para asesinar al nasraní cuando estuvieran fuera de la vista. Los ladrones no me habían dejado encima ni un cortaplumas, así que en el Seyl envolví una piedra en mi pañuelo para utilizarla como arma.

Por fin, se puso el sol tras un breve crepúsculo, e Ibrahim le preguntó a Sálem por qué cabalgaba así, sin descanso. Sálem: «Adelantémonos y durmamos una hora a mitad de camino, hasta que nos alcancen los camellos. ¡Jalil despierta y no te duermas (pues yo iba cabeceando a su espalda); ¡eh! ¡Mantén los ojos abiertos!, este camino es peligroso para ti». Pero yo seguí dormitando y estuve varias veces a punto de caerme. En una de ésas vi que me estaba mirando y me dijo con algo más de amabilidad: «¿Dormías, Jalil, nasraní? ¡Pero bueno! ¿No te he dicho que no? ¿Es que no tienes miedo?». «¿No está Alá en todas partes?» «Sí, wel-lá, Jalil.» Esas palabras piadosas son como miel para los oídos de los árabes y sus rudos corazones se dejan conmover por la religión. «¿No tienes miedo de morir?» «No he hecho nada en vida, musulmán, que me haga temer a la muerte.» El tipo se me quedó mirando y pude contemplar de nuevo su rostro semihumano: sus mejillas estaban marcadas con tres cortes en cada lado. Es una costumbre de aquellas regiones, como en el África negra, donde las tribus se diferencian gracias a esas marcas.

Qué agradable es el aire nocturno en el elevado desierto. Pasamos junto a un abrevadero entre los árboles y quisimos detenernos, pero

Ibrahim no respondió a nuestra llamada: nos había adelantado en la oscuridad. Sálem, pese a las buenas palabras que se dedicaban últimamente, lo llamó "insolente" y lo maldijo. «¿Y quién ese hombre, Sálem? Estaba convencido de que era amigo tuyo.» «¿Y por qué iba a ser amigo mío? ¡Sheytán! Tan sólo sé que es de Medina.» Al cabo de un rato, le dimos alcance en la oscuridad e Ibrahim dijo que se habían adelantado tanto para rezar y que aquél era un buen lugar para desmontar y cenar. Ellos tenían algo de pan y yo unos dátiles, así que nos sentamos a cenar juntos. Sólo el radif se quedó apartado, por miedo a que fuera inapropiado comer con un *káfir*; pero cuando le insistieron cedió incluso la malicia de aquel hombre. Le pregunté a Ibrahim si conocía a la familia Neyumí en Medina. «Sí —dijo—, los conozco. No son más que herreros.»

Montamos para seguir nuestro viaje a través de la llanura desierta y vimos el centelleo de muchos fuegos de campamento de los nómadas. Sálem quería acudir a su encuentro para beber un poco de leche. Habría sido peligroso para el *káfir* y me alegré de que pasáramos de largo, aunque me apetecía conocer a los árabes de la región. Por fin llegamos al manoj, o lugar de descanso para los viajeros a mitad de camino; en la oscuridad de la noche no pude ver más que un alto edificio de adobe y un grupo de árboles. No lejos de allí hay otras granjas y poblados de at-Ta'if. Oímos el rebuzno de los asnos y el ladrido de los perros de los aduars nómadas que había a nuestro alrededor. Desmontamos y nos tumbamos en la arena sobre nuestros mantos para dormir un par de horas, y entonces la caravana de camellos volvió a alcanzarnos avanzando lentamente por el camino, los camelleros iban dormidos sobre las cargas. Volvimos a montar y nos adelantamos de nuevo en la oscuridad y, poco después, dejamos el camino. Ibrahim dijo entonces que cabalgarían hasta at-Ta'if sin pararse a dormir y ya no volvimos a verle.

Al alborear la mañana vi que habíamos llegado junto a la pared de un huerto y, a medida que fue habiendo más luz, distinguí viñas e higueras en los cercados, pero sólo unos pocos tallos macilentos de palmera [que no prospera en at-Ta'if, donde tanto el suelo como el agua son demasiado dulces]. Entonces llegamos a una carretera, ¡una carretera en Arabia! No había visto una carretera y setos verdes desde que estuve en Damasco. Pasamos junto a una o dos casas construidas junto al margen del camino y diferentes de los *beyut* de adobe de Arabia, pintadas y esmaltadas como las casas de Turquía. Estábamos cerca de at-Ta'if y pasamos ante la casa de recreo del antiguo Jerife, donde había tenido en vida un florido lugar de descanso. [Los Jerifes suelen ser gente educada en Estambul]. El jardín ya se había marchitado.

Sálem llevó al *zelul* a un campo que había a nuestra derecha y desmontamos para esperar la llegada del día. Me permitió ir a echar un vistazo y oí sonar una trompeta. En at-Ta'if hay una guarnición. Cuando Sálem regresó me encontró durmiendo y me preguntó si no tenía miedo. Volvimos a montar y nos costó mucho esfuerzo que el dromedario atravesara un torrente de agua tibia que iba algo crecido. Así, llegamos a un poblado de *ashraf*, que hay poco antes de at-Ta'if y tiramos de la brida poco antes de salir el sol, en el *beyt* de un primo de Sálem.

Llamó a los de dentro por su nombre, pero nadie contestó. El hombre estaba de viaje y las mujeres no quisieron salir a recibirnos, aunque, al oír la voz de Sálem, enviaron a un muchacho que llevó nuestras cosas a la casa y le seguimos. Aquel humilde hogar en la región de La Meca tenía un pequeño corral rodeado de altos muros de adobe, con una habitación o dos construidas al pie de los muros. Allí encontramos a dos mujeres (jerifes) que bordaban las mismas esteras de colores que había visto en Teyma. Se trataba de una familia nómada, pues el harén me contó que vivían en tiendas algunos meses al año y bebían la leche del ganado menor y las camellas. También era típicamente nómada la desnudez del *beyt* y su miseria, pues el hombre de la casa no les había dejado más que un poco de harina, con la que cocieron un pastel de apenas cuatro onzas para el desayuno de los invitados. Sus voces sonaban huecas por el hambre y quebradas por los suspiros, pero las pobres mujeres nos hablaron todo el rato con femenina dulzura y me sorprendieron sus modales refinados que no había encontrado hasta entonces en Arabia. Son los hijos pobres de Mahoma. El Sultán del Islam puede besar la mano del más humilde de los jerifes con la misma reverencia con la que besa la mano del más anciano de los Jerifes de La Meca (que son sus protegidos, y en cierto modo sus prisioneros) en Estambul.

Habíamos acordado que no haríamos mención a mi religión extranjera. Sálem me hablaba como a un extranjero a quien hubiera conocido por el camino. Para mí era una novedad que me atendieran, en estos celosos países, dos mujeres solas. La pareja de pensativas mujeres (una joven y otra vieja) eran las esposas de uno que podría pasar por indigente. No había café en aquel humilde lugar, aunque, a petición de Sálem, enviaron a pedirle un poco a los vecinos. El muchacho regresó con seis o siete granos y con eso nos prepararon en un recipiente de barro (tal como hacen allí el café) una tenue infusión que nos resultó imbebible. Cuando el sol estaba ya alto, Sálem dijo que se iba a la audiencia del Jerife, y me dejó. Yo le pregunté a mi anfitriona por el jerife. Contestó: «Hasseyn es un buen hombre, que ha vivido en Estambul desde su juventud, y el mejor de todos los jóvenes eruditos de por aquí, pero no tanto como Abdulá (su hermano), nuestro último Jerife, que murió este mismo año, ¡el Señor lo tenga en Su gloria! Y no es blanco como Abdulá, pues su madre era una esclava *(Galla)*». El color de su piel parecía molestarlas, pues ambas repitieron: «¡Su madre era una esclava!, pero Hasseyn es un hombre justo y bueno; tiene buen corazón».

Pasé largas horas en compañía de aquellas suspirantes (por muertas de hambre) mujeres; que como no tenían otras labores domésticas se ocuparon, mientras yo dormía, en su labor con el estambre. Era casi mediodía cuando entró Sálem. «¡Buenas noticias!, tío Jalil —dijo—, nuestro señor el Jerife ha mandado alojarte en casa de un turco. ¡Arriba! Partamos, ya queda poco.» Cargó él mismo con las alforjas, las ató sobre el desfallecido *zelul* y partimos. Desde el siguiente alcor vimos at-Ta'if. Su aspecto es algo siniestro, pues todos los edificios están construidos con una piedra de color pizarroso. A la entrada de la ciudad está el blanco palacio, de dos pisos de altura, del Jerife, enfrente de otro edificio más nuevo y más airoso, con celosías en los balcones y muchas chimeneas en los tejados, que es el palacio de Abdalá Pachá, el hermano de Hasseyn. En medio de la ciudad hay un edificio grande y alto que parece una prisión: se trata del cuartel de los soldados.

La ciudad estaba ahora ante mis ojos y, después de dos años vagando por el desierto me pareció una visión maravillosa. A un lado del camino vi a unos hombres rompiendo la roca (granítica) para hacer bloques para la construcción. at-Ta'if está a cien leguas de el-Qásem, en el borde mismo de la estepa plutónica por la que tanto había viajado últimamente. Vi también un paisaje negruzco y peñascoso de montañas bajas más allá de la ciudad. Volvimos a la carretera desde el Seyl y atravesamos el torrente de agua tibia, que fluye desde las lejanas montañas monzónicas y es uno de los muchos manantiales que riegan este antiguo oasis. Los aguadores —esa acostumbrada imagen de las ciudades orientales— subían desde el torrente, vacilantes bajo la enorme carga de los odres repletos, los más robustos son capaces de soportar la carga de un camello. Allí nos salió al encuentro un soldado turco con una ruda sonrisa y nos explicó que venía a llevarme a la casa en la que me alojaría. El hombre, un sirio de la región (turca) de los alrededores de Antioquia, era el ordenanza de un oficial del Jerife que, a petición de éste, iba a recibirme en su casa.

La puerta por la que entramos se llama *Bab es-Seyl*; al otro lado está la plaza ante el modesto palacio del Jerife. Las calles están trazadas con cierta tosquedad y, aunque las mejores casas están enjalbegadas con yeso, el aspecto de la ciudad, que sólo está habitada del todo durante los meses de verano, es ruinoso. Las calzadas están sin pavimentar y por ellas pululan los perros callejeros de los países turcos. Un sirviente del Jerife me estaba esperando en la calle, me hizo pasar por una portezuela y me invitó a desmontar y allí —el cielo sea alabado— despidió a Sálem. «Ahora mismo te traigo —dijo el sonriente criado— un tenedor y un cuchillo; además, el Jerife me pide que te pregunte si te apetece beber un poco de té con azúcar.» ¡Tales eran los amables ofrecimientos del humano y compasivo Príncipe de La Meca!

Entonces condujeron a los establos al desmayado *zelul*, que había cargado conmigo durante más de cuatrocientas cincuenta millas sin descanso, y llevaron mis alforjas al piso de arriba. Mi anfitrión, el coronel Mohammed, me esperaba en el rellano y me invitó a pasar a su despacho. Mi túnica estaba desgarrada por la espalda, mi manto era viejo y estaba hecho jirones; el pelo me había crecido hasta los hombros bajo el pañuelo y mi barba estaba larga y descuidada; tenía los ojos inyectados en sangre, estaba medio ciego y tenía la piel del rostro cubierta de grietas y ampollas. Enviaron a buscar a un barbero y prepararon el baño; y, después de una taza de té, el buen coronel se esforzó en devolverme el aspecto de la gente civilizada. Mientras el barbero trabajaba, el leal oficial turco me untó la cara con ungüentos refrescantes y sus manos me parecieron tan suaves como las de una mujer, ¡pero nadie me trajo el desayuno en aquel refugio! Después me vistió con ropas militares de algodón blanco y me colocó un fez en la cabeza.

Hacia la tarde, después de una comida turca con mi anfitrión, vino un kawás del Jerife a traerme ropa limpia. Y, después de vestirme como un jeque árabe, el coronel Mohammed me llevó por la calle en penumbra a la audiencia del Jerife. A esas horas todas las callejas estaban vacías.

En las escaleras del palacio había unos guardias *Bisha*, que al ver pasar al oficial del Jerife nos hicieron una reverencia. Mi anfitrión me dejó en una salita de espera mientras se adelantaba a ver al Jerife. Pero pronto regresó y me hizo entrar en el salón de audiencias, donde el Jerife Emir de La Meca recibe a diario a ciertas horas —durante su estancia veraniega en at-Ta'if—, como si fuera un gran jeque árabe entre los *musheyij*. Aquí los ancianos y los ciudadanos principales, y los extranjeros, y sus parientes se reúnen diariamente con el Jerife, pues éste es el *mechlis*, y parlamento de un Príncipe árabe de trato accesible y modales populares, como lo fue el propio Mahoma.

El gran salón estaba vacío de invitados: tan sólo el Jerife estaba sentado allí en compañía de su hermano menor, Abdalá Pachá, un hombre blanco y robusto con aire de turco, aunque con los amables modales de los árabes. Hasseyn Pachá [¡el Jerife ostenta este título otomano!] es un hombre de rostro agradable, mirada viva y tranquila y comportamiento compasivo, que habla con voz dulce y alegre; debe de rondar los cuarenta y cinco años. Allí sentado parecía un personaje alto y viril de tez oscura y pecho y brazos fuertes y anchos. El Jerife iba ataviado, como los ciudadanos de las poblaciones otomanas, con un largo *yubba* azul, o tela de lana de color pálido. Estaba sentado muy tieso en su diván, con aspecto sobrio y decoroso como un europeo, mientras fumaba tabaco en una pipa como los "antiguos turcos". Tenía delante el sencillo cuenco de barro en un plato y la blanca boquilla de jazmín debía medir lo que una lanza. Elevó la mirada con elegancia y me recibió con una graciosa solemnidad. Instalaron una silla enfrente del Jerife, luego el coronel Mohammed se retiró y un sirviente me trajo una taza de café.

El Jerife me preguntó con voz calmosa: «¿Bebes café?». Yo le dije: «El que se cultiva en Arabia lo tenemos por el mejor de todos; según creemos la planta del café llegó a Arabia desde más allá del Mar (Rojo)». «Sí, tengo entendido que procede de Abisinia; ¿no son muy aficionados al café allí donde has estado, en el *Nechd*?» Después el Jerife me preguntó por la agresión sufrida en *Ayn ez-Zeyma*, y por la subsiguiente agresión en el Seyl. «Basta con eso —dijo— para asustar a cualquiera [¡Ay! El propio Hasseyn murió poco después por el cuchillo de un asesino. Ocurrió dos años más tarde, en Yedda, y con la misma alegría y ecuanimidad con las que había vivido, expiró su espíritu inocente en brazos de un compatriota nuestro, el Dr. Gregorio Wortabet, que entonces era agregado Otomano de Salud en el Mar Rojo]. Pero el caso es que has llegado aquí —añadió con amabilidad—, y los riesgos (de tu largo viaje) han quedado atrás. Descansa en at-Ta'if, y cuando te hayas recuperado te enviaré con el Cónsul inglés en Yedda.» También me preguntó: «¿Nunca habías pensado en visitar at-Ta'if? Habría sido mejor si hubieses venido directamente desde el Seyl y te hubiera enviado a Yedda». El buen Jerife añadió: «No es ésta la primera vez que nos visitan europeos, pues, creo que fue el año pasado, vino uno con el cónsul de Holanda para ver una inscripción que hay cerca del Seyl. Ordenaré que te la muestren a tu regreso». Yo contesté: «Sé de uno (Burckhardt) que vino aquí en tiempos de la guerra con Egipto». El Jerife me miró con amable sorpresa [¿cómo, debió de preguntarse, podía estar yo al tanto de sus asuntos domésticos?] El entonces sutil Jerife de La Meca, a quien engañó y asesinó el viejo zorro albano de Mohammed Ali, debía de ser el padre del tío de este príncipe honorable.

«¿Y cómo —preguntó— has podido vivir con los bedu y soportar su dieta? ¿Crees que son como se dice [en las leyendas de las ciudades], o la opinión popular no les hace justicia? ¿Ayudabas en el abrevado? ¿Y sacabas los cubos así y así?» Y con jocosidad árabe el buen Jerife dejó a un lado la desmesurada boquilla de su pipa e imitó los gestos de los aguadores nómadas (que había visto en una expedición). No se me ocurre ningún Príncipe Árabe —salvo algún amargado wahabí— que no hubiera hecho lo mismo; todos son gente agradable. «No me bastaban las fuerzas para subirlos.» «¡Sí —respondió con mirada compasiva—, has sufrido mucho!»

Después me preguntó por mi viaje; y le hablé de Meda'in Salih, Teyma y Hayil. Le sorprendió mucho saber que había pasado un mes —¡tanto duró la tolerancia del tirano!— en la ciudad de Ibn Rashid. Me preguntó por Ibn Rashid: «¿Te pareció una buena persona?», era evidente que, pese a los regalos anuales que recibía, el Jerife no pensaba eso de él, y cuando le contesté de modo un poco inesperado: «Es un hombre de valía», Hasseyn no pareció quedar muy satisfecho. Después hablamos de Aneyza, y el Jerife me preguntó por Zamil: «¿Es un buen hombre?». Por fin me preguntó si me gustaban los ropajes [su principesco regalo] que vestía ante él y si mi anfitrión (de quien parecía desconfiar) me había ofrecido una hospitalidad razonable. Había pasado más de una hora, entonces el coronel Mohammed, que se había quedado esperando fuera, entró y yo me levanté para marcharme. El Jerife le habló a mi anfitrión acerca de mí y le insistió en que podía pasear libremente por at-Ta'if y extramuros y visitar todo lo que quisiera. El coronel Mohammed besó la venerable mano del Jerife y partimos...

Entonces llegó el coronel Mohammed, seguido de Sálem, a quien el Jerife le había ordenado devolver todo lo que me habían robado él y su socio. El miserable ladrón trajo la pistola (rota), el aneroide y cuatro reales, que admitió haber robado de mis alforjas. Ahora decía: «¡Perdóname, Jalil!, y ¡ah!, recuerda la *zad* (comida) y la *mehl* (sal) que median entre nosotros». «¿Y por qué no las recordaste tú en el Seyl, cuando cogiste el cuchillo, por segunda vez para matarme?» Coronel Mohammed: «Jalil tiene razón, ¿por qué no recordaste entonces el pan y la sal?». «Soy culpable, pero espero que el Jerife me perdone; ¡y tú no te vuelvas contra mí, Jalil!» Le pedí el monedero y las demás cosas. Pero Sálem negó tener nada más. El coronel Mohammed lo echó de allí y le ordenó que las trajera de inmediato. «¡Maldito sea! —dijo mi anfitrión cuando se fue—, el Jerife ha decidido meterles a él y a su socio entre rejas tras tu partida, pero no ahora, pues sus familiares podrían molestarte durante tu viaje a Yedda. El Jerife ha redactado también una disposición para enviarla a todas las tribus y aldeas de sus dominios "para que si, en el futuro, llega algún extraño lo envíen sano y salvo ante el Jerife", quién sabe si no volverá a pasar otro europeo por el país del Jerife; y podría ser maltratado por la gente ignorante. Además, el Jerife no quiere problemas con sus gobiernos.»

(Poco después, Doughty, acompañado por una escolta de tres hombres, viajó de at-Ta'if a Yedda, donde terminaron sus vagabundeos por la Arabia Deserta).

Glosario

A

Abu: padre.

Abud: pan ácimo que se cuece debajo de las brasas.

Adamiyy: hijo de Adán; hombre.

Adan, en plural *adanat:* dunas de arena.

Adu: un enemigo.

Agueyl: jinetes de dromedario del gobierno del *Nechd.*

Aleykom es-salam: respuesta al saludo de paz.

Amdán: puntales de las tiendas y pabellones beduinos.

Aqaba: pendiente pronunciada.

Aqqam: guía de la caravana del Hach.

Ashira: tribu o facción.

Ashraf: plural de jerife, la estirpe de Mahoma.

el-Asr: momento de la tercera oración del día, cuando el sol está a media altura por la tarde.

Ayamiyy: persa.

Ayb: "¡qué vergüenza!". Vergüenza, mala educación.

Aysa bin Maryam: Jesús, hijo de María.

Azán: llamada a la oración.

Aziz: amado.

B

Bagl (v. *Meresiyy*): cuajos de leche seca.
Bajorra: fusta de camello de asa curva.
el-Bedu: (plural vulg. de *bedawiyy*): beduinos, habitantes del *badiya* o gran desierto vacío.
Beled: país, tierra, territorio.
Berber: beréber.
Beyt es-shaar (en plural *byut*): tienda de pelo nómada.
Bil-lá: por Alá, juramento beduino.
Bint: hija, muchacha, también mujer joven recién casada hasta que da a luz a un hijo.
Bir: un pozo.
Birket: alberca.
Bisha, Bishiyy: grupo de negros armados que sirven al jerife emir de La Meca.
Bismil-lá: en el nombre de Dios.
Burgol, borgol: plato de trigo hervido típico de Siria y el *Nechd*.
Burnús: manto blanco que visten los habitantes de Berbería.

D

Dajilak: "he entrado bajo tu techo y me acojo a tu protección".
Dalil: guía.
Dar: palabra empleada en Teyma para referirse a la casa.
Delal: potes de café.
Denya el-yedida: América, el Nuevo Mundo.
Derahim: dinero (del griego dracma).
Dira: circuito de los nómadas y de los establecimientos de los oasis.
Doján: (lit. humo), hoja de tabaco.
Dokkán: tienda, botica.
Dowla: el gobierno turco.
Dubbush: ganado menor, cabras, ovejas.

E

Ekims: alfombras para dormir.

Enza: hembra, suele decirse de las mujeres pobres.
Er'n: especie de raíz de color escarlata que las mujeres nómadas emplean para teñir.
Eyyal: una cofradía familiar.

F
Fahd: el gato salvaje moteado.
Fenyén: tacita del café.
Ferich: aldea nómada.
Fulus: (lit. escamas de pescado): monedas de plata o de oro.

G
Galla: negros de Abisinia y del interior de África.
Galyán: pipa de tabaco.
Ganem: ganado menor.
Golban: pozos (en sing. *guelib*, o *qelib*)
Gom: enemigos.
Guelib: pozo.
Guirbiyy: pellejo de agua de cabra o de oveja, sin costuras.
Gul: ogro o monstruo fabuloso del desierto.
el-Gush: la impedimenta y el utillaje beduinos.

H
Habalís, pl. de Hablus (una palabra empleada sólo en la región de Teyma y Hejr): asesinos, ladrones merodeadores.
Habashiyy: abisinio.
Hach: peregrino a los Santos Lugares.
Hach (es-Shem): la gran caravana siria de peregrinos a La Meca.
Hachr el-kra: granito rojo.
el-Hadud: los límites de La Meca, la región prohibida.
Haggu: taparrabos de cuero utilizado por ambos sexos.
Hameydiyy: una clase de tabaco.
Hamín: estación cálida entre marzo y abril.
Hammam: (en Siria): monedero.

Hammám: baño.
Harameyn: las ciudades santas, prohibidas para los infieles.
Haramiyy, en plural *haramiyya:* ladrón.
Harra (t): campo de lava, región volcánica.
el-hasa: la piedra (enfermedad).
Hawta: huerto.
Házam: cinto de fusilero.
Hazm: colinas volcánicas cubiertas de vegetación.
Hazr: habitantes de las ciudades.
Heyaz: la región que se extiende entre el *Nechd* o las planicies de Arabia y las tierras bajas fronterizas o Tehama. Se emplea también para referirse a sus habitantes.
Hechra: tienda de campaña de verano.
Helw: dulce.
el-Heteym: gran nación nómada que los árabes no consideran beduw.
Hil-li, *hel-lowat*, *hil-liyan:* la suma de las montañas del Harra.
Hisma: terreno elevado de areniscas que se extiende de Petra a Tebuk.
Horma: mujer.
Hubts: compañas de nómadas comerciantes.
(Wadi) el-Humz: gran valle del Heyaz, desconocido para los europeos hasta 1876, cuando el autor lo describió por primera vez desde el-Hechr.
Hurr: dromedario macho.

I

Ibn: hijo de.
Ihram: vestido sacramental blanco de dos piezas, sin costura alguna, que visten los peregrinos que entran en La Meca.

J

Jala: desierto vacío; la tierra que está vacía.
Janyar: daga curva que se lleva en la cintura.
Jeyr Alá!: ¡El botín del Señor!, un regalo de Dios.
el-Ju*eyra:* camello enfermo

Jushm: promontorio.
Jurraba: camello de monta sarnoso.

K
Káfir: infiel.
Kahtán: árabes meridionales con fama de superar a todos los demás en brutalidad fanática y malicia cruel.
Kohl: antimonio, utilizado para pintarse los ojos.
Kuffar: (plural de *káfir*) infieles.

L
Laba: lava.
Leban: leche agria, suero de mantequilla.
Loga: lengua.

M
Maa aleyk!: ¡Que no te ocurra ningún mal!
Maan: 9ª estación del Hach.
Ma'es-Samá: pozo de agua dulce en Hayil.
Máhal: esterilidad extrema del suelo del desierto sin agua.
Majzans: alojamientos para los huéspedes.
al-Mar'a: mujer.
Maqbara: cementerio.
Mechlis: el consejo diario de los ancianos.
Mechnún: loco; poseído por los *yann* (espíritus).
Meda'in Salih: ciudades de Salih el profeta.
Meresiyy: cuajos de leche seca.
Merkez: estación de descanso de la peregrinación.
Méshab: plaza pública de la ciudad.
Mesihiyy, en plural *mesihiyyún*: cristiano.
Min?: ¿Quién?
Miriyy: tributo.
Mogyil: el descanso a mediodía de los viajeros durante una marcha.
Mozif: salón de invitados.

Muatterín: (en Damasco) gente de vida desordenada.
Mudowwiyy: alfaquín, doctor (en medicina).
Muhafuz: título de Ibn Rashid.
Muqaad: lugar donde se sientan los hombres en la casa o en la tienda árabe.
Muqowem: jefe de camelleros en el Hach.
Musa: Moisés.
Muttowwa: líder religioso.
Muzayyin: barbero, "fiesta de la circuncisión".

N

Nabateos: pueblo poderoso de guerreros de estirpe árabe que floreció entre el 700 A.C. y el 105 D.C. y fue destruido por Trajano. El centro de su culto al dios Dusares era Petra. Sus inscripciones están en arameo.
Naga: camello hembra.
Nasraní en plural *nasara*: nazareno, cristiano.
en-Nebi: el Profeta.
Nechd: altiplanicie interior del norte de Arabia.
Nefuds: desiertos arenosos.
No'j!: "hacer que se arrodille (el camello)".

Q

Qahwa: café; también tienda o casa donde tomar el café.
Qahwayiyy: escanciador del café.
Qel-la: torre construida defender una cisterna; fortaleza.
Qel-layiyy: defensor de un *qel-la*.

R

R*abía:* brotes tiernos de hierba en el desierto.
Radif, en plural, *radufa:* jinete que monta a la grupa en el dromedario.
Rafiq: compañero de viaje.
Rahíl: a punto de partir.
Rahla: desmontaje del campamento.

Rayayil: la guardia de hombres armados del príncipe en Hayil.
Ri'a: desfiladero en las montañas.
er-Riyad: metrópolis wahabí en el *Nechd* oriental.
Rubba: compaña.

S

Sabún: jabón.
Sahs: medida de capacidad; en Teyma equivale a dos cuartillos, en Medina y Jaybar a algo más de un azumbre.
Salam aleyk!: "¡La paz sea contigo!".
Samn: mantequilla clarificada (líquida).
Samrá: montañas desérticas de piedra dura.
Saniyy: herrero.
Semiliyy o *semila:* odre para leche de piel de cordero.
Seyl: torrente, y lecho seco del mismo.
Shaeb: lado del lecho seco de un torrente donde puede haber sombra.
ash-Sham: Damasco, Siria.
Sheytán: Satán.
Shidad: silla de montar en camello.
Shil!: "¡arriba con las cargas!".
esh-Shotb: grieta profunda en la roca de arenisca.
Sidr: espino silvestre.
Sir Amín: emir del Hach.
Solubiyy: quincallero y cazador despreciado por los beduinos. También Sleyb.
Subbaya (en Jaybar *summaya*): incrustaciones de sal en el suelo.
Suffa: en Jaybar, piso superior de las casas.
Surra: pago que se hace a los beduinos a cambio del derecho de paso.

T

Tajt er-Rum: litera de camello para los personajes encumbrados.
Tannur: bandejas metálicas.
Tuyyar: comerciantes.
Tchol Bagdad: estepas de Bagdad.

Temn: arroz de los ríos de Mesopotamia.
Teslim: en confianza.
Teyma: un antiguo oasis. Es la Tema del Viejo Testamento.
Tittún: tabaco.
Towíl: pico, punto de referencia.

W
Wadi, en plural *wadyán:* valle.
Wadi Musa: Valle de Moisés, o Petra.
Wadi er-Rummah (*el-Wadi*): un gran valle seco y lecho de un torrente en el que desembocan setenta *wadis* de importancia.
Washm (en plural *washún*): símbolo o marca de cada tribu.
Weled: muchacho joven.

Y
Yahudiyy: judío.
Yara: esposa.
Yaw: paso entre los Harras en forma de valle; también lugar de abrevado en un terreno bajo.
Yebel: montaña.
el-Yebel: Yebel Shammar, el dira de Ibn Rashid, se utiliza también para referirse a sus habitantes.
Yehennem: infierno.
Yel-la: estiércol de camello, empleado como combustible.
el-Yemen: Arabia Felix.
Yeneyna: palmeral de recreo.
Yerm, en plural *yerum:* odres de cabra para guardar la mantequilla.
Yezzín: sin beber.
Yidar, en plural *yidrán:* sendero trazado por los camellos en el Harra.
Yihad: guerra santa librada en nombre de la religión.
Yinn, en plural *yann:* espíritu, genio.
Yurdi: provisiones enviadas por el gobierno al encuentro del Hach a su regreso.

Z

Zaluq: arbusto del desierto mascado por los nómadas.
Zelul: dromedario o camello de monta.
Zob: lagarto del desierto.
Zora: piel callosa bajo el pecho del camello.
Zul-la: montaña.